高等院校公共基础课系列教材

大学计算机基础

——Office 2016

林永兴　主　编

蓝庆青　胡　萍　陈汉平　副主编

電子工業出版社

Publishing House of Electronics Industry

北京 • BEIJING

内 容 简 介

本书以计算思维能力的培养为主线，以素质教育和应用型人才的培养为目标，兼顾计算机基础知识的学习和问题求解能力的培养，力图做到夯实基础、重视实践、突出技能。本书在编写过程中，结合近几年计算机技术的发展，综合国内外同类教材的知识点，并参考了浙江省办公软件高级应用（二级）考试大纲和全国二级 MS Office 高级应用考试大纲，能够反映当代信息技术最新成果。全书内容主要包括计算机与计算思维、信息表示与编码、计算机系统、计算机网络、算法与简易编程工具 Scratch、Word 应用、Excel 应用、PowerPoint 应用等。

本书概念清楚、逻辑清晰、内容全面、语言简练、图文并茂、讲练结合，且理论联系实际，能够切实提高学生的计算机素养和实践能力。本书既可作为以培养应用型人才为目标的独立学院、高职高专院校的教材，也可作为计算机培训班及自学者的参考书。

图书在版编目（CIP）数据

大学计算机基础：Office 2016/林永兴主编.—北京：电子工业出版社，2020.8

ISBN 978-7-121-39293-1

Ⅰ. ①大…　Ⅱ. ①林…　Ⅲ. ①电子计算机—高等学校—教材 ②办公自动化—应用软件—高等学校—教材

Ⅳ. ①TP3

中国版本图书馆 CIP 数据核字（2020）第 131038 号

责任编辑：贺志洪

印　　刷：涿州市般润文化传播有限公司

装　　订：涿州市般润文化传播有限公司

出版发行：电子工业出版社

北京市海淀区万寿路 173 信箱　邮编 100036

开　　本：787×1 092　1/16　印张：17.75　字数：454.4 千字

版　　次：2020 年 8 月第 1 版

印　　次：2023 年 8 月第 6 次印刷

定　　价：48.00 元

凡所购买电子工业出版社图书有缺损问题，请向购买书店调换。若书店售缺，请与本社发行部联系，联系及邮购电话：（010）88254888，88258888。

质量投诉请发邮件至 zlts@phei.com.cn，盗版侵权举报请发邮件至 dbqq@phei.com.cn。

本书咨询联系方式：（010）88254609 或 hzh@phei.com.cn。

前　　言

计算机作为信息处理的强大工具，正在影响并改变着人们的工作、学习和生活，掌握计算机的基本知识和熟练使用当今流行的系统平台及办公软件工具等是当代大学生必备的技能，也是各类专业技术人员必需的基本素质。

随着计算机技术的飞速发展，计算机基础教育的改革也在不断地深入。教育部高等学校大学计算机课程教学指导委员会提出，计算机基础教学应达到“对计算机的认知能力、利用计算机解决问题能力、基于网络的协同能力和信息社会中终身学习能力”的要求。本书正是根据这 4 项“能力结构”的要求和社会对应用型高校毕业生的需求而编写的，旨在培养大学生的信息素养和计算思维，切实提高学生的计算机操作技能和应用水平。全书内容由作者结合近几年来计算机技术的发展，在多年教学实践经验的基础上精心设计而成，综合国内外同类教材的主要知识点，能够反映当代信息技术最新成果，对于计算机基本知识和技能的介绍较为全面，基础和实践并重，具有很强的实用性和时效性。

本书内容的组织重在适应独立学院学生的特点，同时考虑当代大学生计算机知识起点普遍提高但各地区教育水平又不均衡的实际情况。本书在编写过程中力求内容新颖通俗、概念准确清晰、图文并茂、操作步骤描述详细。书中还精选了一定数量的习题，供读者检查自己的学习效果。本书既适合作为以培养应用型人才为目标的独立学院、高职高专院校的教材，也可作为计算机培训班及自学者的参考书。

全书共由 8 章组成，前面章节内容强调基础性和先导性，主要内容包括计算机的发展、应用和新技术，计算思维的基本概念，信息的表示与编码，计算机的基本工作原理和系统组成，计算机网络的基础知识及 Internet 的服务和应用等；后面章节内容强调“技能”、突出“应用”，主要内容包括简易编程工具 Scratch 的运用，Word 文档处理技能，Excel 电子表格处理及数据统计和分析，PowerPoint 演示文稿设计技能等。

本书编者均为浙江理工大学科技与艺术学院在教学一线多年从事计算机基础课程教学和教育研究的教师。本书在编写过程中，编者将长期积累的教学经验和体会融入到了知识系统的各个部分。全书由林永兴担任主编，蓝庆青、胡萍、陈汉平参与编写，其中第 1、5 章由林永兴编写；第 2、8 章由陈汉平编写；第 3、6 章由胡萍编写；第 4、7 章由蓝庆青编写。本书的编写工作在浙江理工大学科技与艺术学院计算机科学与技术学科（一流学科 B）建设经费资助下得以顺利完成，在此，对有关领导和同人深表谢意！

由于本书涉及计算机学科多方面的内容，书中包含的知识浩瀚如烟，加之时间仓促和水平所限，书中定有欠妥甚至疏漏之处，敬请专家、读者不吝批评指正。

编者

2020 年 5 月

目　录

第1章　计算机与计算思维

计算机作为 20 世纪科学技术最卓越的成就之一，正在改变并将继续影响和改变人们的学习、工作和生活方式。进入 21 世纪以来，计算机的发展非常迅速，在科学技术、国防事业、经济、工农业生产，以及人类生活的各个方面都发挥着越来越大的作用，它替代了人们许多烦琐的工作，提高了人们的工作效率，丰富了人们的文化生活。计算机作为信息处理的强大工具，其应用已经渗透到人类生活的各个领域。

1.1　计算机的发展

从古到今，人类对更高的计算能力和更强的计算设备的追求从未停止，从原始的结绳记事、手动计算、机械式计算到电动计算，计算工具的发展经历了漫长过程，但直到近代电子计算机出现、成熟和大规模应用后，人类的计算能力才有了质的飞跃。

1.1.1　计算工具的发展历程

随着科技的发展，电子计算机已经成为人们日常工作的计算工具。追根溯源，古代的计算工具有哪些类型？又经历了怎样的历史发展变迁？

1. 手动式计算工具

在珠算发明以前，咱们的祖先就已经创造了一种非常有效的计算工具——算筹，如图 1-1 所示。所谓算筹，其实是人们采用竹子、木头、兽骨、金属等制成的颜色各异的小棍，一般长度约 13～14cm，直径约 0.2～0.3cm。在计算每道数学问题时，通常会编出一套类似歌诀形式的算法，一边计算，一边不间断地重新布棍。由于其采用十进位制且具有严密的计数规则，虽纵横变换但既不会混淆，也不会错位，计算结果精确且很容易让人掌握，因此算筹在春秋战国时期的运用就已经非常普遍，而且在后期成为数学家了解、掌握和运用计数工具的重要基础。比如中国南北朝时期的数学家祖冲之，就是采用算筹这一计算工具，推算出圆周率在 3.1415926 和 3.1415927 之间的，这一结果要比西方早一千年左右。

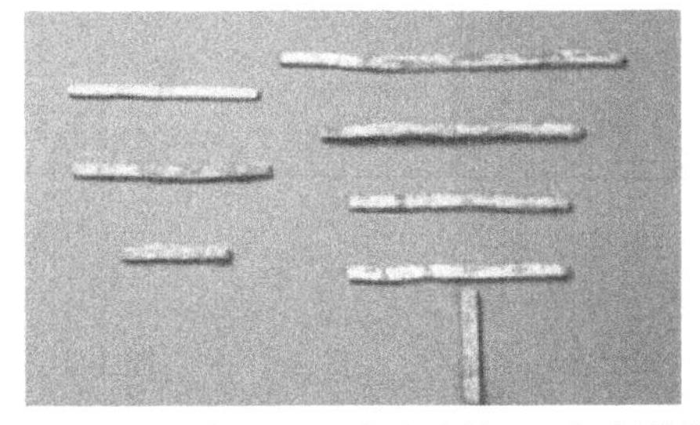

图 1-1　1982 年陕西西安出土的西汉铅制算筹

人类的文明发展到一定阶段，就会不断有新的东西出现并影响今后的生活，反映在计算工具方面的一个重要标志就是算盘（珠算盘）的出现，其可谓是人类古代计算工具发展史上的第一项伟大发明。其实，算盘是由古代算筹演变而来的，素有“中国计算机”之称，它结构简单，使用方便，能够大幅度提高计算速度。从某种意义上说，算盘具备了现代计算器的主要结构特征，珠算口诀相当于运算指令，而拨动算珠则起到输入数据和控制运算的作用。算盘在 15 世纪得到了普遍应用，还传播到朝鲜、日本、泰国、越南等国家成为一种国际性的计算工具。

到了 17 世纪初，计算工具在西方国家呈现了较快的发展。其中，英国数学家威廉·奥特雷德（William Oughtred）于 1621 年发明了对数计算尺，如图 1-2 所示。它由 3 个互相锁定的有刻度的长条和一个滑动窗口（称为游标）组成，利用对数原理设计，不仅能够进行加、减、乘、除、乘方、开方运算，甚至可以计算三角函数、指数函数和对数函数。历经几百年的改进，对数计算尺一直沿用到 20 世纪 70 年代才被电子计算机取代。

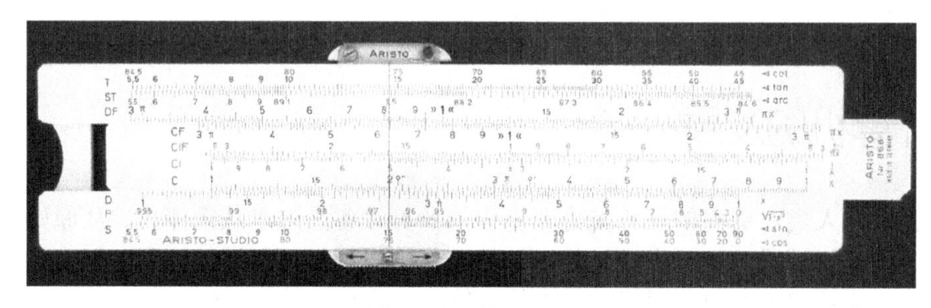

图 1-2　对数计算尺

当然，在人类文明的发展过程中，其他文明古国也发明了各式各样的手动计算工具，如罗马人的“算盘”、古希腊人的“算板”、印度人的“沙盘”、英国人的“刻齿本片”等。

2．机械式计算工具

随着科学的发展，商业、航海和天文学都提出了许多复杂的计算问题，越来越多的人关心计算工具的研究，研究成果也越来越丰富。

1642 年，法国数学家和物理学家布莱斯·帕斯卡（Blaise Pascal）发明了第一台机械式加法器，如图 1-3 所示，这台机器解决了加法计算中自动进位这一关键问题，它的产生证明了用一种纯粹的机器装置去模拟人类的思考和记忆过程是完全可行的。

1674 年，德国数学家和哲学家莱布尼茨（Gottfried Wilhelm Leibniz）设计完成了乘法器，如图 1-4 所示。莱布尼茨不仅发明了手动的可进行完整四则运算的通用计算机，还提出了“可以用机械替代人进行烦琐重复的计算工作”这一重要思想。

图 1-3　帕斯卡加法器

图 1-4　莱布尼茨乘法器

1822 年，英国数学家查尔斯·巴贝奇（Charles Babbage）设计了一台差分机，其设计思路是利用机器来代替人编制数表。经过长达 10 年的努力，差分机最终变成了现实，如图 1-5 所示。1834 年，巴贝奇在差分机的基础上又完成了分析机的设计方案，其不仅可以进行数字运算，还可以进行逻辑运算。差分机的设计思想已具有现代计算机的概念，但限于当时的技术水平，差分机最终未能实现。

图 1-5　差分机

3．机电式计算机

19 世纪以后，电学和电子学的发展为新型计算工具的设计和制造提供了物质和技术基础，各种电器元件被应用到计算工具上，打开了实现自动计算的新途径。

1938 年，德国科学家康拉德 • 楚泽（Konrad Zuse）成功制造了第一台二进制 Z-1 型计算机，此后他又研制了 Z 系列计算机。其中，Z-3 型计算机是世界上第一台通用程序控制机电式计算机，它不仅全部采用继电器，同时采用了浮点记数法、带数字存储地址的指令形式等，如图 1-6 所示。

1944 年，美国哈佛大学科学家霍华德 • 艾肯（Howard Aiken）研制成功了一台机电式计算机，它被命名为自动顺序控制计算器 MARK-Ⅰ，它使用了 3000 多个继电器，执行一次加法运算只需要 0.3s。1947 年，艾肯又研制出运算速度更快的机电式计算机 MARK-Ⅱ。到 1949 年由于当时电子管技术已取得重大进步，于是艾肯研制出采用电子管的计算机 MARK-Ⅲ，如图 1-7 所示。

图 1-6　Z-3 型计算机

图 1-7　MARK-III 计算机

4．电子计算机

20 世纪以来，电子技术和数学的快速发展为现代计算机的产生提供了理论依据和物质基础，人们对计算工具的研究进入了一个新阶段。

1946 年，美国宾夕法尼亚大学电工系由莫利奇和艾克特领导，为美国陆军军械部阿伯丁弹道研究实验室研制了一台用于炮弹弹道轨迹计算的“电子数值积分和计算机”（Electronic Numerical Integrator and Calculator，ENIAC），如图 1-8 所示。它是世界上第一台能真正运行的大型电子计算机，成为了现代计算机诞生的标志。ENIAC 非常庞大，用了 18000 个电子管，占地 170 平方米，重达 30 吨，耗电功率约 150 千瓦，每秒钟可进行 5000 次运算，这在现在看来微不足道，但在当时却是破天荒的，它把计算一条发射导弹轨迹的时间从原来用计算器所需的几个小时缩短到了半分钟。ENIAC 计算机的研制成功，为以后计算机科学的发展奠定了基础。

图 1-8　ENIAC 与主要发明人莫利奇和艾克特

1.1.2　计算机的发展历程

从 1946 年第一台电子计算机诞生至今，计算机已经走过了 70 多年的历程。为了更清楚地呈现计算机的发展历程，根据计算机性能和使用主要元器件的不同，将计算机的发展划分成 4 个阶段。每一个阶段在技术上都是一次新的突破，在性能上都是一次质的飞跃。

1．第一代电子管计算机（1946～1958 年）

这个时期的计算机的主要特征是采用电子管作为运算和逻辑器件。电子管又称真空管，如图 1-9 所示，其发明于 1913 年，起初主要用于雷达等电子设备。1946 年 2 月 14 日公诸于世的 ENIAC 就是一台电子管计算机，是第一代计算机的标志。但是 ENIAC 的软件主要使用机器语言和汇编语言，程序的编写和修改都非常烦琐。当时，美籍匈牙利科学家冯·诺依曼提出了一个计算机设计方案，其中提到了两个设想：采用二进制和存储程序。1949 年 5 月，英国剑桥大学数学实验室根据冯·诺依曼的思想，制造了电子延迟存储自动计算机 EDSAC（Electronic Delay Storage Automatic Calculator），这是第一台投入运行的拥有存储程序结构的电子计算机。EDSAC 的成功使得存储和处理信息的方法开始发生革命性的变化，从此冯·诺依曼思想奠定了现代计算机的结构理论，冯·诺依曼也被人们称为“现代电子计算机之父”。

图 1-9　电子管

基于电子管的第一代计算机体积大、功耗高、发热量大、运算速度低、存储容量小、可靠性差，几乎没有什么软件配置，主要用于科学和工程计算。尽管如此，第一代计算机却奠定了计算机的技术基础，对以后计算机的发展产生了深远的影响。

2．第二代计算机：晶体管计算机（1959～1964 年）

这一时期的计算机的主要特征是使用晶体管代替了电子管作为计算机的逻辑器件。1948 年贝尔实验室研制成功半导体晶体管，如图 1-10 所示，并于 1955 年研制出世界上第一台全晶体管计算机 TRADIC，它装有 800 只晶体管，功率只有 100 瓦，占地也仅有 3 立方英尺（1 立方英尺≈28.3 立方分米）。同电子管相比，晶体管体积小、发热少、寿命长、价格低，特别是工作速度更快。凭借这些优点，晶体管计算机的结构和性能都有了很大的进步。与此同时，计算机软件技术也有了较大发展，出现了操作系统的概念，编程语言方面除了汇编语言，还出现了 FORTRAN、COBOL 等高级程序设计语言，新的软件技术降低了程序设计的复杂性。这个时期的计算机除了应用于科学计算，还应用于工业控制、工程设计及数据处理等领域。现代计算机的一些部件，如打印机、磁带、磁盘、内存等也开始使用。

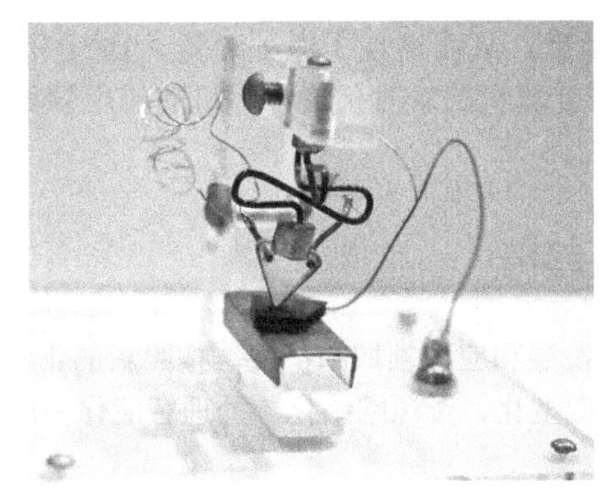

图 1-10　世界上第一个晶体管

3．第三代计算机：集成电路计算机（1965～1970 年）

第三代计算机的主要特征是以中小规模集成电路作为元器件，代替了晶体管等分立器件。中小规模的集成电路可以在单个芯片上集成几十个乃至几百个晶体管。这一时期的计算机以 IBM 公司研制成功的 360 系列计算机为标志，如图 1-11 所示。集成电路的体积更小，功耗更少，功能更强。随着存储器的集成电路化，计算机内存容量大幅度增加，存取速度也大幅提高。集成电路的应用使得计算机的体积和功耗显著减小，而计算速度和存储容量却有较大提高，可靠性也大大加强。在软件方面则广泛引入多道程序、并行处理、虚拟存储系统和完备的操作系统，同时还提供了大量的面向用户的应用程序。计算机的设计开始走向标准化、模块化、系列化，计算机的生产开始走向商业化，为计算机应用的普及打下了基础。

4．第四代计算机：大规模/超大规模集成电路计算机（1971 年至今）

第四代计算机的主要特点是用大规模和超大规模集成电路取代了中小规模集成电路。美国的 ILLIAC-IV 计算机，是第一台全面使用大规模集成电路作为逻辑元件和存储器的计算机，它标志着计算机的发展已到了第四代。从第四代计算机开始，随着微电子学理论的发展和计算机控制工艺的进步，集成电路芯片的集成度不断提高，计算机的性能也越来越强。目前，在一个单一芯片内部集成的晶体管数目已经可以达到数十亿。

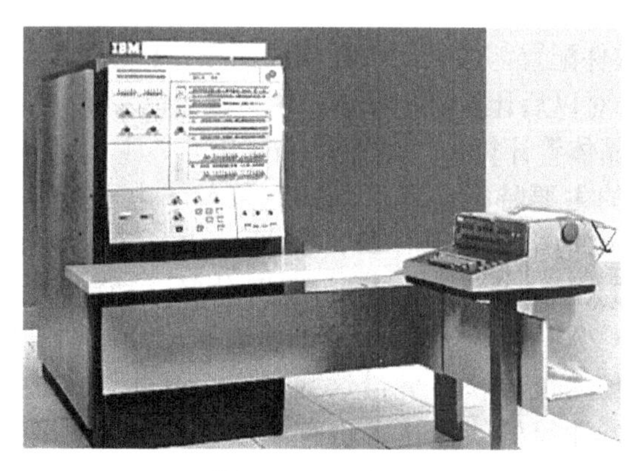

图 1-11 IBM-360

随着大规模集成电路技术的迅速发展，一方面，利用大规模集成电路芯片的高性能和计算机软硬件集成技术，组装出大型、超大型的计算机，推动了重大的科学研究、尖端技术等众多新兴科学领域的快速发展；另一方面，利用大规模集成电路技术，将大量计算机部件集成在很小的电路芯片上，从而出现了微处理器。1971 年世界上第一台微处理器在美国硅谷诞生，开创了微型计算机的新时代，计算机的应用领域从科学计算、事务管理、过程控制逐步走向家庭。

1.1.3 计算机的发展趋势

随着计算机技术的不断发展和应用领域的扩展，按照新的市场需求热点，当前的计算机还在向着功能巨型化、体积微型化、资源网络化、处理智能化和应用多媒体化的方向发展。

（1）功能巨型化

天文、军事、仿真等领域需要进行大量的计算，要求计算机具有更快的运算速度、更大的存储量，这就需要研制功能更强的巨型计算机。

（2）体积微型化

专用微型机已经大量应用于仪器、仪表和家用电器中，而通用微型机已经大量进入办公室和家庭，但人们需要体积更小、更轻便、易于携带的微型机，以便出门在外或在旅途中使用。应运而生的便携式微型机（笔记本型）和掌上微型机正在不断涌现，迅速普及。

（3）资源网络化

将地理位置分散的计算机通过专用的电缆或通信线路互相连接，就组成了计算机网络。网络可以使分散的各种资源得到共享，使计算机的实际效用提高了很多。通过互联网，人们足不出户就可获取大量的信息、与世界各地的亲友快捷通信、进行网上贸易等。

（4）处理智能化

目前的计算机已能够部分地代替人的脑力劳动，因此也常称为“电脑”。但是人们希望计算机具有更多的类似人的智能，比如能听懂人类的语言、能识别图形、会自行学习等。

（5）应用多媒体化

传统的计算机处理的对象是字符和数字信息。而在现实世界中，人们更习惯于接受图、文、声、像等多种形式的多媒体信息。目前，计算机多媒体技术发展的热点是 VR（Virtual Reality，虚拟现实）、AR（Augmented Reality，增强现实）和 MR（Mixed Reality，混合现实）。随着计算机多媒体技术的突飞猛进，多媒体受到了越来越多的关注和应用。

1.2 新型计算机

英特尔（Intel）创始人之一戈登•摩尔（Gordon Moore）在 1965 年提出了著名的“摩尔定律”，其内容为：当价格不变时，集成电路上可容纳的元器件的数目，约每隔 18～24 个月便会增加一倍，性能也将提升一倍。几十年来，电子计算机提供的计算能力始终遵循着摩尔定律预测的速度飞速发展。但是在可以预见的未来，这种基于硅晶片集成电路技术的计算机架构必将达到其物理极限。为了进一步提高人类的计算能力，包括光子计算机、超导计算机、生物计算机、量子计算机等在内的新型计算机技术已经成为研究热点。计算机的未来充满了变数，要想获得实质性的性能飞跃将有多种可能的途径。下面就广受关注的生物计算机和量子计算机做简单介绍。

1.2.1 生物计算机

生物计算机也称仿生计算机，其主要原材料是生物工程技术产生的蛋白质分子，并以此作为生物芯片。在自然界中，能够保持物质化学性质不变的最小单位当属分子。科学家们发现，某些有机分子存在两种电阻态，即具备“开”与“关”的功能，如蛋白质分子中的氢就有两种电阻态，即一个蛋白质就能够构成一个开关，因此，从理论上讲，用这些有机物作为元件，就能够制造出计算机。

由于生物芯片的生物化学性质所具有的特殊性，决定了一旦分子电子器件研究成功，生物计算机将比传统计算机具有更显著的优越性。首先，分子电子器件的开关的体积可以缩小数百乃至数千倍。另外，分子可以在空间的各个方向上作用，不像传统的硅集成电路只是集成在一个二维的晶面上，从而使分子逻辑电路的密集度可以做得很高。从理论上讲，其密度将比现代半导体器件提高 10 万倍左右。科学家们估计，生物计算机的元器件密度要比人脑神经元的密度高 100 万倍，传递信息的速度比人脑思想的速度快 100 万倍，即一个生物计算机就足以代替现在的大型计算机。生物计算机不但能大幅度提高元器件的密度，而且由于生物本身所具有的自我修复功能，使得芯片出现了故障也有可能自我修复，所以，生物计算机具有永久性和可靠性，可以说生物计算机是活的计算机。生物计算机的另一大优越性是耗能小、功率高。由于生物计算机的基本元器件是由生物化学物质构成的，是利用化学反应进行工作的，只需很少的能量即可以进行工作，并且由于生物芯片内流动电子间碰撞的可能性极小，几乎不存在电阻，所以不会产生发热问题。生物计算机还有并且是最大的优点是生物芯片的蛋白质具有生物活性，它能够和人体的组织有机地结合起来，尤其是能够与大脑和神经系统相连，这样生物计算机就可直接接受大脑的综合指挥，成为人脑的辅助装置或扩充部分，从而成为帮助人类学习、思考、创造、发明的最理想伙伴。

生物计算机目前仍旧处于蓬勃兴起阶段，国内外正在积极地研制新型生物芯片。尽管生物计算机尚未有取得重大颠覆性的进展，甚至部分学者提出生物计算机目前出现的一系列缺点，例如，遗传物质的生物计算机受外界环境因素的干扰、计算结果无法检测、生物化学反应无法保证成功率、以蛋白质分子为主的芯片上很难运行文本编辑器等，但这些并不影响生物计算机这个存在巨大诱惑的领域的快速发展，随着人类技术的不断进步，这些问题终究会被解决，生物计算机商业化繁荣将到来。

1.2.2 量子计算机

1982 年，美国著名物理物学家理查德·费曼在一次公开的演讲中提出了利用量子体系实现通用计算的新奇想法。不久后的 1985 年，英国物理学家大卫·杜斯便提出了量子图灵机模型。从此，量子计算机的概念诞生了。

量子计算机，简单地说，它是一种可以实现量子计算的机器，是一种通过量子力学规律以实现数学和逻辑运算、处理和储存信息能力的系统。它以量子态为记忆单元和信息储存形式，以量子动力学演化为信息传递与加工基础的量子通信与量子计算，在量子计算机中其硬件的各种元件的尺寸达到原子或分子的量级。不同于传统计算机的基本运算位元（Bit），量子计算机是以量子位元（Qubit）计算的，计算速度更快，进位方式也不同于传统 0 或 1 的二进制方式，而是可以让 0 与 1 同时存在，创造更多组合状态，大幅提升运算能力，从而大大加快了解决复杂问题的速度。

迄今为止，世界上还没有真正意义上的量子计算机。但是，世界各地的实验室正在以巨大的热情追寻着这个梦想。我国在很早之前就开始了量子计算机的研制，近年还将量子通信和量子计算机定位为重大项目，中国科学院量子信息与量子科技创新研究院院长潘建伟院士声称我国在 2020 年有望实现对 50 个量子的操纵。日本也在追赶的路上，据日本经济新闻先前报道，日本力争 2039 年前后实现量子计算机实用化。而近年引起全球轰动的莫过于 2019 年 10 月份谷歌在《自然》杂志上发表的一篇文章 *Quantum supremacy using a programmable superconducting processor*，其声称它所研发的拥有 53 个量子比特的量子计算机在处理随机线路采样问题上已经超越了经典超级计算机。目前谷歌的 53 个量子比特的量子计算机属于试验机，其处理的随机线路采样问题并没有实用性，但其证明了量子计算机的可行性和优越性。量子计算机的未来方向是可编程的通用量子计算机，将可以通过编程处理所有适合并行计算的问题，这方面的应用在科研领域用途广泛，比如构建理论模型、化学模拟、药物研发等方面，这将对科学、科技、医疗等方面产生深远影响，我们期待那一天尽快到来。

1.3 计算机的分类

计算机的种类很多，而且分类的方法也很多。一般是按计算机是否专用、处理的信号类型和计算机的性能来考虑的。

按计算机是否专用来进行分类，可以把计算机分为专用计算机和通用计算机。专用计算机是针对某一特定用途而设计的计算机，如武器装备系统中用于武器控制、指挥控制、通信系统、作战仿真的嵌入式计算机。通用计算机是指为了解决多种问题而设计的具有多种用途的计算机。早期的计算机都是针对特定用途而设计的，直到 20 世纪 60 年代人们才开始制造通用计算机，人们目前使用的大多数计算机是通用计算机。

根据处理的信号类型，计算机又可以分为数字计算机和模拟计算机。数字计算机是指其运算处理的数据都是用离散数字量表示的。模拟计算机是指其运算处理的数据是用连续模拟量表示的。目前人们使用的计算机几乎都是数字计算机。

根据计算机演变过程和计算机的性能及近期可能的发展趋势，通常把计算机分为以下五大类。

（1）超级计算机（巨型机）。超级计算机通常是指存储容量和体积最大、运算速度最快、价格最贵的计算机。超级计算机的运算速度在每秒千万亿次以上，在2019年11月发布的全球超级计算机排行榜中，来自美国的Summit超级计算机其峰值速度达到了20.08亿亿次/秒，排在世界第一；我国的神威“太湖之光”其峰值速度也达到了12.5亿亿次/秒，排在世界第三。

（2）大型计算机。国外习惯上将大型计算机称为大型主机，它是通用系列计算机中的高端机种，其性能仅次于巨型机。支持批处理、分时处理、并行处理等，通常用于大型企业、银行、重点高校、石油勘探、地球物理研究，以及气象部门等需要处理大量数据的领域。

（3）中小型机。与大型机相比，中小型机具有规模小、结构相对简单、价格便宜、操作简单、易于维护、与外部设备的连接比较容易等特点。中小型机一般用于工业生产自动化控制和事务处理，如飞机订票系统、网络管理中心等。

（4）工作站。工作站与高档微型机之间的界限并不十分明确，工作站有其明显的特征：使用大屏幕、高分辨率的显示器，有大容量的内外存储器，而且大多具有网络功能。它们的用途也比较特殊，例如用于计算机辅助设计、图像处理、软件工程，以及大型控制中心。

（5）个人计算机（微型机）。个人计算机（Personal Computer，PC）是目前发展最快的领域，也是随着大规模集成电路的发展而发展起来的，它以微处理器为核心，主要面向个人和家庭。目前，微型机的发展速度很快，种类也很多，归纳起来常见的有台式计算机、便携式计算机、手持式计算机等。

①台式计算机。台式计算机是固定摆放在桌子上的计算机，一般用于所有需要使用计算机而场所相对固定的地方。由于台式计算机灵活的硬件配置和丰富的软件资源使其得到广泛应用，如图1-12（a）所示。

②便携式计算机。便携式计算机是屏幕较薄的轻型移动PC，通常称为“笔记本电脑”。它具有体积小、重量轻、便于携带的特点，可以靠交流电或电池工作，如图1-12（b）所示。

③手持式计算机。手持式计算机也称为“个人数字助理”（Personal Digital Assistant，PDA）或“掌上电脑”。它压缩或删除一些标准部件（如键盘），具有手写识别功能，靠电池供电，尺寸更小，携带更方便，几乎可以带到任何地方，如图1-12（c）所示。目前，人们日常生活中使用的智能手机、平板电脑都是手持式计算机。

④嵌入式计算机。嵌入式计算机（Embedded Computer）是作为一个信息处理部件嵌入到应用系统之中的计算机。嵌入式计算机用得最多的是单片计算机和单板计算机。把微处理器、存储器、输入/输出接口电路安装在一块印制电路板上，就构成单板计算机。如果把微处理器和一定容量的存储器，以及输入/输出接口电路、定时器/时钟等集成在一块芯片上，就构成了一个可独立工作的单片计算机。单片计算机已广泛应用于家用电器、仪器仪表、医疗设备、数控机床、工业机器人、战略战术武器系统及航天、测控和导航系统等。

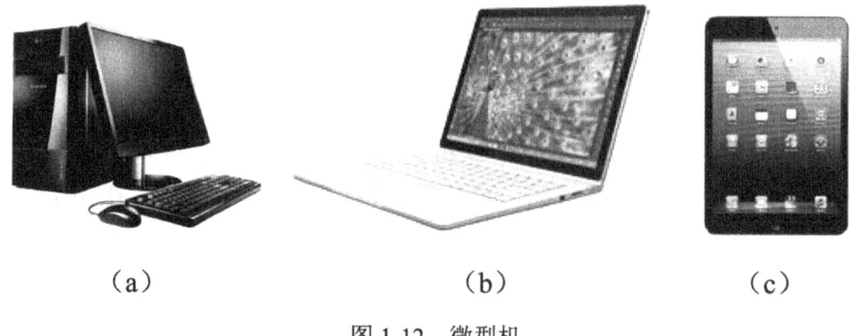

（a）　　（b）　　（c）

图 1-12　微型机

1.4　计算机的应用

计算机发展到今天，其用途越来越广泛，几乎普及到各行各业，触及人类生产和生活的方方面面，并且还在不断向各行各业渗透扩展，可以说是无处不在、无所不用。计算机的用途主要有以下几个方面：

（1）科学计算。科学计算又称数值计算，是计算机最早的应用领域，是指完成科学研究和工程技术中所提出的数学问题的计算。这类计算往往用一般计算工具难以完成。例如，画地图时只需 4 种颜色即可做到使相邻两国不出现同一颜色的“四色定理”，在数学上长期不能得到证明，成为一大难题，因为用人工证明昼夜不停地计算要算十几万年，而使用高速电子计算机，这个问题即可得到解决。还有一类问题如用人工计算速度太慢，得到结果时已失去实际意义，如气象预报，只有采用计算机快速计算才能及时解决。

（2）数据处理。数据处理又称信息处理，是利用计算机对信息资源进行输入、分类、存储、整理、合并和统计等加工处理，并产生有用的处理结果。随着计算机的日益普及，在计算机应用领域中，数值计算所占比重很小，通过计算机的数据处理进行信息管理已成为主要的应用。

（3）过程控制。过程控制又称实时控制。从 20 世纪 60 年代起，实时控制就开始应用于冶金、机械、电力等领域。例如，高炉炼铁，计算机用于控制投料、出铁出渣及对原料和生铁成分的管理和控制，通过对数据的采集和处理，实现对各工作操作的指导。实时控制是实现工业生产过程自动化的一个重要手段，现在还可利用网络扩大实时控制的范围。

（4）计算机辅助系统。

①计算机辅助设计与制造，简称 CAD 与 CAM。它是将计算机的快速计算、逻辑判断等功能和人的经验与判断能力相结合，形成一个专业系统，用来辅助产品或各项工程的设计制造，使设计和制造过程实现半自动化或自动化，这不仅可以缩短设计周期，节省人力、物力，降低成本，而且可提高产品质量。计算机辅助设计已广泛应用于飞机、船舶、汽车、建筑、服装等行业。牵涉外观形状设计的称为计算机辅助几何设计；而应用于集成电路布线中的，称为计算机辅助逻辑设计。

②计算机集成制造系统，简称 CIMS。它是集设计、制造、管理三大功能于一体的现代化工厂生产系统。CIMS 是从 20 世纪 80 年代初期迅速发展起来的一种新型的生产模式，具

有生产效率高、生产周期短等优点。

③计算机辅助教育，简称 CDE。它包括计算机辅助教学（CAI）和计算机管理教学（CMI）。在计算机辅助教学中，课件 CAI 系统所使用的教学软件相当于传统教学中的教材，并能实现远程教学、个别教学，具有自我检测、自动评分等功能。可模拟实验过程，并通过画面直观展示给学生，它是一种现代化教育强有力的手段。

④其他计算机辅助系统。如利用计算机作为工具辅助产品测试的计算机辅助测试（CAT），利用计算机对文字、图像等信息进行处理、编辑、排版的计算机辅助出版（CAP）等。

（5）人工智能。人工智能，简称 AI（Artificial Intelligence），它是让计算机模拟人的某些智能行为。人的智能活动是高度复杂的脑力劳动，如联想记忆、模式识别、决策对弈、文艺创作、创造发明等，都是一些复杂的生理和心理活动过程。人工智能是一门涉及许多学科的边缘学科。近 20 多年来，围绕 AI 的应用主要表现在以下几个方面：

①机器人。可分为工业机器人和智能机器人。工业机器人由事先编好的程序控制，通常用于完成重复性的规定操作。智能机器人具有感知和识别能力，能说话和回答问题。

②专家系统。它是用于模拟专家智能的一类软件，需要时只需由用户输入要查询的问题和有关数据，专家系统通过推理判断后向用户做出解答。

③模式识别。它的实质是抽取被识别对象的特征，与事先存在于计算机中的已知对象的特征进行比较与判别。如文字识别、声音识别、指纹识别、机器人景物分析等都是模式识别应用的实例。

④智能检索。除了在计算机中存储经典数据库中代表已知的“事实”，智能数据库和知识库中还存储供推理和联想使用的“规则”，因而智能检索具有一定的推理能力。

随着人工智能技术呈现出势不可挡的发展之势，围绕 AI 进行的相关研究也越来越多。人工智能技术目前已经应用到了汽车自动驾驶及在线图像识别等领域，不同学科的研究人员也正在竞相了解人工智能技术在各个方面可能具有的发展轨迹、未来可能达到的成果及影响力。

（6）网络通信和数字娱乐。计算机技术与现代通信技术的结合构成了计算机网络。计算机网络的建立，不仅解决了一个单位、一个地区、一个国家乃至全球计算机与计算机之间的通信，各种软、硬件资源的共享，还大大促进了远距离的文字、图像、视频和声音等各类数据的传输与处理。

1.5　计算机新技术

目前，人类正在步入信息时代，随着计算机科学技术的应用，从数字处理时代到微型计算机时代，再到目前的网络化时代，信息领域的新技术不断涌现。当下，云计算、物联网和大数据技术已经成为信息时代发展的新趋势。

1.5.1　云计算

可以说，云计算是 IT 产业水到渠成的产物：计算量越来越大，数据越来越多、越来越动态、越来越实时，于是云计算应运而生。2006 年 8 月 9 日，Google 首席执行官埃里克·施密特（Eric Schmidt）在搜索引擎大会（SES San Jose 2006）上首次提出“云计算”（Cloud Computing）的概念，自此云计算的发展迅速跨越了学术和科技界，融入社会的各行各业。2012 年，云计算已经被公认为普遍性的信息技术，其被认为是继个人计算机、互联网之后电子信息领域的第三次 IT 革命。

1．什么是云计算

云计算是分布式计算技术的一种，本质是透过网络将庞大的计算处理程序自动分拆成无数个较小的子程序，再交由多部服务器所组成的庞大系统，经搜寻、计算分析之后将处理结果回传给用户。透过这项技术，网络服务提供者可以在数秒之内，达成处理数以千万计甚至亿计的信息，达到和“超级计算机”同样强大效能的网络服务。通过云计算，网络服务提供者可以把计算能力作为一种商品，使其在互联网上流通，使用者可以不受时间和空间的限制按需购买这种计算能力。

最简单的云计算技术在网络服务中随处可见地，如搜寻引擎、电子邮箱、网盘等，使用者只要输入简单指令即能得到大量信息。进一步的云计算不仅具有资料搜寻、存储的功能，更可处理一些像 DNA 结构的分析、基因图谱的定序、癌症细胞的解析等。

2019 年“双 11”购物节，一过零点，各大电商平台即迎来交易高峰。零点刚过 1 分 36 秒，天猫平台上成交总额突破 100 亿元，订单创建峰值更是创下新的世界纪录——1 秒钟内有 54.4 万笔订单同时下单，是 2009 年第一次“双 11”的 1360 倍。成功扛住全球最大规模流量“洪峰”、支撑各大电商平台“双 11”购物盛况的，正是背后的阿里云、腾讯云等各大云计算服务平台。事实上，云计算已成为城市、政府和各行业数字化转型的基础支撑。当前无论是电商平台，还是网上外卖平台、在线游戏中心、热点网站，或是工业互联网，都离不开云计算。近年来，政府部门也开始积极利用云计算技术提升工作效率和服务水平。

2．云计算的特点

云计算是一种技术，也是一种服务，甚至还是一种商业模式，只有符合某些特征的计算模式才能称为云计算。总体而言，云计算具有以下几个主要特点。

（1）超大规模。大多数云计算中心都具有相当的规模，比如 Google 云计算中心已经有几百万台服务器，而 Amazon、IBM、微软等企业所掌控的云计算规模也毫不逊色，并且云计算中心能通过整合和管理这些数目庞大的计算机集群，来赋予用户前所未有的计算和存储能力。

（2）虚拟化。云计算支持用户在任意位置使用各种终端获取应用服务，所请求的资源都来自“云”，而不是固定的有形实体。应用在“云”中某处运行，但实际上用户无须了解也不用担心应用运行的具体位置，这样能有效地简化应用的使用。

（3）高可靠性。云计算中心在软硬件层面采用了诸如数据多副本容错、心跳检测和计算节点同构可互换等措施来保障服务的高可靠性，另外，还在设施层面上的能源、制冷和网络连接等方面采用了冗余设计，以进一步确保服务的可靠性。

（4）通用性。云计算不针对特定的应用，在“云”的支撑下可以构造出千变万化的应用，同一片“云”可以同时支撑不同的应用运行，并保证这些服务的运行质量。

（5）高可伸缩性。用户所使用的“云”资源可以根据其应用的需要进行调整，并且再加上前面所提到的云计算中心本身的超大规模，“云”能够有效地满足应用和用户大规模增长的需要。

（6）按需服务。“云”是一个庞大的资源池，用户可以按需购买，就像自来水、电和煤气等公用事业那样根据用户的使用量计费，无须任何软硬件和设施等方面的前期投入。

（7）高性价比。首先，“云”的特殊容错措施使得可以采用极其廉价的节点来构成云；其次，“云”的自动化管理使数据中心管理成本大幅降低；再次，“云”的公用性和通用性使资源的利用率大幅提升；最后，“云”设施可以建在电力资源丰富的地区，从而大幅降低能源成本。因此，“云”具有前所未有的性价比。

3．云计算的关键技术

云计算的核心是一种基于互联网的计算模式，这种模式既包括系统的设计开发，也涵盖系统运行设计。总的来说，云计算包括 4 大核心技术。

（1）虚拟化技术。实现云计算的重要技术就是虚拟化技术。虚拟化技术实现了物理资源的逻辑抽象和统一表示，各种不同的软硬件资源就可以形成一个虚拟的资源池。用户和业务应用就能更有效地使用这个资源池。通过虚拟化技术可以提高资源的利用率，且能够按照用户需求变化，快速有效地进行资源部署。

（2）数据存储技术。从安全、经济适用的角度来看，分布式存储方式无疑是云存储的最佳选择，采用多个副本存储同一数据或采用多份备份法，在服务上则采取并行的方法为用户提供所需服务，此外，高传输率也是云计算数据存储技术的一大特色。目前，各 IT 厂商多采用 GFS（Google File System）或 HDFS（Hadoop Distributed File System）的数据存储技术。

（3）大规模数据管理技术。云技术能对海量的数据进行处理、利用的前提是，数据管理技术必须具备高效的管理大量的数据的能力。目前，云计算系统中的数据管理技术主要是 Google 的 Big Table 数据管理技术和 Hadoop 开发的开源数据管理模块 HBase。

（4）编程模型。要使用户能够简便、轻松地获取云环境下的编程服务，编程模型必须具备简洁易操作的性能，那么，用户只要通过编写简单的程序就能达成既定的目标。此外，编程模型后台复杂的并行执行、任务调度向用户和编程人员保持透明，又是该服务的一大特色。例如，Google 构造的 MapReduce 编程规范就可满足上述要求，通过 Map 和 Reduce 两个简单概念构成基本的运算单元便可以并行处理海量的数据。MapReduce 既满足了编程模型需要，也满足了任务调度模型的需求，目前使用较广泛。

1.5.2　物联网

物联网（Internet of Things，IoT）起源于传媒领域，是计算机技术、通信技术和网络技术等技术变革的产物，是新一代信息技术的重要组成部分。物联网依靠射频识别、信息传感、无线通信、互联网、云计算、软件设计和纳米技术领域的发展与进步，将人类社会信息化向物理世界进一步推进，它是一种通过各种信息传感设备和数据采集、识别、管理等方法实现物与物、物与人和互联网结合形成巨大网络的新技术。在信息技术的支撑下，物联网正在引发新一轮的生活方式变革，其范围遍及智能交通、环境保护、公共安全、政府工作、平安家居、智能消防、工业监测、农业生产、个人医疗健康等多个领域。可以预见，物联网是继计算机、互联网与移动通信网之后的又一次信息产业浪潮。

1．什么是物联网

2015 年国际电信联盟（ITU）发布的 ITU 互联网报告，对物联网的定义是：通过射频识别（RFID）、红外感应器、全球定位系统、激光扫描器等信息传感设备，按约定的协议，把任何物品与互联网连接起来，进行信息交换和通信，以实现智能化识别、定位、跟踪、监控和管理的一种网络。简单来说，物联网就是“物物相连的互联网”，其包括两层意思：第一，通过安装在物体上的各种信息传感设备赋予物体智能，并通过接口与互联网相连而形成一个物品与物品相连的巨大的分布式协同网络；第二，物理世界与信息世界的无缝连接。物联网示意图如图 1-13 所示。

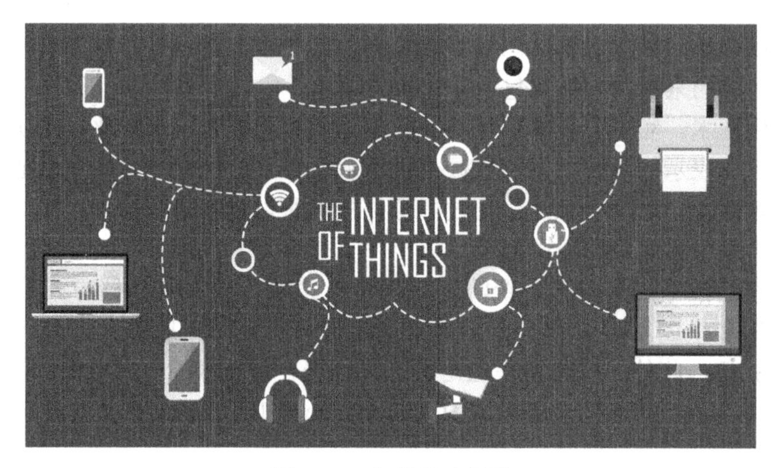

图 1-13　物联网示意图

根据国际电信联盟（ITU）的定义，物联网主要解决物与物（Thing To Thing，T2T）、人与物（Human To Thing，H2T）、人与人（Human To Human，H2H）之间的互连。但是与传统互联网不同的是，H2T 是指人利用装置与物品之间的连接，从而使得物品连接更加简化，而 H2H 是指人之间不依赖于计算机而进行的互连。传统互联网并没有考虑到对于任何物品连接的问题，因此随着技术的进步，人们便使用物联网来解决这个传统意义上的问题。

2．物联网的特点

和传统的互联网相比，物联网有其鲜明的特征。总体来说，物联网的基本特征可以分为三个，分别是“全面感知”、“可靠传输”和“智能处理”。

（1）全面感知。全面感知是指在物联网中，利用无线射频识别（RFID）、传感器、定位器和二维码等手段随时随地对物体进行信息采集和获取。感知包括传感器的信息采集、协同处理、智能组网，甚至信息服务，以达到控制、指挥的目的。

（2）可靠传输。可靠传输是指通过各种电信网络和因特网融合，对接收到的感知信息进行实时远程传送，实现信息的交互和共享，并进行各种有效的处理。在这一过程中，通常需要用到现有的电信运行网络，包括无线和有线网络。由于传感器网络是一个局部的无线网，因而无线移动通信网是作为承载物联网的一个有力的支撑。

（3）智能处理。智能处理是指利用云计算、模式识别等各种智能计算技术，对随时接收到的跨地域、跨行业、跨部门的海量数据和信息进行分析处理，提升对物理世界、经济社会各种活动和变化的洞察力，实现智能化的决策和控制。

3．物联网的关键技术

一般而言，可以将物联网从技术架构上分为三层：感知层、网络层和应用层。感知层由各种传感器和传感器网关构成，它的作用相当于人的眼耳鼻喉和皮肤等神经末梢，是物联网识别物体、采集信息的来源，其主要功能是识别物体、采集信息。网络层由各种私有网络、互联网、有线和无线通信网、网络管理系统和云计算平台等组成，相当于人的神经中枢和大脑，负责传递和处理感知层获取的信息。应用层是物联网和用户（包括人、组织和其他系统）的接口，相当于人的社会分工，它与行业需求结合，实现物联网的智能应用。物联网体系结构中的每一层涉及的技术有所不同，下面就各层所涉及的技术做简单介绍。

感知层涉及的主要技术包括传感器技术、射频识别（RFID）技术和短距离无线传输技术（蓝牙技术）。

（1）传感器技术。传感器是机器感知物质世界的"感觉器官"，用来感知信息采集点的环境参数，它可以感知热、力、光、电、声、位移等信号，为物联网系统的处理、传输、分析和反馈提供最原始的信息。随着电子技术的不断进步，传统的传感器正逐步实现微型化、智能化、信息化、网络化。同时，我们也正经历着一个从传统传感器到智能传感器再到嵌入式 Web 传感器不断发展的过程。目前，市场上已经有大量门类齐全且技术成熟的传感器产品可供选择。

（2）射频识别（RFID）技术。RFID 技术由 RFID 电子标签、RFID 读写器和 RFID 天线三部分组成。RFID 电子标签是替代条形码走进物联网时代的关键技术之一，所谓 RFID 电子标签就是一种把天线和 IC 封装到塑料基片上的新型无源电子卡片，具有数据存储量大、无线无源、小巧轻便、使用寿命长、防水、防磁和安全防伪等特点。RFID 读写器和 RFID 电子标签之间通过电磁场感应进行能量、时序和数据的无线传输。

（3）蓝牙技术。蓝牙技术是一种短距离无线通信技术，可实现固定设备、移动设备和楼宇个人域网之间的短距离数据交换，始于爱立信公司在 1994 年进行的如何在移动电话和其他配件间进行低功耗、低成本无线通信连接的研究方案。目前市面上具备蓝牙技术的设备已经非常丰富，如手机、笔记本电脑、耳机等。

网络层的主要技术包括 Internet 技术、移动通信网络技术和无线传感器网络技术等。

（1）Internet 技术。为了适应物联网大数据量和多终端的要求，Internet 正在发生一系列新变革。其中，由于 Internet 中用 IP 地址对节点进行标识，而目前的 IPv4 受制于资源耗竭，已经无法提供更多的 IP 地址，所以 IPv6 应运而生。引入 IPv6 技术，使网络不仅可以为人类服务，还将服务于众多硬件设备，如家用电器、传感器、远程照相机、汽车等，它将使物联网无所不在、无处不在地深入社会每个角落。

（2）移动通信网络技术。在物联网中，终端需要以有线或无线方式连接起来，发送或接收各类数据；同时，考虑到终端连接的方便性、信息基础设施的可用性，以及某些应用场景本身需要监控的目标就处于移动状态下，因此，移动通信网络以其覆盖广、建设成本低、部署方便、终端具备移动性等特点成为物联网重要的接入手段和传输载体。

（3）无线传感器网络技术。无线传感器网络（WSN）是集分布式信息采集、传输和处理技术于一体的网络信息系统，以其低成本、微型化、低功耗和灵活的组网方式、铺设方式及适合移动目标等特点受到广泛重视。物联网正是通过遍布在各个角落和物体上的形形色色的传感器及由它们组成的无线传感网络，来感知整个物质世界的。

应用层的主要技术有 M2M、云计算、人工智能、数据挖掘、SOA 等。

（1）M2M。M2M 是 Machine-To-Machine 的简称，即“机器对机器”的缩写，也有人理解为人对机器（Man-To-Machine）、机器对人（Machine-To-Man）等，旨在通过通信技术来实现人、机器和系统三者之间的智能化、交互式无缝连接。M2M 聚焦在无线通信网络应用上，旨在通过移动通信对设备进行有效控制，从而将商务的边界大幅度扩展或创造出较传统方式更高效率的经营方式抑或创造出完全不同于传统方式的全新服务，是物联网应用的一种主要方式。

（2）云计算。云计算作为一种能够满足海量数据处理需求的计算模型，是物联网发展的基石。之所以说云计算是物联网发展的基石，一是因为云计算具有超强的数据处理和存储能力，二是因物联网无处不在的信息采集活动，需要大范围的支撑平台以满足其大规模的需求。

（3）人工智能。人工智能是研究用计算机来模拟人的某些思维过程和智能行为（如学习、推理、思考和规划等）的技术。在物联网中人工智能技术主要对物品所承载的信息内容进行分析，从而实现计算机自动处理。

（4）数据挖掘。物联网中的信息无疑是庞大的，数据挖掘（Data Mining）是通过分析每个数据，从大量数据中寻找其规律的技术，以帮助网络系统筛选出有用的信息。

（5）SOA。SOA 即面向服务的体系结构（Service-Oriented Architecture），主要为物联网提供一种接口，将应用程序的不同功能单元通过 SOA 联系起来。

1.5.3 大数据

现在的社会是一个高速发展的社会，科技发达，信息流通，人们之间的交流越来越密切，生活也越来越方便，大数据就是这个高科技时代的产物。阿里巴巴创办人马云就曾提到，未来的时代将不是 IT 时代，而是 DT 时代，DT 就是 Data Technology（数据科技）。随着信息革命深入发展，如潮的数据澎湃而至，数量之巨，种类之杂，来势之快，前所未有，大数据时代已经全面爆发。大数据不单单是“数据的工业革命”，而是创新和生产力提升的下一个前沿，正成为国家竞争力的要素之一，在世界范围内日益受到重视。

1．什么是大数据

大数据是一个比较抽象的概念，计算机业界的学者和专家们给出了多种定义。目前被广泛接受的定义是：大数据（Big Data）指无法在一定时间范围内用常规软件工具进行捕捉抓取、管理和处理的数据集合，是需要使用新处理模式才能具有更强的决策力、洞察发现力和流程优化能力的海量、高增长率和多样化的信息资产。

2．大数据的特点

大数据的“大”是一个动态概念，从以前的 GB、TB 级到现在的 PB、EB 级乃至 ZB 级，大数据发生了从量到质的飞跃。大数据具有 5 个特性，简称 5V 特性。

（1）大量化（Volume）。数据量大，包括采集、存储和计算的量都非常大。大数据的起始计量单位至少是 PB（1000 个 TB）、EB（100 万个 TB）或 ZB（10 亿个 TB）。

（2）多样化（Variety）。种类和来源多样化，包括结构化、半结构化和非结构化数据，具体表现为网络日志、音频、视频、图片、地理位置信息等，多类型的数据对数据的处理能力提出了更高的要求。

（3）价值化（Value）。数据价值密度相对较低，或者说是浪里淘沙却又弥足珍贵。随着互联网和物联网的广泛应用，信息感知无处不在，信息海量，但价值密度较低，如何结合业务逻辑并通过强大的机器算法来挖掘数据价值，是大数据时代最需要解决的问题。

（4）快速化（Velocity）。数据增长速度快，处理速度也快，对时效性要求高。比如搜索引擎要求几分钟前的新闻能够被用户查询到，个性化推荐算法尽可能要求实时完成推荐。这是大数据区别于传统数据挖掘的显著特征。

（5）真实性（Veracity）。数据的真实性是指数据的准确性和可信赖度，即数据的质量。大数据中的内容是与真实世界息息相关的，研究大数据就是从庞大的网络数据中提取出能够解释和预测现实事件的过程。

3．大数据的关键技术

大数据技术是一系列使用非传统的工具来对大量的结构化、半结构化和非结构化数据进行处理，从而获得分析和预测结果的数据处理技术。大数据关键技术涵盖数据存储、处理、应用等多方面的技术，根据大数据的处理过程，可将其分为大数据采集、大数据预处理、大数据存储及管理、大数据处理、大数据分析及挖掘、大数据展示等。

（1）大数据采集。大数据采集技术是指通过 RFID、传感器、社交网络交互及移动互联网等方式获得各种类型的结构化、半结构化及非结构化的海量数据。目前，大数据高效的数据采集工具主要包括 Scribe、Flume、Chukwa 和 Kafka 等。

（2）大数据预处理。大数据预处理技术主要是指完成对已接收数据的辨析、抽取、清洗、填补、平滑、合并、规格化及检查一致性等操作。

（3）大数据存储及管理。大数据存储及管理的主要目的是用存储器把采集到的数据存储起来，建立相应的数据库，并进行管理和调用。在大数据时代，从多渠道获得的原始数据常常缺乏一致性，数据结构混杂，并且数据不断增长，这造成了单机系统的性能不断下降，即使不断提升硬件配置也难以跟上数据增长的速度。这导致传统的处理和存储技术失去了可行性。大数据存储及管理技术重点研究复杂结构化、半结构化和非结构化大数据管理与处理技术，解决大数据的可存储、可表示、可处理、可靠性及有效传输等几个关键问题。目前，大数据存储分布式文件系统主要包括 Google GFS、Hadoop HDFS、Lustre 等，主要的分布式数据库存储技术有 HBase、Cassandra、MongoDB 等。

（4）大数据处理。大数据的应用类型有很多，主要的处理模式可以分为流处理模式和批处理模式两种。批处理模式是先存储后处理，Google 公司在 2004 年提出的 MapReduce 编程模型是最具代表性的批处理模式；而流处理模式则是直接处理，它的基本理念是数据的价值会随着时间的流逝而不断减少，因此尽可能快地对最新的数据做出分析并给出结果是所有流处理模式的主要目标，目前主流的实时流计算技术有 Yahoo 的 S4、Twitter 的 Strom 等。

（5）大数据分析及挖掘。大数据处理的核心就是对大数据进行分析，只有通过分析才能获取很多智能的、深入的、有价值的信息。越来越多的应用涉及大数据，这些大数据的属性，包括数量、速度、多样性等都引发了大数据不断增长的复杂性，所以，大数据的分析方法在大数据领域就显得尤为重要，可以说是决定最终信息是否有价值的决定性因素。利用数据挖掘进行数据分析的常用方法主要有分类、回归分析、聚类、关联规则等，它们分别从不同的角度对数据进行挖掘。目前，主要的数据查询分析系统包括 HBase、Hive、Cassandra、Shark 等。

（6）大数据展示。在大数据时代，数据井喷式地增长，分析人员将这些庞大的数据汇总并进行分析，而分析出的成果如果是密密麻麻的文字，那么就没有几个人能理解，所以就需要将数据可视化。可以说，可视化技术是最佳的结果展示方式之一，其通过清晰的图形图像展示直观地反映出最终结果。随着大数据时代的来临，数据可视化产品已经不再满足于使用传统的数据可视化工具来对数据仓库中的数据进行抽取、归纳及简单的展现。新型的数据可视化产品必须满足互联网上爆发的大数据需求，必须快速收集、筛选、分析、归纳、展现决策者所需要的信息，并根据新增的数据进行实时更新。

1.6 计算思维

1.6.1 计算思维的重要性

现代社会，计算机已经深深地渗透到人们社会生活的方方面面。计算机对人们生活的帮助是显而易见的，人们利用计算机进行社交活动、获取旅游信息并安排旅行计划、管理财务等，大部分工作在没有计算机的情况下几乎无法完成。在看不见的背后，计算机更是深深地融入并控制着人类社会。世界各地银行和证券交易所的计算机每天要处理的资金高达上千亿美元；在网站上看到的各类新闻和资讯，是由文字处理、图像编辑、数据库管理等各类软件创建并由庞大的数据中心提供给用户的；计算机掌控着全球通信网络；计算机控制的自动化工厂生产着各种产品。显然，计算机已经深深地融入了人类社会，人类的生产与生活高度地依赖于计算机。另一方面，计算机也给人们带来了许多风险。由于人们越来越多地依赖于计算机网络，网络犯罪日益增加，人们的隐私不断被暴露；越来越多的情况，是算法而不是人在决定着人们所能读到的新闻。随着计算机越来越多地控制人们的生活，“计算机可以说不”将会给人们带来越来越多的危险。因此，人们必须要了解计算机的工作原理和它们具备的能力。

在几千年的历史中，人类一直在进行着认识和理解自然的活动。几千年前，人类主要以观察或实验为依据，通过经验的方式描述自然现象。随着科学的发展和进步，到几百年前，人类开始对观测到的自然现象加以假设，然后构造模型进行理解，在经过大量实例验证形成一般性模型后，对新的自然现象就可用模型进行解释和预测了。近几十年来，随着计算机的出现，以及计算机科学的发展，派生出了基于计算的研究方法，通过数据采集、软件处理、结果分析与统计，用计算机辅助分析复杂现象。可以看到，人类历史上对自然的认识和理解经历了 3 个阶段，形成了理论思维、实证思维和计算思维 3 种人们认识与改造自然世界的思维方式。

计算思维（Computational Thinking，CT）提取了计算机科学中的核心原则，以使计算机遵从人们的意愿。这些核心原则包括如何从问题中抽取必要的细节、如何以计算机能理解的方式描述问题、如何自动化问题求解过程。计算思维对每个人都很重要，其终极目标是使每个人不但能解决问题，而且能借助计算机的能力，又快又好地解决问题。

“人要成功融入社会所必备的思维能力，是由其解决问题时所能获得工具或过程决定的”，在工业社会，人们关心的是了解事物的物理特性，然后思考如何用原料生成新事物。人们解决问题时可以用到的工具或过程有生产线、自动化、草图、工艺美术等。进入信息社会后，为了问题求解，人们关心的是如何利用技术定位和使用信息，常用的工具有芯片、网络、E-mail、文件等。为了超越信息社会，人类已不满足于仅仅是定位和使用信息，更加关注的是利用数据和构想解决问题，进而创造工具和信息。要达到这样的目的，需要抽象、数据处理等技能，以及大量计算机科学概念的支持。因此，计算思维不但对将来从事计算机相关工作的人至关重要，对从事其他职业的人来说也是必备技能。有理由相信，在 21 世纪，与阅读、写作和算术一样，计算思维必将是每个人必备的基本技能。

1.6.2　计算思维的定义和本质

2006 年 3 月，美国卡内基·梅隆大学计算机科学系主任周以真（Jeannette M. Wing）教授在美国计算机权威期刊 *Communications of the ACM* 杂志上发表了一篇题为 *Computational Thinking* 的文章，明确提出了计算思维的概念，同时还强调计算思维是一项跨学科的基本素养，不仅限于计算机领域。周以真教授认为，计算思维是运用计算机科学的基础概念进行问题求解、系统设计，以及人类行为理解等涵盖计算机科学之广度的一系列思维活动，涉及理解问题并以一种计算机可以执行的方式表达其解决方案，使用计算机科学中的算法概念与策略来制定、分析和解决问题。

计算机科学是计算的学问——什么是可计算的，怎样去计算。因此，计算思维具有以下特性：

（1）计算思维是概念化的，不是程序化的。计算机科学不是计算机编程。像计算机科学家那样去思维意味着不仅能为计算机编程，还要求能够在抽象的多个层次上思维。

（2）计算思维是基本技能，不是刻板技能。基本技能是每一个人为了在现代社会中发挥职能所必须掌握的，而刻板技能意味着机械的重复，计算思维不是一种简单机械的重复。

（3）计算思维是人的，不是计算机的思维。计算思维是人类求解问题的一条途径，但绝非要使人类像计算机那样地思考。计算机枯燥且沉闷，人类聪颖且富有想象力，是人类赋予了计算机激情。配置了计算设备，人们就能用自己的智慧去解决那些计算时代之前不敢尝试的问题，实现“只有想不到，没有做不到”的境界。

（4）计算思维是数学和工程思维的互补与融合。计算机科学在本质上源自数学思维，因为像所有的科学一样，其形式化解析基础建筑于数学之上。计算机科学又从本质上源自工程思维，因为人们建造的是能够与实际世界互动的系统，基本计算设备的限制迫使计算机科学家必须计算性地思考，不能只是数学性地思考。

（5）计算思维是思想，不是人造物。计算思维不仅只将人们生产的软件、硬件等人造物以物理形式呈现并接入生活，更重要的是还蕴含着求解问题、管理日常生活、与他人交流和互动的计算概念。

（6）计算思维是面向所有人、所有领域的。计算思维是面向所有人的思维，而不只是计算机科学家的思维。如同所有人都具备读、写、算能力一样，计算思维也是所有人必须具备的思维能力。

计算思维的本质是抽象（Abstraction）和自动化（Automation），即“两个 A”。前者对应着建模，后者对应着模拟。抽象就是忽略一个主题中与当前问题（或目标）无关的那些方面，以便更充分地注意与当前问题（或目标）有关的方面。在计算机科学中，抽象是一种被广泛使用的思维方法。计算思维中的抽象完全超越物理的时空观，并完全用符号来表示，其中，数字抽象只是一类特例，与数学相比，计算思维中的抽象显得更为丰富，也更为复杂。计算思维中的抽象最终目的是能够机械地一步一步自动执行抽象出来的模型，以求解问题、设计系统和理解人类行为。计算思维的“两个 A”反映了计算的根本问题，即什么能被有效地自动执行。对“两个 A”的解读还可以用一句话总结：计算是抽象的自动执行，自动化需要某种计算装置去解释抽象。从操作层面上讲，计算就是如何寻找一台计算装置去求解问题，即确定合适的抽象，选择合适的计算装置去解释执行该抽象，后者就是自动化。

计算思维是人类思维与计算机能力的综合。随着计算机科学与技术的发展，在应用上，计算机不断渗入社会各行各业，深刻改变着人们的工作和生活方式；在科学研究上，计算在各门学科中的影响也已初显端倪。计算的概念广泛存在于科学研究和社会日常活动中，计算已经无处不在，计算思维正在发挥越来越重要的作用。

习题 1

一、判断题

1．计算机本质上是一种数据处理机。（ ）

2．计算机能够自动、准确、快速地按人们的意图运行的最基本思想是存储程序和程序控制，这个思想是图灵提出来的。（ ）

3．第一台电子计算机 ENIAC 是按照存储程序和程序控制原理设计的。（ ）

4．第一代计算机使用的软件主要是机器语言和汇编语言。（ ）

5．第三代计算机的逻辑部件采用的是中、小规模集成电路。（ ）

6．根据计算机领域十分著名的摩尔定律，芯片上能够集成的晶体管数量每 18～24 个月将增加 1 倍。（ ）

7．智能手机不属于微型计算机。（ ）

8．21 世纪计算机的可能发展方向有：量子计算机、光子计算机、模拟人脑功能的神经网络计算机。（ ）

9．云计算的消费者需要管理或控制云计算的基础设施，例如，网络，操作系统、存储等。（ ）

10．智能家居是物联网在个人用户的智能控制类应用。（ ）

11．传感器技术和射频技术共同构成了物联网的核心技术。（ ）

12．分布式文件系统基本上都有冗余备份机制和容错机制来保证数据读写的正确性。（ ）

13．当前大数据技术的基础是由阿里巴巴首先提出的。（ ）

14．计算思维是计算机的思维，不是人的思维。（ ）

15．计算思维的本质是抽象和自动化。（ ）

二、单选题

1．世界上第一台电子计算机是于______诞生在______。

A．1946 年、美国　　　　B．1946 年、法国

C．1946 年、英国　　D．1946 年、德国

2．世界上第一台投入运行的拥有存储程序结构的电子计算机是_______。

A．ENIAC　　B．EDSAC

C．EDVAC　　D．UNIVAC

3．第四代计算机的主要特征是_______。

A．采用电子管作为运算和逻辑器件

B．用大规模和超大规模集成电路作为主要器件

C．以中小规模集成电路作为器件

D．使用晶体管作为计算机的逻辑器件

4．在量子计算机中，信息的基本单位是_______。

A．Bit　　B．Byte

C．Qubit　　D．Word

5．计算机按照_______划分可以分为巨型机、大型机、中小型机、微型机、工作站和嵌入式计算机。

A．综合性能指标　　B．信息的表示方式不同

C．采用的主要器件　　D．基本用途和使用范围

6．嵌入式计算机的特点不包括_______。

A．低功耗　　B．体积小

C．集成度高　　D．通用性强

7．计算机最早的应用领域是_______。

A．数据处理　　B．科学计算机

C．过程控制　　D．人工智能

8．_______被认为是继个人计算机、互联网之后电子信息领域的第三次 IT 革命。

A．人工智能　　B．云计算

C．物联网　　D．大数据

9．将基础设施作为服务的云计算服务类型是_______。

A．IaaS　　B．PaaS

C．SaaS　　D．EC2

10．_______是继计算机、互联网与移动通信网之后的又一次信息产业浪潮。

A．人工智能　　B．云计算

C．物联网　　D．大数据

11．物联网体系结构中，应用层相当于人的_______。

A．皮肤　　B．大脑

C．社会分工　　D．神经中枢

12．下列属于大数据的数据采集工具的是_______。

A．Google GFS　　B．MapReduce

C．Scribe　　D．HBase

13．从人们认识与改造自然世界的思维方式来看，科学思维可以分为理论思维、_______和计算思维三种。

A．逻辑思维　　B．实证思维

C．抽象思维　　D．形象思维

14．计算思维是运用计算机科学的基础概念进行问题求解、系统设计，以及人类行为理解等涵盖计算机科学之广度的一系列________。

A．思维活动　　B．算法

C．程序　　D．流程图

15．下列关于计算思维的说法中，正确的是________。

A．计算思维是计算机的思维方式

B．计算思维就是数学思维

C．计算机的发明导致了计算思维的诞生

D．计算思维是人类求解问题的一条途径

三、多选题

1．迄今为止，计算工具的发展历程经历了______阶段。

A．手动式计算工具　　B．机械式计算工具

C．机电式计算工具　　D．电子计算机

2．下列对第一台电子计算机 ENIAC 的叙述中，______是错误的。

A．它的主要元器件是电子管

B．它的主要工作原理是存储程序和程序控制

C．它是 1946 年在美国发明的

D．它的主要任务是数据处理

3．下列________属于计算机发展历程中第三代时期的产物。

A．多道批处理操作系统　　B．摩尔定律

C．FORTRAN 编程语言　　D．Intel 80386 微处理器

4．下列________是当前计算机多媒体技术的研究热点，也是最新的应用形式。

A．VR（Virtual Reality）　　B．AR（Augmented Reality）

C．MR（Mixed Reality）　　D．AI（Artificial Intelligence）

5．根据处理的信号不同，可以将计算机分为________。

A．专用计算机　　B．通用计算机

C．模拟计算机　　D．数字计算机

6．下列属于人工智能技术研究领域的是________。

A．专家系统　　B．自然语言理解

C．人工神经网络　　D．计算机辅助设计

7．云计算的关键技术包括________。

A．虚拟化技术　　B．数据存储技术

C．数据管理技术　　D．分布式编程模型

8．根据国际电信联盟（ITU）的定义，物联网主要解决________之间的互连。

A．P2P　　B．T2T

C．H2T　　D．H2H

9．下列________属于物联网体系结构中感知层的关键技术。

A．传感器技术　　B．RFID 技术

C．短距离无线传输技术　　　　　　　　D．M2M 技术

10．下列关于大数据的特性的叙述中正确的有________。

A．Volume 是指数据的采集、传输、存储和计算处理容量都非常大

B．Variety 是指数据的种类和来源多，复杂性高

C．Velocity 是指数据时刻都在爆炸性地增长，对数据的处理速度要求也很高

D．Value 是指数据价值小，需要在海量数据中沙里淘金，挖掘出少量的有用数据

第 2 章　信息表示与编码

数据是信息的具体表现形式和载体，日常生活中接触的数据，除了数值类型数据，还有非数值类型数据，如文字、图片、音视频等。虽然计算机能快速进行数据的处理，但是在计算机内部，所有数据都是以二进制的 0 和 1 进行存放和运算的，不过由于二进制书写起来比较烦琐，因此，人们通常又用八进制数和十六进制数来表示计算机中的二进制数。

2.1　信息

2.1.1　信息的基本概念

1．信息的概念

数据是对客观事物的性质、状态及相互关系等记录下来的、可以鉴别的符号，这些符号不仅指数字，而且还包括了字符、文字、图形等。信息是那些经过加工以后，拥有特定含义、具有使用价值的数据，是对客观世界中各种事物的运动状态和变化的反映，是客观事物之间相互联系和相互作用的表征，表现的是客观事物运动状态和变化的实质内容。可以通过图 2-1 来理解数据与信息的关系。

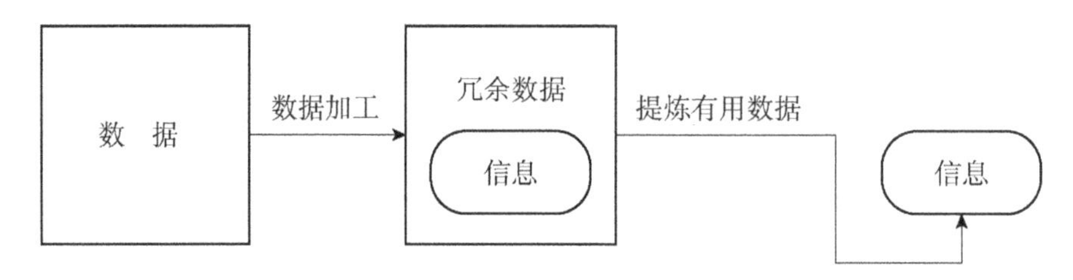

图 2-1　数据与信息的关系

不过，信息的一般概念是个哲学概念，对它的定义有很多，但没有一个是公认的，不同的研究领域对信息的理解是不同的。信息论的创始人克劳德·艾尔伍德·香农认为，信息是用来消除信息接收者在某种知识上不确定的东西。我国信息论学者钟义信教授认为，信息是事物运动的状态和方式，也就是事物内部结构和外部联系的状态与方式。据不完全统计，有关信息的定义有 100 多种，它们都存在着一定的局限性，但都从不同侧面、不同层次揭示了信息的特征与性质。现实世界中，信息是需要借助不同的媒体表现出来的，声音、文字、符号、图形、图像等都是信息的表现形式。

2．信息的特征

信息是事物存在和运动的状态与方式，也是客观事物运动和变化的反映。有价值的信息具有以下特征：

（1）事实性。信息应以事实为依据，能真实地反映客观现实的信息是真实信息，反之为虚假信息，只会害人害己。对真实信息的正确处理可产生正确的结果。

（2）等级保密性。对应于信息的获取、加工及其针对不同的使用对象或使用级别，信息有不同的等级。它反映了信息的安全层次和安全级别，人们根据信息的价值来确定保密的级别和程度、共享的范围。

（3）滞后性。由于信息是加工后的数据，而数据的采集和处理需要一定的时间，因此信息相对于事实有一段时间的延迟。

（4）时效性。信息的时效性是指信息的新旧程度。在某一时刻得到的信息（如新闻报道、天气预报等）将随着时间的推移而失去原有的价值。

（5）可压缩性。信息可以根据需要抽取关键内容，进行合理的、科学的压缩，可以用不同信息量来描述同一事物。人们常常用尽可能少的信息量描述一件事物的主要特征，但信息不能无限压缩以免造成重要信息的丢失。信息的压缩是提取有用信息的精炼过程。

（6）传递性。信息的传递是与物质和能量的传递同时进行的。语言、表情、动作、报刊、书籍、广播、电视、电话等是人类常用的信息传递方式。

（7）可转换性。信息可以从一种形态转换为另一种形态。如自然信息可转换为语言、文字和图像等形态，也可转换为电磁波信号和计算机代码，转换的主要条件是信息被人们有效地利用。

（8）共享性。信息可以被分享，如使用网络、电视、报纸等传输的信息，接收对象众多，即可以使很多人在不同的时间、地点共享同一信息。信息共享也可能会使信息的所有者蒙受损失，例如，专利技术、军事动态等。为了避免信息共享给信息所有者造成损失，信息共享是有范围（区域、时间上）的和有条件（权限）的。

（9）存储性。信息可以存储。例如，大脑就是一个天然信息存储器，人类发明的文字、摄影、录音、录像，以及计算机存储器等都可以进行信息存储。

（10）可处理性。人脑就是最佳的信息处理器，人脑的思维功能可以进行决策、设计、研究、写作、改进、发明、创造等多种信息处理活动。计算机具有强大的信息处理功能。

（11）增值性。合理地使用信息或对信息的再次加工，可以使信息增值。例如，商场每天的销售数据能够帮助决策者掌握经营状况；若选用有效的决策分析工具对销售数据再次加工，得到的信息就能帮助决策者合理组织商品，提高商场的盈利能力。

阅读

你为企业的用户画像贡献了多少信息

伴随着大数据应用的讨论、创新，个性化技术成为了一个重要落地点。用户画像越来越被企业所重视。

如何形成用户画像，用户画像最终又是如何使用的？下面就以京东为例。

一方面是海量信息的汇集，京东是一家大型全品类综合电商平台企业，海量商品和消费者产生了从网站前端浏览、搜索、评价、交易到网站后端支付、收货、客服等多维度全覆盖的数据体系，另一方面日益复杂的业务场景和逻辑使得信息的处理挖掘日益重要。也就是说，京东已经形成一个储量丰富、品位上乘且增量巨大的数据金矿，但是在相当长一段时间，很多业务商家会觉得很奇怪，为什么我的促销活动做了这么久，力度也挺大，就是没有带来预期用户的增长呢？从用户画像分析来看，很可能是在错误的时间错误的地点对错误的人做了错误的促销活动。

用户画像就是在解决把数据转化为商业价值的问题，就是从海量数据中来挖金炼银。这些以 TB 计的高质量多维数据记录着用户长期大量的网络行为，用户画像据此来还原用户的属性特征、社会背景、兴趣喜好，甚至还能揭示内心需求、性格特点、社交人群等潜在属性。了解了用户各种消费行为和需求，精准刻画人群特征，并针对特定业务场景进行用户特征不同维度的聚合，就可以把原本冷冰冰的数据复原成栩栩如生的用户形象，从而指导和驱动商家在正确的时间对正确的人员推送“有用”的商品信息。

你的每一次网上购物浏览行为都将被电商记录并形成你的用户画像，你为电商的用户画像提供了多少的信息呢？

2.1.2 信息的存储单位

在计算机内部，信息都是以 0 和 1 进行存储的。多个二进制数字顺序排列在一起，称为“位串”。位串中含有的数字个数，称为该位串的长度（如位串 10010 的长度是 5），位串长度既可以用位来度量，也可以用字节数等其他单位来度量。

1．位（bit）

计算机中最小的数据单位，表示一位二进制信息，简称位（比特），1 位二进制数是 0 或 1。

2．字节（Byte）

字节是计算机中存储信息的基本单位，一个字节由 8 位二进制数字组成（1Byte=8bit），经常用字符 B 来代表术语 Byte。但是在很多场合下，字节单位仍然显得太小了，更大的单位有：KB（千字节）、MB（兆字节）、GB（吉字节）、TB（太字节）、PB（拍字节）、EB（艾字节）等，它们的换算规则如下：

$1KB=1024B=2^{10}B$

$1MB=1024KB=2^{20}B$

$1GB=1024MB=2^{30}B$

$1TB=1024GB=2^{40}B$

$1PB=1024TB=2^{50}B$

$1EB=1024PB=2^{60}B$

注意：相邻单位之间都是 1024 倍的关系，不是 1000 倍的关系。计算机的存储器（包括内存与外存），通常也用 Byte，KB，MB，GB，TB 来表示它的容量。

3．字与字长

在计算机中作为一个整体被存取、传送、处理的二进制数字符串叫做一个字或单元，每个字中二进制位数的长度称为字长。不同的计算机系统的字长是不同的，常见的有 8 位、16

位、32 位、64 位等，字长越长，计算机一次处理的信息位就越多，精度就越高。

要注意字与字长的区别，字是单位，而字长是指标，指标需要用单位去衡量。正像生活中重量与公斤的关系，公斤是单位，重量是指标，重量需要用公斤加以衡量。

2.2　数制

2.2.1　丰富多彩的数制

进位计数制，简称数制，是用一组统一符号和统一规则来表示数值的方法。

计算机内部采用二进制数，但二进制数在表示一个数字时，位数太长，书写麻烦，不易识别且易出错。因此，在编写计算机程序时，经常用到十进制数、八进制数和十六进制数。

任何一种进位计数制都可以表示为按权展开的多项式之和的形式：

$$N = \pm \sum_{i=-m}^{n} K_i R^i$$

其中，R 称为某种进位计数制的基数，为正整数，R=16 为十六进制，R=8 为八进制，R=2 为二进制。K_i 为数码，是 0，1，…，(R−1) 中的任何一个。R^i 是位权，简称权，是数码在不同位置上的权值，如十进制数的百位的位权是 10^2。

下面具体介绍常用的进位计数制。

1．十进制（Decimal）

十进位计数制简称十进制，有 10 个不同的数码符号：0、1、2、3、4、5、6、7、8、9，基是 10，运算规则“逢十进一，借一当十”，每个数码的权是以 10 为底的幂次方，即 10^n（整数部分 n 取值 0，1，2，…；小数部分 n 取值-1，-2，…）。为了明确表示十进制数，可以用以下两种方式表示：$(215.48)_{10}$ 或 215.48D。例如：

$$(215.48)_{10}=215.48D=2\times10^2+1\times10^1+5\times10^0+4\times10^{-1}+8\times10^{-2}$$

2．二进制（Binary）

二进位计数制简称二进制，有两个不同的数码符号：0、1，基是 2，运算规则“逢二进一，借一当二”，每个数码的权是以 2 为底的幂次方，即 2^n（整数部分 n 取值 0，1，2，…；小数部分 n 取值-1，-2，…）。为了明确表示二进制数，可以用以下两种方式表示：$(11001.01)_2$ 或 11001.01B。例如：

$$(11001.01)_2=1\times2^4+1\times2^3+0\times2^2+0\times2^1+1\times2^0+0\times2^{-1}+1\times2^{-2}=(25.25)_{10}$$

3．八进制（Octal）

八进位计数制简称八进制，有 8 个不同的数码符号：0、1、2、3、4、5、6、7，基是 8，运算规则“逢八进一，借一当八”，每个数码的权是以 8 为底的幂次方，即 8^n（整数部分 n 取值 0，1，2，…；小数部分 n 取值-1，-2，…）。为了明确表示八进制数，可以用以下两种方式表示：$(162.4)_8$ 或 162.4O。例如：

$$(162.4)_8=1\times8^2+6\times8^1+2\times8^0+4\times8^{-1}=(114.5)_{10}$$

4．十六进制（Hexadecimal）

十六进位计数制简称十六进制，有 16 个不同的数码符号：0、1、2、3、4、5、6、

7、8、9、A、B、C、D、E、F，基是 16，运算规则“逢十六进一，借一当十六”，每个数码的权是以 16 为底的幂次方，即 16^n（整数部分 n 取值 0，1，2，…；小数部分 n 取值-1，-2，…）。为了明确表示十六进制数，可以用以下两种方式表示：$(2BC.48)_{16}$ 或 2BC.48H。例如：

$$(2BC.48)_{16}=2\times16^2+11\times16^1+12\times16^0+4\times16^{-1}+8\times16^{-2}=(700.28125)_{10}$$

十进制数人们非常熟悉，二进制数是计算机采用的数制。八进制数在计算机中作为过渡进制使用，而十六进制数在计算机中常常是作为地址的书写形式而出现的。

4 种进制数值对照表如表 2-1 所示。

表 2-1　4 种数制数值对照表

二进制	十进制	八进制	十六进制
0000	0	0	0
0001	1	1	1
0010	2	2	2
0011	3	3	3
0100	4	4	4
0101	5	5	5
0110	6	6	6
0111	7	7	7
1000	8	10	8
1001	9	11	9
1010	10	12	A
1011	11	13	B
1100	12	14	C
1101	13	15	D
1110	14	16	E
1111	15	17	F

2.2.2　计算机与二进制

1．二进制运算

无论是大数据，还是云计算，数据最终都以统一的方式存储在计算机中，即二进制。人们需先把各种不同表现形式的信息（如数值、文字、符号、图形、图像等）转化为计算机能够处理的二进制形式。同样，经过计算机处理的信息，要从 0 和 1 的二进制编码形式转换成各种人们熟悉的信息才能被有效利用。

那么，计算机为什么采用二进制数据而不采用人们习惯的十进制数据呢？其原因是：

（1）容易实现。仅有两种稳定状态的物理元件在技术上很容易实现，如电位的高和低、电灯的亮和灭、晶体管的导通和截止、电容器的充电和放电等，0 和 1 这两个数字就表示这两种状态。而十进制数有 0，1，2，…，9 十个数字，要找到具有 10 种稳定状态的物理元件来实现在技术上比较困难。

（2）工作可靠性高。由于电压的高低、电流的有无两种状态分明，因此采用二进制的数字信号可以提高信号的抗干扰能力，可靠性高。

（3）运算简单。二进制的运算规则是“逢二进一，借一当二”，算术运算特别简单，如加法运算规则有 0+0=0，0+1=1，1+0=1，1+1=10；乘法运算规则有 0×0=0，0×1=0，1×0=0，1×1=1，比十进制运算简单且不易出错。

（4）便于表示逻辑量。二进制的 0 和 1 与逻辑量“假”和“真”相对应，便于计算机进行逻辑判别和逻辑运算。

2．二进制的数与码

同样的一个位串，既可以用来表示数值大小，也可以表示不同含义的“码”。

例如，十进制数 2019003 表示一个数值时，即两百零一万九千零三；2019003 表示一个非数值的码时，可以表示的事物种类却是无限的，既可以表示码为 2019003 的某员工的工号，还可以表示编号为 2019003 的游戏卡。

同样，在二进制中，可以用 0 和 1 组成的位串来表达任何大小的数值，也可以用来表示具有任何含义的码。

如果用长度为 1 的二进制位串来表示整数值，只能表示 0 和 1 这两个值中的一个。如果用长度为 1 的二进制位串来表示码，则能够用来对任何属于同一类型的两个不同事物制定编码规则，或者对同一事物两种不同状态进行编码。比如：

- 0 表示假，1 表示真
- 0 表示关，1 表示开
- 0 表示正，1 表示负
- 0 表示取款，1 表示存款

如果用长度为 2 的位串来直接表示整数值，则能表示 4 个值：00（值为 0），01（值为 1），10（值为 2），11（值为 3）。如果用长度为 2 的位串来进行编码，由于一共有 00、01、10、11 这 4 个码值可以用，能够对同一类型 4 个不同事物（或状态）制定编码规则。制定编码规则，无非是规定了一张两个集合{00, 01, 10, 11}与{A, B, C, D}之间的所有元素的一对一的映射方式而已。

用一个长度为 n 的二进制位串可表示的最大非负整数是 2^n-1，可表示数的范围是$[0, 2^n-1]$。用长度为 n 的位串来进行编码，一共有 2^n 个码值可以使用，则能够用来对 2^n 个同类事物或状态进行编码。

二进制游戏

猜猜我的生肖

二进制不但可以应用在计算机上，在我们的日常生活中也可以用二进制解决部分生活问题，下面就给大家介绍一个用二进制数设计的小游戏。

做 4 张卡片，每张卡片上输入如下的生肖，顺序不要乱。

卡片 1	卡片2	卡片 3	卡片 4
鼠、虎、 龙、马、 猴、狗	牛、虎、 蛇、马、 鸡、狗	兔、龙、 蛇、马、 猪	羊、猴、 鸡、狗、 猪

先由游戏者随便从卡片 1 中选一个生肖，然后从卡片 2、卡片 3、卡片 4 中，逐一问游戏者，所选的生肖在不在卡片 1 中，游戏者只回答“在”与“不在”，“在”记 1，“不在”记 0，卡片 2、卡片 3、卡片 4 纸条如是，然后在下表中查找就可以得到游戏者对应的生肖是什么了。

0001 鼠	0010 牛	0011 虎
0100 兔	0101 龙	0110 蛇
0111 马	1000 羊	1001 猴
1010 鸡	1011 狗	1100 猪

2.2.3 数制的相互转换

1．十进制数与 N 进制数之间的转换

十进制数转换成 N 进制数，需要分成整数和小数两部分求解。例如，求解（156.8125）$_{10}$ 对应的二进制数，需要分别求解（156）$_{10}$ 和（0.8125）$_{10}$ 对应的二进制数。

（1）十进制整数转换成二进制整数。把一个十进制整数转换为 N 进制整数的方法如下：把被转换的十进制整数反复除以 N，直到商为 0，每次所得的余数组合起来（从末位读起）就是这个数的 N 进制表示。简单地说，就是“除 N 取余法”。

例如，将十进制整数（156）$_{10}$ 转换成二进制整数的方法如下：

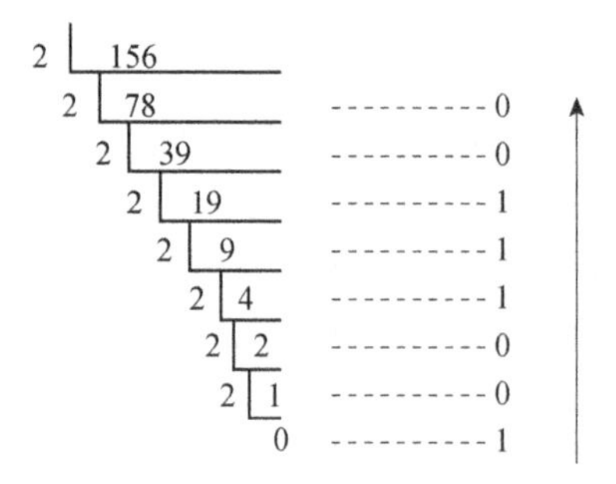

于是，（156）$_{10}$=（10011100）$_2$。

（2）十进制小数转换成 N 进制小数。十进制小数转换成 N 进制小数是将十进制小数连续乘以 N，选取进位的整数部分，直到满足精度要求为止。简称“乘 N 取整法”。

例如，将十进制小数（0.8125）$_{10}$ 转换成二进制小数的方法如下：

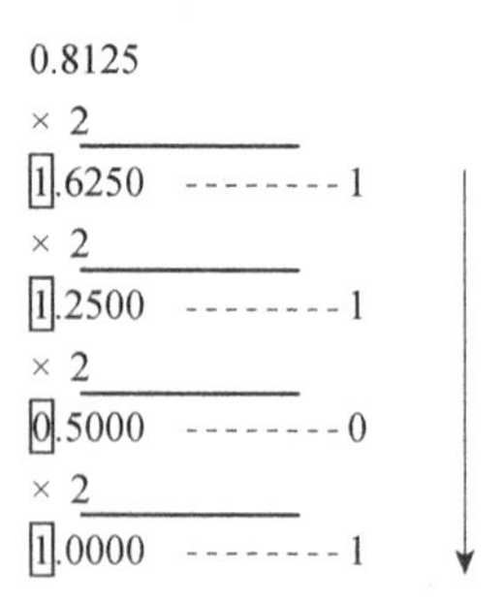

于是，（0.8125）$_{10}$=（0.1101）$_2$。

因此，十进制数 156.8125 对应二进制数可表示成：$(156.8125)_{10}=(10011100.1101)_2$。

类似于十进制数转换成二进制数，十进制数转换成八进制数的方法是：整数部分“除 8 取余法”，小数部分“乘 8 取整法”。十进制数转换成十六进制数的方法是：整数部分“除 16 取余法”，小数部分“乘 16 取整法”。

（3）N 进制数转换成十进制数。把 N 进制数转换为十进制数的方法是：将 N 进制数按权展开求和即可。例如，将 $(1110011.101)_2$ 转换成十进制数的方法如下：

$$(1110011.101)_2=1\times2^6+1\times2^5+1\times2^4+0\times2^3+0\times2^2+1\times2^1+1\times2^0+1\times2^{-1}+0\times2^{-2}+1\times2^{-3}$$

于是，$(1110011.101)_2=64+32+16+2+1+0.5+0.125=(115.625)_{10}$。

同理，八进制数或十六进制数转换成十进制数也按权展开求和即可。例如：

$(16.24)_8=1\times8^1+6\times8^0+2\times8^{-1}+4\times8^{-2}=14.3125$

$(5E.A8)_{16}=5\times16^1+14\times16^0+10\times16^{-1}+8\times16^{-2}=94.65625$

（4）十进制数与 N 进制数的相互转换。十进制数与 N 进制数的相互转换规则如图 2-1 所示。十进制数转换成 N 进制数：整数部分连续除以 N 取余数，直到商为 0 才停止；小数部分连续乘以 N 取进位的整数部分，直到满足特定精度。反过来，N 进制数转换成十进制数，只需把各数位的数码按权展开求和即可。

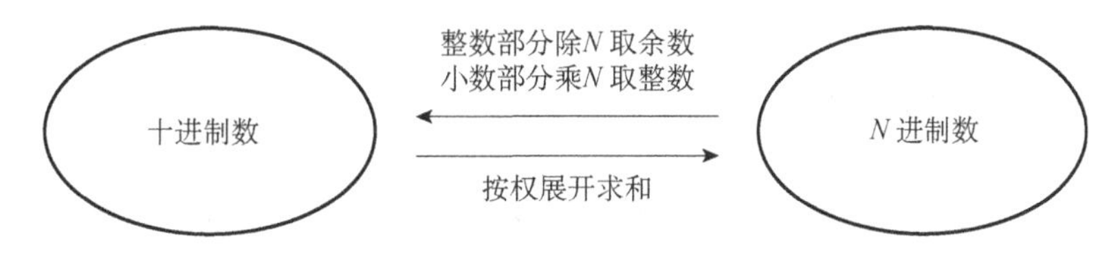

图 2-2　十进制数与 N 进制数的相互转换

2．二进制数与八进制数之间的转换

因此，八进制数的每一位对应二进制数的三位。

（1）二进制数转换成八进制数。将二进制数以小数点为界，整数部分从右向左 3 位一组分组，不足 3 位的左边补 0；小数部分从左向右 3 位一组分组，不足 3 位的右边补 0。每组对应一位八进制数即可。例如，将 $(11110101010.11111)_2$ 转换为八进制数的方法如下：

```
011  110  101  010 . 111  110
 ↓    ↓    ↓    ↓     ↓    ↓
 3    6    5    2  .  7    6
```

于是，$(11110101010.11111)_2=(3652.76)_8$。

（2）八进制数转换成二进制数。以小数点为界，向左或向右每一位八进制数用相应的 3 位二进制数取代，然后将其连在一起即可。例如，将 $(5247.601)_8$ 转换为二进制数的方法如下：

```
 5     2     4     7 .    6     0     1
 ↓     ↓     ↓     ↓      ↓     ↓     ↓
101   010   100   111.   110   000   001
```

于是，$(5247.601)_8=(101010100111.110000001)_2$。

3．二进制数与十六进制数之间的转换

二进制数和十六进制数之间也存在特殊关系，即 $16^1=2^4$，因此，十六进制数的每一位对应二进制数的 4 位。

（1）二进制数转换成十六进制数。将二进制数以小数点为界，整数部分从右向左 4 位一组分组，小数部分从左向右 4 位的一组分组，不足 4 位的用 0 补足，每组对应一位十六进制数即可。例如，将二进制数（111001110101.100110101）$_2$转换为十六进制数的方法如下：

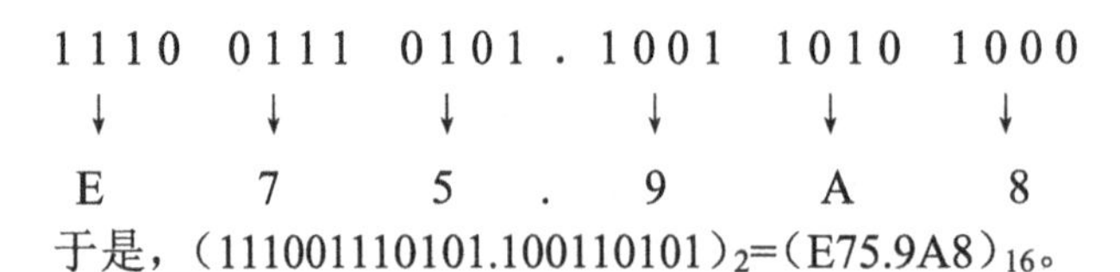

于是，（111001110101.100110101）$_2$=（E75.9A8）$_{16}$。

（2）十六进制数转换成二进制数。以小数点为界，向左或向右每一位十六进制数用相应的 4 位二进制数取代，然后将其连在一起即可。

例如，将（7FE.11）$_{16}$转换成二进制数的方法如下：

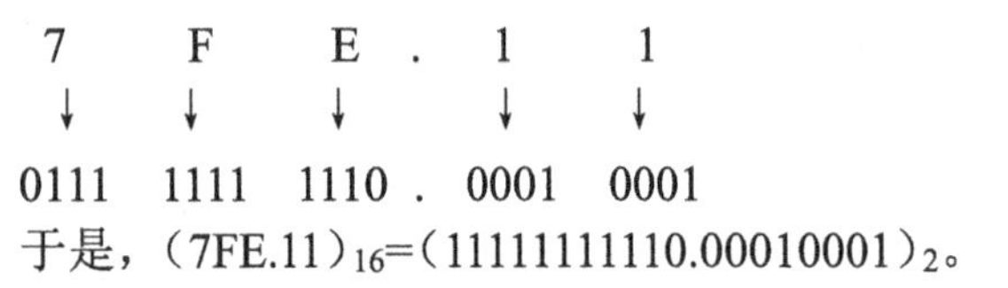

于是，（7FE.11）$_{16}$=（11111111110.00010001）$_2$。

2.3 数值数据的表示

数值在计算机中以二进制形式表示，除了要表示一个数的值，还要考虑符号、小数点的表示。正、负号也只能用 0、1 表示，小数点的表示总隐含在某一位置上（称为定点数）或可以任意浮动（称为浮点数），小数点不占位数。另外，要考虑如何表示更有利于计算机实现，使得表示数的范围更大、精度更高。

2.3.1 整数

用存放整数的最高位来表示数的符号，正数为 0，负数为 1，整数表示有：原码、反码、补码 3 种。正整数的原码、反码、补码相同，最高位为符号位，用 0 表示，其他位是数值位，即正整数的二进制形式。负整数 3 种编码表示方式不相同，以一个字节（8 位）表示一个整数为例，介绍负整数的编码方案。

（1）原码：最高位为符号位，值为 1，其他位是数值位，存放负整数绝对值的二进制形式。例如，$[-47]_{原}$=10101111，$[-1]_{原}$=10000001。

在原码表示中，0 有两种表示形式，即 $[+0]_{原}$=00000000，$[-0]_{原}$=10000000。

由于 0 占用两个编码，8 位二进制只能表示 $2^8-1=255$ 个原码，所以 8 位带符号数原码表示的范围为-127～+127。

在参加运算时必须确定运算数的符号位及数值才能确定结果符号及结果值，所以原码不便于运算。

（2）反码：最高位为符号位，值为 1，数值位是原码的数值位按位求反。例如，$[-47]_{反}$=11010000，$[-1]_{反}$=11111110。

在反码表示中，0 也有两种表示形式，即 $[+0]_{反}$=00000000，$[-0]_{反}$=11111111。

因此，8 位带符号数反码的表示范围为-127～+127。反码运算不方便，也不实用。

（3）补码：最高位为符号位，值为 1，数值位是原码的数值位按位求反再加 1，即反码加 1。例如，$[-47]_{补}$=11010001，$[-1]_{补}$=11111111。

在补码表示中，0 只有一种表示形式，即 $[+0]_{补}$= $[-0]_{补}$=00000000。

因此，8 位带符号数的补码表示的范围为-128～+127。补码使符号位能与有效数值部分一起参加运算，从而简化了运算规则，使减法运算转换为加法运算，进一步简化计算机中运算器的线路设计。

2.3.2　定点数和浮点数

计算机处理的数值数据多数带有小数，那么如何确定小数点的位置呢？在计算机中通常有两种表示方法：一种是约定所有数值数据的小数点隐含在某一个固定位置上，称为定点表示法，简称定点数；另一种是小数点位置可以浮动，称为浮点表示法，简称浮点数。无论是定点数还是浮点数，实际存储时，小数点都是不占数据位的。

1．定点数

定点数即约定机器中所有数据的小数点位置是固定不变的。在计算机中通常采用两种简单的约定：定点小数和定点整数。

定点小数是约定的小数点位置在符号位之后、有效数值部分最高位之前。若数据 x 的形式为 $x=x_0x_1x_2\cdots x_n$（其中 x_0 为符号位，x_1～x_n 是数值的有效部分，也称为尾数，x_1 为最高有效位），则在计算机中的表示形式为：

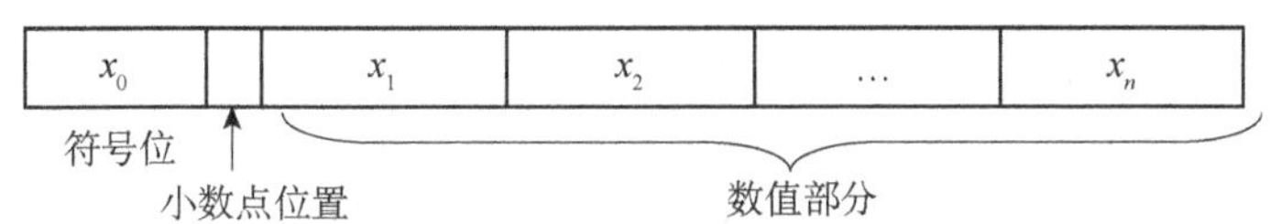

定点整数是纯整数，约定的小数点位置在有效数值部分最低位之后。若数据 x 的形式为 $x=x_0x_1x_2\cdots x_n$（其中 x_0 为符号位，x_1～x_n 是尾数，x_n 为最低有效位），则在计算机中的表示形式为：

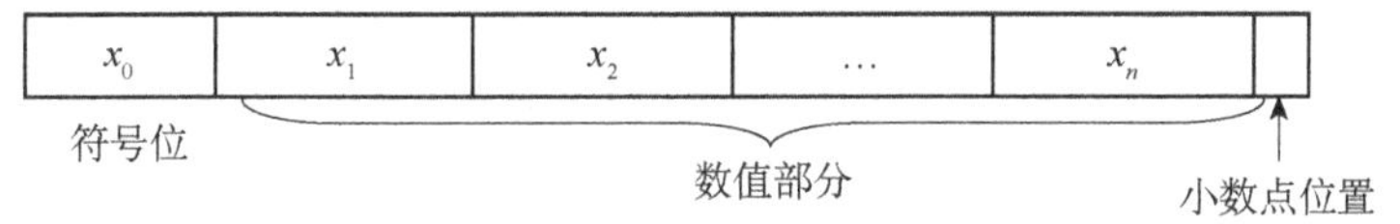

计算机采用定点数表示时，对于既有整数又有小数的原始数据，需要设定一个比例因子，数据按其缩小成定点小数或扩大成定点整数再参加运算，运算结果根据比例因子还原成实际数值。若比例因子选择不当，往往会使运算结果产生溢出或降低数据的有效精度。

2．浮点数

浮点数表示法来源于数学中的指数表示形式，如 193 可以表示为 0.193×10^3 或 1.93×10^2 等。一般地，数的指数形式可记为：

$$N=M\times R^C$$

其中，M 称为“尾数”，是一个纯小数，R 为基数，C 称为“阶码”。

在存储时，一个浮点数所占用的存储空间被划分为两部分，分别存放尾数和阶码。尾数部分通常使用定点小数方式，阶码则采用定点整数方式。尾数的长度影响该数的精度，而阶码则决定该数的表示范围。同样大小的空间中，可以存放远比定点数取值范围大得多的浮点数，但浮点数的运算规则比定点数更复杂，而且不同计算机中浮点数的表示方法可以不同。

例如，实数-156.8125 的机内表示。在计算机中，对浮点数的编码是以二进制规范化的指数形式为基础进行的。这里首先将十进制数转换成二进制数，并写成规范化的指数形式：

$$(-156.8125)_{10}=(-10011100.1101)_2=-.100111001101*2^{+1000}$$

阶符为 0，阶码为 1000，数符为 1，尾数是 100111001101，机内表示如下所示：

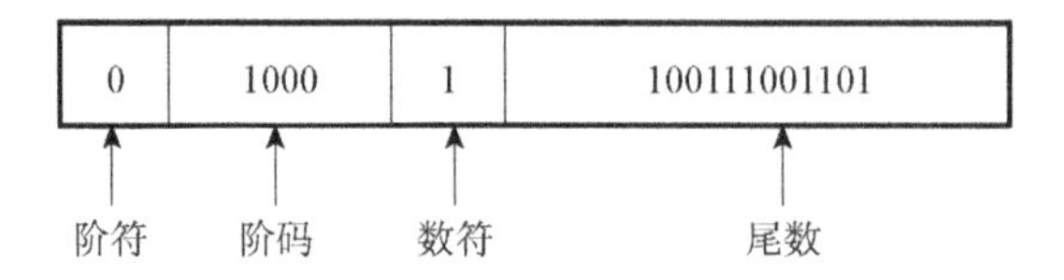

2.4 字符信息的表示与编码

文本信息由字符组成，如西文字符（英文字母、数字字符及各种符号）、中文字符。由于计算机内部只能识别和处理二进制代码，所以在计算机中字符必须按照一定的规则用一组二进制代码来表示。编码就是用若干二进制来标识字符的，编码所采用的二进制位数由所表示字符集合中的字符总数决定，各字符所采用的编码应具有唯一性，不能重复，否则字符无法标识。

西文字符和中文字符，由于表示形式及使用场合的不同，具有不同的编码方法。下面简单介绍几种常用的编码方式。

2.4.1 ASCII 码

现代计算机诞生于美国，因此当初在考虑字符编码时，并没有考虑非英语国家，只用了 7 位二进制数对常用的英文字母、运算符、标点符号等进行编码，并且形成了事实上的标准，这就是国际上通用的 ASCII 码。ASCII 码共 128 个字符编码，其中控制字符 34 个、阿拉伯数字 10 个、大小写英文字母 52 个、各种标点符号和运算符号 32 个。在计算机中实际用 8 位表示一个字符，最高位为“0”。标准 ASCII 码如表 2-2 所示。

表 2-2 标准 ASCII 码表

$d_6d_5d_4$ / $d_3d_2d_1d_0$	000	001	010	011	100	101	110	111
0000	NUL	DEL	SP	0	@	P	、	p
0001	SOH	DC1	!	1	A	Q	a	q
0010	STX	DC2	″	2	B	R	b	s
0011	EXT	DC3	#	3	C	S	c	s
0100	EOT	DC4	$	4	D	T	d	t
0101	ENQ	NAK	%	5	E	U	e	u
0110	ACK	SYN	&	6	F	V	f	v
0111	BEL	ETB	,	7	G	W	g	w
1000	BS	CAN	（	8	H	X	h	x
1001	HT	EM	）	9	I	Y	i	y
1010	LF	SUB	*	:	J	Z	j	z
1011	VT	EXC	+	;	K	[	k	{
1100	FF	FS	.	<	L	\	l	|
1101	CR	GS	-	=	M	]	m	}

续表

$d_6d_5d_4$ / $d_3d_2d_1d_0$	000	001	010	011	100	101	110	111
1110	SO	RS	。	>	N	↑	n	～
1111	SI	US	/	?	O	↓	o	DEL

从表 2-2 中我们可以看到部分编码是有一定的规律的，第 0～32 和 127 号编码表示控制字符，第 33 号表示空格符，其余 94 个字符是可实现的字符，请大家记住这些特殊字符编码。

- CR：13（回车）；
- LF：10（换行）；
- Esc：27（换码）；
- 数字字符 0～9 的编码：48～57；
- 大写英文字母 A～Z 的编码：65～90；
- 小写英文字母 a～z 的编码：97～122。

2.4.2　汉字编码

英文是字母，所有单词由 26 个字母组合而成，加上数字及其他符号，采用 128 个编码就能满足处理上的需要，编码简单，在计算机系统中，输入、处理、存储都可以用同一种编码。而中文是象形文字，数量大、字形复杂、同音字多、异体字多，若一字一码，则 5000 多个常用汉字要 5000 多种编码才能区分，因此，汉字编码要比 ASCII 码复杂得多。在输入、内部存储与处理、输出时，为了确切地表示汉字及方便处理，要采用不同的编码，计算机汉字处理系统在处理汉字时，不同环节采用不同的编码，这些编码要根据使用要求相互转换。汉字信息处理过程如图 2-3 所示。

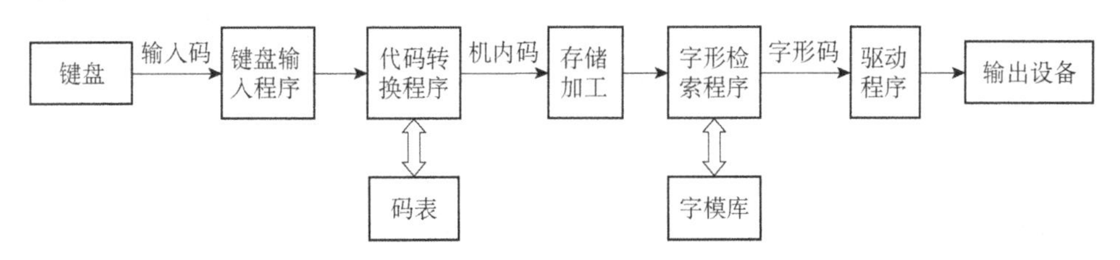

图 2-3　汉字信息处理过程

下面介绍计算机处理汉字时进行编码的几个重要概念。

1．区位码

1981 年 5 月，我国颁布了《信息交换用汉字编码方案——基本集》，代号为 GB/T2312—1980。为了便于编码，GB/T2312—1980 将所有的国标汉字与符号组成一个 94×94 的矩阵。矩阵中的每一行称为一个“区”，区号为 01～94；每一列称为一个“位”，位号也为 01～94，将区号和位号连在一起就构成了汉字的区位码。如“保”字在矩阵中处于 17 区第 3 位，区位码即为 1703。其中 01～09 区为符号、数字区，16～87 区为汉字区，10～15 区、88～94 区是有待进一步标准化的空白区。GB/T2312—1980 将收录的汉字分成两级：第一级汉字是常用汉字，共计 3755 个，置于 16～55 区，按汉语拼音字母顺序排列；第二级汉字是次常用汉字，共计 3008 个，置于 56～87 区，按偏旁部首的笔画顺序排列。因此 GB/T2312—1980

最多能表示 6763 个汉字。另外还收录了各种符号 682 个，合计 7445 个。

2．国标码

GB/T2312—1980 是中文信息处理的国家标准，其编码称为国标码。国标码的编码原则为：以 94 个可显示的 ASCII 码字符为基集，采用双字节对汉字和符号进行编码，即用连续的两个字节表示一个汉字的编码，每一字节取 ASCII 码中可打印字符的编码 33～126（即 21H～7EH）。国标码并不等于区位码，它是由区位码稍作转换得到的，其转换方法为：先将十进制的区码和位码转换为十六进制的区码和位码，这样就得到了与国标码有一个相对位置差的代码，再将这个代码的第一个字节和第二个字节分别加上 20H，就得到了国标码。如“保”字的国标码为 3123H，它是经过下面的转换得到的：1703D（区位码的十进制表示）→1103H（区位码的十六进制表示）→+2020H→3123H（国标码）。

3．汉字机内码

与西文字符一样，为了使计算机能处理汉字，需要对汉字进行编码。国标码是汉字信息交换的标准编码，但因其前后字节的最高位为 0，易与 ASCII 码发生冲突，如“保”字，国标码为 31H 和 23H，而西文字符“1”和“#”的 ASCII 也为 31H 和 23H，假如内存中有两个字节为 31H 和 23H，这到底是一个汉字“保”呢，还是两个西文字符“1”和“#”呢？于是就出现了二义性。显然，国标码是不可能在计算机内部直接采用的，于是，汉字的机内码采用变形国标码，其变换方法为：将国标码的每个字节都加上 128，即将两个字节的最高位由 0 改 1，其余 7 位不变，如由上面可以知道，“保”字的国标码为 3123H，高字节为 00110001B，低字节为 00100011B，高位改 1 为 10110001B 和 10100011B，即为 B1A3H，因此，“保”字的机内码就是 B1A3H。表 2-3 列出了汉字“文”的区位码、国标码、机内码之间的转换过程。

表 2-3　汉字“文”的区位码、国标码、机内码之间的转换过程

汉字	区位码	区位码十六进制表示	国标码	机内码
文	4636D	2E24H	4E44H	CEC4H

4．输入码

输入码就是键盘输入汉字的编码，是用户向计算机输入汉字的方法。汉字不能像西文字符一样可以直接在键盘上按键输入，汉字必须通过键盘的组合（即编码）来输入。

目前汉字输入码有几百种，但常用的约有十几种，按输入码编码的方法不同，大致可以分为顺序码、音码、形码、音形码 4 类。顺序码是一类基于国标汉字字符集的某种形式的排列顺序的汉字输入码，如区位码。音码是目前最广泛使用的汉字输入方法，是以汉字的汉语拼音为基础，以汉字的汉语拼音或其一定规则的缩写形式为编码元素的汉字输入码。如 Windows 自带的微软拼音输入法和搜狐公司开发的搜狗拼音输入法等都是音码。形码是以汉字的形状结构及书写顺序特点为基础，按照一定的规则对汉字进行拆分，从而得到若干具有特定结构特点的形状，然后以这些形状为编码元素“拼形”而成汉字的输入码。形码中最具有代表性的是五笔字型输入码。音形码是一类兼顾汉语拼音和形状结构两方面特性的输入码，它同时利用了音码和形码两者的优点，一方面降低音码的重码率，另一方面减少形码需要用户较多学习和记忆的困难程度。音形码的设计目标是要达到普通用户的要求，重码少、易学、少记、好用。

为了提高汉字输入速度，目前还有很多智能化的汉字输入方法，如语音输入、笔输入、扫描识别输入等。

5．汉字字库

汉字在显示和打印时必须将计算机内表示的机内码转换成字形码，以汉字字形输出。计算机要存储每个字符的形状信息，这种信息称为字的模型，简称“字模”，所有汉字和各种符号的字模构成了“字模库”，简称“字库”。

尽管汉字字形有多种变化，但由于汉字都是方块字，每个汉字都同样大小，无论汉字的笔画多少，都可以写在同样大小的方块中。于是可以把一个方块看做是一个 M 行 N 列的矩阵，简称点阵。一个 M 行 N 列的点阵共有 $M \times N$ 个点。例如，16×16 点阵的汉字，每个方块字有 16 行，每行上有 16 个点，共 256 个点。每个点可以是黑点或无黑点，一个点阵的黑点组成汉字的笔画，这种用点阵描绘出的汉字字形，称为汉字点阵字形。如图 2-4 所示，汉字“次”的 16×16 点阵在计算机中，用一组二进制数字表示点阵，用二进制数 1 表示点阵中的黑点，用 0 表示点阵中的无黑点。一个 16×16 点阵的汉字可以用 16×16=256 位的二进制数来表示。这种用二进制表示汉字点阵的方法称为点阵的数字化。汉字字形经过点阵的数字化后转换成一串数字称为汉字的数字化信息。在计算机中，8 个二进制位作为一个字节。那么 16×16 点阵汉字需要 2×16=32 个字节表示；24×24 点阵汉字需要 3×24=72 个字节表示；32×32 点阵汉字需要 4×32=128 个字节表示。一个汉字方块各行数列数分得越多，描绘的汉字就越细致，但占用的存储空间也越多。16×16 点阵是最简单的汉字字形点阵，基本上能表示 GB/T2312—1980 中所有简体的字形。24×24 点阵则可以表示宋体、仿宋体、楷体、黑体等多字体的汉字。这两种点阵是比较常用的点阵，除此之外还有 32×32、40×40、48×48、64×64、48×72、96×96、108×108 等点阵。

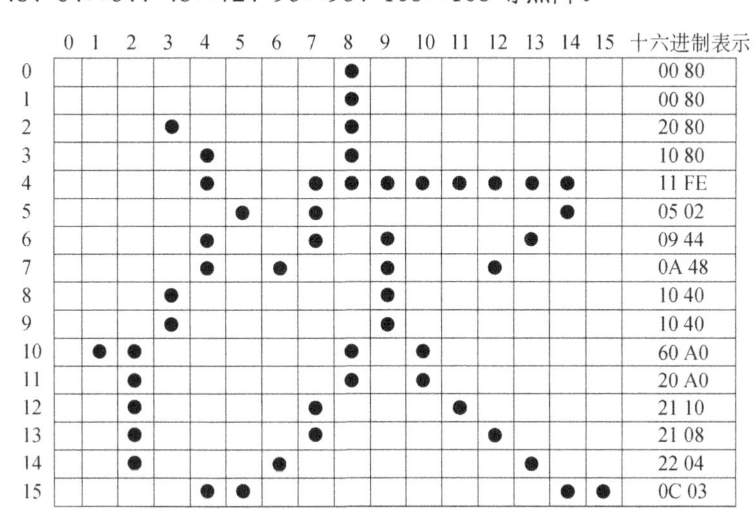

图 2-4　“次”字的点阵

一般的汉字信息处理系统把汉字字库存放在磁盘上，使用时全部或部分调入内存储器，称为软字库。把汉字字库固化在 EPROM 或 MASK-ROM 的芯片中，作为机器的一个扩充 ROM 存储区使用，叫硬字库，俗称“汉卡”。如为了提高汉字输出速度，打印机等设备中就安装带有固化汉字库的集成电路芯片。

除了点阵表示方式，汉字字形还可以使用矢量表示方式，这种表示方式存储的是描述汉字字形的轮廓特征。将汉字分解成笔画，每种笔画使用一段段的直线（向量）近似地表示，这样每个汉字字形都可以变成一连串的向量，由于每个汉字的笔画数不同，所以字形的矢量长度也不同，从矢量汉字库中读取汉字字形信息要比点阵汉字库中复杂。

汉字字形的点阵表示法编码和存储方式简单，无须转换直接输出，但字形放大后产生的效果差，而且同一种字体不同的点阵需要不同的字库。

汉字字形的矢量表示法输出汉字时需要经过计算机的计算，还原复杂，但可以方便地进行缩放、旋转等变换，与大小、分辨率无关，能得到美观、清晰、高质量的输出效果。如Windows 操作系统中使用的 TrueType 技术就是汉字的矢量表示方式。

2.4.3 Unicode 编码

Unicode 也是一种字符编码方法，不过它是由国际组织设计，可以容纳全世界所有语言文字的编码方案。Unicode 的学名是 Universal Multiple-Octet Coded Character Set，简称为 UCS。

Unicode 是为解决传统的字符编码方式的局限性而产生的，例如，ISO8859-1 所定义的字符虽然在不同的国家中广泛地被使用，可是在不同国家间却经常出现不相容的情况，很多传统的编码方式都存在兼容的问题。Unicode 由于采用了统一的编码，每个字的编码不同且唯一，不必管它在哪种语言环境里。

Unicode 的编码方式与 ISO10646 的通用字符集（Universal Character Set，UCS）概念相对应，目前实际应用的 Unicode 版本对应于 UCS-2，使用 16 位的编码，也就是每个字符占用 2 个字节。这样理论上一共最多可以表示 2^{16} 即 65536 个字符，基本满足各种语言的需要。前 128 个字符是标准 ASCII 字符，接下来是 128 个扩展 ASCII 字符，其余字符供不同语言的文字和符号使用。实际上目前版本的 Unicode 尚未填充满 16 位编码，保留了大量空间作为特殊使用或将来扩展。

目前 Windows 的内核已经采用 Unicode 编码，这样在内核上可以支持全世界所有的语言文字。

阅读

开发免费输入法的厂家靠什么生存

每个公司要生存都需要付出一定的成本，但是输入法是免费提供给用户的，这些开发输入法的厂家靠什么生存的呢?

1. 用户对某种输入法产生依赖性后，逐渐形成了一个庞大的用户群体，无形中就提高了与该输入法相关业务的知名度。例如，可以提高与该输入法相关的网址导航站、搜索网站、综合网站、杀毒网站等的知名度，从而增加相应业务的盈利。

2. 捆绑插件。很多输入法软件安装程序当中添加各式各样的插件，虽然它会有一个窗口提示，但是如果用户不小心就会安装上这些插件。对于一款用户觉得非用不可的输入法当中加入相对合理的插件，用户还是会接受的，插件不是白白加入了的，加入插件也就有获取某种利益的可能。

3. 为自己的官方网站设置一个网址导航站，强行让用户加入收藏栏或提示设为主页或安装软件时修改主页，网址导航站可以通过以下方式盈利：联盟广告、搜索联盟广告，推荐链接，这些都可以为输入法带来相应的广告费用。

4. 输入一定的程序，在输入产品名称的时候，在候选词框里显示相关的品牌名称，并通过单击该品牌名称能链接到该品牌的官方网站。以此通过品牌广告词汇竞价排名，以及提高该品牌网站的点击量等途径达到盈利目的。

5. 通过一定的程序，在输入某些关键词时，即显示一些相关提问短语，确认这些短语后，系统主动链接相关网页。以此通过相关词汇竞价排名，以及提高相关网站的点击量等途径达到盈利目的。

另外输入法服务端根据你的输入分析你的社会关系，比如从事职业、日常行为习惯、喜好、朋友圈等，信息就是金钱，所以请谨慎使用小厂家推出的输入法软件。

2.5　多媒体信息的表示与编码

多媒体顾名思义就是多种媒体的结合，目前多媒体应用在我们的生活中随处可见。如近几年视频文件与广告结合就是一个很流行的应用，如今你点开视频软件（如优酷等）在播放视频时，单击视频中某一个人物的衣服，它就会链接到对应的商品界面，商品界面呈现本衣服及相关衣服的信息。这个给我们的日常生活带来了不少便利。当然所有这一切都需要在计算机上实现多媒体的编辑与合成。下面我们将了解如何将声音、图像、视频数字化，了解目前流行的音频、图像文件格式。

声音、图像、视频等多媒体信息都是一些幅度、亮度等连续变化的模拟量，要让计算机能够处理这些信息，首先必须进行数字化处理，即通过采样和量化将这些信息转换成计算机可以处理的数字信息，然后将这些信息按一定的规则进行编码形成计算机能够识别处理的数据。

2.5.1　声音信息的数字化

在多媒体技术中，将声音等模拟信息数字化的过程称为 A/D（Analog to Digital，模/数）转换；而从计算机输出到扬声器等设备的声音信息必须进行 D/A（Digital to Analog，数/模）转换才能被输出。声音信息的数字化包括采样、量化和编码这几个过程。

1. 采样

采样也称取样、抽样，指把时间域或空间域的连续量转化成离散量的过程，是模拟信号数字化的第一步。对音频信号的采样是将连续变化的模拟音频信号在时间轴上进行分割，以转换成计算机能处理的离散化数字信号。

音频信号的采样频率是指计算机每秒钟采集声音样本的个数，采样频率越高，即采样的间隔时间越短，则在单位时间内计算机得到的声音样本数据就越多，对声音波形的表示也越精确。采样频率与声音频率之间有一定的关系，根据奈奎斯特理论，只有采样频率高于声音信号最高频率的两倍时，才能把数字信号表示的声音还原成为原来的声音，即声音的保真度高，但这样量化后声音信息的存储量也大。采样频率的单位为赫兹（Hz），一般分为 22.05kHz、44.1kHz、48kHz 三个等级。22.05kHz 等级只能达到 FM 广播的声音品质，44.1kHz 等级则是理论上的 CD 音质界限，48kHz 等级则更加精确一些。

2. 量化

量化是将每个采样点得到的信息用数值来度量，即用计算机能够识别的二进制位来表示这些离散值。量化位数表示存放采样点幅度值的二进制位数，它决定了模拟信号数字化后的动态范围。声音的动态范围越大则声音的波形能描述得越精确，量化位数越多，音质越细腻。当前声卡主要有 16 位和 32 位两种。16 位声卡以 16 个二进制位存放每个采样数据，可记录的不同音高的区分度达到 2^{16}=65536，可达到 CD 音响的效果。专业级别可使用 32 位的量化位数。

反映音频数字化质量的另一个因素是声道数，即声音通道的个数。记录声音时，如果每次生成 1 个声波数据，称为单声道；每次生成 2 个声波数据，称为双声道，可以有“立体声”的听觉效果。

结合前面所讲的采样频率，就可以计算出一段声音所需要的存储容量。每秒钟存储声音容量的公式为：

字节数=采样频率×采样精度（量化位数）×声道数/8

例：标准采样频率为 44.1kHz，量化位数为 16 位，双声道立体声，如果录一段 5min 的声音，要占的存储空间为：

$$44.1\times1000\times16\times2\times60\times5/8=52920000\text{B}\approx50\text{MB}$$

由此可见，声音数字化的采样频率和量化位数越高，结果越接近原始声音，但存储声音的空间也越大。

3．编码

编码就是将经过采样、量化得到的离散数据记录下来，按一定的规则进行组织，形成便于计算机处理的数据。最常用的是脉冲编码调试（Pulse Code Modulation，PCM）编码方式。PCM 编码的主要特点是：抗干扰能力强，失真小，传输特性稳定。PCM 格式的音频文件没有附加的文件头和文件结束标志，需要由 Windows 的转换工具将其转换，生成可播放的其他格式的数字音频文件，适应于高保真音乐机语音，CD-DA 采用的就是这种编码方式。

除此之外，音频信息的编码方式还有很多，不同的编码方法生成的文件格式各不相同，下面介绍几种主要的音频文件格式。

（1）WAV 文件（.wav）。WAV 格式是 Microsoft 公司开发的一种声音文件格式，是最早的数字音频格式，几乎所有的播放器都支持这种音频格式。对声音模拟信号以 16 位（或 32 位）量化位数采样，把各采样点的值按照 WAV 文件格式存入磁盘，就产生了声音的 WAV 文件，即波形文件。如用 Windows 自带的“录音机”录制的声音文件就是 WAV 文件，该格式记录的声音文件能够和原声基本一致，质量非常高。但由于 WAV 格式存放的一般是未经压缩处理的音频数据，所以容量较大，不适于在网络上传播。

（2）MPEG 文件（.mp1/.mp2/.mp3）。MPEG 是运动图像专家组（Moving Picture Experts Group）的英文缩写，是专门制定多媒体领域内国际标准的一个组织。它包括 MPEG 视频、MPEG 音频和 MPEG 系统（视音频同步）3 个部分，MPEG 音频层（MPEG Audio Layer）代表 MPEG 标准中的音频部分。MPEG 音频文件的压缩，理论上属有损压缩，根据压缩质量和编码的复杂程度的不同可分为 3 层（MPEG Audio Layer1/2/3），分别对应 MP1、MP2 和 MP3 这 3 种声音文件。MPEG 音频编码的层次越高，编码器越复杂，压缩率也越高。MP1 和 MP2 的压缩比分别为 4∶1 和 6∶1～8∶1，而 MP3 的压缩比则高达 10∶1～12∶1。也就是说经过 MP3 压缩后，CD 音质的音乐，存储空间可减小为原来的 1/10 以下，同时其音质基本保持不变。

（3）MIDI 文件（.mid/.rmi）。音乐设备数字接口（Musical Instrument Digital Interface，MIDI）是为电子音乐设备和计算机之间的通信而开发的通信标准。MIDI 文件不是数字化的声音，而是以数字形式存储的乐谱速记符号，是一组带有时间戳的、记录了演奏音乐动作的指令。指令中包含了何种乐器、音色、音高、持续时间等信息，计算机将这些指令发送给声卡，声卡按照指令将还原的音频信号合成后送到输出设备。因为 MIDI 文件不是数字化的音乐，所以文件往往比数字化波形文件小得多。

（4）WMA 文件（.wma）。WMA（Windows Media Audio）是微软开发的音频数据无损压缩技术，可以生成音频文件或音频编码。WMA 的主要特点是压缩率比较高，文件只有 MP3 的一半大小，适合在网络上播放，而且音质较高，其默认播放器为 Windows Media Player。

（5）RA 文件（.ra）。RA（Real Audio）是 RealNetworks 公司于 1995 年开发的专有的音频文件格式，压缩比可达 96∶1。RA 文件的特点是可以实时传输音频信息，尤其在网速较慢的情况下，仍然可以较为流畅地传输数据，在网上边播放边下载。

2.5.2　图像信息的数字化

图像通常是指人们视觉感受到的信息，如照片、图片等，其特点是亮度变化是连续的，所以也称为模拟图像。将模拟图像转化为计算机能处理的数字图像，也须经过采样、量化和编码这几个步骤。

1．采样

将图划分为 $M\times N$ 个网格，每个网格作为一个采样点，称为像素点，这样就将一幅模拟图像转化为 $M\times N$ 个像素点构成的离散像素点集合。水平方向和垂直方向像素的乘积称为分辨率，分辨率越高，图像越清晰，同时信息量也就越大。

2．量化

将每个像素点上的颜色用一个二进制数表示，为表示量化的颜色值所需的二进制位数称为量化位数或颜色深度，一般用 8 位、16 位、24 位或者更高位数来表示图像的颜色。若只要表示纯黑、纯白两色的图像，颜色深度只要用 1 位二进制位；通过调节黑白两色的程度（颜色灰度），将灰度级别分为 256 级（$2^8=256$），就可以有效地表示单色图像了。彩色图像是由红、绿、蓝（R、G、B 三基色）不同亮度混合而成的，每一原色用 1 个字节记录其 256 种不同的状态，即每个颜色分量要用 8 位量化，因此，一个彩色像素的颜色深度就要用 24 位来表示，共可表示 $2^{24}=16777216$ 种颜色，称为真彩色。

一幅不经压缩的图像，其数据量计算公式为：

$$字节数=图像水平分辨率\times图像垂直分辨率\times颜色深度（位数）\div8$$

例：一幅分辨率为 1024×768 的 24 位真彩色图像所需的存储量为：

$$存储量=1024\times768\times24\div8\text{B}=2359296\text{B}=2.25\text{MB}$$

3．编码

由上述计算可知，数字化后的图像数据量非常大，不利于图像的传输和存储，必须经过编码技术来压缩信息量。编码就是把图像的像素按照一定的方式进行组织和存储，也就是人们通常所说的存储图像文件的格式，常见的图像文件格式有 BMP、JPEG、GIF 等，下面分别予以简单介绍。

（1）BMP 格式（.bmp）。BMP（Windows 标准位图）是最普遍的点阵图格式之一，是将 Windows 下显示的点阵图以无损形式保存的文件，其优点是不会降低图片的质量，但文件比较大。用 Windows 附件中的“画图”程序保存文件时，可以选择单色位图、16 色位图、256 色位图和 24 位位图 4 种位图格式，存盘后的文件大小不同，再次打开后的图像品质也各不相同。

（2）JPEG 格式（.jpg）。JPEG（Joint Photographic Experts Group）是利用 JPEG 方法压缩的图形文件，使用有损压缩来减小图片的大小，适用于处理 256 色以上的图形及大幅面图形，文件适合在 Internet 上传输。

（3）GIF 格式（.gif）。GIF（Graphics Interchange Format）是美国 CompuServe 公司于 1987 年制定的图像文件格式，主要用于在不同的平台之间交流图片，是 Internet 上 Web 中主要采用的图片格式，其特点是：较少的颜色数、无损压缩、支持透明色和基于帧的动画。这些特点使得 GIF 适于用来表现一些 Web 小图片，比如图标或者 logo。

（4）TIFF 格式（.tif/.tiff）。TIFF（TagImage File Format）是由 Aldus 公司与微软公司一起为扫描仪和桌面出版系统开发的文件格式，具有压缩和不压缩两种格式，广泛地应用于对图像质量要求较高的图像的存储与转换。其特点是图像格式复杂、存储信息多。正因为它存储的图像细微层次的信息非常多，故图像的质量较高，非常有利于原稿的复制。

（5）PNG 格式（.png）。PNG（Portable Network Graphic）是一种网络图像格式，因其高保真性、透明性及文件体积较小等特点，被广泛应用于网页设计、平面设计等。它既有 BMP 和 JPG 格式图片的保真性，又有 GIF 格式文件较小的特点。

比较常见的图像格式还有图像处理软件 Photoshop 的专用格式——PSD 格式，由 Flash 制作的动画图像 SWF 格式，Windows 中常见的一种图元文件格式——WMF 格式等。

2.5.3 视频信息的数字化

视频实际上是一组内容随时间变化的运动图像，其中每一幅画面称为一帧。视频的表示和图像序列与时间有关，通过快速地播放帧，加上人眼的视觉暂留效应，可产生连续的视频显示效果。我们日常生活中的电影采用的是 24 帧/秒，电视采用的是 25 帧/秒、30 帧/秒。

视频分为模拟视频和数字视频。模拟视频是一种用于传输随时间连续变化的图像和声音的电信号，早期的电视等视频信号的记录、存储和传输都采用模拟方式；数字视频是能被计算机处理的用二进制表示的视频格式。因数字摄像机等的普及，现在的视频大多是数字视频。

视频数字化就是将视频信号经过视频采集卡转换成数字视频文件存储在数字载体（如硬盘）中。在使用时，将数字视频文件从硬盘中读出，再还原成为运动图像输出。需要指出的一点是视频数字化的概念出现于模拟视频占主角的时代，现在通过数字摄像机摄录的信号本身已是数字信号，只不过需要从数字摄像机的磁带（或硬盘、光盘、存储卡）上转到计算机的硬盘中，再做进一步的编辑处理或输出等。

在计算机上通过视频采集卡可以接收来自视频输入端的模拟视频信号，对该信号进行采集、量化成数字信号，然后压缩编码成数字视频。大多数视频卡都具备硬件压缩的功能，在采集视频信号时首先在卡上对视频信号进行压缩，然后再通过 PCI 接口把压缩的视频数据传送到主机上。一般的 PC 视频采集卡采用帧内压缩的算法把数字化的视频存储成 AVI 文件，高档一些的视频采集卡还能直接把采集到的数字视频数据实时压缩成 MPEG-1 格式的文件。

数字视频文件可以分为两大类：一类是如 VCD、DVD 等的影像视频文件；另一类是在 Internet 上非常流行的流媒体文件，如视频点播、在线实况转播等。

1．影像视频文件

（1）AVI 格式（.avi）。AVI（Audio Video Interleave）是音频视频交错格式，可以将视频和音频交织在一起进行同步播放。其优点是图像质量好，可以跨多个平台使用，其缺点是体积过于庞大，而且压缩标准不统一。数码摄像机就是使用这种格式记录视频数据的，计算机可以通过 IEEE1394 端口与数码摄像机传输交换视频数据。

（2）MPEG 格式（.mpeg/.mpg/.dat）。MPEG 是运动图像压缩算法的国际标准格式，它采用有损压缩方法减少运动图像中的冗余信息，同时保证每秒 30 帧的图像动态刷新率，已被几乎所有的计算机平台共同支持。人们在家中看的 VCD、SVCD、DVD 采用的就是这种格式。其基本方法是：在单位时间内采集并保存第一帧信息，然后只存储其余帧相对第一帧发生变化的部分，从而达到压缩的目的，MPEG 的平均压缩比为 50∶1，最高可达 200∶1，压缩效率非常高，同时图像和音响的质量也非常好。

（3）MOV 格式（.mov）。MOV（Movie Digital Video Technology）是 Apple 公司开发的一种音频、视频文件格式，用于保存音频和视频信息，具有先进的视频和音频功能。MOV 也可以作为一种流媒体文件格式，默认播放器是苹果的 QuickTimePlayer。

2．流媒体文件

流媒体是一种可以使音频、视频等多媒体文件能在 Internet 上以实时的、无须下载等待的流式传输方式进行播放的技术。

（1）ASF 格式（.asf）。ASF（Advanced Streaming Format）是微软推出的一种视频格式，可以直接使用 Windows 自带的 Windows Media Player 进行播放。由于它使用了 MPEG-4 的压缩算法，压缩率和图像的质量都较好。

（2）WMV 格式（.wmv）。WMV（Windows Media Video）是微软推出的一种采用独立编码的文件格式。WMV 格式的主要优点包括：本地或网络回放、可扩充的媒体类型、部件下载、可伸缩的媒体类型、流的优先级化、多语言支持、环境独立性、丰富的流间关系及扩展性等。

（3）RM 格式（.ra/.ram/.rmvb）。RM（Real Media）是 Real Networks 公司所制定的音频视频压缩规范，可以使用 RealPlayer 或 RealOnePlayer 进行实况转播或在线播放，并且可以根据不同的网络传输速率制定出不同的压缩比率，从而实现在低速率的网络上进行影像数据实时传送和播放。RM 与 ASF 相比较，通常 RM 视频画面更柔和一些，而 ASF 视频画面则相对清晰一些。RMVB 是 RM 格式的升级，在保证平均采样率的基础上，设定了一般为平均采样率两倍的最大采样率，在处理较复杂的动态影像时提高采样率，处理一般静止画面时则灵活地转换至较低的采样率，有效地缩减了文件的大小。

在网络流媒体中，常见的还有 FLV（FLASH VIDEO）和 F4V 等格式。FLV 是目前比较流行的一种视频格式，它的文件极小、加载速度极快，使得人们可以直接在网络上流畅地观看视频。F4V 是 Adobe 公司为了迎接高清时代而推出的新流媒体格式，它比 FLV 更小更清晰，更利于在网络上传播，已开始逐渐取代 FLV，也已经被大多数主流播放器所支持。

阅读

蓝光电影

现在我们买电影光盘，经常会遇到一种光盘格式——蓝光，但什么是蓝光呢？

蓝光是目前为止最先进的大容量光碟格式，需要蓝光播放器才能播放。蓝光光盘的容量一般可达到 25～50GB，这一巨大容量为高清电影的存储带来了方便，一般情况下，蓝光电影的分辨率可达 1080p（1920px×1080px）。目前已经有 4K 规格（3840px×2160px）的蓝光电影光盘销售。

蓝光或称蓝光盘（Blu-ray Disc，缩写为 BD）利用波长较短（405nm）的蓝色激光读取和写入数据，并因此而得名。而传统的 DVD 需要激光头发出红色激光（波长为 650nm）来读取或写入数据，通常来说波长越短的激光，能够在单位面积上记录或读取更多的信息。因此，蓝光极大地提高了光盘的存储容量，对于光存储产品来说，蓝光提供了一个跳跃式发展的机会。蓝光产品的巨大容量为高清电影、游戏和大容量数据存储带来了可能和方便，将在很大程度上促进高清娱乐的发展。蓝光技术也得到了世界上 170 多家大的游戏公司、电影公司、消费电子和家用计算机制造商的支持，并且被好莱坞各大电影公司支持。

习题 2

一、判断题

1. 计算机中用来表示内存容量大小的基本单位是位。（　　）
2. 数字“1028”未标明后缀，但是可以断定它不是一个十六进制数。（　　）
3. 八进制数 126 对应的十进制数是 86。（　　）
4. 二进制数的逻辑运算是按位进行的，位与位之间没有进位和借位的关系。（　　）
5. 已知一个十六进制数为 $(8AE6)_{16}$，其二进制数表示为 $(1000101011100110)_2$。（　　）
6. 设某字符的 ASCII 码十进制值为 72，则其十六进制值为 48。（　　）
7. 正数的原码、反码、补码都一样。（　　）
8. 标准 ASCII 码在计算机中的表示方式为一个字节，最高位为“0”，汉字编码在计算机中的表示方式为一个字节，最高位为“1”。（　　）
9. 标准的 ASCII 码字符集总共有 127 个。（　　）
10. 按字符的 ASCII 码值比较，“A”比“a”大。（　　）
11. 计算机中的字符一般采用 ASCII 编码方案。若已知“H”的 ASCII 码值为 48H，则可推断出“J”的 ASCII 码值为 50H。（　　）
12. 在计算机内部用于存储、交换、处理的汉字编码叫做机内码。（　　）
13. 汉字处理系统中的字库用来解决输出时转换为显示或打印字模的问题。（　　）
14. 实现汉字字形表示的方法，一般可分为点阵式与矢量式两大类。（　　）
15. 1MB 等于 1000 字节。（　　）

二、单选题

1．下面几个不同进制的数中，最小的数是______。

A．二进制数 1011100　　B．十进制数 35

C．八进制数 47　　D．十六进制数 2E

2．八进制数 253.74 转换成二进制数是______。

A．10101011.1111　　B．10111011.0101

C．11001011.1001　　D．10101111.1011

3．八进制数 35.54 转换成十进制数是______。

A．29.1275　　B．29.2815

C．29.0625　　D．29.6875

4．二进制数 10111 转换成十进制数是______。

A．53　　B．32

C．23　　D．46

5．二进制数 111010.11 转换成十六进制数是______。

A．3A.C　　B．3A.C

C．3A3　　D．3A.3

6．二进制数 1110 与 1101 算术相乘的结果是二进制数______。

A．10110101　　B．11010110

C．10110110　　D．10101101

7．十进制数 153.5625 转换成二进制数是______。

A．10110110.0011　　B．10100001.1011

C．10000110.0111　　D．10011001.1001

8．十进制数 58.75 转换成十六进制数是______。

A．A3.C　　B．3A.C

C．3A.12　　D．C.3A

9．关于基本 ASCII 码在计算机中的表示方法准确的描述是______。

A．使用 8 位二进制数，最右边一位为 1

B．使用 8 位二进制数，最左边一位为 1

C．使用 8 位二进制数，最右边一位为 0

D．使用 8 位二进制数，最左边一位为 0

10．在计算机内部，一切信息的存取、处理和传送都是以______形式进行的。

A．EBCDIC 码　　B．ASCII 码

C．十六进制　　D．二进制

11．计算机存储器中的一个字节可以存放______。

A．一个汉字　　B．两个汉字

C．一个西文字符　　D．两个西文字符

12．我国的国家标准 GB/T2312—1980 用______位二进制数来表示一个汉字。

A．8　　B．16

C．4　　D．7

13．已知某汉字的区位码是1842，则其国标码是______。

A．324AH　　B．3250H

C．B2CA H　　D．1902H

14．在32×32点阵的汉字字库中，存储一个汉字的字模信息需要______个字节。

A．256　　B．1024

C．64　　D．128

15．下列有关信息的描述不正确的是______。

A．模拟信号能够直接被计算机处理

B．声音、文字、图像都是信息的载体

C．调制解调器能将模拟信号转化为数字信号

D．计算机以数字化的方式对各种信息进行处理

16．一幅分辨率为800px×600px的8位真彩图像需要______字节的存储空间来存储。

A．480000　　B．60000

C．7500　　D．20000

三、多选题

1．下列关于八进制的说法，正确的是（　　）。

A．可以使用的数码是1，2，3，4，5，6，7，8

B．进位规则是逢八进一

C．二八进制的基数是8

D．八进制数各位的位权是以8为底的幂

2．计算机内浮点数的存储，由以下______组成。

A．阶符　　B．阶码

C．数符　　D．尾数

3．下列与十进制数126相等的是______。

A．$(176)_8$　　B．$(7E)_{16}$

C．$(1111110)_2$　　D．$(17E)_{16}$

4．下列属于音频格式的是______。

A．wav　　B．wma

C．gif　　D．avi

5．以下可以作为信息存储单位的是______。

A．kib　　B．KB

C．MB　　D．Byte

6．信息具有______特征。

A．事实性　　B．传递性

C．增值性　　D．时效性

第3章　计算机系统

人们平时所说的"计算机"都是指含有硬件和软件的计算机系统。所谓硬件，是指构成计算机的物理设备，即由机械、电子器件构成的具有输入、存储、计算、控制和输出功能的实体部件。软件，广义地说是指系统中的程序和数据及开发、使用和维护程序所需的所有文档的集合。硬件系统和软件系统共同构成一个完整的计算机系统，两者相辅相成，缺一不可。硬件是计算机的物质基础，软件是计算机的灵魂。硬件系统的发展给软件系统提供了良好的开发环境，而软件系统的发展又给硬件系统提出了更高的要求。计算机系统组成如图 3-1 所示。

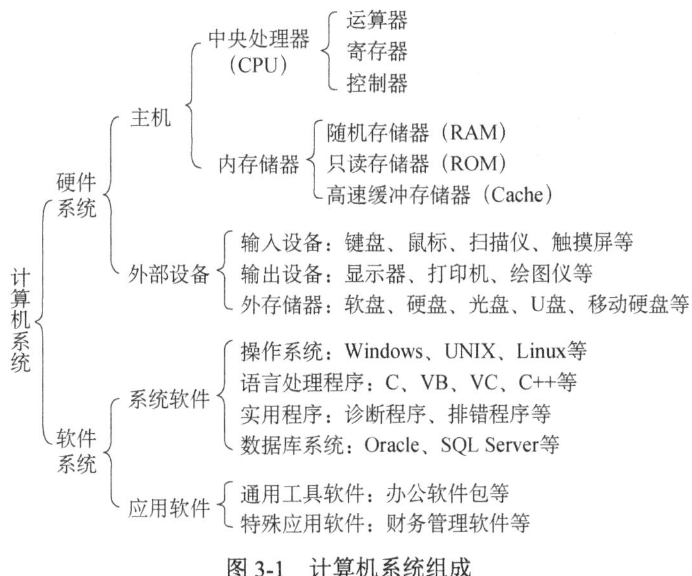

图 3-1　计算机系统组成

3.1　计算机的基本工作原理

3.1.1　冯·诺依曼的"程序存储"设计思想

1945 年，著名美籍匈牙利数学家冯·诺依曼与美国宾夕法尼亚大学莫尔电气工程学院的莫奇利小组合作，在他们研制的 ENIAC 基础上提出了一个全新的存储程序通用电子计算机的方案，即 EDVAC 计算机方案。方案中，冯·诺依曼总结并提出了如下思想。

（1）计算机应包括运算器、控制器、存储器、输入设备、输出设备等基本部件。

（2）计算机内部采用二进制来存储指令和数据。每条指令一般具有一个操作码和一个地址码。其中操作码表示运算性质，地址码指出操作数在存储器中的地址。

（3）将编写好的程序送入内存，然后启动计算机工作，计算机不需要操作人员干预就能自动逐条读取指令和执行指令。

冯·诺依曼设计思想最重要之处在于明确提出了“程序存储”的概念，他的全部设计思想实际上是对“程序存储”概念的具体化。

3.1.2 工作原理

随着计算机技术的飞速发展，现代计算机种类繁多，性能价格各不相同，但到目前为止，计算机的基本工作原理均采用冯·诺依曼的存储程序和程序控制原理，即把程序和数据存储在存储器内，由控制器根据程序中的一系列指令进行工作，也就是说计算机的工作过程就是运行程序指令的过程。

1．计算机指令和指令系统

程序（Program）是为达到某个目的而编制的计算机指令的有序集合，而指令是指计算机完成某个基本操作的命令。指令能被计算机硬件理解并执行，一条指令就是计算机机器语言的一条语句，是程序设计的最小语言单位。

一条计算机指令是用一串二进制代码表示的，它通常应包括两方面的信息：操作码和地址码。操作码用来表示指令的操作特性和功能，即指出进行什么操作；地址码给出了操作数地址、结果存放地址及下一条指令的地址。指令的一般格式如图 3-2 所示。

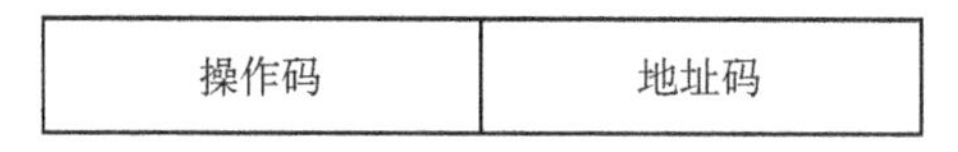

图 3-2 指令的一般格式

一台计算机所能执行的全部指令的集合称为这台计算机的指令系统，也称指令集。指令系统比较充分地说明了计算机对数据进行处理的能力。不同种类的计算机，其指令系统的指令数目与格式也不同。指令系统越丰富完备，编制程序就越方便灵活，指令系统是根据计算机的使用要求而设计的。

2．计算机基本工作原理

存储程序和程序控制是计算机的基本工作原理。计算机在工作过程中，主要有两种信息流：数据信息和指令控制信息。数据信息指的是原始数据、中间结果、结果数据等，这些信息从存储器读入运算器进行运算，所得的计算结果再存入存储器或传送到输出设备。指令控制信息由控制器对指令进行分析、解释后向各部件发出控制命令，指挥各部件协调工作。

下面以指令的执行过程为例简单说明计算机的基本工作原理。

（1）取指令。即按照指令计数器中的地址（初始地址）从内存储器中取出指令，并送往指令寄存器中。

（2）分析指令。即对指令寄存器中存放的指令进行分析，由操作码确定执行什么操作，由地址码确定操作数的地址。

（3）执行指令。即根据分析的结果，由控制器发出完成该操作所需要的一系列控制信息去完成该指令所要求的操作。

（4）执行指令的同时，指令计数器加 1，为执行下一条指令做好准备。如果遇到转移指令，则将转移地址送入指令寄存器。

3.2 计算机的硬件系统

硬件系统是指构成计算机的一些看得见、摸得着的物理设备，它是计算机软件运行的基础，由运算器、控制器、存储器、输入设备和输出设备 5 大功能部件组成。这 5 大功能部件相互配合，协同工作。硬件系统采用总线结构，各个部件之间通过总线相连构成一个统一的整体，如图 3-3 所示。

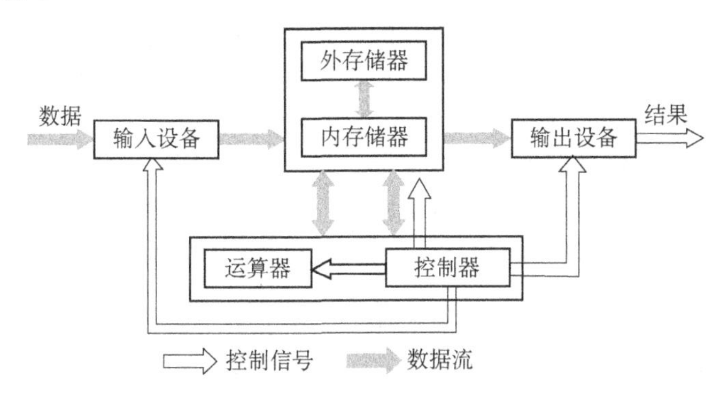

图 3-3　计算机硬件系统基本结构

计算机执行的程序和计算中需要的原始数据在控制命令的作用下通过输入设备送入计算机的存储器。当计算开始的时候，在取指令的作用下把程序指令逐条送入控制器。控制器向存储器和运算器发出取数命令和运算命令，运算器进行计算，然后控制器发出存数命令，计算结果存放回存储器，最后在输出命令的作用下通过输出设备输出结果。

下面具体介绍计算机硬件系统的 5 大功能部件。

1．运算器

运算器是对数据进行加工处理的部件，它在控制器的作用下与内存交换数据，负责进行各类基本的算术运算、逻辑运算和其他操作。在运算器中含有暂时存放数据或结果的寄存器。运算器由算术逻辑单元（Arithmetic Logic Unit，ALU）、累加器、状态寄存器和通用寄存器等组成。ALU 是用于完成加、减、乘、除等算术运算，与、或、非等逻辑运算及移位、求补等操作的部件。

2．控制器

控制器是整个计算机系统的指挥中心，负责对指令进行分析，并根据指令的要求有序地、有目的地向各个部件发出控制信号，也接收各部件反馈回来的信息，使计算机的各部件协调一致地工作。控制器由程序计数器、指令寄存器、指令译码器和时钟控制电路等组成。

（1）程序计数器（Programming Counter，PC）。用来存放下一条要执行的指令在存储器中的地址。在程序执行之前，必须把程序的首地址先放置到程序计数器中，当程序运行时，控制器根据 PC 中的指令地址从存储器中取出要执行的指令送到指令寄存器 IR 中进行分析和执行。

（2）指令寄存器（Instruction Register，IR）。用于存放从存储器中取出的待执行的指令。

（3）指令译码器（Instruction Decoder，ID）。用于对指令寄存器中待执行的指令进行译码分析，以确定该指令要进行的操作。

（4）时钟控制电路。时序电路产生计算机工作中所需要的各种时序信号。它们在控制电路的协同配合下有序地工作。

运算器和控制器构成计算机的核心部件——中央处理器（Central Processing Unit，CPU），是任何计算机系统都必备的核心部件。

寄存器也是 CPU 的一个重要组成部分，是 CPU 内部的临时存储单元。寄存器既可以暂存程序执行时的常用数据、地址和中间结果，以便减少处理器与外部的数据交换，提高 CPU 的运行速度，又可以存放控制信息或 CPU 工作的状态信息。

3．存储器

计算机系统的一个重要特征是具有极强的“记忆”能力，能够把大量计算机程序和数据存储起来。存储器是计算机系统内最主要的记忆装置，既能接收计算机外部的信息（数据和程序），又能保存信息，还可以根据命令读取已保存的信息。

存储器按功能可分为内存储器和外存储器。早期的计算机存储器并没有内外之分，到了第二代计算机，因为大量采用半导体集成电路，而半导体电路的特性是不能永久存储信息，但实际需要使用磁介质存储设备保存数据，所以把执行程序和保存程序分开处理，形成了这种主-辅结构的存储系统。

（1）内存储器，简称内存，也称主存储器。内存相对存取速度快而容量小、价格昂贵，直接与 CPU 相连接，是计算机中主要的工作存储器，当前运行的程序与数据都存放在内存中。按其工作方式的不同，可以分为随机存取存储器和只读存储器。

①随机存取存储器，简称随机存储器或 RAM（Random Access Memory），RAM 允许随机地按任意指定地址向内存单元存入或从该单元取出信息，对任一地址的存取时间都是相同的。由于信息是通过电信号写入存储器的，所以断电时 RAM 中的信息就会消失。计算机工作时使用的程序和数据等都存储在 RAM 中，如果对程序或数据进行了修改之后，应该将它存储到外存储器中，否则关机后信息将丢失。RAM 可分为动态（Dynamic RAM，DRAM）和静态（Static RAM，SRAM）两大类。DRAM 的特点是集成度高，主要用于大容量内存储器；SRAM 的特点是存取速度快，主要用于高速缓冲存储器。

②只读存储器，简称 ROM（Read Only Memory），顾名思义，是只能读出而不能随意写入信息的存储器。ROM 中的内容是由厂家制造时用特殊方法写入的，或者要利用特殊的写入器才能写入。当计算机断电后，ROM 中的信息不会丢失。当计算机重新被加电后，其中的信息保持原来的不变，仍可被读出。ROM 一般存放计算机启动的引导程序、启动后的检测程序、系统最基本的输入/输出程序、时钟控制程序，以及计算机的系统配置和磁盘参数等重要信息。

中央处理器和内存储器是计算机进行数据处理的主要部件，通常合称为主机。

随着 CPU 制造技术的发展，CPU 的工作速度不断提高，但主存储器存取速度一直比 CPU 操作速度慢得多。为了减小或消除 CPU 与内存之间的速度差异对系统性能带来的影响，现在的 CPU 都引入了直接面向它的高速缓冲存储器（Cache，简称缓存）。Cache 的容量一般只有主存储器的几百分之一，但它的存取速度能与 CPU 相匹配。根据程序局部性原理，正在使用的主存储器某一单元邻近的那些单元将被用到的可能性很大。因而，当 CPU 存取主存储器的某一单元时，计算机硬件就自动地将包括该单元在内的那一组单元内容调入 Cache，CPU 即将存取的主存储器单元很可能就在刚刚调入到 Cache 的那一组单元内。于是，CPU 就可以直接对 Cache 进行存取。在整个处理过程中，如果 CPU 绝大多数存取主存储器的操作能为存取 Cache 所代替，计算机系统的处理速度就能显著提高。

（2）外存储器，简称外存，也称辅助存储器。外存相对内存其存取速度慢但容量很大、价格低廉。计算机执行程序和加工处理数据时，外存中的信息按信息块或信息组先送入内存后才能使用，即计算机通过外存与内存不断交换数据的方式使用外存中的信息。目前微型机上广泛使用的外存储器主要有软盘、硬盘、光盘及 U 盘等。

4．输入/输出设备

输入/输出设备又称外部设备，简称外设或 I/O 设备，这些设备提供了外部环境与计算机交换数据的一种手段，是实现人机通信的工具。

（1）输入设备。输入设备的功能是将外部的数字、文字、符号、语音、图形和图像等信息，以及处理这些信息所需的程序，变换为计算机所能识别和处理的二进制形式并输送到计算机中去进行运算处理。常见的输入设备及其分类如图 3-4 所示。

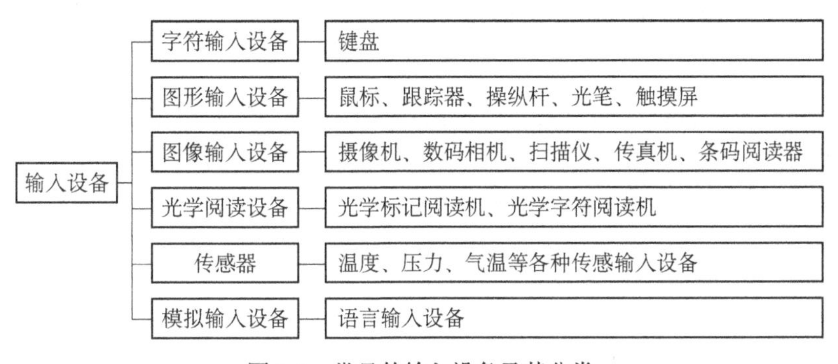

图 3-4　常见的输入设备及其分类

（2）输出设备。输出设备的功能是把计算机处理的结果（或中间结果）变换为人所能识别的数字、符号、文字、语音、图形和图像等信息形式，或变换为其他系统所能接收的信息形式输送出来。常用的输出设备及其分类如图 3-5 所示。

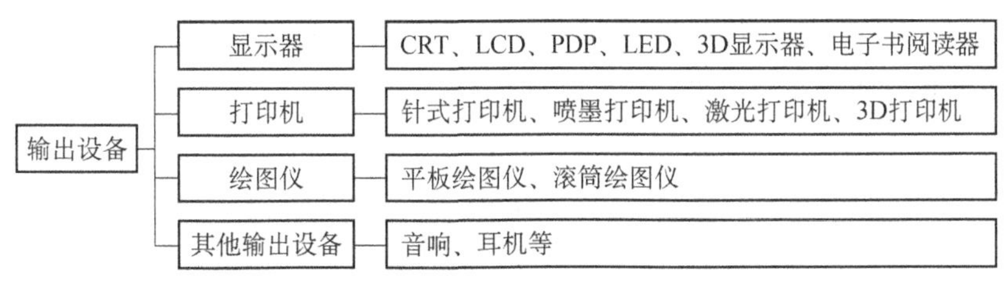

图 3-5　常见的输出设备及其分类

阅读

3D 打印机：神奇的机器

房子、器官、汽车、衣服、机器人……你能想象这些东西都可以打印出来吗？3D 打印的概念起源于 19 世纪末的美国，近几年逐渐大热，中国物联网校企联盟称它为“上上个世纪的思想，上个世纪的技术，这个世纪的市场”。此前，部件设计完全依赖于生产工艺能否实现，而 3D 打印机的出现，将颠覆这一生产思路，任何复杂形状的设计均可以通过 3D 打印机来实现。

2016 年 2 月 3 日，中国科学院福建物质结构研究所 3D 打印工程技术研发中心林文雄课题组在国内首次突破了可连续打印的三维物体快速成型关键技术，并开发出了一款超级快速的连续打印的数字投影（DLP）3D 打印机。该 3D 打印机的速度达到了创纪录的 600 mm/h，可以在短短 6 分钟内，从树脂槽中“拉”出一个高度为 60 mm 的三维物体，而同样物体采用传统的立体光固化成型工艺（SLA）来打印则需要约 10 个小时，速度提高了足足有 100 倍!

输入/输出设备是用户操作计算机并与计算机进行交互的主要设备。输入/输出设备中，有的设备既可作为输入设备又可作为输出设备，如外存储器。随着计算机技术的发展，以自然语言、图形、图像、印刷体和手写体文字等信息模式进行的输入/输出将是计算机输入/输出设备的重要发展方向。

3.3 微型计算机的硬件组成

一台典型的微型计算机（即日常中所说的个人计算机 PC）由主机、键盘、鼠标、显示器和打印机等几部分组成。通过接口将键盘、显示器、鼠标、打印机等外部设备与主机连接起来，就形成了一个完整的微型计算机硬件系统。

3.3.1 主板

在微型计算机中，打开主机箱后，可以看到一块大型印制电路板，称为主板（又称系统板或母板），其外观如图 3-6 所示。主板是微型机的核心连接部件，微型机硬件系统的其他部件全部都是直接或间接通过主板相连的。主板的性能直接影响系统的综合性能。主板型号各异，但基本结构大致相同。主板上通常有微处理器插槽、内存插槽、输入/输出控制电路、扩展插槽、键盘接口、面板控制开关和与指示灯相连的接插件等，还有一些扩展插槽或 I/O 通道，不同的主板所含的扩展槽个数不同。扩展槽可以随意插入某个标准选件，如显卡、声卡、网卡和视频解压卡等。

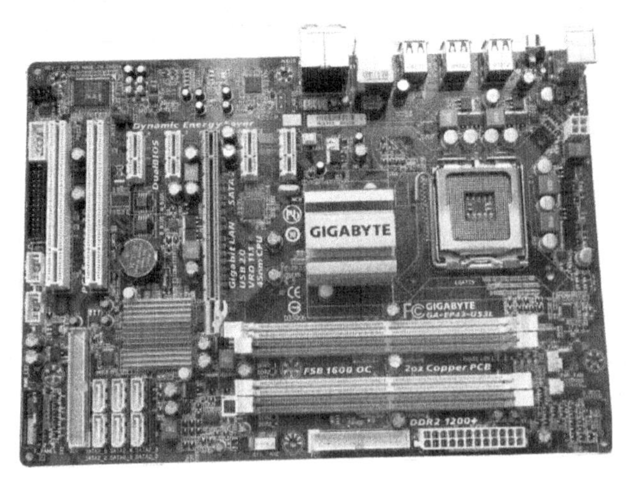

图 3-6　主板外观

3.3.2　CPU

CPU 是计算机的核心部件，在微型计算机系统中称为微处理器，是计算机的“大脑”。CPU 从最初发展至今已经有 40 多年的历史了，这期间，按照其处理信息的字长，CPU 可以分为：4 位微处理器、8 位微处理器、16 位微处理器、32 位微处理器，以及现在主导市场的 64 位微处理器，可以说微型计算机的发展是随着 CPU 的发展而前进的。

CPU 的发展可谓日新月异，精彩纷呈。从最初的 4 位微处理器到目前流行的 64 位微处理器；主频从 108kHz 到 3.2GHz 及以上；从单核到多核；制造工艺从 50nm 提高到 10nm、7nm 制程；指令集不断扩展，增加了高速缓存等，CPU 的发展令人眼花缭乱，但其基本是按照摩尔定律在发展的。

摩尔定律是由戈登 • 摩尔（Gordon Moore）经过长期观察发现并提出的，但摩尔定律并非数学、物理定律，而是对发展趋势的一种分析预测。事实上，从个人计算机的发展史来看，对计算机的三大要素——微处理器芯片、半导体存储器和系统软件来考察，摩尔定律还是基本正确的。但人们不禁要问：这种令人难以置信的发展速度会无止境地持续下去吗？不需要复杂的逻辑推理就可以知道：总有一天，芯片单位面积上可集成的电子元器件数量会达到极限。问题只是这一极限是多少，以及何时达到这一极限。而且在当今时代节能环保的 CPU 越来越受到大家的关注。业界已有专家预计，CPU 芯片性能的增长速度将在今后几年趋缓，不过，在不久的将来也许会有革命性的 CPU 技术问世，人们将拭目以待。

CPU 品质的高低，直接决定了一个计算机系统的档次。反映 CPU 品质的性能指标有很多，其中主要的有以下几个。

（1）主频。主频是 CPU 的时钟频率（CPU Clock Speed），也就是 CPU 运行时的工作频率。一般地，主频越高，一个时钟周期内完成的指令数也越多，当然 CPU 的速度也就越快。不过由于各种 CPU 的内部结构不尽相同，所以并非所有时钟频率相同的 CPU 性能都一样。

（2）外频与倍频。与主频相关的还有“外频”和“倍频”两个概念。“外频”就是系统总线的工作频率，是主板为 CPU 提供的基准时钟频率，当外频提高时，CPU 与内存之间交换数据的速度就加快，这样计算机的工作速度就更快。而“倍频”则是指 CPU 外频与主频相差的倍数。在 486 之前并没有倍频的概念，CPU 的主频一般都等于外频，即 CPU 的主频和系统总线的速度是一样的。因为微型机的一些其他配件（如外存等）受到工艺水平的限制，不能承受更高的频率，这就限制了 CPU 主频的提高，于是倍频技术应运而生。倍频可使系统总线工作在相对较低的频率上，而 CPU 速度可以通过倍频来提高。因此，主频=外频×倍频。外频和倍频都可以根据 CPU 参数通过主板跳线或程序来设置，从而设定 CPU 的主频。通过适当提高外频或倍频，有些 CPU 的主频可以超过它的标称工作频率，这就是通常所说的“超频”。超频可以在一定程度上提升系统的性能，但它将增加 CPU 的功耗，使 CPU 的温度升高，甚至损坏 CPU。

（3）字长。CPU 的字长是指 CPU 一次所能处理的二进制位数。在其他指标相同时，字长越大计算机处理数据的速度就越快。早期的微型机字长一般是 8 位和 16 位，386 及以上的处理器大多是 32 位，目前计算机 CPU 的字长大部分已达到 64 位。

（4）缓存。随着 CPU 主频的不断提高，它的处理速度越来越快，内存的读写速度根本就赶不上 CPU 的快速运行，因而无法及时将 CPU 需要处理的数据交出来。于是，高速缓存就出现在 CPU 上，缓存是指可以进行高速数据交换的存储器，它先于内存与 CPU 交换数据，因此速度很快，这样就提高了 CPU 的处理速度。

- L1 Cache（一级缓存）：是 CPU 的第一级高速缓存，内置在 CPU 上，它的容量和结构对 CPU 的性能影响较大，不过高速缓冲存储器均由静态 RAM 组成，结构较复杂，在 CPU 管芯面积不能太大的情况下，L1 Cache 的容量不可能做得太大。
- L2 Cache（二级缓存）：是 CPU 的第二级高速缓存，是为弥补一级缓存容量不能太大的限制而设置的，以提高 CPU 的运算速度。二级缓存的容量可以较大，工作频率也比较灵活，可以与 CPU 同频，也可以不同。CPU 读取数据时，访问顺序依次为 L1→L2→内存→外存。L2 Cache 的容量直接影响 CPU 的性能，原则是越大越好，同一核心的 CPU 高低端之分往往体现在二级缓存上。
- L3 Cache（三级缓存）：是为读取二级缓存后未命中的数据而设计的一种缓存，在拥有三级缓存的 CPU 中，只有约 5%的数据需要从内存中调用，这进一步提高了 CPU 的效率。

（5）指令集。CPU 是否能充分发挥其卓越性能很大程度上取决于指令系统。指令系统决定了一个 CPU 能够运行什么样的程序，因此，一般来说，指令越多，CPU 功能越强大。目前主流的 CPU 指令集有 Intel 的 X86、MMX、SSE、SSE4 等及 AMD 的 3DNow 扩展指令集。

（6）双核和多核技术。双核是指在一个 CPU 中集成了两个内核，使单个 CPU 具有两个普通 CPU 的运算能力。双核性能在同频单核 CPU 的基础上可提升约 20%。多核是在一个 CPU 中集成了多个内核而形成的。

（7）多线程技术。多线程又称为 SMT。SMT 可通过复制处理器上的结构状态，让同一个处理器上的多个线程同步执行并共享处理器的执行资源，可最大限度地实现宽发射、乱序的超标量处理，提高处理器运算部件的利用率，缓和由于数据相关或 Cache 未命中带来的访问内存延时。

（8）CPU 内核和接口。CPU 的内核即 CPU 运算数据的处理中心。通常，CPU 生产厂商在推出一种新型 CPU 产品时，其与旧款 CPU 的主要区别就在于内核的构造上。CPU 的接口是指 CPU 与主板插槽接触的部位。

（9）制造工艺。CPU 的制造工艺一般是指 CPU 内部主要电子元器件之间所间隔的距离，其单位通常为 nm（纳米），生产工艺越先进，连接线越细，CPU 内部功耗和发热量越小，其集成度越高。

3.3.3 存储器

1．内存储器

内存储器是 CPU 可以直接存取数据的存储器，计算机上正在运行的程序和数据都存放在内存中，CPU 与外部存储器交换信息也必须通过内存来完成。

微型计算机的内存位于系统主板上，是半导体存储器，采用大规模或超大规模集成电路器件制造，是微型机必备的硬件之一。一般情况下，内存容量越大，CPU 能同时执行的任务就越多，它的性能也就越好。现在 PC 的内存都采用内存条的形式，如图 3-7 所示，可直接插在主板的内存条插槽上。内存条与主板插槽接触的部分称为金手指（也称针脚），主板上安装哪种类型的内存条由所采用的芯片组和 CPU 类型决定。

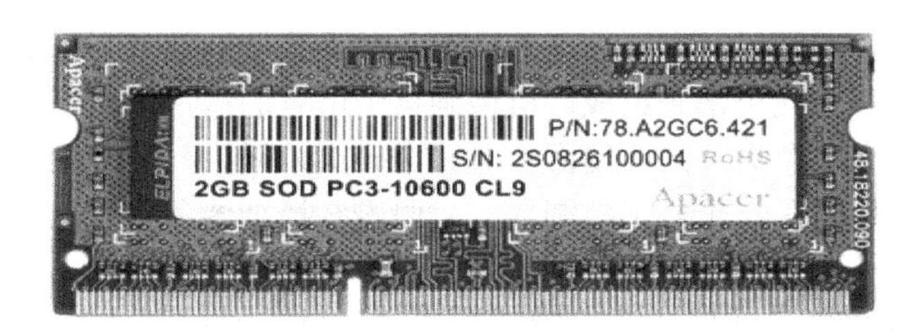

图 3-7　内存条

微型机的内存类型主要有 SDRAM、RDRAM 和 DDR 三种。

（1）SDRAM：即 Synchronous DRAM（同步动态随机存储器），工作速度与系统总线速度同步。SDRAM 内存分为 PC66、PC100、PC133 等不同规格，规格后面的数字就代表着该内存最大所能正常工作的系统总线速度，比如 PC100，就说明此内存可以在系统总线为 100MHz 的计算机中同步工作。SDRAM 为 168 线引脚，采用 3.3V 电压，最快存取速度可达 6ns。随着 CPU 前端总线速度的不断提高，SDRAM 已经无法满足新型处理器的需要了，已退出主流市场。

（2）RDRAM：是 Rambus Dynamic Random Access Memory（存储器总线式动态随机存储器）的简称，是美国 Rambus 公司开发的具有系统带宽、芯片到芯片接口设计的内存，它能在很高的频率范围下通过一个简单的总线传输数据，同时使用低电压信号，在高速同步时钟脉冲的两边沿传输数据。RDRAM 最初得到了 Intel 公司的大力支持，生产专门的芯片组以适应它的应用，但由于其高昂的价格及 Rambus 公司的专利许可限制，一直未能成为市场主流，其地位被相对廉价而性能同样出色的 DDR SDRAM 迅速取代，市场份额很小。

（3）DDR：严格地说 DDR 应该叫 DDR SDRAM，人们习惯称为 DDR，是 Double Data Rate SDRAM 的缩写，即双倍速率同步动态随机存储器。SDRAM 在一个时钟周期内只传输一次数据，在时钟的上升期进行数据传输；而 DDR 在一个时钟周期内传输两次数据，它能够在时钟的上升期和下降期各传输一次数据，因此 DDR 可以在与 SDRAM 相同的总线频率下达到更高的数据传输率。从外形和体积上看，DDR 与 SDRAM 相比差别不大，它们具有同样的尺寸和同样的针脚距离。但 DDR 为 184 针脚，比 SDRAM 多出了 16 个针脚，主要包含了新的控制、时钟、电源和接地等信号，采用 2.5V 电压。由于 DDR 内存条性价比高，它成了市场的主流产品。

随着技术的不断发展，DDR 内存也在不断迭代更新，先后出现了 DDR2（第二代双倍数据率同步动态随机存取存储器）、DDR3（第三代双倍数据率同步动态随机存取存储器）、DDR4（第四代双倍数据率同步动态随机存取存储器），它们的性能越来越高、速度越来越快。DDR4 是现时流行的内存产品规格，不过现在已经有一些半导体制造商公布了 DDR5 的研发进度，DDR5 已经处在视线可及的地平线上了。

2．外存储器

PC 常用的外存是硬盘。除此，光盘、U 盘的使用也非常普及。下面介绍常用的几种外存。

（1）硬盘。Hard Disk，也称硬磁盘，是计算机重要的外部存储设备，计算机的操作系统、应用软件、文档、数据等都可以存放在硬盘上。硬盘主要可以分为机械硬盘和固态硬盘。

机械硬盘即传统普通硬盘，主要由盘片、磁头、盘片转轴及控制电机、磁头控制器、数据转换器、接口、缓存等几个部分组成。机械硬盘中所有的盘片都装在一个旋转轴上，每张盘片之间是平行的，在每个盘片的存储面上有一个磁头，磁头与盘片之间的距离比头发丝的直径还小，所有的磁头连在一个磁头控制器上，由磁头控制器负责各个磁头的运动，其外观和内部结构如图 3-8 所示。

固态硬盘是用固态电子存储芯片阵列而制成的硬盘，由控制单元和存储单元（FLASH 芯片、DRAM 芯片）组成。固态硬盘比同容量机械硬盘体积小、重量轻。固态硬盘在接口的规范和定义、功能及使用方法上与普通硬盘的完全相同，在产品外形和尺寸上也完全与普通硬盘一致。固态硬盘被广泛应用于军事、车载、工控、视频监控、网络监控、网络终端、电力、医疗、航空、导航设备等领域。其外观和内部结构如图 3-9 所示，

图 3-8　机械硬盘的外观和内部结构

图 3-9　固态硬盘的外观和内部结构

（2）光盘。随着多媒体技术的推广，光盘以其容量大、寿命长、成本低的特点，很快受到用户的欢迎，普及相当迅速。与磁盘相比，光盘是通过光盘驱动器中的光学头用激光束来读写的。光盘驱动器是用来驱动光盘，完成主机与光盘信息交换的设备，简称光驱。光盘和光驱如图 3-10 所示。

图 3-10　光盘和光驱

光盘驱动器分为只读型光驱和刻录机（可擦写型光驱）。只读型光驱又分为 CD-ROM 驱动器和 DVD-ROM 驱动器，CD-ROM 驱动器只能读取 CD-ROM 光盘数据；而 DVD-ROM 驱动器既能读取 CD-ROM 光盘数据，也能读取 DVD-ROM 光盘数据。刻录机也分为两种：CD 刻录机和 DVD 刻录机，它们不仅能刻录光盘，还能读取光盘数据。

CD 刻录机只能读写 CD 系列光盘数据，DVD 刻录机能读写 CD 系列和 DVD 系列光盘数据。

微型计算机的光驱有一个数据传输速率的技术指标——倍速。1 倍速的数据传输速率是 150Kb/s，即标准速率为 150Kb/s，光驱的读写速率=标准速率×倍速系数，如 24 倍速光驱的数据传输速率是 150Kb/s×24＝3.6Mb/s。目前常见的光驱倍速是 16 倍速、24 倍速、40 倍速、52 倍速等。

光盘有 3 类：只读型光盘、一次写入型光盘和可擦写光盘。

①只读型光盘（CD-ROM、DVD-ROM）：它们的特点是只能写一次，而且是在制造时由厂家用冲压设备把信息写入的。写好后信息将永久保存在光盘上，用户只能读取，不能修改和写入。CD-ROM 和 DVD-ROM 的最大特点是存储容量大，一张 CD-ROM 光盘，其容量为 650MB 左右；DVD-ROM 系列光盘的存储容量更大，一般为 4.7GB，有的可达 8.5GB（双面）或 17GB（双面双层），能存储容量较大的软件、游戏和影视节目等信息。

②一次写入型光盘（CD-R、DVD-R）：可由用户写入数据，但只能写一次，写入后不能擦除修改。一次写入多次读出的光盘适用于用户存储不允许随意更改的文档。

③可擦写光盘（CD-RW、DVD-RW）：能够重写的光盘，它的操作完全和硬盘相同，故称磁光盘，可反复使用一万次（实际可能要少得多），并可保存 50 年以上。可擦写光盘具有高容量和随机存取等优点，但速度较慢，成本也较高。

（3）U 盘。USB Flash Disk，也称为闪存，U 盘是采用 USB 接口和闪存（Flash Memory）技术结合的、方便携带、外观精美时尚的移动存储器，如图 3-11 所示。U 盘是以 Flash Memory 为介质的，所以具有可多次擦写、速度快而且防磁、防震、防潮的优点。U 盘一般包括闪存（Flash Memory）、控制芯片和外壳。U 盘采用流行的 USB 接口，体积只有大拇指大小，质量约 20g，不用驱动器，无须外接电源，即插即用，可实现不同计算机之间的文件移动，存储容量从最初的几 MB 到现在的 4GB、8GB 等，满足不同的需求。U 盘产品都是通过整合闪存芯片、USB I/O 控制芯片而成的产品，其产品特性大都相似，只是外壳设计、捆绑软件和附加功能上有所差别。U 盘的附加功能种类很多，如数据加密、系统启动功能、内置 E-mail 收发软件和聊天工具等。

图 3-11　U 盘

3.3.4　总线

总线是连接微型计算机中各个部件的一组物理信号线。总线在计算机的组成与发展过程中起着关键性的作用，因为总线不仅涉及各个部件之间的接口与信号交换规则，还涉及计算机扩展部件和增加各类设备时的基本约定。

总线通常可分为“内部总线”和“系统总线”。内部总线通常是指在 CPU 内部或 CPU 与主存储器之间交换信息用的总线；系统总线是 CPU、存储器与各类 I/O 设备之间互相连接交换信息的总线。根据传递信息的种类不同，系统总线可分为地址总线、控制总线和数据总线。

在计算机系统中，总线使各个部件协调地执行 CPU 发出的指令。CPU 相当于总指挥部，各类存储器提供具体的程序与数据，I/O 设备担任着计算机的“对外联络任务”（输入与输出信息），而由总线去沟通所有部件之间的信息流。PC 的总线结构有 ISA、EISA、VESA、PCI 等几种，目前以 PCI 总线为主流。

3.3.5 输入和输出设备

1．输入设备

微型计算机中常用的输入设备是键盘和鼠标。

（1）键盘。键盘（Keyboard）是用户与计算机进行交流的主要工具，是计算机最重要的输入设备，也是微型计算机必不可少的外部设备。

现在的键盘通常有 101 键键盘和 104 键键盘两种，目前较常用的是 104 键键盘，还有许多种添加了特定功能键的多媒体键盘。

键盘通常由 4 部分组成：功能键区、主键盘区、光标控制键区、数字键区（小键盘），如图 3-12 所示。

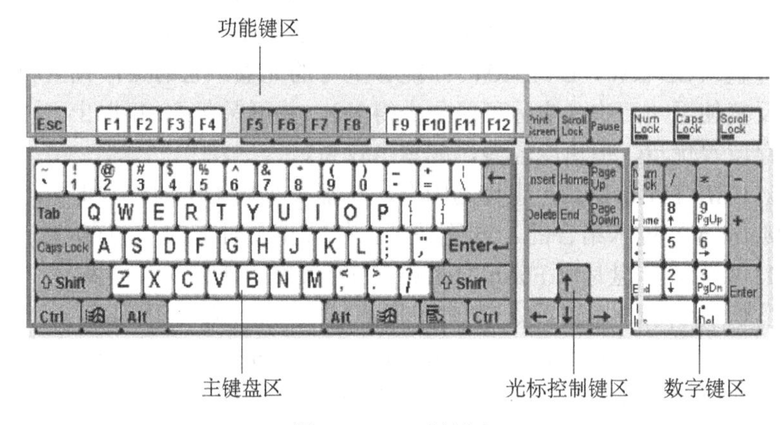

图 3-12　104 键键盘

①功能键区：位于键盘的上部，功能键 F1～F12，一般按某个键就是执行某条命令或完成某个功能。在不同的应用软件中，相同的功能键可以具有不同的功能。

②主键盘区：占据键盘中面积最大的区域，通常的英文打字机用键，它包括字母键 A～Z；数字键 0～9；符号键+、-、*、/、#、%、!、？、:等；控制键 Caps Lock、Shift、Tab、Ctrl、Alt 等。

③光标控制键区：位于键盘的中间部分，有←、↓、→、↓、Delete、Insert、Home、End、Page Up、Page Down 10 个键。

④小键盘区：有 Num Lock、数字方向键、运算符、回车、Del、Ins 键。由于小键盘上的数码键相对集中，所以用户需要大量输入数字时，锁定数字键（Num Lock）更方便，Num Lock 键是数字小键盘锁定转换键。当指示灯亮时，输入为数字字符；当指示灯灭时，方向键起作用。

（2）鼠标。鼠标最早用于苹果公司生产的系列微型机中，随着 Windows 操作系统的逐渐流行而成为一种必不可少的输入设备，鼠标可以方便准确地通过移动光标进行定位，因其外形酷似老鼠而得名。

2．输出设备

微型计算机常用的输出设备为显示器和打印机。

（1）显示器。显示器是计算机系统最常用的输出设备，它的类型很多，目前常用的是阴极射线管（CRT）显示器和液晶（LCD）显示器。CRT 显示器价格低廉，但因为工作在高电压、高脉冲状态下，会不断发出电磁辐射，对人体有害，因此已经被 LCD 显示器取代。LCD 显示器以其轻薄、低辐射等优点而备受青睐。

显示器性能的优劣，直接影响计算机信息的显示效果。显示器的主要技术指标有以下几个：

①点距。点距是同一像素中两个颜色相近的荧光点间的直线距离。点距越小，显示出来的图像越细腻，当然其成本也越高。早期的显示器点距多为 0.31mm 和 0.39mm，现在大多数显示器采用的至少是 0.28mm 的点距，有些高档显示器的点距为 0.25mm，甚至更小。

②刷新频率，就是屏幕刷新的速度，即屏幕每秒的刷新次数。刷新频率越低，图像闪烁和抖动得就越厉害，眼睛就容易疲劳，有时会引起眼睛酸痛、头晕目眩等症状。而当采用 75Hz 以上的刷新频率时可基本消除闪烁。因此，75Hz 的刷新频率应是显示器稳定工作的最低要求。

③分辨率，指屏幕的水平方向和垂直方向所显示的点数。比如 1024×768，其中“1024”表示屏幕水平方向显示的点数，“768”表示垂直方向显示的点数。分辨率越高，图像也就越清晰。屏幕越大，点距越小，分辨率就越高。

④带宽。带宽是衡量显示器综合性能的最重要的指标之一，以 MHz 为单位，值越大越好。带宽决定着一台显示器可以处理的信息范围，大带宽能处理的频率更高，图像也更好。一般来说，可接受带宽=水平像素×垂直像素×刷新频率×额外开销（一般为 1.5）。带宽提高，成本随之提高，而且技术不易达到，要靠显示器电路的精心设计才可实现。

⑤LCD 显示器还有两个技术指标：响应时间和可视角度。响应时间指 LCD 显示器各像素点对输入信号的反应速度，即像素由暗转亮或由亮转暗所需要的时间。响应时间越短则显示动态图像时越不会有尾影拖曳现象。目前主流 LCD 显示器的响应时间为 4ms 或 8ms。可视角度指用户可以从不同的方向清晰地观察 LCD 显示器屏幕上所有内容的角度。支持 LCD 显示器显示的光源经折射和反射后输出有一定的方向性，在超出这一范围观看时，就会产生色彩失真现象。可视角度越大，视觉效果越好。目前市场上大多数 LCD 显示器的可视角度在 140°～160°之间，部分达到 170°。

显示适配器是微型机与显示器之间的接口卡，简称显卡。显卡主要用于图形数据处理、传输数据给显示器并控制显示器的数据组织方式。显卡的性能主要取决于显卡上的图形处理芯片。早期的图形处理主要由 CPU 完成，显卡只负责把 CPU 处理好的数据传输给显示器。随着图形化软件的广泛应用，图形处理的任务不断加重，如果全部由 CPU 完成，会严重影响整机的运行效率。因此，现在微型机系统中大量的图形处理工作由显卡完成。显卡性能直接决定显示器的成像速度和效果。

（2）打印机。打印机也是微型计算机系统中重要的输出设备。目前常用的打印机有针式打印机、喷墨打印机和激光打印机 3 种。针式打印机是击打式打印机，喷墨打印机和激光打印机是非击打式打印机。

①针式打印机，又称点阵打印机，常用的有 9 针和 24 针两种。针数越多，针距越密，打印出来的字就越美观。针式打印机的主要优点是：价格便宜、维护费用低、可复写打印，缺点是：打印速度慢、噪声大、打印质量稍差。目前针式打印机主要应用于银行、税务、商店等的票据打印。

②喷墨打印机。它是通过喷墨管将墨水喷射到打印纸上而实现字符或图形的输出，其主要优点是：打印精度较高、噪声低、价格便宜，缺点是：打印速度慢，由于墨水消耗量大，

日常维护费用较高。

③激光打印机。激光打印机是近年来发展很快的一种输出设备，由于它具有精度高、打印速度快、噪声低等优点，已逐渐成为办公自动化的主流产品。激光打印机的一个重要指标就是 DPI（每英寸点数），即分辨率。分辨率越高，打印机的输出质量就越好。

3.4 计算机软件系统

计算机系统是以硬件为基础、软件为平台呈现给用户的。人们使用计算机其实就是通过操作软件来驱动硬件进行工作的，没有安装任何软件的计算机称为“裸机”，只有配置了相应软件的计算机才能正常工作。

软件是指为方便使用计算机和提高使用效率而组织的程序、数据及用于开发、使用和维护的有关文档。软件可分为系统软件和应用软件两大类。

3.4.1 系统软件

系统软件是指控制计算机的运行、管理计算机的软件和硬件资源，并为应用软件提供支持和服务的一类软件。实际上，系统软件可以看做是用户与计算机之间的接口，它为应用软件和用户提供了控制、访问硬件的手段，这些功能主要由操作系统完成。系统软件包括以下 4 种：

（1）操作系统（Operating System，OS）。操作系统是最基本、最重要的系统软件。它负责管理计算机系统的全部软件资源和硬件资源，合理地组织计算机各部分协调工作。计算机启动以后，操作系统的主要部分被调入并常驻内存，通常称这部分为内核。随着计算机技术的迅速发展和计算机的广泛应用，用户对操作系统的功能、应用环境、使用方式不断提出新的要求，因而逐步形成了不同类型的操作系统。

（2）语言处理程序。它是用户和计算机交流信息使用的计算机语言。通常分为机器语言、汇编语言和高级语言 3 类。

①机器语言（Machine Language）。机器语言是一种用二进制代码“0”和“1”表示的、能被计算机直接识别和执行的语言。用机器语言编写的程序称为计算机机器语言程序。它是一种低级语言，用机器语言编写的程序不便于记忆、阅读和书写。每一种机器都有自己的机器语言，即计算机指令系统，因此没有通用性。

②汇编语言（Assemble Language）。汇编语言是一种用助记符表示的面向机器的程序设计语言，即符号化的机器语言，如用助记符 ADD 表示加法、用 SUB 表示减法等。汇编语言的每条指令对应一条机器语言代码，不同类型的计算机系统一般有不同的汇编语言。用汇编语言编制的程序称为汇编语言程序，机器不能直接识别和执行，必须由汇编程序翻译成机器语言程序（目标程序）才能运行。汇编语言适用于编写直接控制机器操作的底层程序，它与机器类型密切相关。因此，机器语言和汇编语言都是面向机器的语言，一般称为低级语言。

③高级语言（High Level Language）。高级语言是一种比较接近自然语言和数学表达式的计算机程序设计语言，是“面向用户的语言”。一般用高级语言编写的程序称为“源程序”，计算机不能直接识别和执行，必须把用高级语言编写的源程序翻译成机器指令才能执行，通常有编译和解释两种方式。编译是将源程序整个编译成目标程序，然后通过链接程序将目标

程序链接成可执行程序。解释是将源程序逐句翻译，翻译一句执行一句，边翻译边执行，不产生目标程序，由计算机执行解释程序自动完成，如 BASIC 语言。

1956 年由美国计算机科学家巴科斯设计的 FORTRAN 语言是高级语言的开端，由于它的简洁和高效，成为此后几十年科学和工程计算程序开发的主流语言。但 FORTRAN 是面向计算机专业人员的语言，为了普及计算机语言，使计算机应用更为大众化，后来出现了 BASIC 语言。

随着计算机应用的深入，在 20 世纪 70 年代，由结构化程序设计的思想孵化出了两种结构化程序设计语言：Pascal 和 C。其中 Pascal 语言强调可读性，使其至今仍为学习算法和数据结构等软件基础知识的首选教学语言；而 C 语言强调语言的简洁和高效，使之成为几十年中主流的软件开发语言。

随着面向对象设计思想的普及，20 世纪 80 年代，由 AT&T 贝尔实验室在 C 语言的基础上设计并实现的 C++语言成为众多面向对象语言中的代表。再后来，C++和其他高级语言如 BASIC、Pascal 等，结合可视化的界面编程技术、面向对象思想及数据库技术，产生了所谓的第四代语言，如 Visual Basic、Delphi、Visual C++、C++Builder 等。

在互联网时代，SUN 公司在 1995 年推出的 Java 语言成为了 Web 技术开发过程中最为普及的语言。随着人工智能、大数据和云计算的发展，Python 语言应用也十分广泛。由于 Python 被认为是最接近人工智能的编程语言，目前已经成为最受欢迎的程序设计语言之一。

近年来，随着移动手机的普及，App 的大量应用，开发 App 的语言及技术也层出不穷。对于主流的 App 系统，开发的语言主要包括：①iOS 平台开发语言为 Objective-C，开发者一般使用苹果公司开发的 iOS SDK 搭建开发环境，iOS SDK 是开发 iPhone 和 iPad 应用程序过程中必不可少的软件开发包，提供了从创建程序，到编译、调试、运行、测试等一些开发过程中所需要的工具；②安卓 Android 开发语言为 Java，开发者一般用谷歌开发的 Android SDK 搭建开发环境，再使用 Java 进行安卓应用的开发。

（3）数据库管理系统（Database Management System，DBMS）。它的作用是管理数据库，是有效地进行数据存储、共享和处理的工具。目前，微型机系统常用的单机数据库管理系统有 Visual FoxPro、Access 等，适合于网络环境的大型数据库管理系统有 Sybase、Oracle、DB2、SQL Server 等。数据库管理系统主要用于档案管理、财务管理、图书资料管理、仓库管理、人事管理等的数据处理。

（4）系统服务程序。系统服务程序是指为了帮助用户使用和维护计算机，提供服务性工具而编制的计算机程序，包括为用户提供程序编辑环境的编辑程序、系统装配程序、机器的调试、故障检查和诊断程序等。

3.4.2　应用软件

应用软件是指除了系统软件以外的所有软件，也是为了解决各类应用问题而设计的各种计算机软件。

应用软件一般分为两类：一类是为特定需要开发的实用软件，如会计核算软件、订票系统、工程预算软件、辅助教学软件等；另一类则是为了方便用户使用而提供的一种软件工具，如用于文字处理的 Word、用于辅助设计的 AutoCAD、用于系统维护的 Pctools 等。应用软件需要系统软件的支持才能正常运行。表 3-1 列举了一些主要应用领域的应用软件，用户可以结合工作或生活的需要进行选择。

表 3-1 主要应用领域的应用软件

软件种类	举 例
办公软件	Microsoft Office、WPS 等
图形处理与设计	Photoshop、3ds Max、AutoCAD 等
程序设计	Visual C++、CodeBlocks、Visual Studio、eclipse、IDLE 等
图文浏览软件	Adobe Reader、超星图书浏览器等
翻译与学习	金山词霸等
多媒体播放和处理	Windows Media Player、会声会影等
磁盘分区	Fdisk、PartitionMagic 等
数据备份与恢复	Norton Ghost、Final Data 等
上传与下载	CuteFTP、迅雷等
计算机病毒防护	金山毒霸、360 杀毒等

**阅读**

新一代软件技术

下一代软件的发展方向是什么？如何快速批量地构造更复杂的程序呢？人们提出将若干系统都经常使用的对象做成“构件”（构件将对象的复杂的内部特性隐藏起来了，使用者只能看到其提供给外部的接口），通过重复使用构件来构造程序，进而提高软件开发效率。构件与构件之间如何连接，才能使系统具有更好的性能，这就是软件系统的构架问题，如 JavaEE，.NTE 和 CORBA 等架构，软件架构的发展进一步促进了中间件技术的发展，如 BEA 公司的 Weblogic、IBM 公司的 Websphere 和开源团建 Tomcat 等。因此，利用“构件”和“软件架构”可以快速批量进行复杂软件的构造，这是软件技术发展的一个方向。

随着互联网和移动互联网技术的发展，如何支持一个信息系统可以与外部任何其他系统进行互通互联，成为软件开发的重要问题。构件之间通过构件接口实现互相调用，但如果不知道构件的接口就无法调用。如何在互联网的环境中就能知道其他构件的接口呢？人们提出了“服务”和“服务总线”的概念，服务就是将构件的接口按照公共标准接口进行封装，可以随时接入到服务总线上，任何一个系统可以通过服务总线发现服务，通过服务总线实现任何系统之间的互通互联。目前出现的面向服务的体系结构（Service-Oriented Architecture，SOA）、云计算等就是体现这一思想的技术。

习题 3

一、判断题

1．字长是衡量计算机精度和运算速度的主要技术指标之一。（　　）

2．40 倍速光驱的含义是指该光驱的速度为软盘驱动器速度的 40 倍。（　　）

3．CD-ROM 既可代表 CD-ROM 光盘，也可指 CD-ROM 驱动器。（　　）

4．CPU 能从它所管理的随机存取存储器的任意存储地址读出和写入内容。（　　）

5．RAM 中的信息既能读又能写，断电后其中的信息不会丢失。（　　）

6．磁盘格式化时，被划分为一定数量的同心圆，称为磁道。盘上最外圈的磁道是 1 磁道。（　　）

7．磁盘既可作为输入设备又可作为输出设备。（　　）

8．各种存储器的性能可以用存储时间、存储周期、存储容量 3 个指标表述。（　　）

9．点距是彩色显示器的一项重要技术指标，点距越小，可以达到的分辨率就越高，画面就越清晰。（　　）

10．分辨率是计算机中显示器的一项重要指标，若某显示器的分辨率为 1024×768，则表示其屏幕上的总像素个数是 1024×768。（　　）

11．辅助存储器用于存储当前不参与运行或需要长久保存的程序和数据。其特点是存储容量大、价格低，但与主存储器相比，其存取速度较慢。（　　）

12．根据传递信息的种类不同，系统总线可分为地址总线、控制总线和数据总线。（　　）

13．计算机能直接执行的指令包括两个部分，它们是源操作数和目标操作数。（　　）

14．汇编语言之所以属于低级语言是由于用它编写的程序执行效率不如高级语言。（　　）

二、单选题

1．构成计算机的电子和机械的物理实体称为________。

A．主机　　B．外部设备

C．计算机系统　　D．计算机硬件系统

2．PC 的更新主要基于________的变革。

A．软件　　B．微处理器

C．存储器　　D．磁盘容量

3．CD-ROM 的传输速率是以第一代光盘的传输速率的倍数来表示的，称为倍速，1 倍速数据传输速率为________。

A．100Kb/s　　B．128Kb/s

C．150Kb/s　　D．250Kb/s

4．CPU 是计算机硬件系统的核心，它是由________组成的。

A．运算器和存储器　　B．控制器和乘法器

C．运算器和控制器　　D．加法器和乘法器

5．DRAM 存储器是________。

A．动态只读存储器　　B．动态随机存储器

C．静态只读存储器　　D．静态随机存储器

6．Intel 80486 是________位微处理器芯片。

A．8　　B．16

C．32　　D．64

7．PC 上通过键盘输入一段文章时，该段文章首先存放在主机的________中，如果希望将这段文章长期保存，应以文件形式存储于________中。

A．内存、外存　　B．外存、内存

C．内存、外存 D．键盘、打印机

8．打印多联（页）票据常用的打印机是________。

A．激光打印机 B．喷墨打印机

C．针式打印机 D．以上各类打印机

9．当磁盘处于写保护状态时，磁盘中的数据________。

A．不能读出，不能删改，也不能写入新数据

B．可以读出，可以删改，但不能写入新数据

C．可以读出，不能删改，但可以写入新数据

D．可以读出，不能删改，也不能写入新数据

10．个人计算机必不可少的输入/输出设备是________。

A．键盘和显示器 B．键盘和鼠标

C．显示器和打印机 D．鼠标和打印机

11．管理计算机的硬件设备，并使软件能方便、高效地使用这些设备的是________。

A．数据库 B．编译程序

C．编译软件 D．操作系统

12．计算机的存储系统通常包括________。

A．内存储器和外存储器 B．软盘和硬盘

C．ROM 和 RAM D．内存和硬盘

13．计算机的内存储器简称内存，它是由________构成的。

A．随机存储器和软盘 B．随机存储器和只读存储器

C．只读存储器和控制器 D．软盘和硬盘

14．计算机系统由________和________组成，它们之间的关系是________。

A．硬件系统、软件系统、无关

B．主机、外设、无关

C．硬件系统、软件系统、相辅相成

D．主机、软件系统、相辅相成

15．人们通常所说的“裸机”指的是________。

A．只装备有操作系统的计算机 B．不带输入和输出设备的计算机

C．未装备任何软件的计算机 D．计算机主机暴露在外

16．下列________接口不能连接鼠标。

A．并行 B．串行

C．PS/2 D．USB

17．下列 4 个选项中正确的一项是________。

A．软盘、硬盘和光盘都是外存储器

B．计算机的外存储器比内存储器存取速度快

C．计算机系统中的任何存储器在断电的情况下，所存信息都不会丢失

D．绘图仪、鼠标、显示器和光笔都是输入设备

三、多选题

1．下列说法中，正确的是________。

A．计算机的工作就是执行存放在存储器中的一系列指令
B．指令是一组二进制代码，它规定了计算机执行的最基本的一组操作
C．指令系统有一个统一的标准，所有计算机的指令系统都相同
D．指令通常由地址码和操作数构成

2．计算机硬件系统的主要性能指标有________。
A．字长　　B．操作系统性能
C．主频　　D．主存容量

3．假设一个有写保护装置的 U 盘处于写保护状态，以下可以进行的操作是________。
A．将 U 盘中某个文件改名　　B．将 U 盘中所有内容复制到 C 盘
C．在 U 盘上建立 AA.C　　D．显示 U 盘目录树

4．完整的计算机系统由________组成。
A．硬件系统　　B．系统软件
C．软件系统　　D．操作系统

5．微型机的软盘与硬盘比较，硬盘的特点是________。
A．存储容量大　　B．存取速度快
C．存取速度慢　　D．价格便宜

第 4 章　计算机网络

计算机网络最早出现在 20 世纪 60 年代，从 ARPANET 到今天互联网的普及，经过几十年的发展，计算机网络的应用越来越普及，特别是在互联网广泛应用后，计算机网络已经深入人心。电子邮件、电子商务、远程教育、远程医疗、网络娱乐、在线聊天、IP 电话和其他网络信息服务已经渗入人们生活和工作的各个领域，网络在当今世界无处不在，它的发展促进了经济腾飞和产业转型，从根本上改变了人们的生活方式和价值观念。因此，学习计算机网络基础知识，对于了解计算机网络、熟练使用网络，以及解决使用网络中碰到的相关问题，具有极大的作用和意义。

4.1　计算机网络的概念

4.1.1　什么是计算机网络

计算机网络是指通过各种通信设备和线路将地理位置不同且具有独立功能的计算机连接起来，用功能完善的网络软件实现网络中资源共享和信息传输的系统。计算机网络是计算机技术和通信技术发展结合的产物。计算机网络中的计算机既能独立自主地工作，同时也能实现信息交换、资源共享，以及各计算机间的协同工作。

由于计算机网络仍在不断发展，计算机网络的定义还将不断演进，但上述定义已经概括了网络的基本特征和功能，未来网络的发展只是其功能的进一步完善。

4.1.2　计算机网络的诞生和发展

与其他传统学科不同，计算机网络的发展并没有很长的历史，不像数理化这些学科的研究至少可以追溯到几百年前。1946 年世界上第一台电子计算机诞生，计算机网络随着计算机技术的出现而出现，并伴随着计算机技术和通信技术的发展而发展，到现在计算机网络的发展已经经历了 4 代。

第一代计算机网络是以单个计算机为中心的远程联机系统。20 世纪 50 年代中后期，许多系统将地理上分散的多个终端通过通信线路连接到一台中心计算机上，它的典型应用是由一台计算机和全美范围内 2000 多个终端组成的飞机订票系统。因此，当时人们把计算机网络定义为“以传输信息为目的而连接起来，实现远程信息处理或进一步达到资源共享的系统”，但实际上这种形式的连接还不是真正的计算机网络，因为整个系统中仅有一台计算机。

第二代计算机网络以多个主机通过通信线路互连起来，为用户提供服务。20 世纪 60 年代的冷战时期，美国军方为了保证在战争中的领先地位，当时就使用计算机设备建立了军事指挥中心，但是他们认为，如果仅有一个集中的军事指挥中心，万一这个中心被苏联的核武器摧毁，全国的军事指挥将处于瘫痪状态，其后果将不堪设想，因此有必要设计一个分散的指挥系统。1969 年，美国国防部高级研究计划属（Advanced Research Projects Agency，ARPA）开始建立一个命名为 ARPANET 的网络，把美国的几个军事及研究中心用计算机主机连接起来。这是第二代计算机网络的开端，这个时期的网络概念为“以能够相互共享资源为目的互连的具有独立功能的计算机集合”。虽然 ARPANET 比较简单，当初只连接了 4 台主机，但它是今天互联网的雏形。到 1972 年，有 50 余家大学和科研机构与 ARPANET 连接。1983 年，已有 100 多台不同体系结构的计算机连接到 ARPANET 上。ARPANET 在网络概念、结构、实现和设计方面奠定了现在计算机网络的基础。

第三代计算机网络是具有统一的网络体系结构并遵循国际标准的开放性和标准化的网络。随着网络规模的不断扩大，同时为了共享更多的资源，需要把不同的网络连接起来，网络的开放性和标准化就变得重要起来。从 20 世纪 70 年代开始，计算机网络体系结构的标准化已被提上议事日程，不少公司推出了自己的网络体系结构。1984 年 ISO 正式颁布了开放系统互连参考模型（OSI/RM）的国际标准，该模型分为 7 层，被公认为新一代计算机网络体系结构的基础，为普及局域网奠定了基础。

第四代计算机网络从 20 世纪 80 年代末开始。在这个时期，计算机网络进入了新的发展阶段，互联网诞生并飞速发展，多媒体技术、智能网络、综合业务数字网络（ISDN）等迅速发展，计算机网络应用迅速普及，真正进入到社会的各行各业，走进平民百姓的生活。此时的计算机网络主要是将多个具有独立工作能力的计算机系统通过通信设备和线路互连起来，在功能完善的网络软件支持下实现资源共享和数据通信的系统。

4.1.3　计算机网络的功能

1．数据通信

数据通信即实现计算机与终端、计算机与计算机间的数据传输，是计算机网络的最基本功能，也是实现其他功能的基础。

2．资源共享

计算机网络的主要功能是实现资源共享，网络中可共享的资源有硬件资源、软件资源和数据资源。网络用户可以共享分布在不同地理位置的计算机上的各种硬件、软件和数据资源，为用户提供了极大的方便。

3．集中管理

计算机网络技术的发展和应用已经使现代化办公、经营管理等发生了革命性的变化。目前，已经有了许多 MIS 系统、OA 系统等，通过这些系统可以实现日常工作的集中管理，提高工作效率，增加经济效益。

4．分布处理和负载平衡

网络技术的发展使得分布式计算成为可能。大型课题可以分为许许多多的小题目，由不同的计算机分别完成，然后再集中起来解决问题。负载平衡是指工作被均匀地分配给网络上的各台计算机。网络控制中心负责分配和检测，当某台计算机负载过重时，系统会自动转移部分工作到负载较轻的计算机中去处理。

5．综合信息服务

在当今的信息社会中，计算机网络为政治、军事、文化、教育、卫生、新闻、金融、图书、办公自动化等各个领域提供全方位的服务，成为信息化社会中传达与处理信息不可缺少的有力工具，例如，互联网的 WWW 服务就是最好的实例。

4.1.4 计算机网络的分类

有关计算机网络的分类没有一个统一的标准，有按覆盖的地理范围分类、按网络拓扑结构分类、按传输介质分类、按网络组建和管理的部门分类等。下面介绍常见的几种分类方法。

1．按覆盖的地理范围分类

分为局域网（Local Area Network，LAN）、城域网（Metropolitan Area Network，MAN）、广域网（Wide Area Network，WAN）。

（1）局域网：局域网覆盖范围小，分布在一个房间、一座建筑物或一个企事业单位内。地理范围一般在几千米以内，最大距离不超过 10km。具有数据传输速度快、误码率低；建设费用低、容易管理和维护等优点。局域网技术成熟，发展迅速，是计算机网络中最活跃的领域之一。

（2）城域网：城域网作用范围为一个城市，地理范围为 5～10km。一般为机关、企事业单位、集团公司等单位内部的网络。例如，一所学校有多个校区分布在城市的多个地区，每个校区都有自己的校园网，这些网络连接起来就形成一个城域网。

（3）广域网：广域网的作用范围很大，将分布在不同地区的局域网和城域网连接起来，网络所覆盖的范围从几十千米到几千千米，连接多个城市或国家，形成国际性的远程网络。其特点是传输速率较低、误码率高；建设费用很高；网络拓扑结构复杂。互联网就是最大的广域网。

2．按网络拓扑结构分类

拓扑（Topology）是拓扑学中研究由点、线组成几何图形的一种方法。在计算机网络中，把计算机、终端和通信设备等抽象成点，把连接这些设备的通信线路抽象成线，并将由这些点和线所构成的拓扑称为网络拓扑结构。常见的有总线型、星形、树形和环形等拓扑结构，如图 4-1 所示。

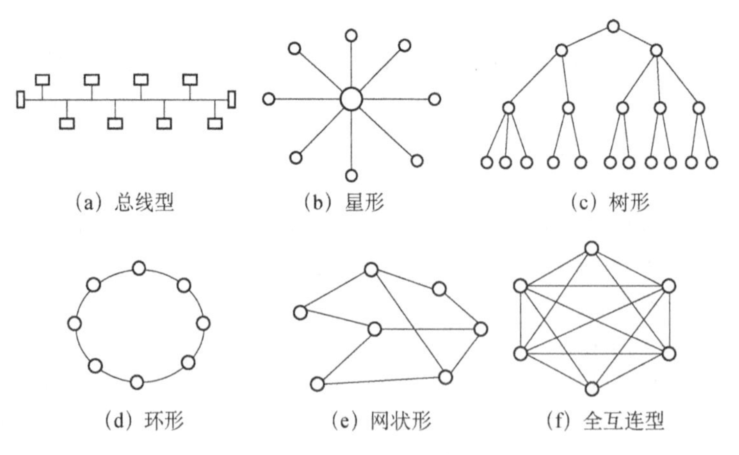

图 4-1 计算机网络拓扑结构

3．按传输介质分类

根据传输介质的不同，主要分为有线网、光纤网和无线网。

（1）有线网：是采用同轴电缆或双绞线连接的计算机网络。同轴电缆网是常见的一种连网方式，它比较经济，安装较为便利，传输率和抗干扰能力一般，传输距离较短。双绞线网是目前最常见的连网方式，它价格便宜，安装方便，但易受干扰，传输率较低，传输距离比同轴电缆要短。

（2）光纤网：也是有线网的一种，但由于其特殊性而单独列出，光纤网采用光导纤维作为传输介质。光纤传输距离长，传输速率高，抗干扰性强，不会受到电子监听设备的监听，是高安全性网络的理想选择。但其成本较高，且需要高水平的安装技术。

（3）无线网：用电磁波作为载体来传输数据，又可以分为 Wi-Fi 无线局域网和蜂窝无线通信两类。Wi-Fi 无线局域网通过无线路由器接入到互联网，家庭或单位只要已经接入了互联网，那么只要再增加一台无线路由器，覆盖范围内的 PC 和手机就都可以通过 Wi-Fi 无线局域网接入到互联网了。蜂窝无线通信本来是属于通信领域的内容，但随着智能手机和平板电脑的广泛应用，使用蜂窝无线通信接入互联网的比例越来越高了。目前广泛使用的是第四代蜂窝移动通信技术（4G），并且在部分城市已经开展了第五代蜂窝移动通信技术（5G）的商用试点。

4．按网络组建和管理和部门分类

根据网络组建和管理的部门不同，常将计算机网络分为公用网和专用网。

（1）公用网：由电信部门或其他提供通信服务的经营部门组建、管理和控制，网络内的传输和转接装置可供任何部门和个人使用。公用网常用于广域网的构建，支持用户的远程通信，如我国的电信网、广电网、联通网等。

（2）专用网：由用户部门组建经营的网络，不允许其他用户和部门使用。由于投资和安全等因素，专用网常为局域网或者是通过租借电信部门的线路而组建的广域网，如由学校组建的校园网、由企业组建的企业网等。军队、电力等系统都有自己的专用网。

此外，还有其他的分类方法，如按网络工作方式不同分为对等网和客户/服务器网。

4.2　网络协议与网络体系结构

在网络系统中，由于计算机的类型、通信线路类型、连接方式、通信方式等的不同，导致了网络中各节点的相互通信有很大的不便。要解决上述问题，必然涉及生产各网络设备的厂商共同遵守的标准问题，也就是计算机网络的体系结构和协议问题。

4.2.1　网络协议

在计算机网络中要做到正确交换数据，就要求所有设备都必须遵守一些事先约定好的规则，这些规则明确规定了交换数据的格式和时序。这些为了在计算机网络中进行数据交换而建立的规则、标准或约定就是网络协议，简称协议。

计算机网络协议一般至少包括 3 个要素。

（1）语义：用来说明通信双方进行数据交换时规定的符号含义，这些符号包括控制信息、动作信息和响应信息等。

（2）语法：用来规定数据与控制信息的结构或格式。

（3）时序：用来说明事件的实现顺序和通信过程中的速度匹配，主要解决“顺序和速度”的问题。

为了简化网络协议的复杂性，网络协议的结构应该是分层的，每一层只实现一种相对独立的功能。分层可以带来很多好处：

（1）将复杂的通信系统分解为若干个相对独立的子系统，更容易实现和维护。

（2）各层之间是相互独立的，每一层不关心它的下一层是如何实现的，只需要知道下一层提供的服务接口即可。

（3）某个层次发生变化时，只要层间的接口不变，就不会对其他层产生影响，这样有利于每个层次进行单独的维护和升级改造。

（4）每一层的功能和提供的服务有精确的说明，有利于标准化工作的实施，也有利于网络设备生产商提供通用的网络设备和软件。

4.2.2 OSI 参考模型

计算机网络各层协议的集合就是网络体系结构。自从 IBM 公司于 1974 年提出世界上第一个网络体系结构后，许多公司也纷纷建立自己的网络体系结构。但是由于各个公司的网络体系不一样，他们的网络设备之间很难通信。为了推进网络设备标准化的进程，国际标准化组织（International Organization for Standardization，ISO）于 1984 年公布了开放系统互连参考模型（Open System Interconnection，OSI）。

OSI 参考模型分为 7 层，从上到下分别为应用层、表示层、会话层、传输层、网络层、数据链路层、物理层，如图 4-2 所示。各层按功能来划分，每一层都有特定的功能，一方面利用下一层提供的功能，另一方面为上一层提供服务。协议的分层模型便于协议软件按模块方式进行设计和实现，因为每层协议的设计、修改、实现和测试都可以独立进行，从而减少复杂性。数据的传输流向见图 4-2 中箭头所示。虽然实际的通信是由物理层完成的，但每一层在设计通信的时候只需要考虑本层的协议，不必关心低层的实现细节，如设计应用层的软件时不需要关心数据包是如何寻找路径的，也不需要关心通信介质是什么等低层内容。

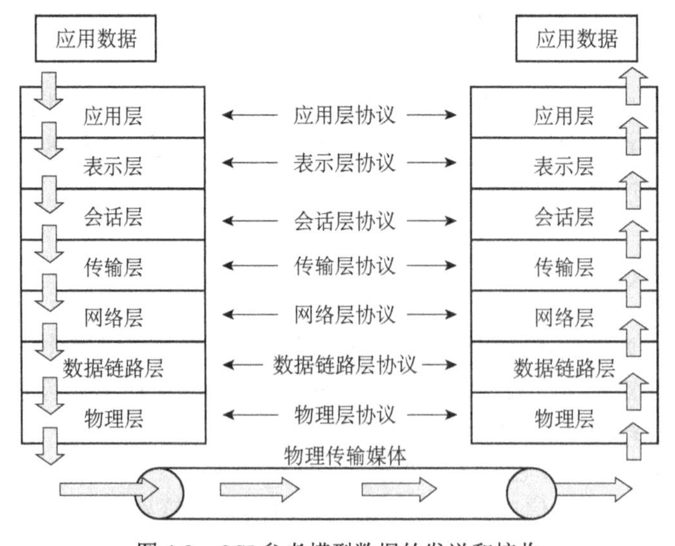

图 4-2 OSI 参考模型数据的发送和接收

按照 OSI 模型，网络上主机实现 7 层协议。当发送主机上的某应用进程要向接收主机上的某应用进程发送数据时，从上到下经过 7 层协议处理，直至物理层。数据连同各层报头组成的二进制位串从物理层发往传输介质，经传输介质和若干个通信设备，最后到达接收主机的物理层，接收主机再逐层向上传递，发送主机每层加的报头将在接收主机的对等层协议处理后被剥去，用户数据最后到达接收主机的应用进程。这种数据传输的原理与生活中的信件邮递的原理很相似。

4.2.3　TCP/IP 协议

20 世纪 90 年代初期，整套的 OSI 国际标准才全部制定出来。由于 OSI 协议制定周期过于漫长，此时基于另一套网络体系结构的 TCP/IP 协议已经抢先在全球大范围运行了，成为了事实上的国际标准。TCP/IP 中的 TCP 是指传输控制协议（Transmission Control Protocol，TCP），IP 是指网际协议（Internet Protocol，IP），但并不是说 TCP/IP 协议只包含这两个，TCP/IP 是一整套网络通信协议簇。

TCP/IP 是一个四层协议体系结构，包括应用层、传输层、网络层和网络接口层。从图 4-3 中可以看到，对照 OSI 七层协议，TCP/IP 的上面 3 层是应用层、传输层和网络层。TCP/IP 的应用层组合了 OSI 的应用层和表示层，还包括 OSI 会话层的部分功能。

TCP/IP协议体系	OSI参考模型
应用层（各种应用层协议，如Telnet、FTP、SMTP等）	应用层
	表示层
	会话层
传输层（TCP、UDP）	传输层
网络层（IP、ICMP）	网络层
网络接口层	数据链路层
	物理层

图 4-3　TCP/IP 协议与 OSI 参考模型比较

1．网络接口层

网络接口层负责从网络上接收和发送物理帧及硬件设备的驱动，无具体的协议。

2．网络层

网络层也称网际层，遵守 IP 协议，是整个 TCP/IP 协议中的核心部分，负责计算机之间的通信，处理来自传输层的分组发送请求，首次检查合法性，将数据报文发往适当的网络接口，解决寻址转发、流量控制、拥挤阻塞等问题。

3．传输层

传输层可以使用两种不同的协议：遵守面向连接的传输控制协议 TCP 和无连接的用户数据报协议（User Datagram Protocol，UDP）。其功能是利用网络层传输格式化的信息流对发送的信息进行数据包分解，保证可靠传送并按序组合。

4．应用层

应用层位于 TCP/IP 的最高层，它为用户提供各种服务，如远程登录服务 Telnet、文件传输服务 FTP、简单邮件传送服务 SMTP 等。

TCP/IP 可以运行在多种物理网络上，如以太网、令牌环网、FDDI 等局域网，又如ATM、帧中继、X.25 等广域网。目前互联网上流行使用的设备大多遵循 TCP/IP 协议，所以TCP/IP 已成为事实上的国际标准，也有人称它为工业标准。

4.3 计算机网络的组成

计算机网络系统由硬件系统和软件系统两大部分组成。

4.3.1 硬件系统

组成计算机网络的硬件系统一般包括计算机、网络互连设备、传输介质（可以是有形的，也可以是无形的）3 部分。

1．计算机

计算机网络中的计算机包括工作站和服务器，它们是网络中最常见的硬件设备。在网络中，个人计算机属于工作站，而服务器就是运行一些特定的服务器程序的计算机，简单地讲，工作站是要求服务的计算机，而服务器是可提供服务的计算机。服务器在性能和硬件配置上都比一般的计算机要求更高，它是网络中实施各种管理的中心。网络中共享的资源大部分都集中在服务器上，同时服务器还要负责管理系统中的所有资源，管理多个用户的并发访问等。根据在网络中所起的作用不同，服务器可分为文件服务器、域名服务器、数据库服务器、打印服务器和通信服务器等。

2．网络互连设备

将网络连接起来要使用一些中间设备，以下是在组网过程中经常要用到的网络互连设备。

（1）网络适配器。网络适配器（Network Interface Card，NIC）俗称网卡，它是计算机与网络之间最基本也是必不可少的网络设备。网卡负责发送和接收网络数据，计算机要连接到网络，就必须在计算机中安装网卡。根据网卡的工作速度可以分为 10Mb/s、100Mb/s、10/100Mb/s 自适应和 1000Mb/s 几种，目前 10Mb/s 网卡基本上已经被淘汰，个人计算机一般使用 10/100Mb/s 网卡，服务器一般使用 1000Mb/s 网卡。除此之外，还有专门为笔记本电脑设计的专用网卡 PCMCIA、USB 网卡和无线网卡等。

（2）中继器。中继器（Repeater）是局域网中所有节点的中心，它的作用是放大信号和再生信号以支持远距离的通信。在规划网络时，若网络传输距离超出规定的最大距离时，就要使用中继器来延伸，中继器在物理层进行连接。

（3）集线器。集线器（Hub）是一种特殊的中继器，用于局域网内部多个工作站与服务器之间的连接，是局域网中的星形连接点。在工作站集中的局域网中使用 Hub 便于布线，也便于故障定位和排除。集线器将接收到的信息直接发送到各个端口，它跟交换机的工作原理不同，集线器的每个端口共享整个带宽，而交换机的每个端口独享带宽。随着交换机价格的降低，现在集线器已经被交换机所淘汰。

（4）交换机。交换机（Switch）是计算机网络中用得最多的网络中间设备，它提供许多网络互连功能。计算机网络的数据信号通过网络交换机将数据包从源地址送到目的端口。传统交换机属于 OSI 第二层，即数据链路层设备。它根据 MAC 地址寻址，通过站表选择路由，站表的建立和维护由交换机自动进行。近几年，交换机为提高性能做了许多改进，其中最突出的改进是虚拟网络和三层交换，现在的三层交换机完全能够执行传统路由器的大多数功能。

（5）路由器。路由器（Router）是一种负责寻找网络路径的网络设备，用于连接多个逻辑上分开的网络，属于 OSI 网络层设备。路由器中有一张路由表，这张表就是一张包含网络地址，以及各地址之间距离的清单。利用这张清单，路由器负责将数据从当前位置正确地传送到目的地址，如果某一条网络路径发生了故障或堵塞，路由器还可以选择另一条路径，以保证信息的正常传输。此外，路由器还可以进行地址格式的转换，因而成为不同协议网络之间网络互连的必要设备。可以看出，路由器与交换机的原理和功能完全不同，交换机只能转发同一网络中的数据包，如果想把一个网段的数据转发到另一个网段，交换机是无能为力的，只能选择丢弃。而路由器则正好把这个工作接了过来，根据其路由表清单，顺利将数据交给下一个中转站。如果把交换机的传输数据包的方式叫做“直接交付”，那么路由器的工作则叫做“间接交付”。但现在很多多层交换机都具有路由功能，也就是一台设备既当交换机又当路由器，这样的设备在局域网中被广泛使用。

3．传输介质

传输介质也称为传输媒体或传输媒介，是传输信息的载体，即通信线路。它包括有线传输介质和无线传输介质（如微波、红外线、激光和卫星等）。有线传输介质有同轴电缆、非屏蔽双绞线（UTP）、屏蔽双绞线（STP）和光缆等，其形状如图 4-4 所示。

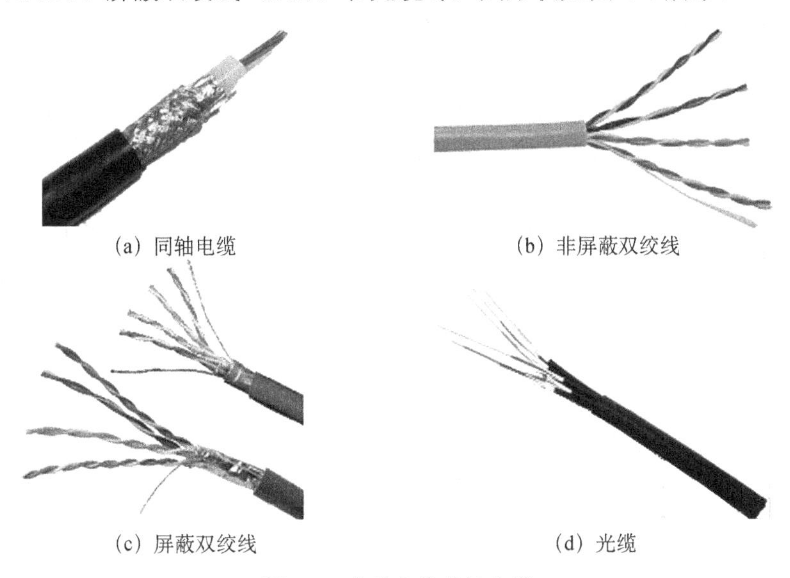

(a) 同轴电缆　(b) 非屏蔽双绞线　(c) 屏蔽双绞线　(d) 光缆

图 4-4　各种有线传输介质

（1）同轴电缆。同轴电缆由 4 部分组成，中心的芯是一根铜线，外面有网状的金属屏蔽层导体，铜芯和屏蔽层中间加绝缘材料，最外面加塑料保护层。同轴电缆比双绞线有较优的频率特性，可用于较高频率和数据速率传输。由于屏蔽层能有效地防止电磁辐射，同轴电缆的抗干扰性也比双绞线好。常见的同轴电缆有两种：50Ω 的基带同轴电缆用于数字传输，速度为 10Mb/s，传输距离可达 1000m；75Ω 的宽带同轴电缆用于模拟传输，速度为 20Mb/s，传输距离可达 100km。同轴电缆曾广泛用于以太网、计算机之间的专用线路，以及电话系统的远距离传输，但目前同轴电缆以太网几乎已被双绞线以太网取代，长距离电话网的同轴电缆几乎已被光纤取代，宽带同轴电缆广泛用于将电视信号引入各家各户，即有线电视网。

（2）非屏蔽双绞线。非屏蔽双绞线（Unshielded Twisted Pair，UTP）根据等级标准可分为 3、4、5、超 5 和 6 类线，广泛使用于以太网的短距离（一般为 100m 以内）传输中，双绞线具有尺寸小、重量轻、容易弯曲和价格便宜等优点，其 RJ-45 连接器牢固、可靠，并且容易安装和维护。跟屏蔽双绞线相比，因其没有屏蔽层，非屏蔽双绞线有抗干扰能力较弱和传输距离比较短的缺点，不适宜干扰较强的环境和远距离传输。

（3）屏蔽双绞线。屏蔽双绞线（Shielded Twisted Pair，STP）与非屏蔽双绞线的区别在于，屏蔽双绞线采用金属作屏蔽层，传输质量较高，抗干扰性强，因此可用于室外和干扰较强的环境，但屏蔽双绞线不易安装，如果安装不合适有可能引入外界干扰。

（4）光缆。光缆是由一组光导纤维组成的用来传播光束的、细小而柔韧的传输介质。光缆为圆柱形，它包括 3 部分：最里面是芯子即光纤，光纤是极细的（2～125μm）玻璃或塑料纤维；每根光纤外面包有玻璃或塑料包层，包层的光学性质与光纤不同；最外面是由塑料和其他材料组成的套管，套管起防水、防磨损和防挤压的作用。几根这样的光缆常常合在一起，最外面再加护套。根据光在光纤中的传播方式，光纤分为多模光纤和单模光纤两种类型，从用户的使用角度来看，它们之间的区别就是传输距离不一样，单模光纤的传输距离能够达到几十千米，而多模光纤只能达到几百米至几千米。与其他传输介质相比，光缆有传输速率高、传输距离远、传输损耗低和抗干扰能力强等优点，缺点是价格相对较高、安装和维护的要求（仪器和技术要求）较高。目前光缆已广泛用于长距离的电话网和计算机网中。

（5）无线通信。无线传输介质是指在两个通信设备之间不使用任何物理连接器，通常这种通信通过空气进行信号传输，地球上的大气层为大部分无线传输提供了物理通道。无线传输介质可以应用于不适宜布线的场合，根据频率的不同，无线传输介质可以分为微波、红外线、激光等。

不同的传输介质具有不同的特点，以上各种介质目前广泛应用于各种计算机网络当中。随着计算机网络的发展和传输介质制造技术的进步，有人预言将来只有两种传输介质——光纤和无线。

4.3.2 软件系统

计算机系统是在软件系统的支持和管理下进行工作的，计算机网络也同样需要在网络软件的支持和管理下才能进行工作。计算机网络软件包括网络操作系统、网络协议软件和网络应用软件。

1. 网络操作系统

网络操作系统（Network Operate System，NOS）是管理网络硬件、软件资源的灵魂，是向网络计算机提供服务的特殊操作系统，是多任务、多用户的系统软件，它在计算机操作系统的支持下工作。网络操作系统的主要功能是负责对整个网络资源的管理，以实现整个系统资源的共享；实现高效、可靠的计算机间的网络通信；并发控制在同一时刻发生的多个事件，及时响应用户提出的服务请求；保证网络本身和数据传输的安全可靠，对不同用户规定不同的权限，对进入网络的用户提供身份验证机制；提供多种网络服务功能，如文件传输、邮件服务、远程登录等。

目前常用的网络操作系统有 4 类：NetWare、Windows、UNIX 和 Linux。

NetWare 由 Novell 公司设计，是一个开放高效的网络操作系统，其设计思想成熟且实用，并且对硬件的要求较低。它包括服务器操作系统、网络服务软件、工作站重定向软件和传输协议软件 4 部分。

Windows 系列网络操作系统由 Microsoft 公司设计，是目前发展最快的高性能、多用户、多任务网络操作系统，主要有 Windows NT 4.0、Windows 2000 Server/Advance Server、Windows Server 2003/Advance Server、Windows Server 2008、Windows Server 2012、Windows Server 2016 等系列产品。Windows 系列网络操作系统采用客户/服务器模式并提供图形操作界面，是目前使用较多的网络操作系统。

UNIX 和 Linux 是互联网上服务器使用最多的操作系统，其功能强大、稳定、安全性高的特点使其在服务器操作系统中具有绝对的优势。这些网络操作系统具有丰富的应用软件支持和良好的网络管理能力。安装 UNIX 或 Linux 系统的服务器可以和安装 Windows 系统的工作站通过 TCP/IP 协议进行连接，目前，一些大公司网络、银行系统等大多采用 UNIX 或 Linux 网络操作系统。

2．网络协议软件

在计算机网络中常见的协议有 TCP/IP、IPX/SPX、NetBIOS 和 NetBEUI。

TCP/IP 是目前最流行的互联网连接协议，OSI/RM 只是一个协议模型，而 TCP/IP 是实用的工业标准，它主要应用于互联网，在局域网中也有较广泛的应用。

IPX/SPX 是 Novell 公司开发的专用于 NetWare 网络的协议，运行于 OSI 模型第三层，具有可路由的特性。IPX（Internet Packet eXchange）使计算机上的应用程序通过它访问 NetWare 网络驱动程序。SPX（Sequence Packet eXchange）协议相当于 OSI/RM 的传输层，是面向连接的协议，在发送 SPX 数据包之前，在发送方和接收方之间必须建立一个连接。SPX 协议保证数据包的有序正确传输，并能检测和纠正数据传输错误。

NetBIOS 协议是一种短小精悍、通信效率高的广播型协议，安装后不需要进行设置，特别适合于在“网上邻居”中传送数据。NetBEUI（网络基本输入/输出系统扩展用户界面）是一种新的扩展网络输入/输出系统，能让计算机在局域网中自由通信。

3．网络应用软件

网络应用软件有很多，它的作用是为网络用户提供访问网络的手段及网络服务、资源共享和信息的传输等各种业务。随着计算机网络技术的发展和普及，网络应用软件也越来越丰富，如浏览器软件、文件传输软件、电子邮件管理软件、游戏软件、聊天软件等。

4.4　Internet 基础知识

关于 Internet，TCP/IP 协议的创始人 Vinton G.Cerf 和 Robert E. Kahn 曾给其下了一个定义：Internet 是采用 TCP/IP 协议连接的计算机网络的网络集合，不是一个实体网，而是一个网际网。Internet 意为“互联网”，也叫“因特网”，这是一个专有名词，指的是当前世界上最大的、开放的、采用了 TCP/IP 协议簇的计算机网络，它的出现标志着网络时代的到来。

4.4.1 Internet的产生和发展

1．Internet的诞生

在1969～1983年间，美国国防部高级研究计划局大力支持发展各种不同的网络互连技术，制定了一组通信协议TCP/IP作为ARPANET的第二代协议标准。到1983年年初，ARPANET上所有主机完成了向TCP/IP协议的转化，这意味着所有使用TCP/IP协议的计算机都能够相互通信，也标志着Internet诞生了。

1986年，美国国家科学基金会（National Science Foundation，NSF）利用ARPANET发展而来的TCP/IP通信协议建立了NSFNET广域网。由于NSF的鼓励和资助，很多大学、政府资助的研究机构甚至私营的研究机构纷纷把自己的局域网并入NSFNET中，ARPANET逐步被NSFNET所替代，ARPANET的军用部分脱离母网，建立自己的网络——MILNET。1994年，NSFNET转为商业运营。由于商业利益的驱动，使得网络规模不断扩大，联网用户数量倍增。

1989年，CERN成功开发了WWW技术，为Internet实现广域超媒体信息截取/检索奠定了基础。WWW技术对Internet的发展起了关键的作用，成为Internet发展中的一个重要的里程碑。从此，Internet的应用深入人心，到今天，WWW几乎成了Internet的代名词。

在20世纪90年代以前，Internet不以营利为目的，其使用一直仅限于研究与学术领域。商业性机构进入Internet一直受到这样或那样的法规或传统问题的困扰。然而随着网络的研究和发展，政府投入的资金有限，用户的需求却与日俱增，于是美国政府不再投钱，而是引入竞争机制使得几个互相竞争的公司提供主干网服务。Internet商业化服务提供商的出现，使工商企业终于可以堂堂正正地进入Internet，商业机构一踏入Internet，就发现了它在通信、数据检索、客户服务等方面的巨大潜力，于是一发不可收拾，世界各地无数的企业及个人纷纷涌入Internet，带来Internet发展史上一个新的飞跃。

2．Internet在中国的发展

中国早在1987年就由中国科学院高能物理研究所通过X.25租用线实现了国际远程联网，并于1988年实现了与欧洲和北美地区的E-mail通信。1987年，发自中国的第一封电子邮件标志着中国人开始利用网络跨越长城走向世界。1993年3月，经电信部门的大力配合，开通了由北京高能所到美国Stanford直线加速中心的高速计算机通信专线，1994年5月，高能所的计算机正式进入了Internet。与此同时，以清华大学为网络中心的中国教育科研网（简称CERNET）也于1994年6月正式连通Internet。1996年6月，中国最大的Internet互联子网中国公用计算机互联网（简称ChinaNet）也正式开通并投入运营。从此，在中国兴起了研究、学习和使用Internet的浪潮，各种大型的计算机网络开始建设和发展起来，出口带宽越来越宽，连通的国家越来越多。

经过三十几年的发展，中国互联网从无到有，中国网民的数量快速增加。根据中国互联网络信息中心（CNNIC）发布的第44次《中国互联网络发展状况统计报告》，截至2019年6月，我国网民规模达8.54亿，互联网普及率达61.2%；我国手机网民规模达8.47亿，网民使用手机上网的比例达99.1%。与5年前相比，移动宽带平均下载速率提升约6倍，手机上网流量资费水平降幅超90%。“提速降费”推动移动互联网流量大幅增长，用户月均使用移动流量达 7.2GB，为全球平均水平的 1.2 倍；移动互联网接入流量消费达 553.9 亿 GB。

同时，截至 2019 年 6 月，我国网络购物用户规模达 6.39 亿，占网民整体的 74.8%。除了网络购物，还有网络视频、在线教育、在线政务等都在迅速发展。网络视频已成为人们的重要娱乐手段；“互联网+教育”促进优质教育资源共享和各地区教育的均衡；政务服务办事大厅线上线下融合发展，一体化在线政务服务正逐步实现。

4.4.2 Internet 的接入

任何需要连接 Internet 的计算机都必须通过某种方式与 Internet 进行连接。Internet 接入技术的发展非常迅速，带宽由最初的 14.4Kb/s 发展到目前的 100Mb/s，甚至 1000Mb/s；接入方式也由过去单一的电话拨号方式发展成现在多种多样的有线和无线接入方式；接入终端也开始向移动设备发展，并且更新更快的接入方式仍在继续研究和开发中。下面介绍几种比较常见的 Internet 接入方式。

1．PSTN 接入

通过公用电话交换网（PSTN）接入 Internet 是个人家庭用户最早使用的方式，这种方式要求用户通过一个调制解调器（Modem）连接电话线进入 PSTN，再连到 Internet 服务提供商（ISP）的主机系统，该主机再用有线方式接入 Internet。Modem 是数字信号和模拟信号之间的转换设备，在使用 Modem 接入 Internet 时，因为要进行两种信号之间的转换，所以网络连接速度较低，且很不稳定，目前这种接入技术已很少使用。

2．ADSL 接入

ADSL（Asymmetric Digital Subscriber Line，非对称数字用户线路）是通过现有普通电话线为家庭、办公室提供宽带数据传输服务的技术。ADSL 技术的主要特点是可以充分利用现有电话线网络，在线路两端加装 ADSL 设备即可为用户提供上网服务。随着 ADSL 技术的发展，陆续出现了 ADSL2、SDSL（Symmetric DSL，对称 DSL）、VDSL（Very high speed DSL，超高速 DSL）等更高速率的 ADSL 标准，像 VDSL2（第二代 VDSL）的上行和下行的速率都能够达到 100Mb/s。这些高速 DSL 都可以称为 xDSL。

3．Cable-Modem 接入

Cable-Modem（线缆调制解调器）接入是利用现有的有线电视（CATV）网进行数据传输的 Internet 接入方式。跟 ADSL 类似，这种技术的主要特点是可以利用现有的有线电视线路，而不需要重新布线，只需要加装一个 Modem，在收看有线电视节目的同时，能实现高速上网。

4．光纤接入

近些年来，网络运营商一直在宣传“光纤到户（Fiber To The Home，FTTH)”，把光纤一直铺设到用户家庭，使用户获得最高的上网速率，可以在网上流畅地观看高清视频节目。企业一般都建有自己的局域网（LAN），LAN 通过光纤接入到 ISP，实现局域网内的所有用户都能连接到 Internet。这种使用光纤接入的方式能达到 10Mb/s、100Mb/s，甚至 1000Mb/s 的高速带宽，且传输距离远、损耗低、抗干扰能力极强，不过接入费用较高。为了平衡费用和速率，还有光纤到小区（FTTZ，Fiber To The Zone）、光纤到楼（FTTB，Fiber To The Building）等 FTTx 方案。

5．无线接入

无线接入是目前比较流行的一种 Internet 接入方式，即终端设备使用无线传输介质来上网，如通过无线 Wi-Fi 或 4G 技术上网就是典型的无线接入技术。这些技术主要是通过无线路由器或移动基站来提供信号覆盖范围内的终端上网功能。

用户在选择接入 Internet 的方式时，要考虑地域、质量、价格、性能、稳定性等因素，选择适合自己的接入方式。

4.4.3 Internet 的地址系统

1．IP 地址

（1）IP 地址的概念。在互联网上，每台主机为了和其他主机进行通信，必须要有一个地址，这个地址称为 IP 地址，IP 地址确定主机在互联网上的位置，且必须是唯一的。

一个 IP 地址由 32 位二进制数字组成，通常被分为 4 段，段与段之间以小数点分隔，每段 8 位（1 个字节）。为了便于表达和识别，IP 地址一般用 4 个十进制数（每两个数之间用一个小数点“.”分隔）来表示，即用“点分十进制数”表示 IP 地址，每段整数的范围是 0～255。图 4-5 所示为 IP 地址 61.153.34.28 与 32 位二进制数表示的 IP 地址之间的对应关系。

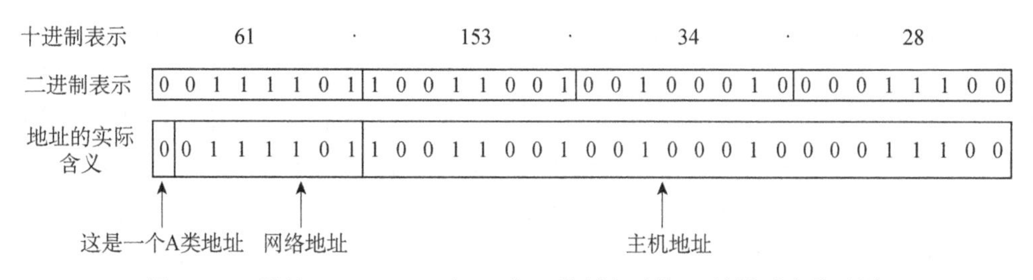

图 4-5 IP 地址 61.153.34.28 与 32 位二进制表示的 IP 地址对应关系图

（2）IP 地址的分类。每个 IP 地址都由两部分组成，分别是网络地址和主机地址。网络地址也称网络号，网络号标识互联网中的一个物理网络，主机地址标识该物理网络上的一台主机，每个主机地址对该网络而言必须唯一。在 Internet 上网络号是全球统一分配的，不同的物理网络有不同的网络号。

考虑到物理网络规模的差异，IP 地址根据网络地址位的不同把 IP 地址划分为 3 个基本类地址（A 类、B 类和 C 类地址）、一个组播类地址（也称 D 类地址）和一个备用类地址（也称 E 类地址）。图 4-6 所示为 IP 地址的分类和格式。从图 4-6 可以看出 A 类地址的网络地址位为 8 位，主机地址位为 24 位，B 类地址的网络地址位为 16 位，主机地址位为 16 位，C 类地址的网络地址位为 24 位，主机地址位为 8 位。

根据图 4-6 中的 IP 地址分类和格式，IP 地址的范围及对应的网络数和主机数如表 4-1 所示。

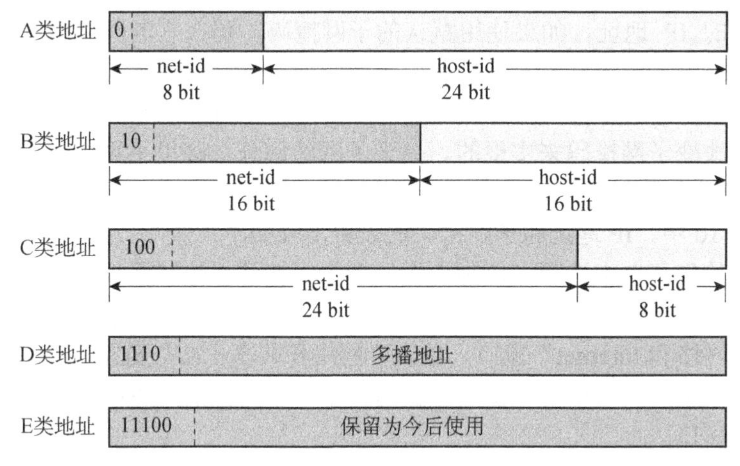

图 4-6　IP 地址的分类和格式

表 4-1　IP 地址的范围及对应的网络数和主机数

IP 类别	可用 IP 地址范围	备注
A	1.0.0.1～126.255.255.254	可用的 A 类网络有 126 个，每个网络能容纳 1600 多万台主机
B	128.1.0.1～191.254.255.254	可用的 B 类网络有 16382 个，每个网络能容纳 6 万多台主机
C	192.0.1.1～223.255.255.254	C 类网络可达 209 万余个，每个网络能容纳 254 台主机
D	224.0.0.1～239.255.255.254	专门保留的组播地址，并不指特定的网络
E	240.0.0.0～254.255.255.255	为将来使用保留

除了 D 类和 E 类地址，还有一些 IP 地址从不分配给任何主机，只用于网络中的特殊用途。特殊用途的 IP 地址有以下几类：主机地址位全为“0”的 IP 地址称为网络地址，例如，210.32.24.0 就是一个 C 类网络的网络地址；主机地址全为“1”的 IP 地址称为广播地址，例如，210.32.24.255 就是 210.32.24 网络的广播地址；形如 127.*.*.*的 IP 地址保留给诊断用，称为回送地址，如 127.0.0.1 用于回路测试；还有一些 IP 地址用于私有网络，私有地址（Private Address）属于非注册地址，专门为组织机构内部使用。下面列出了留用的内部私有地址。

- A 类：10.0.0.0～10.255.255.255。
- B 类：172.16.0.0～172.31.255.255。
- C 类：192.168.0.0～192.168.255.255。

（3）子网掩码。IP 地址分网络地址和主机地址，那么怎么区分 IP 地址中的网络地址位和主机地址位呢？答案是用“子网掩码”。

子网掩码的作用是识别子网和判断主机属于哪一个网络。与 IP 地址相同，子网掩码长度也是 32 位，左边是网络地址位，用二进制数字“1”表示，右边是主机地址位，用二进制数字“0”表示。根据 A 类、B 类和 C 类地址的网络地址位与主机地址位，可以确定 A 类、B 类和 C 类 IP 地址的默认的如下子网掩码。

- A 类：默认子网掩码为 255.0.0.0。
- B 类：默认子网掩码为 255.255.0.0。
- C 类：默认子网掩码为 255.255.255.0。

对一个给定的 IP 地址，如果使用默认的子网掩码，那么它的网络地址位和主机地址位是固定的，也就是说它能容纳的主机数是固定的，而且这些主机地址属于同一个网络，如果想把这个 IP 地址划分成多个网络，即改变每个子网的主机地址数，则涉及子网的划分，子网的划分是通过改变子网掩码来实现的。关于子网的划分，这里不再详述，若读者有兴趣可以查阅相关文献资料。

在 Windows 10 中，IP 地址和子网掩码的设置步骤如下：

（1）从“开始”菜单中选择“控制面板”命令，打开“控制面板”窗口，在该窗口中单击“网络和 Internet”链接。

（2）进入“网络和 Internet”窗口，单击“网络和共享中心”链接。

（3）打开“网络和共享中心”窗口，在窗口中单击左侧的“更改适配器设置”链接，打开“网络连接”窗口。

（4）用鼠标右键单击需要查看的某种连接方式的图标，在弹出的快捷菜单中选择“属性”命令。

（5）在弹出的“属性”对话框中，选中“Internet 协议版本 4（TCP/IPv4）”复选框，单击“属性”按钮，弹出如图 4-7 所示的“Internet 协议版本 4（TCP/IPv4）属性”对话框。

（6）在该对话框中，选中“使用下面的 IP 地址”单选项，便可进行 IP 地址和子网掩码等选项的设置。

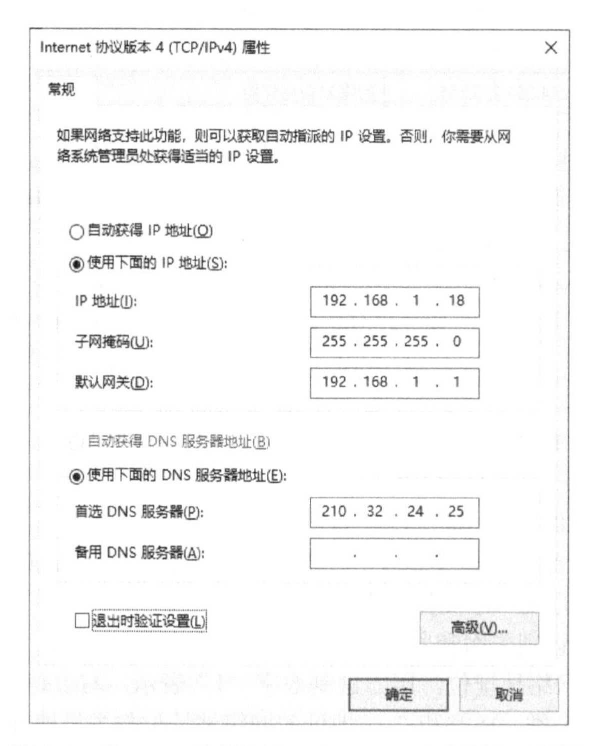

图 4-7 “Internet 协议版本 4（TCP/IPv4）属性”对话框

2．域名地址

（1）域名系统 DNS。由于 IP 地址是数字标识的，不符合人们的日常使用习惯，在使用时难以记忆和书写。因此为了方便使用，在 IP 地址的基础上又发展出一种符号化的地址系统，即 Internet 的域名系统 DNS（Domain Name System），它的作用就是为 Internet 提供主机符号名字和 IP 地址之间对应的转换服务。例如，使用字符串 www.zstu.edu.cn 表示浙江理工大学 Web 服务器的主机，其对应的 IP 地址为 220.189.211.184。

要把计算机接入到 Internet，必须具有唯一的 IP 地址，为了使用方便一般有对应的域名。Internet 上一般每一个子域都设有域名服务器，该服务器中包含有该子域的全体域名和 IP 地址信息。Internet 每台主机上都有地址转换请求程序，负责域名与 IP 地址的转换。域名与 IP 地址之间的转换称为域名解析，整个过程都是自动进行的。有了 DNS 系统，凡域名空间中有定义的域名都可以有效地转换成相应的 IP 地址，反之，IP 地址也可以转换成域名。这样，用户就可以等价地使用域名和 IP 地址。

按照 Internet 上的域名管理系统规定，在 DNS 中，域名采用分层结构，就像每家每户有一个层次结构的地址，即国家-城市-街道-门牌号。整个域名空间就像一个倒立的分叉树，每个节点上都有一个名字，如图 4-8 所示。

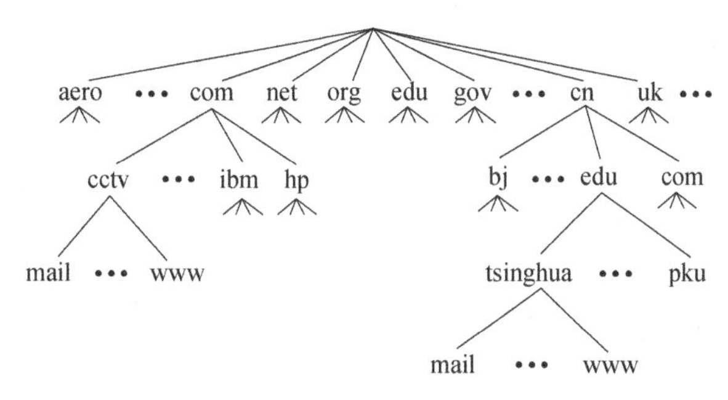

图 4-8　域名空间树

为保证域名系统的通用性，Internet 规定了一些正式的通用标准，从顶层至最下层，分别为顶级域名、二级域名、三级域名，因此，域名的典型结构如下：

计算机主机名.三级域名.二级域名.顶级域名

顶级域名的划分目前有两种方式：以所从事的行业领域作为顶级域名；以国家或地区代号作为顶级域名。表 4-2 列出了一些常用的顶级域名。

表 4-2　一些常用的顶级域名

域名	含义	域名	含义	域名	含义
com	商业机构	arts	文化娱乐	uk	英国
edu	教育系统	film	公司企业	hk	中国香港
gov	政府部门	info	信息服务	jp	日本
org	非盈利组织	stor	销售单位	kr	韩国
int	国际机构	au	澳大利亚	my	马来西亚
mil	军事团体	ca	加拿大	tw	中国台湾
net	网络机构	cn	中国	us	美国

（2）域名管理。为保证域名地址的唯一性，域名地址必须由专门的机构负责管理，并按照一定的规范书写。互联网名称与数字地址分配机构（ICANN）负责管理国际通用顶级

域名，并授权各国（地区）的网络信息中心负责管理其相应的国家（地区）顶级域名；授权国际通用顶级域名下的二级域名拥有机构负责管理其下的二级域名。二级域名管理机构又可以授权其下的三级域名由相应的三级域名拥有机构负责管理，依此类推。中国顶级域名 cn 由 ICANN 授权我国工业与信息化部下属的中国互联网络信息中心 CNNIC 负责管理和运行。

域名的注册遵循先申请先注册原则，管理机构对申请人提出的域名是否违反了第三方的权利不进行任何实质审查，每一个域名的注册都是唯一的、不可重复的。因此，在网络上，域名是一种相对有限的资源，它的价值将随着注册企业和个人的增多而逐步为人们所重视。

（3）配置 DNS 服务器地址。一台需要使用域名地址来与其他主机通信的主机，需要配置正确的 DNS 地址才能正常地解析域名地址，跟 IP 地址的配置一样，配置 DNS 地址的方式有从 DHCP 服务器上自动获取 DNS 地址和手动配置 DNS 两种方式。

在 Windows 10 操作系统下配置 DNS 的具体方法参见 IP 地址的配置方法，打开“Internet 协议版本 4（TCP/IPv4）属性”对话框，选择“使用下面的 DNS 服务器地址”单选按钮，可以填入两个地址，其中有“首选 DNS 服务器”和“备用 DNS 服务器”两个地址。

3．IPv6

IP 协议诞生于 20 世纪 70 年代中期，发展至今已经有近 50 年了。近年来由于互联网的迅速发展，IP 地址的需求量越来越大，使得 IPv4 的地址资源不足的问题凸显，限制了 Internet 的进一步发展。IPv4 采用 32 位地址长度，只有 2^{32}（大约 43 亿）个地址，且地址资源分配严重不均，其中北美占有 3/4，约 30 亿个，而人口最多的亚洲只有不到 4 亿个。一方面是地址资源数量的限制，另一方面随着电子技术及网络技术的发展，计算机网络将进入人们的日常生活，可能身边的每一样东西都需要连入 Internet。因此，为了解决 IPv4 存在的技术缺陷和地址短缺问题，1992 年 7 月，IETF（国际互联网工程任务组）发布征求下一代 IP 协议的计划，1994 年 7 月选定 IPv6 作为下一版本的互联网协议标准。为了扩大地址空间，拟通过 IPv6 重新定义地址空间。IPv6 采用 128 位地址长度，可能的地址有 $2^{128}\approx3.4\times10^{38}$ 个，几乎可以不受限制地使用 IP 地址。按保守方法估算 IPv6 实际可分配的地址，整个地球的每平方米面积上仍可分配 1000 多个地址。有人甚至夸张地说：采用 IPv6，地球上的每一粒沙子都可以有一个 IP 地址。

在 IPv6 的设计过程中除解决了地址短缺问题，还考虑了在 IPv4 中没有很好解决的一些其他问题，主要有端到端 IP 连接、服务质量、网络安全、移动性等。随着互联网的飞速发展和互联网用户对服务水平要求的不断提高，IPv6 在全球将会越来越受到重视，是下一代互联网可采用的合理的 IP 地址分配方案。

4.4.4 Internet 的服务和应用

1．WWW 服务

WWW 是 World Wide Web 的缩写，中文称“万维网”。WWW 通过用户易于使用及非常灵活的方式使信息在 Internet 上传输，因此它对 Internet 的流行起了至关重要的作用。WWW

是 Internet 上所有支持超文本传输协议 HTTP（Hyper Text Transport Protocol）的客户机和服务器的集合，采用超文本、超媒体的方式进行信息的存储与传递，并能将各种信息资源有机地结合起来，具有图文并茂的信息集成能力及超文本链接能力。用户使用 WWW 服务很容易从 Internet 上获取文本、图形、声音和动画等信息。可以说 WWW 是当今世界最大的电子资料世界，有时候 WWW 被看做是 Internet 的代名词。

（1）客户/服务器模式。Internet 上的所有应用服务几乎都采用客户/服务器模式，通过两个进程分工合作来完成服务，即主动请求和被动响应，这两个进程分别被称为客户（Client）和服务器（Server）。客户端主动发起与 Web 服务器的通信，请求服务；而 Web 服务器则是被动地等待来自任何客户端的通信请求，并提供服务。如用户通过浏览器请求一个 Web 地址，请求地址所对应的 Web 服务器收到请求后，响应该请求，并提供服务，将客户端的请求页面返回给用户的浏览器，其工作原理如图 4-9 所示。

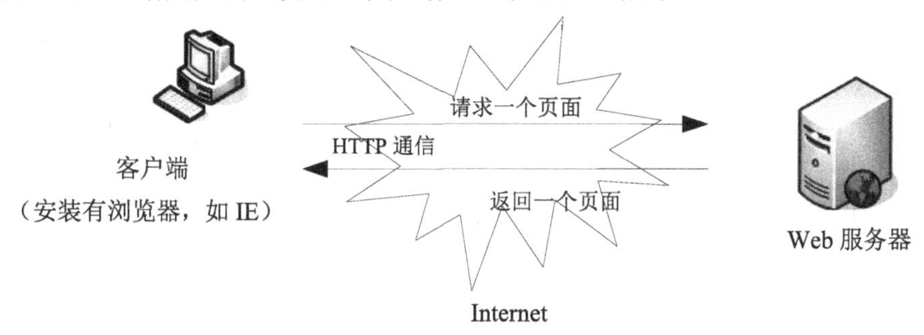

图 4-9　WWW 客户/服务器模式

（2）WWW 标准。统一资源定位器（URL）、超文本传输协议（HTTP）、超文本标记语言（HTML）是 Web 的 3 个标准，这 3 个标准构成了 WWW 的核心部分。

①统一资源定位器（URL）。Web 浏览器要浏览一个资源，首先要知道这个资源的名称和地址，在 Web 中，这些资源都用统一资源定位器（URL）来描述，URL 的全称是 Uniform Resource Locator。URL 不仅描述了要访问的资源的名称和地址，而且还提供了访问这个资源的方法（或者称访问协议）。URL 的格式如下：

访问协议：//服务器域名（或 IP 地址）[：端口] /目录/文件名

例如，在浏览器中输入一个地址，如图 4-10 所示。

图 4-10　URL 地址示例

地址栏里的 http://www.gov.cn/guoqing/index.htm 就是一个 URL 地址，这里的 http 表示通过 HTTP 协议进行访问；请求的服务器域名为 www.gov.cn；要访问的服务器的端口默认是 80，可以省略；guoqing 是指要访问的服务器上的目录；index.htm 是要请求的目录下的文件，也是默认首页。如果不输入，表示请求的文档是服务器上提供的默认首页，如 index.html、default.html 等。

②超文本传输协议（HTTP）。Web 浏览器和服务器之间的通信使用超文本传输协议（HTTP），HTTP 协议是基于客户/服务器的基本模式，即请求/回答模式。HTTP 协议是无状态的，即服务器不保存客户端的状态，每次请求都是独立的，它的执行结果和前后的请求都没有直接关系。无状态的特点可以简化服务器的设计，有利于服务器支持大量并发的 HTTP 请求。目前 HTTP 协议的版本为 HTTP1.1。

③超文本标记语言（HTML）。网页设计者发布到网络上的网页能够被世界各地的用户浏览，需要使用规范化的语言进行发布。1982 年，Tim Berners-Lee 为使世界各地的物理学家能够方便地进行合作研究，建立了超文本标记语言——HTML（Hypertext Markup Language）。HTML 语言是为“网页创建和其他可在网页浏览器中看到的信息”设计的结构化的标记语言。在 HTML 文档中，必须包含一些规定标记，如<html>、<head>、<title>、<body>等，每一个标记都有它的作用和用法。HTML 标记语言使用 Windows 操作系统自带的记事本或写字板等一般的文本编辑工具就可以对其进行编辑和保存，保存文件的扩展名一般为 htm 或 html。

HTML 语言最初仅有少量标记，因此实现的功能也很少。随着人们需求的增多，以及 Web 浏览器的发展，HTML 不断扩充和发展，其版本从最初的第一版、HTML2.0、HTML3.0 一直发展到 HTML5.0，万维网联盟（W3C）小组负责制定或修订这些标准，目前最新的标准是 HTML5.0。

（3）Web 浏览器及其使用。在 WWW 服务器的客户/服务器模式中，Web 浏览器是经常使用的客户端程序，浏览器伴随着超文本标记语言的出现而出现。

在浏览器市场，网景通信公司（Netscape Communications Corporation）开发的 Netscape Navigator 浏览器曾经非常有名，Netscape 是最早出现并被广泛应用于互联网的第一款浏览器。1998 年之后，随着微软对网络应用的重视，以及 Windows 操作系统市场占有率高的优势，微软捆绑推出 Internet Explorer（简称 IE）浏览器，从而使 Netscape Navigator 面临来自 Internet Explorer 的强劲挑战，并逐渐退出市场。IE 浏览器凭借与 Windows 操作系统捆绑，迅速占领了用户的计算机桌面，最高时的市场占有率达到了 95%以上。但近年来谷歌的 Chrome 以其简洁、稳定、快速的特色，市场占有率不断提升，已经成为了排名第一的浏览器。此外，还有 Mozilla 的 Firefox（火狐）、微软新推出的 Edge 等也占据了一定的市场份额。

这些浏览器在使用上大同小异，由于 Windows 系统预装了 IE 浏览器，下面以 IE 为例来介绍浏览器的常用功能操作。

①保存网页内容。在浏览网页的过程中，如果发现自己感兴趣的网页内容，可以把需要保存的网页下载到本地计算机上，供以后使用。

操作方法：选择 IE 菜单栏中的“文件”→“另存为”命令，在打开的“保存网页”对话框中选择或输入要保存的文件夹、文件名和保存类型，其中保存类型有以下 4 种，即网页，全部（*.htm；*.html）；Web 档案，单个文件（*.mht）；网页，仅 HTML（*.htm；

.html)；文本文件（.txt)。然后单击“保存”按钮即将网页保存到了指定的位置。

②保存网页图片。

操作方法：右击需要保存的图片，在弹出的快捷菜单中选择“图片另存为”命令，在打开的“保存图片”对话框中选择或输入要保存的文件夹、图片文件名、图片类型，然后单击“保存”按钮即将图片保存到用户指定的目录。

③收藏夹的使用。对于经常需要访问的或者有收藏价值的站点，可不必去记忆这些站点的 URL，使用 IE 浏览器的收藏夹功能即可保存这些常用站点的链接，关于收藏夹的使用主要包含以下几个方面。

● 将网页链接保存到收藏夹中。收藏夹相当于一个文件夹，可以在此文件夹中存储指向 Internet 网站的链接。当发现一个需要将其收藏起来的网站时，可以按照这种方法操作：执行 IE 菜单栏中的“收藏”→“添加到收藏夹”命令，在打开的“添加收藏”对话框中输入要保存的网页名称，在“创建位置”文本框中选择目标收藏夹分类，然后单击“添加”按钮即可把喜欢的网页收藏起来，如图 4-11 所示。

如果认为已有的收藏夹不适合保存当前的网页链接，也可以单击图 4-11 中的“新建文件夹”按钮来创建一个新的收藏夹分类，再把网页地址收藏在新建的收藏夹中。

● 重新设置收藏夹的位置。为了防止发生意外而丢失收藏夹的数据，用户可以对收藏夹保存的位置进行设置。具体操作步骤如下：打开收藏夹所在目录（默认情况下，收藏夹所在的目录为 C：\Users\account，其中 account 为当前账户名)。右击“收藏夹”文件夹，在弹出的快捷菜单中选择“属性”命令，打开“收藏夹 属性”对话框。切换到“位置”选项卡，在其中可指定收藏夹保存的位置，如图 4-12 所示。单击“移动”按钮，选择收藏夹保存的位置，然后单击“选择文件夹”按钮，完成设置。

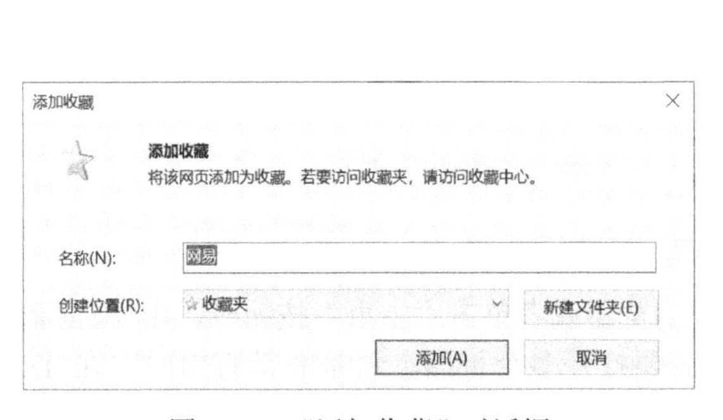

图 4-11　“添加收藏”对话框

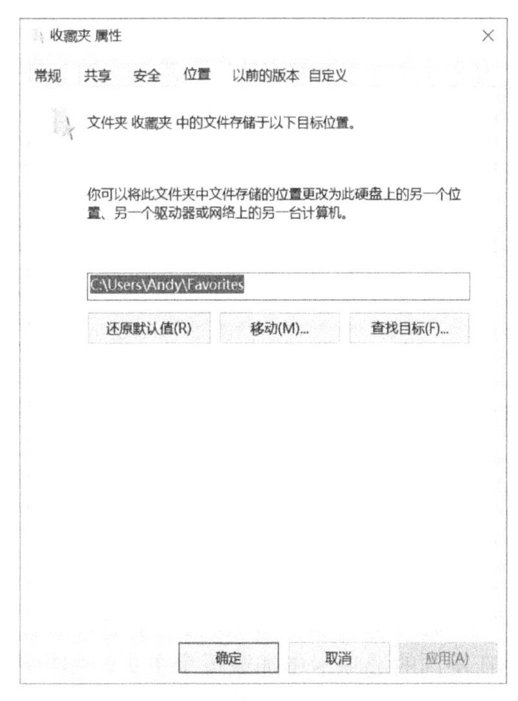

图 4-12　设置收藏夹保存的位置

● Internet 选项设置。

操作方法：执行 IE 菜单栏中的“工具”→“Internet 选项”命令，在打开的“Internet 选项”对话框中，有“常规”、“安全”、“隐私”、“内容”、“连接”、“程序”和“高级”7 个选项卡，对 IE 浏览器进行的相关操作和设置均在这些选项卡里完成。

在“常规”选项卡中，可以更改 IE 浏览器的默认主页，还可以对 Internet 临时文件进行相关操作和设置；可以设置浏览器保存历史记录的天数及清除历史记录，也可以设置其他一些辅助选项。

例如，当启动常规 IE 浏览器时，会显示微软的主页，它是默认的主页。用户也可以设置自己的主页。设置浏览器主页的方法如下：首先，打开“Internet 选项”对话框，切换到“常规”选项卡，如图 4-13 所示。然后，在“主页”文本框中输入网址，单击“应用”按钮即可将该地址的网页设置为主页。也可以单击“主页”栏下的“使用当前页”、“使用默认值”和“使用新标签页”等按钮快速设置主页，其中“使用当前页”可以将当前正在浏览的网页设置为主页；“使用默认值”则使用 IE 的默认页作为主页；“使用新标签页”则使用空白页作为主页，此时在文本框中显示的是“about:NewsFeed”。

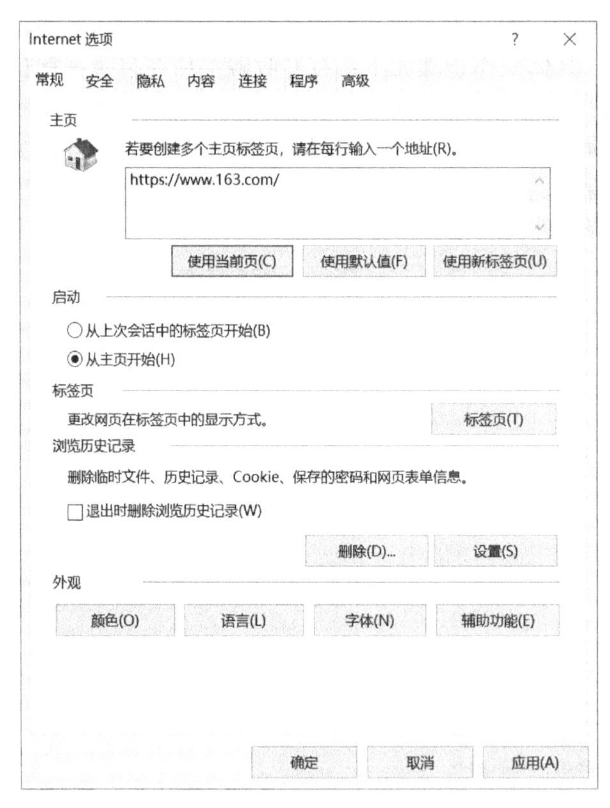

图 4-13 “常规”选项卡

主流的 IE 允许用户设置多个主页，当打开浏览器或者单击“主页”按钮时，IE 浏览器会在不同的选项卡中加载每个主页，如果经常需要打开多个页面，这是非常有用的。在 IE 浏览器中设置多个主页的方法如下：打开“Internet 选项”对话框，在“主页”文本框中，在每一行中输入页面的地址，即输入一个地址，按 Enter 键开始新的一行，接着输入下一个主页地址。

在“安全”选项卡中，可以设置浏览器的安全级别。

在“连接”选项卡中，可以设置拨号连接或局域网设置。有些企事业单位出于管理上的目的，常常要求局域网中的计算机必须使用代理服务器才能访问 Internet 上的网站，而代理服务器的设置正是在“连接”选项卡中完成的，具体操作如下：首先，选择“连接”选项卡，然后单击“局域网设置”按钮，弹出“局域网（LAN）设置”对话框，如图 4-14 所示。然后，在“代理服务器”栏中选中“为 LAN 使用代理服务器（这些设置不用于拨号或 VPN 连接）”复选框，在“地址”文本框中输入代理服务器的地址，如 192.168.0.2，在“端口”文本框中输入端口号，如 80。单击“确定”按钮设置完成。

在“高级”选项卡中，可以设置 IE 显示网页内容时的一些个性化选项，如网页中的图片、声音、视频，超链接的显示方式等。

⑤放大和缩小网页。缩放网页视图操作将放大或缩小页面上的所有内容，包括文字、图像等。缩放范围介于 10%～1000%，以下是同时能够达到缩放效果的几种方法：

- 如果想要放大网页，那么可以在按住 Ctrl 键的同时再按加号键（+）；如果想要缩小网页，那么可以在按住 Ctrl 键的同时再按减号键（-）；如果想要将缩放的网页还原到 100%，那么可以按快捷键 Ctrl+0。

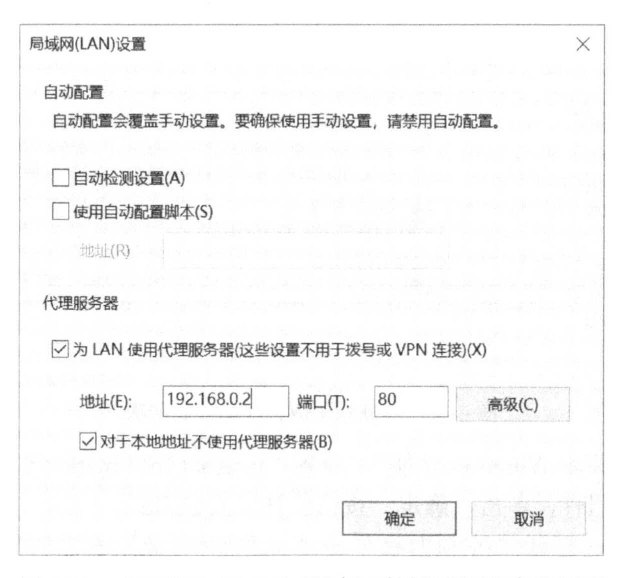

图 4-14　“局域网（LAN）设置”对话框代理服务器设置

- 在按住 Ctrl 键的同时滚动鼠标滚轮，可快速地放大或缩小网页。
- 单击 IE 浏览器的“工具”按钮，在弹出的缩放级别菜单中选择相应缩放比例，如图 4-15 所示。

（4）构建 WWW 服务器。要把一台计算机用做 WWW 服务器，需要在计算机操作系统中安装与操作系统相对应的 WWW 服务器软件。目前比较有名的 WWW 服务器软件有 Apache 和微软的 IIS。Apache 提供 UNIX、Linux、Windows 等操作系统的各种版本，而 IIS 仅基于 Windows 操作系统。

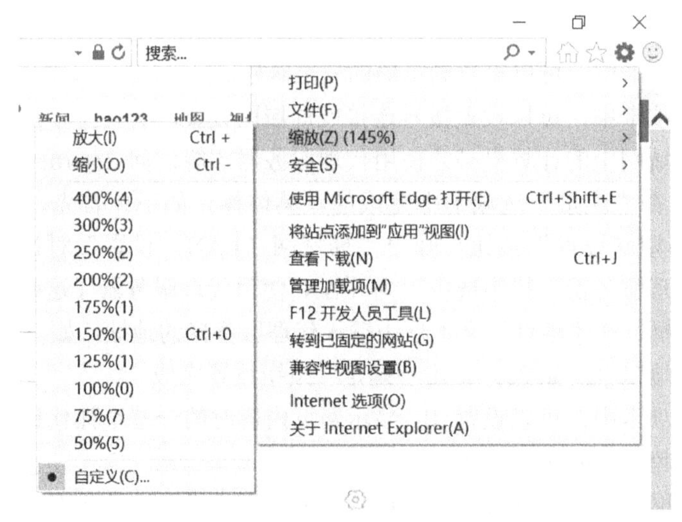

图 4-15 更改网页浏览的缩放比例

下面简单介绍 Windows 10 操作系统环境中 IIS 的配置和使用。IIS 是 Windows 10 的一个组件，安装操作系统时系统默认不安装该组件，可按下面的方法安装 IIS 组件：

①打开控制面板，单击“程序”链接，显示如图 4-16 所示界面。

图 4-16 卸载或更改程序的控制面板

②单击“启动或关闭 Windows 功能”，找到“Internet Information Services”，按照图 4-17 所示选择所需安装的组件，单击“确定”按钮就开始安装 IIS。

IIS 安装完成后，打开“控制面板”→“系统和安全”→“管理工具”→“Internet Information Services（IIS）管理器”即可对 Web 服务器进行相关配置，如图 4-18 所示。

选中“Default Web Site”，即可对默认网站进行配置。单击“操作”窗格中的“高级设置”项，打开“高级设置”对话框，则可设置网站的目录等选项，如图 4-19 所示。其他相关设置这里不再一一叙述，有兴趣的读者可以参阅 IIS 的帮助文件。

2．信息搜索服务

信息搜索服务是万维网上最重要的服务之一。万维网上存储了丰富的资源，只要知道该资源所在的网站，在浏览器中输入相应的 URL 就可以进入网站查看资源。但是，如果不知道所需的资源在哪个网站，那么就要用到搜索引擎提供的信息搜索服务。

图 4-17　Internet 信息服务复选功能

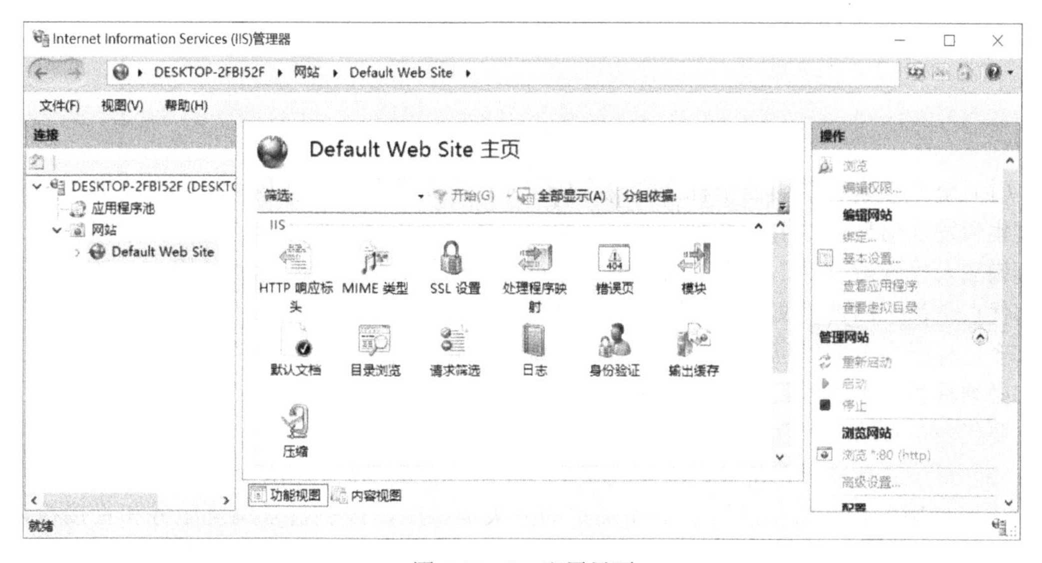

图 4-18　IIS 配置界面

搜索引擎是指根据一定的策略、运用特定的计算机程序搜集互联网上的信息，在对信息进行组织和处理后，为用户提供检索服务的系统。搜索引擎为用户提供所需信息的定位，包括所在的网站或网页、文件所在的服务器及目录等。搜索的结果包括网页、图片、信息及其他类型的文件，通常以列表的形式显示出来，而且这些结果通常按点击率来排名。具有代表性的中文搜索引擎网站有百度（http://www.baidu.com）和谷歌（http://www.google.com），以及微软的“必应”（http://www.bing.com）。

搜索引擎广义上可以分为全文搜索引擎、目录式搜索引擎、元搜索引擎，狭义上就是指全文搜索引擎。

图 4-19 “高级设置”对话框——IIS 高级设置

（1）全文搜索引擎由一个称为蜘蛛（Spider）的机器人程序以某种策略自动地在互联网中收集和发现信息，并由索引器为收集到的信息建立索引并形成索引库。由检索器根据用户的查询输入检索索引库，并将查询结果按照重要性和相关性排名后返回给用户。该类搜索引擎的优点是基于网页全文搜索，结果的信息量大、更新及时、毋需人工干预；缺点是返回信息过多，有很多无关信息，甚至有些搜索引擎基于商业目的会把一些广告信息排在最前面，用户必须具备一定的搜索经验和鉴别能力才能从结果中筛选出有价值的信息。这类搜索引擎的主要代表是谷歌、百度。

（2）目录式搜索引擎是以人工方式或半自动方式搜集信息，由编辑员查看信息之后，人工形成信息摘要，并将信息置于事先确定的分类框架中，提供目录浏览服务和直接检索服务。该类搜索引擎最大的特点是由人来进行信息的收录和分门归类，所以信息准确、导航质量高，缺点是搜索范围有局限。这类搜索引擎的主要代表是雅虎 Yahoo，以及在中国互联网发展初期时的新浪、搜狐、网易等门户网站，但这些门户网站都不甘心仅起到一个网站跳板的作用，逐渐地都取消了门户导航功能，转变成了独立的综合性网站。目前国内相对比较纯粹的目录式搜索引擎有百度旗下的 hao123、2345 网址导航等少数几个网站。

（3）元搜索引擎没有自己的数据，而是将用户的查询请求同时向多个搜索引擎递交，将返回的结果进行排序和重复排除等处理后作为自己的结果返回给用户，服务方式为面向网页的全文检索，是搜索引擎之上的搜索引擎。元搜索引擎本质上是一个内容聚合平台，它的优点是返回结果的信息量更大、更全，可以对搜索方式进行个性化设置和智能化处理，准确性比较高，比较适合需要在多个搜索引擎检索重复数据的场合。

3．FTP 服务

FTP 是 File Transfer Protocol（文件传输协议）的缩写，FTP 是用来在两台计算机之间传送文件最有效的方法，是 Internet 最重要的服务之一。将文件从网络上的一台计算机复制到另一台计算机并不是一件很简单的事情，因为 Internet 上运行着各种不同的计算机和操作系统，使用着不同的数据存储方式，使用 FTP 协议可以减少处理文件的不兼容性，因此所有流行的网络操作系统都支持 FTP 协议的有关功能。

（1）FTP 工作原理。在 FTP 的使用当中，有“下载（Download）”和“上传（Upload）”两个概念，“下载”文件就是从远程主机中复制文件至用户的计算机上；“上传”文件就是将文件从用户的计算机中复制到远程主机上。与大多数 Internet 服务一样，FTP 也是一个客户/服务器系统，但与其他客户/服务器模式不同，FTP 客户端与服务器之间要利用 TCP 建立连接。用户通过一个支持 FTP 协议的客户端程序连接到远程主机上的 FTP 服务器程序的双重连接，一个是控制连接，一个是数据连接。用户通过客户端程序向服务器程序发出命令，服务器程序执行用户所发出的命令，并将执行的结果返回到客户端。

（2）FTP 服务端。把一台计算机作为 FTP 服务器，需要在这台机器上安装 FTP 服务器软件。FTP 服务器软件有很多，比较有名的有 Serv-U，这个软件的安装简单，使用也很方便，而且对系统资源的占用也很小。另外 Windows 自带的 Internet 信息服务（IIS）也可以开通 FTP 服务，有关各种 FTP 服务器软件的配置方法不在本书的探讨范围，有兴趣的读者可以参阅相关文献资料。

（3）FTP 客户端。在客户端，要进行 FTP 连接，需要有 FTP 客户端软件，在 Windows 操作系统的安装过程中，通常都安装了 TCP/IP 协议软件，其中就包含了 FTP 客户程序，只要打开 DOS 命令窗口就可以通过输入 FTP 命令来进行 FTP 的操作，不过这样需要熟记 FTP 命令。另外，Windows 操作系统的 IE 浏览器也可以作为 FTP 服务的客户端连接 FTP 服务器进行登录、上传和下载操作，使用的方法是在浏览器的地址栏中输入 FTP 服务器地址，例如，ftp：//ftp.zstu.edu.cn。当然，除了 Windows 自带的 FTP 客户端，也可以安装专业的 FTP 客户端软件，如 FlashXP、CuteFtp、LeapFtp 等。

4．电子邮件服务

电子邮件（E-mail）是互联网上使用最多的应用之一，使用方式和现实中的利用信箱收取和存放信件非常类似，而且除了收取文字信息，还可以附有图像、音视频等文件，使用非常方便。尽管现在手机和即时通信软件已经非常普及，但因为电子邮件的使用不需要双方同时在场，并且使用非常方便，故目前仍然使用非常广泛。

（1）邮件服务器。互联网上的邮件服务器类似现实中的邮局，负责将用户投递来的邮件发送到目标邮件服务器和接收其他邮件服务器发送来的邮件，即发送邮件和接收邮件。邮件服务器需要使用两种协议，一种协议用于用户向邮件服务器发送邮件和邮件服务器之间传送邮件，目前标准使用的是简单邮件传输协议 SMTP（Simple Mail Transfer Protocol）；另一种协议用于用户从邮件服务器读取邮件，目前常用的有两个协议，分别是邮局协议第 3 版 POP3（Post Office Protocol 3）和网络邮件访问协议 IMAP（Internet Message Access Protocol）。

需要注意的是，不要把 SMTP 协议和 POP3（或 IMAP）协议理解为对应发送邮件和接收邮件，SMTP 协议用于用户向邮件服务器提交邮件和发送方邮件服务器向接收方邮件服务器发送邮件，类似于现实中的邮局接收用户要寄出的邮件并寄到目的地邮局，以及接收其他邮局寄来的邮件；POP3（或 IMAP）协议用于用户从接收方邮件服务器读取邮件，类似于现实中的邮局提供的为用户取邮件的功能。

（2）邮件客户端软件和基于 WWW 的电子邮件。邮件客户端软件的功能常常包含了撰写、发送和接收功能，用于帮助用户和邮件服务器进行通信。常用的邮件客户端软件有微软的 Outlook Express 和腾讯的 Foxmail。

除了使用邮件客户端软件收发邮件，现在几乎所有的门户网站都提供了基于 Web 的电子邮件，如谷歌的 Gmail、微软的 Hotmail、网易的 163 和 126、新浪、腾讯等都提供了基于 WWW 的邮件服务。不需要再安装专门的客户端软件，只要使用浏览器就可以方便地撰写和收发电子邮件。

（3）电子邮箱地址。电子邮箱地址也被称为 E-mail 地址，用户通过 E-mail 地址接收其他用户发来的电子邮件，也用来标识发送的电子邮件，类似于现实生活中的信箱地址。

电子邮箱地址的格式为“用户名@邮件服务器的域名”，符号“@”读作“at”。例如，电子邮箱地址是“lanqingqing@163.com”，其中“lanqingqing”就是用户名，这个用户名在本邮件服务器必须是唯一的，“163.com”就是邮件服务器的域名。这样就可以保证电子邮箱地址在整个 Internet 中都是唯一的。

5．其他服务

现在，Internet 上提供的服务包罗万象，已经涵盖了人们生活中的方方面面，如网络社区、网上购物、即时通信、网络游戏、音视频点播、在线地图等。随着智能手机的广泛应用和移动互联网的发展，这些服务又都覆盖到了移动端，大大方便了人们的生活。

习题 4

一、判断题

1．一台带有多个终端的计算机系统即称为计算机网络。（　　）

2．为了能在网络上正确地传送信息，制定了一整套关于传输顺序、格式、内容和方式的约定，称为通信协议。（　　）

3．在一所大学里，每个系都有自己的局域网，则连接各个系的校园网是局域网。（　　）

4．星形、总线型和环形结构是局域网拓扑结构。（　　）

5．TCP/IP 是一个协议集合，不过它只包含 TCP 和 IP 这两个协议。（　　）

6．应用层位于 TCP/IP 的最高层，它为用户提供各种服务。（　　）

7．组成计算机网络的硬件系统一般包括计算机、网络互连设备、传输介质。（　　）

8．传输介质是网络中发送方与接收方之间的逻辑信道。（　　）

9．域名地址 www.sina.com.cn 中，www 称为顶级域名。（　　）

10．Cable-Modem 是通过现有普通电话线为家庭、办公室提供宽带数据传输服务的技术。（　　）

11．获得 Web 服务器支持后，可以将制作好的站点发布到 Web 服务器上。把站点发布到 Web 服务器实际上就是将站点包含的所有网页复制到 Web 服务器上。（　　）

12．一个用户要想使用电子邮件功能，应当让自己的计算机通过网络得到网上一个 E-mail 服务器的服务支持。（　　）

13．SMTP 协议和 POP3 协议分别对应邮件的发送和接收。（　　）

14．WWW 的核心部分主要是 URL、FTP 和 HTML。（　　）

15．FTP 是用来在两台计算机之间传送文件最有效的方法。（　　）

16．IPv6 采用 64 位地址长度，可以几乎不受限制地提供 IP 地址。（　　）

二、单选题

1．计算机网络的目标是实现________。

A．数据处理　　B．信息传输与数据处理

C．文献查询　　D．资源共享与信息传输

2．计算机网络按照连网的计算机所处位置的远近不同可分为________两大类。

A．城域网络和远程网络　　B．局域网络和广域网络

C．远程网络和广域网络　　D．局域网络和以太网络

3．电话拨号上网所需要的基本硬件设备中，除计算机、电话线等，还需要________。

A．电视信号接收卡　　B．股票行情接收器

C．网卡　　D．调制解调器

4．目前世界上最大的计算机互连网络是________。

A．ARPA 网　　B．IBM 网

C．Internet　　D．Intranet

5．在一个 URL“http：//www.hziee.edu.cn/index.html”中的“www.hziee.edu.cn”是指________。

A．一个主机的域名　　B．一个主机的 IP 地址

C．一个 Web 主页　　D．一个 IP 地址

6．因特网中的域名服务器系统负责全网 IP 地址的解析工作，它的好处是________。

A．IP 地址从 32 位的二进制地址缩减为 8 位的二进制地址

B．IP 协议再也不需要了

C．用户只需要简单地记住一个网站域名，而不必记住 IP 地址

D．IP 地址再也不需要了

7．Internet 采用的标准网络协议是________。

A．IPX/SPX　　B．TCP/IP

C．NETBEUI　　D．以上都不是

8．下面________网络互连设备工作在网络层。

A．网卡　　B．交换机

C．路由器　　D．集线器

9．________接入是利用现有的有线电视（CATV）网进行数据传输的 Internet 接入方式。

A．PSTN　　B．ADSL

C．DDN　　D．Cable-Modem

10．使用 Internet 的 FTP 功能，可以________。

A．发送和接收电子邮件　　B．执行文件传输服务
C．浏览 Web 页面　　D．执行 Telnet 远程登录

11．对于 Internet，比较确切的一种含义是________。
A．一种计算机的品牌　　B．网络中的网络，即互连各个网络
C．一个网络的顶级域名　　D．美国军方的非机密军事情报网络

12．全球掀起了 Internet 热，在 Internet 上能够________。
A．查询检索资料　　B．打国际长途电话
C．点播电视节目　　D．以上都对

13．在电子邮件中所包含的信息是________。
A．只能是文字　　B．只能是文字与图像信息
C．只能是文字与声音信息　　D．可以是文字、声音和图形图像信息

14．以下软件中不属于浏览器的是________。
A．Internet Explorer　　B．Netscape Navigator
C．Opera　　D．CuteFTP

15．连接到 WWW 页面的协议是________。
A．HTML　　B．HTTP
C．SMTP　　D．DNS

16．微软的 IIS 是一款________软件。
A．数据库检索　　B．Web 服务器管理
C．在线地图搜索　　D．视频点播

17．下面________不是采用 IPv6 的下一代互联网的特点。
A．更安全　　B．更快速
C．上网费用更便宜　　D．IP 地址资源更丰富

三、多选题

1．以下属于计算机网络的功能的是______。
A．数据通信　　B．资源共享
C．信息服务　　D．负载均衡

2．计算机网络按照覆盖的地理范围可以分为______。
A．局域网　　B．城域网
C．广域网　　D．专用网

3．计算机网络协议包含______等要素。
A．语义　　B．程序
C．语法　　D．时序

4．下面______属于 TCP/IP 网络协议体系。
A．会话层　　B．应用层
C．传输层　　D．表示层

5．下面______属于顶级域名。
A．com　　B．edu
C．mail　　D．www

6．WWW 标准的核心部分包括______。

A．URL　　B．HTTP

C．HTML　　D．TCP

7．下面______属于电子邮件服务传输协议。

A．WWW　　B．SNMP

C．POP3　　D．IMAP

第5章　算法与简易编程工具 Scratch

大约公元前 4000 年，在两河流域的交汇处，聪明的苏美尔人发明了人类最早的文字——楔形文字，以及“一周七天”“一年十二个月”等历法的计算方法。这就是人类历史上最早出现的描述计算过程的方法，也是算法的起源。

设计算法是计算机问题求解中非常重要的步骤，在分析清楚问题后，需要通过设计算法把问题的数学模型或处理需求转化为使用计算机的解题步骤，然后再将算法实现为程序，最后在计算机上运行程序从而得到问题的解。尤其是当问题比较复杂时，如果不经过分析问题和设计算法这两个环节，人们就难以编写出高质量的程序。

5.1　算法

5.1.1　算法的基本概念

算法（Algorithm）是对解题方案准确而完整的描述，是解决问题的一系列清晰指令，算法代表着用系统规范的方法描述解决问题的策略机制。也就是说，能够对一定规范的输入，在有限时间内获得所要求的输出。如果一个算法有缺陷，不适合于解决某个问题，那么执行这个算法将不会得到这个问题的正确解。对于同一个问题，可以采用不同的算法以不同的时间、空间或效率来完成任务。一个算法的优劣可以用空间复杂度与时间复杂度来衡量。

事实上，日常生活中处处都有“算法”，例如，烧一壶水的“算法”如下：

（1）往壶里注水。

（2）点火加热。

（3）观察，如果水开，则停止烧火，否则继续烧火并重复第（3）步。

再比如，菜谱中描述的“蜜汁红烧肉”的制作过程也是一个“算法”。这些“算法”告诉我们，完成任何一件事情都应该有一个明确的步骤，合理安排步骤，就会达到事半功倍的效果。当然，我们这里所讲的算法，主要是指计算机解决问题所采用的算法，是指用计算机解决问题时对数据对象所采用的按照一定控制结构组成的一系列明确的指令，是对问题解决过程的准确而完整的描述。

通常，算法至少应该具有以下 5 个重要的特征。

1．有穷性（Finiteness）

算法的有穷性是指算法必须能在执行有限步骤或时间之后终止，也称为有限性。虽然算法执行需要的时间由于问题的复杂性和方法的不同而长短不一，但最终都能正常终止。例如，在同一个商品销售管理系统中，同样的算法，在 100 个商品中找出某个商品的信息和在 1000 万个商品中找出该商品的信息所花的时间是不一样的，但最终都能正常结束查找。

2．确切性（Definiteness）

算法的确切性是指算法的每一步骤必须有确切的定义，不允许有歧义。每个算法只有 1 个开始和 1 个结束，或者说只有 1 个入口和 1 个出口。

3．输入项（Input）

一个算法有零个或多个输入，以刻画运算对象的初始情况，所谓零个输入是指算法本身定出了初始条件。例如，输出 100 以内的素数就不需要有输入，而输出全班 30 名学生成绩的平均分就需要 30 个输入值。

4．输出项（Output）

一个算法有 1 个或多个输出，以反映对输入数据加工后的结果。没有输出的算法是毫无意义的。根据输出项是否为确定值，可以将算法分为确定性算法和非确定性算法。例如，随机输出 10～99 之间的一个整数，就属于非确定性算法。

5．可行性（Effectiveness）

算法中执行的任何计算步骤都是可以被分解为基本的可执行的操作步骤的，即每一步计算都可以在有限时间内完成，也称为有效性。

算法是程序的灵魂，也是计算机的灵魂，为了能有效地解决问题，在设计算法时，不仅要保证算法正确，还要考虑算法的质量。

5.1.2　算法的组成要素

一个完整的算法由两个基本要素组成：一是数据对象的运算和操作，表明要解决的问题属于哪一类问题，要进行何种类型的运算和操作；二是算法的控制结构，表明解决问题的步骤，哪些操作需要条件判断或重复等。

1．数据对象的运算和操作

数据对象是性质相同的数据元素的集合。不同类型的数据对象进行不同的运算和操作，如数值可以进行加、减、乘、除等算术运算，而字符不可以进行算术运算。计算机可以执行的基本运算和操作有如下 4 类。

（1）算术运算：加、减、乘、除、乘方等。

（2）逻辑运算：与、或、非等。

（3）关系运算：大于、小于、等于、不等于等。

（4）数据传输：输入、输出、赋值等。

2．算法的控制结构

算法包含 3 种最基本的控制结构：顺序结构、选择结构和循环结构。在顺序结构中，操作自上而下依次执行；在选择结构中，先判断某个条件是否成立，以决定执行哪些操作；在循环结构中，先判断某个条件是否成立，以决定是否重复执行某些操作。任何简单或复杂的算法都可以由这 3 种基本结构组合而成。

（1）顺序结构。顾名思义，顺序结构就是按照算法给出的解决问题步骤自上而下依次执行，是最基本、最简单的结构，其流程图如图 5-1 所示，先执行语句 A，再执行语句 B，两者是顺序执行的关系。

（2）选择结构。选择结构也称为分支结构，是根据条件在不同情况下的取值选择不同的操作。选择结构也是一种常用的基本结构，是用来描述自然界和社会生活中分支现象的重要手段，其特性是“无论分支多寡，必择其一；纵然分支众多，仅选其一”。根据情况的复杂性不同，又可以分为单分支结构、双分支结构和多分支结构，其中双分支结构是应用最广泛的一种，其流程图如图 5-2 所示，先计算<条件>的值，若<条件>的值为 True，则执行语句块 1，否则执行语句块 2。

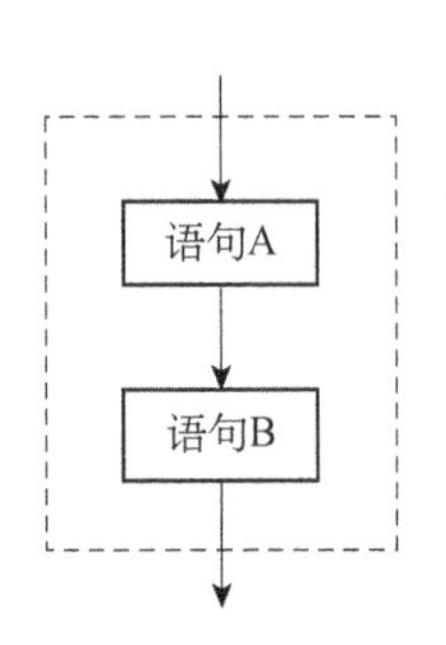

图 5-1　顺序结构流程图

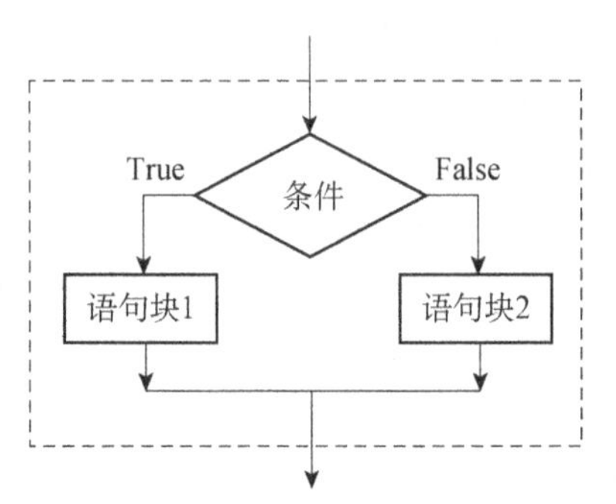

图 5-2　双分支结构流程图

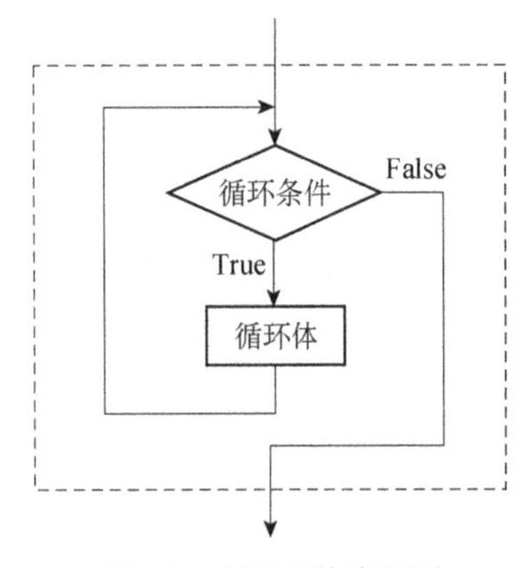

图 5-3　循环结构流程图

（3）循环结构。在解决一个问题时，常常需要重复一些相同或相似的操作，对于这类操作在设计算法时就可以采用循环结构来实现。循环结构也是最能体现计算机特长的控制结构，因为计算机的优势是运算速度快，最擅长进行重复性的工作。循环结构的流程图如图 5-3 所示，重复执行循环体，直到循环条件不成立为止。

5.1.3　算法的表示方法

有了求解问题的方法、思路之后，就必须用一种规范的、可读性强的、容易转换成程序的形式描述出来，提交给程序设计人员，作为编写程序代码的依据，也便于用作算法研究、设计和学习，毕竟算法是一种宝贵的资源，是人类求解问题的智慧和结晶。

程序是计算机语言描述的算法，流程图是图形化了的算法。除此之外，算法的描述方法还有自然语言、伪代码等。

1．自然语言

自然语言就是用人们日常使用的语言描述解决问题的方法和步骤。

【例 5.1】输入两个数，输出其中比较大的数。用自然语言描述如下。

步骤 1：输入 a 和 b。

步骤 2：如果 a 大于 b，则令 max 等于 a；否则令 max 等于 b。

步骤 3：输出 max。

用自然语言描述算法的优点是语言熟悉、易懂，即使是不熟悉计算机编程的人也很容易理解算法；缺点是烦琐冗长，易产生歧义。因此，自然语言不方便描述算法，除非是比较简单的算法。

2．流程图

流程图是图形化的算法，直观易懂，它用一些图框来表示各种类型的操作，在框内写出各个步骤，然后用带箭头的线段把它们连接起来，以表示执行的先后顺序。美国国家标准化协会 ANSI 曾规定了一些常用的流程图符号，作为世界各国程序工作者普遍采用的统一规范。常用的流程图符号及含义如表 5-1 所示。

表 5-1　常用的流程图符号及含义

符　号	名　称	含　义
（圆角矩形）	起止框	用于流程的开始或终止，每一个算法只能有一个开始和一个终止
（平行四边形）	数据框	表示数据的输入或输出
（矩形）	执行框	表示要执行的操作
（菱形）	判断框	表示判断或决策的条件，用“是”“T”“Y”表示肯定；用“否”“F”“N”表示否定
（带箭头折线）	流向线	表示程序执行的顺序和方向

【例 5.2】输入两个数，输出其中比较大的数。用流程图描述如图 5-4 所示。

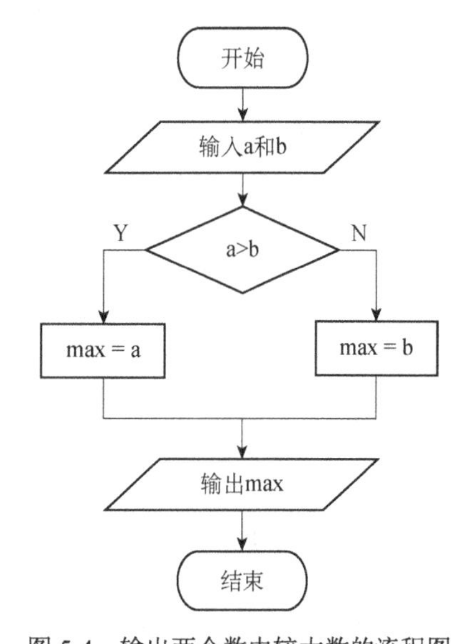

图 5-4　输出两个数中较大数的流程图

流程图不仅可以帮助程序员理清思路，提供编程指导，还可以在程序调试中用来检查程序的正确性。不过流程图也有缺点，其中最大的不足就是画图太“麻烦”，耗时耗力，特别是当一个算法比较复杂时，对应流程图的体积将非常庞大。

3．伪代码

鉴于自然语言容易产生歧义，而流程图又太麻烦，人们往往采用意义精确、唯一且已形式化的类计算机语言——伪代码（Pseudocode）来描述算法。

伪代码兼有自然语言和计算机语言的特点，它结构性较强，自由、灵活、容易书写和理解，其不拘泥于特定语言的语法结构，但其描述的算法可以容易地以任何一种编程语言（C，Java，Python 等）实现，所以使用伪代码来描述算法目前最为流行。

【例 5.3】输入两个数，输出其中比较大的数。用伪代码描述如下所示。

```
输入 a，b
如果（a>b），则
    max=a
否则
    max=b
输出 max
```

5.2 常用算法

在用计算机求解实际问题的过程中，计算机科学家发现很多问题都是类似的，可以采取一些通用的方法或策略进行解决。因此，计算机科学中已经有很多典型的算法和策略，它们解决了很多重要的、基础性的问题。这一节简要介绍几个比较简单但又非常经典的算法。

5.2.1 查找算法

查找也称为检索。在日常生活中，随处可见查找的实例，如在图书馆中检索自己需要借阅的图书；网上购物时在商品列表中搜索自己中意的物品等。在计算机科学中，查找的定义为：在一些（有序的/无序的）数据元素中，通过一定的方法找出与给定关键字相同的数据元素的过程。下面介绍比较简单但使用频率又很高的两个查找算法：顺序查找和二分查找。

1．顺序查找

顺序查找也称为线性查找，是最基本的查找技术。查找的基本思想是：从查找表的第一个（或最后一个）记录开始，逐个将记录的关键字和给定值进行比较，若某个记录的关键字和给定值相等，则查找成功；如果直到最后一个（或第一个）记录，其关键字和给定值比较都不等时，则表中没有所查的记录，查找失败。

【例 5.4】现有 100 个无序的整数存放于一维数组 $v(1)$、$v(2)$、……、$v(100)$中，要求在这些数据中查找是否存在数据元素 k，若存在则返回其所在位置，若不存在则给出相应提示信息。顺序查找的伪代码描述如下所示：

```
循环（i 从 1 到 100）
    若 v(i)=k，则退出循环
如果 i<=100，则
    输出找到的位置 i
否则
    输出“未找到”
```

2．二分查找

二分查找又称折半查找，是一种效率较高的查找方法。但是这种查找方法的前提是查找表中的记录必须已经按关键字大小有序排列。查找的基本思想是：将查找表中间位置记录的关键字与查找关键字比较，如果两者相等，则查找成功；否则利用中间位置记录将查找表分成前、后两个子表，如果中间位置记录的关键字大于查找关键字，则进一步查找前子表，否则进一步查找后子表。重复以上过程，直到找到满足条件的记录（查找成功），或直到子表不存在为止（查找不成功）。

【例 5.5】现有 100 个整数存放于一维数组 $v(1)$、$v(2)$、……、$v(100)$中，且数组中的数据已按正序排列，要求在这些数据中查找是否存在数据元素 k，若存在则返回其所在位置，若不存在则给出相应提示信息。二分查找的伪代码描述如下所示：

```
low=1，high=100，p=0
循环（当 low 小于 high）
```

```
    mid=(low+high)/2
    如果 k=v(mid)，则
        找到，p=mid，退出循环
    否则如果 k<v(mid)，则
        high=mid-1
    否则
        low=mid+1
如果 p=0，则
    输出“未找到”
否则
    返回 p
```

5.2.2　排序算法

排序是计算机内经常进行的一种数据操作，其目的是将一组“无序”的记录序列调整为“有序”的记录序列。排序的例子在日常生活中也比比皆是，如老师总是喜欢按分数从高到低的方式公布成绩，商家总是喜欢按商品销量从高到低的方式设计畅销榜等。

当数据不多时，排序比较简单，有时手工就能实现。但是，如果排序的对象是每年几百万高考考生的成绩、购物网站几百万个商品销量数据时，排序就变成了一件非常费时费力的事情。因此，几十年来，人们设计了非常多的排序方法，它们各有特点，如对不同规律的数据排序效果不同，对不同环境的适用性不同等，选择一个合适的方法会大大提高排序效率。目前常用的排序算法有：选择排序、冒泡排序、插入排序、希尔排序、快速排序、归并排序等，下面介绍其中最基本的选择排序和冒泡排序。

1．选择排序

选择排序（Selection Sort）是一种简单直观的排序算法，它的基本思想是：从待排序列中选出最小（或最大）的一个元素，放在已排序列的末尾，如此反复，直到待排序的数据元素的个数为零。假设待排序的数组为 v，其包含 n 个记录，则升序排序的过程为：第 1 趟，在待排序记录 $v(1)$～$v(n)$ 中选出最小的记录，将它与 $v(1)$ 交换；第 2 趟，在待排序记录 $v(2)$～$v(n)$ 中选出最小的记录，将它与 $v(2)$ 交换；以此类推，第 i 趟，在待排序记录 $v(i)$～$v(n)$ 中选出最小的记录，将它与 $v(i)$ 交换，使有序序列不断增长直到全部排序完毕。

【例 5.6】设数据元素序列 $v(6)=\{8, 3, 5, 2, 4, 1\}$，使用选择排序法对其记录进行按升序排列，算法思想如下。

第 1 趟：从全部 6 个元素中选择最小的元素，并将它与第 1 个元素交换位置，即元素 1 与元素 8 交换位置，得到序列$\{(1), 3, 5, 2, 4, 8\}$。

第 2 趟：从剩下的 5 个元素中选择最小的元素，并将它与第 2 个元素交换位置，即元素 2 与元素 3 交换位置，得到序列$\{(1, 2), 5, 3, 4, 8\}$。

两趟结束，已经有 2 个元素（1，2）排好序，即已经找到了它们的最终位置。重复上述“选择—交换”的过程。

……

第 5 趟：从剩下的 2 个元素$\{5, 8\}$中找出最小数 5 放到第 5 个元素位置上，留下的元素 8 就放在最后，至此排序完毕。

整个排序过程如表 5-2 所示。

表 5-2 选择排序过程

原始数据	8　3　5　2　4　1	说　明
第 1 趟	(1)　3　5　2　4　(8)	本趟找到最小数 1，并将它交换到第 1 个位置
第 2 趟	1　(2)　5　(3)　4　8	本趟找到最小数 2，并将它交换到第 2 个位置
第 3 趟	1　2　(3)　(5)　4　8	本趟找到最小数 3，并将它交换到第 3 个位置
第 4 趟	1　2　3　(4)　(5)　8	本趟找到最小数 4，并将它交换到第 4 个位置
第 5 趟	1　2　3　4　(5)　8	本趟找到最小数 5，并将它交换到第 5 个位置
最后结果	1　2　3　4　5　8	

从本例可知，6 个元素进行排序需要“选择—交换”5 趟，事实上可以总结出：*n* 个元素进行排序需要“选择—交换”*n*−1 趟。使用伪代码描述，选择排序（升序）的实现如下：

```
循环（i 从 1 到 n-1）
    p←i
    循环（j 从 i+1 到 n）          //查找第 i 趟待排序的数据元素中的最小值
        如果 v(j)<v(p)，那么
            p←j
    如果 p≠i，那么                 //交换 v(i)，v(p)
        t←v(i)
        v(i)←v(p)
        v(p)←t
```

2. 冒泡排序

冒泡排序（Bubble Sort）也是常用的排序算法之一，它因简洁的思想与实现方法而备受青睐。冒泡排序的基本思想是：依次扫描序列中的数据元素，对相邻的元素进行两两比较，顺序相反则进行交换，这样，每一趟会将最大或最小的元素“沉”到底端，最终达到完全有序。以从小到大排序为例，第 1 趟比较后，所有元素中最大的那个就会移到最后边；第 2 趟比较后，所有元素中第二大的那个就会移到倒数第二个位置……就这样一趟一轮地比较，最后实现从小到大排序。

【例 5.7】设数据元素序列 $v(6)=\{8, 3, 5, 2, 4, 1\}$，使用冒泡排序法对其记录进行按升序排列，算法思想如下。

设想数据序列 v 垂直竖立，将每个数据元素看作有重量的气泡，根据轻气泡不能在重气泡之下的原则，从上往下扫描序列中的数据元素，凡扫描到违反本原则的轻气泡，就使其向上“浮”，如此反复进行，直到最后任何两个气泡都是轻者在上，重者在下。

第 1 趟：

（1）将序列中第 1 个元素与第 2 个元素进行比较，如果前者大于后者，则交换第 1 个元素和第 2 个元素的位置，否则不交换。

（2）将序列中第 2 个元素与第 3 个元素进行比较，如果前者大于后者，则交换第 2 个元素和第 3 个元素的位置，否则不交换。

……

（3）将序列中第 5 个元素与第 6 个元素进行比较，如果前者大于后者，则交换第 5 个元素和第 6 个元素的位置，否则不交换。

经过上述第 1 趟冒泡后，最大元素 8 沉到了序列的尾部，即第 6 个位置。第 1 趟的冒泡过程如图 5-5 所示。

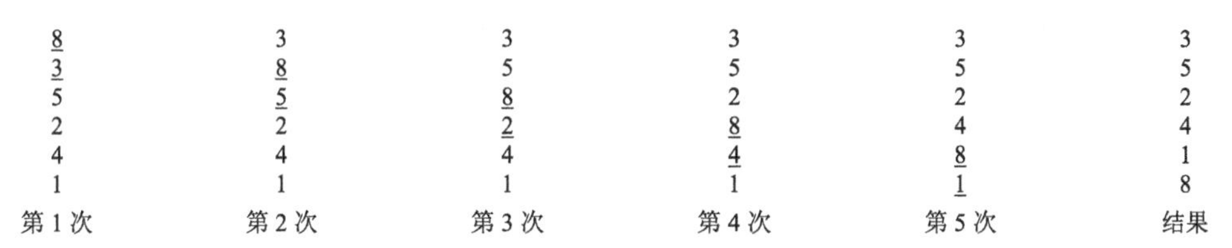

图 5-5　第 1 趟冒泡过程示意图

第 2 趟：前面的第 1 趟已经确定了元素 8 的最终排序位置，接下来只需对剩下的 5 个元素重复上述过程，结果是把次大的元素 5 沉底。第 2 趟的冒泡过程如图 5-6 所示。

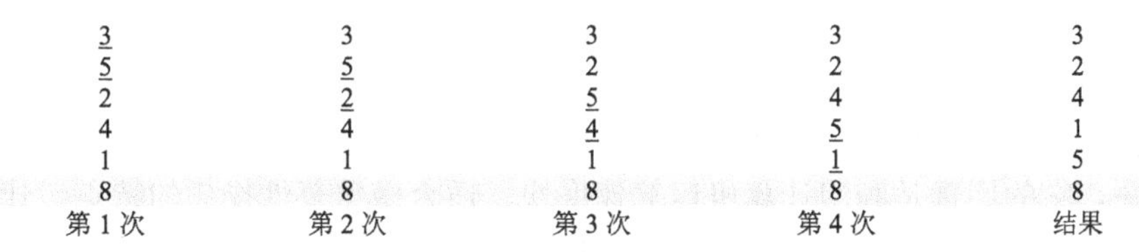

图 5-6　第 2 趟冒泡过程示意图

第 3 趟：前面两趟已经确定了元素 5 和 8 的最终排序位置，接下来只需对剩下的 4 个元素重复上述过程，结果是把元素 4 沉底。第 3 趟的冒泡过程如图 5-7 所示。

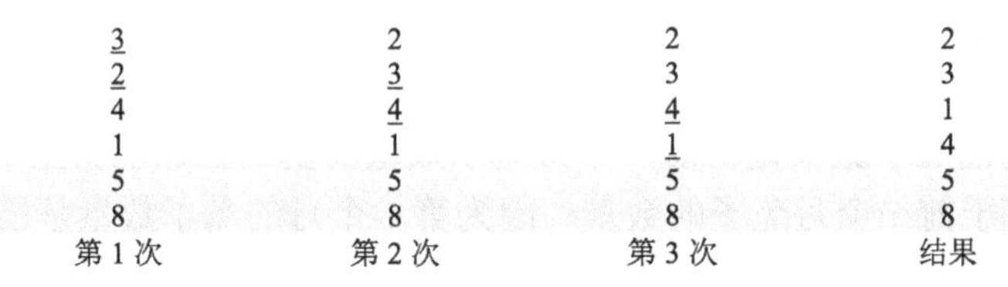

图 5-7　第 3 趟冒泡过程示意图

第 4 趟：前面三趟已经确定了元素 4、5、8 的最终排序位置，接下来只需对剩下的 3 个元素重复上述过程，结果是把元素 3 沉底。第 4 趟的冒泡过程如图 5-8 所示。

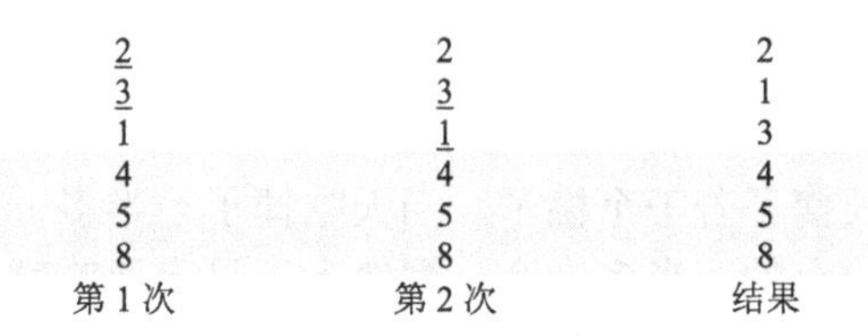

图 5-8　第 4 趟冒泡过程示意图

第 5 趟：前面四趟已经确定了元素 3、4、5、8 的最终排序位置，接下来只需对剩下的两个元素重复上述过程，结果是把元素 2 沉底。第 5 趟的冒泡过程如图 5-9 所示。

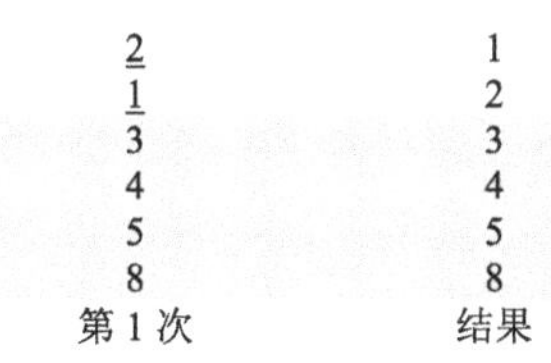

图 5-9　第 5 趟冒泡过程示意图

经过 5 趟的冒泡过程，大的 5 个数已经依次沉底确定了排序位置，而总共只有 6 个数，所以最后一个数的位置自然也就确定了，从而也可以总结出：包含 n 个元素的数据序列进行 n−1 趟冒泡即可达到排序的目的。使用伪代码描述，冒泡排序（升序）的实现如下：

```
循环（i 从 1 到 n-1)
    循环（j 从 1 到 n-i)
        如果 v(j)>v(j+1)，那么
            t←v(j)
            v(j)←v(j+1)
            v(j+1)←t
```

5.2.3 迭代算法

迭代法也称辗转法，是一种不断用变量的旧值递推新值的过程，是用计算机解决问题的一种基本方法。它的原理是利用计算机运算速度快、适合做重复性操作的特点，让计算机对一组指令（或一定步骤）进行重复执行，在每次执行这组指令（或这些步骤）时，都从变量的原值推出它的一个新值。

【例 5.8】一个饲养场引进一只刚出生的新品种兔子，这种兔子从出生的下一个月开始，每月新生一只兔子，新生的兔子也如此繁殖。如果所有的兔子都不死去，问到第 12 个月时，该饲养场共有兔子多少只？

设第 i 个月的兔子有 T_i（$i\in[1, 12]$）只，根据题意可以找到一个递推式：$T_i=T_{i-1}+T_{i-1}$（$i\geqslant 2$），即第 i 个月的兔子数量是在前一个月兔子数量的基础上加上新生小兔子的数量，而新生的小兔子数量等于前一个月兔子的数量。因为第 1 个月的兔子数量是已知的，即 $T_1=1$，通过递推式，就可以计算出 T_2，而通过 T_2 可以推出 T_3，以此类推，最终可以推出 T_{12} 的值。上面这种递推的过程就是一种迭代法，使用伪代码描述如下：

```
t←1
循环（i 从 2 到 12)
    t←t+t
输出 t
```

【例 5.9】一只小猴某天摘了若干个桃子，当天吃掉了一半多一个，第二天吃了剩下的一半多一个，以后每天都吃尚存的一半多一个，到第七天早上要吃时，猴子发现只剩下一个桃子了。试计算小猴一开始摘的桃子总共有几个？

设第 i 天的桃子有 T_i（$i\in[1, 7]$）个，根据题意能找出一个递推式：$T_i=T_{i-1}-(T_{i-1}/2+1)$（$i\geqslant 2$），即 $T_i=T_{i-1}/2-1$（$i\geqslant 2$）。由于已知的是第 7 天的桃子数量，因此需要反向推导，即要变换一下推导式：$T_{i-1}=2\times(T_i+1)$（$i\geqslant 2$），根据这个迭代思想，可以编写如下的伪代码：

```
t←1
循环（i 从 6 到 1)
    t←2*（t+1)
输出 t
```

5.2.4　穷举算法

穷举法也称枚举法，它的基本思想是：首先依据问题的部分条件确定解的大致范围，然后在此范围内对所有可能的情况逐一验证，直到全部情况验证完为止。如果某个情况验证符合问题的条件，则为该问题的一个解；如果全部情况验证完后均不符合问题的条件，则该问题无解。

【例 5.10】中国古代约五六世纪的《张邱建算经》中记载了一算题：今有鸡翁一，值钱伍；鸡母一，值钱三；鸡雏三，值钱一。凡百钱买鸡百只，问鸡翁、母、雏各几何？

本题的意思是用 100 块钱买 100 只鸡，其中公鸡每只 5 元，母鸡每只 3 元，小鸡 1 元 3 只，问可买公鸡、母鸡和小鸡各几只？假设公鸡有 x 只，母鸡有 y 只，小鸡有 z 只，根据条件可以列出以下方程组：

$$x+y+z=100$$
$$5x+3y+z/3=100$$

这是一个不定方程组，从数学的角度，其无法直接求解，需要应用现代数学方法才行。但是，只要掌握了穷举法的思想，其实可以利用计算机运算速度快的优点编写一个程序来迅速找到问题的解。从题意中可知，公鸡 5 元一只，所以 100 元最多能买 20 只公鸡，而母鸡 3 元一只，所以 100 元最多能买 33 只母鸡，即 x 的取值范围为 0～20，而 y 的取值范围为 0～33。因为总共要买 100 只鸡，所以当 x 和 y 的值确定时，z 的值也是确定的，即 $z=100-x-y$。因此，只要将 x 和 y 的每一种取值都测试一遍，就可从中找出符合要求的解。使用伪代码描述的算法如下：

```
循环（x 从 0 到 20）
    循环（y 从 0 到 33）
        z=100-x-y
        如果 x*5+y*3+z/3=100，那么
            输出 x、y、z 的值            //找到一个解
```

5.2.5　递归算法

在实际生活中，存在许多这样的问题：问题本身比较复杂，问题的解又依赖于类似问题的解，但后者的复杂程度或规模比原来问题的更小，而且一旦将问题的复杂程度或规模化简到足够小时，问题的解其实非常简单。对于这类问题，就可以采用递归的方法进行求解。

下面通过一个小故事来说明递归的思想。有一户人家，生养了 6 个活泼、调皮的孩子。一天，家里来客人，见了这一群孩子，很是喜爱，于是就问老大：“你今年几岁了？”老大故意说：“我不告诉你，但我比老二大 2 岁。”客人问老二：“你今年几岁了？”老二也调皮地说：“我也不告诉你，我比老三大 2 岁。”……客人挨个问下去，孩子们的回答都一样，轮到最小的老六回答时，他诚实地回答：“3 岁了。”客人马上就推算出了老五的年龄，再往回又轻易地推算出了老四、老三、老二和老大的年龄。庆幸的是，老六诚实地告诉了客人他的年龄，不然这个问题就难解了。事实上，客人最终知道了老大的年龄就是应用了递归的方法，整个推算过程就是根据给定规则，结合递推和回归的一个过程。设本故事中老大到老六的年龄分别为 age(1)～age(6)，则客人推算老大年龄的递推和回归过程如下：

（1）递推：由未知推到已知（age(6)）：age(1)=age(2)+2→age(2)=age(3)+2→age(3)=age(4)+2→age(4)=age(5)+2→age(5)=age(6)+2→age(6)=3。

（2）回归：根据递推到的已知条件推出未知（age(1)）：age(6)=3→age(5)=5→age(4)=7→age(3)=9→age(2)=11→age(1)=13。

再来看个例子——求阶乘。人们非常熟悉求阶乘的算法，例如，5!=5×4×3×2×1。其实，这个运算式也可以使用递归的思想来描述，即 5!=5×4!，而 4!=4×3!，3!=3×2!，2!=2×1!，于是可以得到如图 5-10 所示的递推和回归过程。

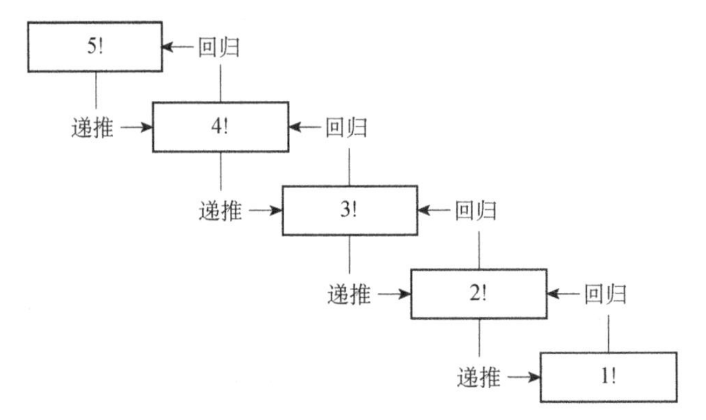

图 5-10　求 5 的阶乘的递推和回归过程

针对计算 *n*!的递归算法，可以使用如下伪代码描述：

```
函数：nFactor(n)
    如果（n=1），则
        返回 1
    否则
        返回 n*nFactor(n-1)
```

5.3　简易编程工具 Scratch

通过前面章节的学习，大家对计算思维已经有了理论上的理解，接下来通过编写一些计算机程序来进一步训练计算思维和计算思想。由于一般的基于文本的编程语言入门门槛比较高，所以本节主要介绍一种基于图形的编程工具——Scratch，并用它来实现前面一节中的某些算法。

5.3.1　Scratch 简介

1．认识 Scratch

很多人认为编程是神秘而复杂的，而且需要专业的技术培训和教育才能够掌握，其实不然。在几十年前像 BASIC 这种专门帮助初学者上手的编程语言就已经出现了，近几年帮助儿童或学生学习编程的语言更是层出不穷，这其中最具有代表性的就是 Scratch。

Scratch 诞生于 2006 年，是为了满足 8～16 岁的青少年学习程序设计及提高自身的创新力和自我表达能力而开发的一种带有图形界面的可视化编程语言。它所创建的工程（Project）包含了图像、声音乃至视频，并利用脚本（Script）来控制这些素材。Scratch 通过把一些具有自己独特功能的模块（Block）拼合在一起来编写脚本，这种编写程序的方式和搭积木非常相似，即只要拼接积木块就可以实现自己的编程设想了，如图 5-11 所示，就是一个 Scratch 程序样例。

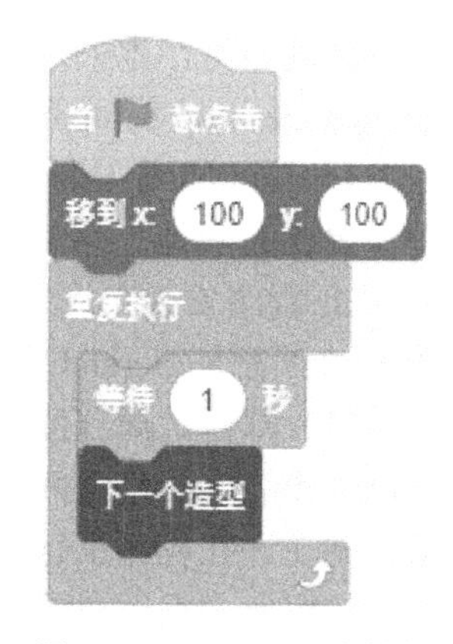

图 5-11　Scratch 程序样例

Scratch 是一种解释型编程语言，这意味着用 Scratch 编写的程序不能在执行前编译为机器码。但是 Scratch 程序在运行过程中可以中断任何模块的执行，也可以继续执行任意模块。Scratch 还是一种动态语言，其允许在程序运行时修改程序，这就意味着在设计程序时可以随时查看某个功能的执行效果而不用执行整个程序。

Scratch 的口号是：想法——程序——分享。凭借它的强大编程环境和易用性，使用者可以充分发挥想象力和创造力，编写出包含图像、声音、视频等多种媒体的应用程序。而通过巧妙的设计，Scratch 将条件和循环逻辑、事件驱动程序设计、使用变量、数学计算、使用图像和声音之类的程序设计概念变得简单和易于接受，使编程者可以摆脱烦琐的语法记忆而关注于解决问题的步骤。另外，利用 Scratch 所编写的程序不仅可以在本地计算机上运行，还可以上传到 Scratch 网站上与他人分享，从而收获自信和满足。

需要指出的是，Scratch 以帮助初学者学习编程为目的，旨在为初学者在转向其他高级语言程序之前打好程序设计的基础，而不以开发应用软件为目标，所以 Scratch 牺牲了一些高级语言的功能和特性来保持其尽可能的简单易用。

2．安装 Scratch

Scratch 允许通过在线的方式创建程序，使用者只要登录 Scratch 的官方网站（https://scratch.mit.edu/），然后单击“创建”或“开始创作”链接即可获得新手教程并进行创作，如图 5-12 所示。国内也有不少平台提供了 Scratch 的在线编程环境，如网易卡搭编程社区等。

图 5-12　Scratch 官方网站

使用者也可以下载 Scratch 安装程序，并将它安装在本地计算机中，从而在本地计算机上进行创作，再将创作的作品上传到网络与他人分享。Scratch 桌面版的安装包可以从 Scratch 官网的下载区（https://scratch.mit.edu/download）下载，目前 Scratch 支持 Windows、macOS、ChromeOS、Android 等不同操作系统，用户根据自己所使用的操作系统选择对应的下载链接即可，本书选用的是针对 Windows 操作系统的 3.6.0 版。下载完成后，双击文件 Scratch Desktop Setup.exe 进行安装，安装过程与其他 Windows 应用程序相似。

3．Scratch 开发环境

想要高效地使用 Scratch 编写程序，首先需要熟悉 Scratch 的集成开发环境（IDE）。Scratch 程序安装完成之后，双击桌面生成的“Scratch Desktop”快捷方式图标，即可打开如图 5-13 所示的 Scratch 编程界面。

（1）舞台。舞台位于 Scratch 集成开发环境的右上方，是展示 Scratch 程序运行情况的地方，为作品中角色之间的互动或者角色与用户之间的互动提供了场地。舞台可以设定多个背景，并允许在程序执行期间更换背景。可以将光标移到“舞台背景”区下方的“选择一个背景”按钮上，然后在展开的命令列表中选择相应的命令来实现添加或者更换背景。

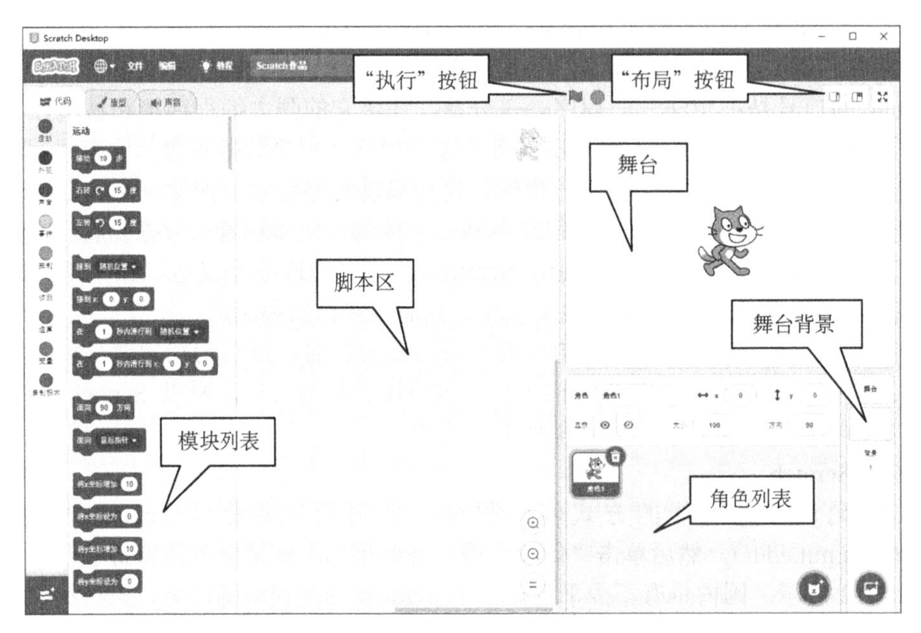

图 5-13　Scratch 编程界面——Scratch 集成开发环境

在舞台区域的上方还有两组命令按钮，分别是“执行”按钮和“布局”按钮。“执行”按钮包含绿色小旗标志的“运行”按钮和红色圆点标志的“停止”按钮，它们可以用来启动或停止脚本的执行。“布局”按钮包含 3 个命令，主要用来调整脚本区域和舞台区域在开发环境中的屏幕占比。

（2）角色列表。Scratch 程序是由一些在舞台上四处活动并相互作用的角色构成的。当前作品中所包含的角色都将罗列在角色列表区域，每个角色都显示为一个缩略图。默认情况下，新建的 Scratch 作品只包含一只小猫模样的“角色 1”，可以把光标移到角色列表区域右下方的“选择一个角色”按钮上，在展开的命令列表中选择相应的命令进行角色的添加或编辑等操作。

在角色列表区域的上方是角色的属性设置选项，包括角色名称、角色在舞台上的坐标、角色是否在舞台上显示、角色的大小和方向等。对于某个角色，只要选中它，就可以在这些选项中修改它的相关属性了。

（3）模块列表。在 Scratch 开发环境的左侧是模块列表区域。事实上，这个区域包含了

3 个选项卡，分别是“代码”、“造型”和“声音”。

Scratch 是一种图形化的编程语言，用来创建包含图片和声音等各种媒体的作品，这些作品的脚本由各种模块组合而成。“代码”选项卡就是提供各种模块的仓库，它包含了 9 个按功能划分的模块组，分别是运动、外观、声音、事件、控制、侦测、运算、变量和自制积木。在模块组区域的最下方还有一个“添加扩展”按钮，通过它可以添加许多扩展模块，如文字朗读、翻译等，它们给 Scratch 程序应用带来了更多的变化和创意，不过它们中的很多模块是需要一些第三方设备的支持的。

在 Scratch 作品中，每个角色都可以拥有多个造型，并能够在程序执行时切换。可以打开“造型”选项卡，然后在其中查看选定角色所拥有的各种造型，并可进行造型的添加、修改和删除等操作。如同角色可以拥有多个造型一样，角色（或舞台）还可以拥有多个声音，这些声音能够在程序执行时当作背景音乐或游戏声效来播放。Scratch 可以播放 MP3、WAV、AU 和 AIF 文件。如果要查看某个角色拥有的声音，则可以打开“声音”选项卡，在这里可以试听角色的各个声音，还可以导入新的或编辑已有的声音。

（4）脚本区。脚本区位于 Scratch 开发环境的中间位置，是使用者进行模块组合、积木搭建以实现自己创作想法的场地。在 Scratch 中，由模块构成的脚本隶属于各个角色，每个角色可以拥有一个或多个脚本，同样舞台也可以拥有一个或多个脚本。当需要编写脚本时，首先要选择该脚本属于的角色（或者是舞台），然后从模块列表中拖曳相关模块到脚本区域。

4．第一个 Scratch 程序

经过前面部分内容的学习，大家已经熟悉了 Scratch 的开发环境和编程模式，下面不妨创建一个简单的 Scratch 程序来体验一下 Scratch 创作的乐趣。

【例 5.11】创建一个小猫跟我们打招呼的作品。只要单击小猫，小猫就会“喵呜”一声，然后再说一句“Hello World！”。

创作步骤：

（1）在 Scratch 的 IDE 中，选择“文件”菜单下的“新作品”命令，创建一个 Scratch 项目。Scratch 的新作品都会包含一只名为“角色 1”且外观是小猫模样的角色，该角色不包含任何的脚本，但是有两个造型和一个声音。

（2）给角色改名。在角色列表区域中选中“角色 1”，在上方的角色文本框中修改其名字，例如，改为“喵呜”。

（3）设置启动。在模块列表区域，单击“事件”模块分组，从其右边出现的一系列模块中选择“当角色被点击”模块，并将其拖曳到脚本区。

（4）播放“喵呜”。在模块列表区域，单击“声音”模块分组，从其右边出现的一系列模块中选择“播放声音喵等待播完”模块，并将其拖曳到脚本区“当角色被点击”模块的下方，让两个模块的卡槽连接在一起。

（5）说“Hello World！”。在模块列表区域，单击“外观”模块分组，从其右边出现的一系列模块中选择“说你好！2 秒”模块，并将其拖曳到脚本区“播放声音喵等待播完”模块的下方，让两个模块的卡槽连接在一起，将模块输入孔中的“你好！”修改成“Hello World！”。最后的脚本块如图 5-14 所示。

图 5-14 “小猫打招呼”脚本块

（6）保存作品。上面 5 步操作完成后，可以单击舞台区的小猫，看看小猫是不是“喵呜”一声之后，跟你说了一句“Hello World!”？确认无误后，就可以保存作品了。单击“文件”菜单下的“保存到电脑”命令，选择合适的文件路径，输入文件名，当前 Scratch 作品就保存好了。

5.3.2 Scratch 基本模块

在 Scratch 中只能通过建立脚本来为角色和背景赋予生命。脚本是通过从模块列表中拖曳模块到脚本区，然后和其他模块拼接到一起来创建的。拼接到一起的模块也称为脚本块。可以通过双击脚本块中的任意一个模块来运行脚本块，如果脚本块中包含了启动模块，也可以触发相应的事件来执行脚本块。

Scratch 提供了 100 多种基本模块，这些模块按功能被分成了 8 组，在模块列表中用不同的颜色予以区分，同时 Scratch 还提供了“自制积木”功能，以及“添加扩展”模块功能。8 组基本模块的主要功能如下：

（1）运动。用来控制角色的位置、方向、旋转和运动等。

（2）外观。用来修改角色的外观、大小，还可以控制角色的说话内容等。

（3）声音。用来控制声音播放，调整音量和音调等。

（4）事件。用来设置脚本块的启动事件和消息广播等。

（5）控制。用来实现代码块的流程控制，主要包括分支模块、循环模块和停止脚本执行模块等。

（6）侦测。用来侦测鼠标指针的坐标、与其他角色的距离及是否接触了其他角色等。

（7）运算。用来实现比较、四舍五入及其他的算术运算，此外还提供了文本的拼接运算等。

（8）变量。用来创建变量和列表，并提供变量和列表的操作功能。

1．模块分类

Scratch 提供的 100 多个基本模块，在功能上被划分成了 8 组，这是一种细粒度的划分方式，但如果从模块在脚本块中所扮演的角色来看，可以更粗的粒度将它们划分成三类：堆类模块（Stack Blocks）、启动类模块（Hat Blocks）和侦测类模块（Reporter Blocks）。

（1）堆类模块。堆类模块是 Scratch 中数量最多的模块，这类模块在顶部有一个凹槽，在底部有一个凸起，这个凸起和凹槽暗示了模块之间应该如何拼接。如图 5-15 所示的模块就是一个典型的堆类模块。

（2）启动类模块。启动类模块是一种顶部是圆弧或曲线，底部有凸起的模块，这就意味着这种类型的模块只能放置到其他模块的上面。这类模块可以响应对应的事件，例如，用户鼠标的单击、键盘的输入等。包含启动类模块的脚本块可以根据相关事件做出反应，当检测到相关事件发生后会运行启动类模块下方拼接的所有模块。如图 5-16 所示的启动模块，当用户单击舞台左上方画着绿色旗子标志的“运行”按钮后，以该模块为顶部的所有脚本块都将自动开始执行。

图 5-15　堆类模块示例

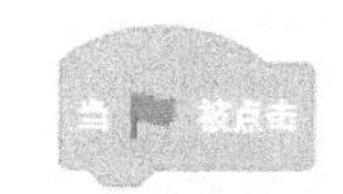

图 5-16　启动类模块示例

（3）侦测类模块。侦测类模块是两侧为圆头或尖头的模块，这类模块被设计为向其他模块提供数值类型、文本类型或布尔类型的数据，它们可以镶嵌到其他拥有圆形输入孔或六边形条件孔的模块上。如图 5-17 所示的模块是典型的圆头和尖头侦测模块，其中尖头侦测模块可以镶嵌到拥有六边形条件孔的模块上。

圆头侦测模块示例

尖头侦测模块示例

图 5-17　侦测类模块示例

2．运动模块

运动模块主要用来控制角色在舞台上的位置，它们都是蓝色的。在此类模块中，有些模块用来控制角色的朝向和移动，有些模块用来侦测角色的朝向和位置，表 5-3 中列出了所有的运动模块。

表 5-3　运动模块

模　　块	描　　述
移动 (10) 步	用来控制角色基于当前朝向向前或向后移动
右转 ↻ (15) 度 左转 ↺ (15) 度	这两个模块用来旋转角色以改变角色在舞台上的朝向
移到 (随机位置 ▾) 移到 x: (0) y: (0)	这两个模块用来移动角色，使其出现在舞台的另外一个位置，包括随机位置、鼠标指针位置和指定坐标值位置
在 (1) 秒内滑行到 (随机位置 ▾) 在 (1) 秒内滑行到 x: (0) y: (0)	这两个模块用来控制角色在指定的时间内平滑地移动到舞台的另外一个位置，包括随机位置、鼠标指针位置和指定坐标值位置
面向 (90) 方向 面向 (鼠标指针 ▾)	这两个模块用来改变角色的朝向，包括指定的方向、鼠标指针方向和其他角色方向，其中，0 表示向上，90 表示向右，−90 表示向左，180 表示向下

续表

模　块	描　述
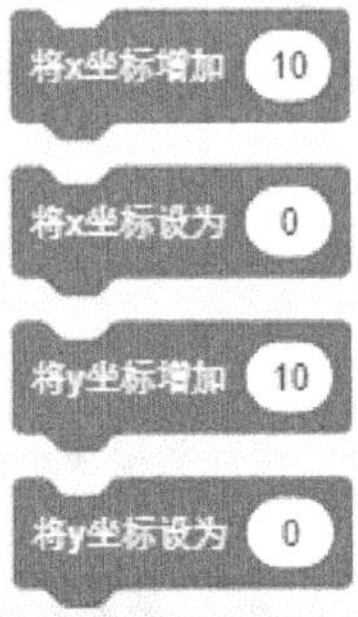 将x坐标增加 10 将x坐标设为 0 将y坐标增加 10 将y坐标设为 0	这 4 个模块用来改变角色在舞台上的坐标位置
 碰到边缘就反弹	用来控制角色当其到达舞台边缘时旋转到反方向
 将旋转方式设为 左右翻转 ▾	用来控制角色的旋转方式，包括左右翻转、不可旋转和任意旋转
 x 坐标 y 坐标 方向	这 3 个模块分别用来返回角色的当前 *X* 轴坐标值、*Y* 轴坐标值和方向

3．外观模块

外观模块用来改变角色或背景的外观，以及在气泡中显示指定的文本，它们都是紫色的。表 5-4 中列出了所有的外观模块。

表 5-4　外观模块

模　块	描　述
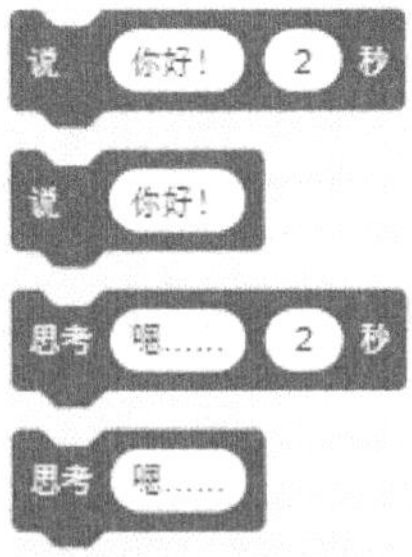 说 你好！ 2 秒 说 你好！ 思考 嗯…… 2 秒 思考 嗯……	这 4 个模块用来在角色的旁边显示一个气泡框，框中显示指定文本内容，如果没有指定文本内容，则 Scratch 不会显示气泡框。“说”和“思考”的区别主要体现在气泡框的形状上。如果模块带时间选项，则表示气泡的显示将维持指定秒数然后消失
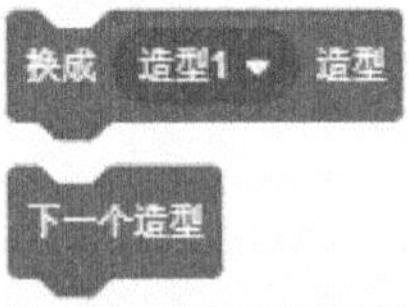 换成 造型1 ▾ 造型 下一个造型	这两个模块用来切换角色的造型以改变角色的外观。“下一个造型”会按照造型列表的顺序依次切换，如果到了结尾处则切换到第 1 个造型
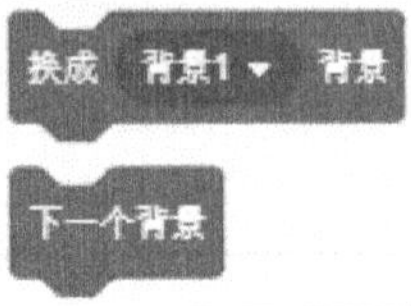 换成 背景1 ▾ 背景 下一个背景	这两个模块用来切换舞台的背景。“下一个背景”会按照背景列表的顺序依次切换，如果到了结尾处则切换到第 1 个背景

续表

模　块	描　述
将大小增加 (10) 将大小设为 (100)	这两个模块用来改变角色的外观尺寸，输入孔中的数值均为与角色原始尺寸的百分比
将 颜色 ▾ 特效增加 (25) 将 颜色 ▾ 特效设定为 (0) 清除图形特效	这 3 个模块中的前两个用来设置角色或舞台的特效，可调节的特效参数包括：颜色、鱼眼（超广角镜头）、漩涡、像素化、马赛克、亮度和虚像。“清除图形特效”用来清除上面两个模块设置的特效，使角色或舞台恢复原貌
显示 隐藏	这两个模块分别用来在舞台上显示和隐藏角色
移到最 前面 ▾ 前移 ▾ (1) 层	当舞台上角色比较多时，这两个模块可以用来将角色移到指定的层数，以便显示或隐藏在其他角色之上或之下
造型 编号 ▾ 背景 编号 ▾ 大小	这 3 个模块分别用来返回角色的造型编号或名称、背景的编号或名称、角色当前尺寸与原始尺寸的百分比值

4．声音模块

声音模块用来在作品中添加播放音乐和播放声效的功能，此类模块都是粉色的。表 5-5 中列出了所有的声音模块。

表 5-5　声音模块

模　块	描　述
播放声音 喵 ▾ 等待播完 播放声音 喵 ▾ 停止所有声音	这 3 个模块用来控制角色或舞台背景的声音播放，上面两个用于播放声音，它们的区别在于是否等待声音播放完毕才执行下一个模块。“停止所有声音”用来停止所有正在播放的声音

续表

模　　块	描　　述
将 音调 ▾ 音效增加 10 将 音调 ▾ 音效设为 100 清除音效	这 3 个模块中的上面两个用来改变角色或舞台背景所播放声音的音效，包括音调（声音频率）和左右平衡，而“清除音效”用来清除上面两个模块所做的音效改变
将音量增加 -10 将音量设为 100 %	这两个模块用来改变角色或舞台背景所播放声音的音量
音量	用于返回角色或舞台背景所播放声音的音量

5．事件模块

事件模块主要用来设置 Scratch 程序中各个脚本块的启动时机，即用于触发某一段程序的启动，这类模块都是黄色的。表 5-6 中列出了所有的事件模块。

表 5-6　事件模块

模　　块	描　　述
当 🏁 被点击	当用鼠标单击了舞台左上方绿色小旗标志的“运行”按钮时，开始执行此模块下方的脚本块
当按下 空格 ▾ 键	当在键盘上按下指定键时，开始执行此模块下方的脚本块
当角色被点击	当用鼠标单击了角色时，开始执行该模块下方的脚本块
当背景换成 背景1 ▾	当舞台背景切换到指定背景时，开始执行此模块下方的脚本块
当 响度 ▾ > 10	当监测到环境音量或程序运行时间超过指定值时，触发此模块下方脚本块的执行。此模块可设置的选项包括“响度”和“计时器”，响度是指运行程序的计算机、手机、平板等设备上的音频输入设备监测到的音量大小，也就是环境音量；计时器用于监测当前程序的运行时间，它从单击“运行”按钮开始计时
当接收到 消息1 ▾	当接收到自身或其他角色或舞台背景广播的某个消息时，开始执行此模块下方的脚本块
广播 消息1 ▾ 广播 消息1 ▾ 并等待	这两个模块用来向包含自身在内的所有角色发送一个消息，两者的区别在于消息发送后是否会立即继续向下执行逻辑，前者会立即执行后续模块，而后者会等到所有接收消息的脚本执行完成后才继续向下执行逻辑。利用广播消息模块，可以实现不同角色之间的交互

6．控制模块

控制模块主要用于控制脚本的执行流程，包括分支、循环、停止等，主要构成是条件控制类模块和循环控制类模块。条件控制类模块可根据条件的真假来决定执行哪些脚本块，而循环控制类模块则可以使脚本块反复执行。这类模块是金色的，表 5-7 中列出了所有的控制模块。

表 5-7　控制模块

模　块	描　述
等待 1 秒	用来暂停脚本的执行，在等待指定的时间后继续运行后面的脚本
重复执行 10 次 重复执行	这两个模块用来控制模块内部的脚本块的重复执行，区别在于上面的模块只重复指定的次数，而下面的模块会一直重复
如果 那么 如果 那么 否则	这两个模块用来控制模块内部的脚本块的选择性执行。上面的模块为：如果条件为真就执行模块内部的脚本块；下面的模块为：如果条件为真就执行上半部分嵌入的脚本块，若条件为假则执行下半部分嵌入的脚本块
等待	用来暂停脚本的执行，一直等到条件为真时才继续执行后面的脚本
重复执行直到	用来控制模块内部的脚本块的重复执行，直到指定的条件为真时，才停止执行模块内部的脚本块
停止 全部脚本	用来停止脚本的执行，可选项包括：全部脚本、这个脚本和该角色的其他脚本
当作为克隆体启动时	当角色被当成克隆体创建时，开始执行此模块下方的脚本块
克隆 自己	用来克隆角色本身或克隆其他角色，克隆后，会在角色的当前位置出现一个新的克隆体（二者重合）。克隆可以避免程序中重复创建角色，避免编写重复脚本
删除此克隆体	用来删除克隆体

7．侦测模块

顾名思义，侦测模块是用来检测舞台背景或角色的各个属性或动作的，这组中的绝大多数模块不能单独使用，只能和其他模块联合使用，置于其他模块的圆角输入孔或六边形条件孔中。该组模块都是天蓝色的，表5-8中列出了所有的侦测模块。

表5-8 侦测模块

模 块	描 述
碰到 鼠标指针 ?	如果当前角色碰到了指定的角色、鼠标指针或舞台边缘则为真，否则为假
碰到颜色 ?	如果角色碰到了指定的颜色则为真，否则为假。单击颜色块，可以在颜色拾取器中选择颜色
颜色 碰到 ?	如果角色内部指定的颜色碰到了背景或其他角色中指定的颜色则为真，否则为假
到 鼠标指针 的距离	返回当前角色距离其他角色或鼠标指针的距离
询问 What's your name? 并等待 回答	这两个模块分别用于在舞台上弹出一个输入框等待用户的输入和返回用户的输入内容
按下 空格 键? 按下鼠标?	这两个模块用来判断是否按下了键盘的某个键或鼠标，如果是则返回真，否则返回假
鼠标的x坐标 鼠标的y坐标	这两个模块用来返回当前鼠标指针在舞台上的坐标值
将拖动模式设为 可拖动	用来设置角色在程序运行时是否可以拖动，此模块只有在全屏模式下才起作用
响度	用来返回环境音量的值
计时器 计时器归零	这两个模块分别用来返回计时器的值（单击绿旗按钮开始程序的运行时间）和将计时器的值重置为0
舞台 的 背景编号	用来返回舞台或某个角色的一些属性值，包括背景编号、背景名称、背景或角色播放的音量、用户定义的变量值、角色坐标、角色方向、角色的造型编号、角色的造型名称、角色的大小等
当前时间的 年 2000年至今的天数	这两个模块分别用来返回当前系统时间的年、月、日、星期、时、分、秒和2000年至今的天数

8．运算模块

运算模块用于实现算术运算；生成随机数；实现比较运算、逻辑运算、文本连接运算等功能，此类模块都是绿色的，表5-9中列出了所有的运算模块。

表 5-9　运动模块

模　　块	描　　述
( ) + ( ) ( ) - ( ) ( ) * ( ) ( ) / ( )	这 4 个模块用来实现数值的算术运算，包括加、减、乘、除，最后返回运算结果
在 (1) 和 (10) 之间取随机数	用来产生一个在某区间内的随机数，如果其中一个输入孔中的数是浮点数，则随机产生的是浮点数，否则产生的是整数
( ) > (50) ( ) < (50) ( ) = (50)	这 3 个模块用来实现比较运算，返回的结果为真或假
与 或 不成立	这 3 个模块用来实现逻辑运算，返回的结果为真或假
连接 (apple) 和 (banana) (apple) 的第 (1) 个字符 (apple) 的字符数	这 3 个模块用来实现文本运算，第 1 个模块用来连接两个文本，第 2 个用来返回文本中的某个字符，第 3 个用来返回文本的字符数
(apple) 包含 (a) ?	用来判断一个文本中是否存在某个字符或字符串，如果存在则返回真，否则返回假
( ) 除以 ( ) 的余数 四舍五入 ( )	这两个模块分别用来返回第一个数除以第二个数的余数和指定数四舍五入后的值
绝对值 ▾ ( )	通过一个函数对指定数进行运算并返回结果。函数包括求绝对值、取整、求平方、三角运算、对数运算、指数运算等

9．变量模块

在程序的执行过程中经常需要在内存中存储一些临时数据，变量模块的功能就是存储或读取位于内存中的这些临时数据。变量模块中有两种变量：普通变量和列表。普通变量一次只能存放一个数据，而列表一次可以存放一组数据。Scratch 使用橙色来标识普通变量，列表则采用了橘红色。

在使用变量或列表之前，必须先创建它们，只要单击变量模块组中的“建立一个变量”或“建立一个列表”按钮即可，Scratch 会弹出如图 5-18 所示的“新建变量”对话框或如图 5-19 所示的“新建列表”对话框。创建的变量和列表可以指定只用于当前角色或让所有角色皆可共享，不过基于舞台背景创建的变量和列表只能是所有角色共享的。

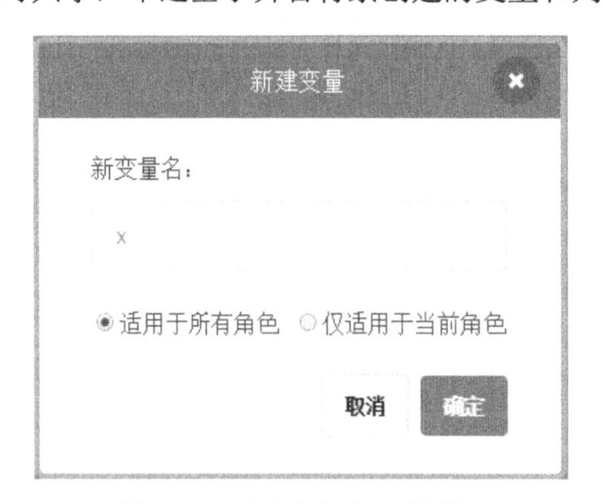

图 5-18　“新建变量”对话框

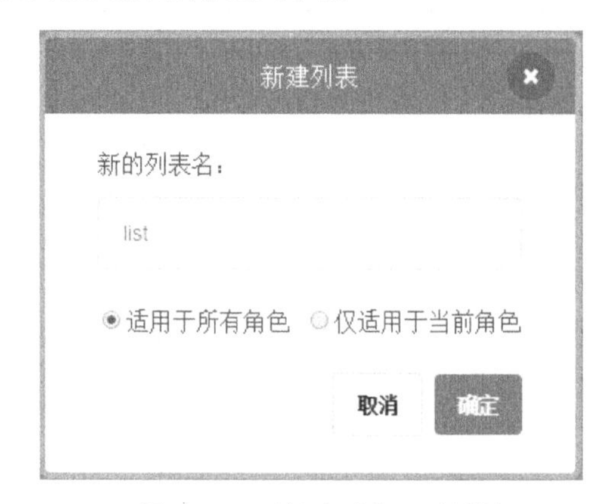

图 5-19　“新建列表”对话框

假设创建的变量名称为 x，创建的列表名称为 list，则表 5-10 中列出了它们可用的所有模块。

表 5-10　变量模块

模　块	描　述
x	返回变量的当前值
将 x 设为 0 将 x 增加 1	这两个模块用来改变变量的值
显示变量 x 隐藏变量 x	这两个模块用来在舞台上显示或隐藏变量的值
list	返回列表中所有项目的值
将 东西 加入 list	用来在列表的尾部追加一个新项目
删除 list 的第 1 项 删除 list 的全部项目	这两个模块用来删除列表中的指定项或清空整个列表
在 list 的第 1 项前插入 东西 将 list 的第 1 项替换为 东西	这两个模块用来在列表的指定项前插入一个新项目或把列表中的指定项替换为其他值

续表

模　　块	描　　述
list ▾ 的第 1 项 list ▾ 中第一个 东西 的编号 list ▾ 的项目数	这 3 个模块用来返回列表的一些参数，第 1 个模块用来返回列表中指定项的内容，第 2 个模块用来返回列表中第一个与指定值匹配的项目的序号，第 3 个模块用来返回列表中存在的项目个数
list ▾ 包含 东西 ?	用来判断列表中是否有项目与指定值匹配，如果有则返回真，否则返回假
显示列表 list ▾ 隐藏列表 list ▾	这两个模块用来在舞台上显示或隐藏列表

5.3.3 Scratch 实战演练

1．虚拟鱼缸

【例 5.12】鱼缸不仅是鱼儿的家，看着可爱的鱼儿在里面游来游去还可以给人们带来生活享受。使用 Scratch 创作一个虚拟鱼缸作品，4 条小鱼在漂亮的鱼缸里自由自在地游来游去，其效果如图 5-20 所示。

图 5-20　虚拟鱼缸程序运行效果

思路分析：

（1）布置背景。挑选一幅适合虚拟鱼缸氛围的背景；添加一个可以增加虚拟鱼缸真实感的背景声效，Scratch 素材库中的“bubbles”水泡声音就是一个不错的选择。

（2）添加角色。挑选 4 条小鱼置于舞台中，根据角色与背景的大小比例情况适当调整角色的大小。为了编程时方便标识，还可根据需要对每条小鱼进行命名。

（3）编写脚本。小鱼是本程序的主角，编写的脚本主要集中在它们的身上，不过小鱼们要实现的功能是一样的，所以可以先写好一条小鱼的脚本，然后将此脚本复制给其他小鱼。小鱼在鱼缸里不知疲惫地游动，实质上是不断地改变小鱼在舞台上的位置，因此需要控制模块中的“重复执行”模块，而小鱼的移动可以通过运动模块中的相关模块来实现，为了让小鱼的移动表现得更自然，可以使用“在 1 秒内滑行到随机位置”模块。当然，小鱼移动的时候可能会碰到鱼缸，此时可以用“碰到边缘就反弹”模块，让小鱼调转方向。

最后，舞台背景的脚本块如图 5-21 所示，小鱼的脚本块（每条小鱼的脚本块相同）如图 5-22 所示。

图 5-21　舞台背景的脚本块

图 5-22　小鱼的脚本块

2．知识问答

【例 5.13】知识问答是一个深受众人喜欢的小游戏，可以考察人们的知识涵盖面。本作品设计一个主持人站在舞台中央，然后依次提出 5 个问题让玩家作答，玩家通过单击舞台右下方的 A、B、C、D 按钮进行回答。对于每个问题，不管玩家答对或答错，主持人都会做出回应，告知玩家是正确还是错误，5 个问题回答完毕时，主持人还会告知玩家的最后得分。程序效果如图 5-23 所示。

图 5-23　知识问答程序运行效果

思路分析：

（1）布置背景。根据个人喜好，从素材库中选择或从本地计算机中上传一张合适的背景。

（2）添加角色。添加一个人物角色，作为主持人；再添加 4 个分别为“A”“B”“C”“D”的字母角色，作为玩家的回答选项。适当调整主持人和答案选项在舞台上的位置。

（3）编写脚本。开始知识问答环节前，需要准备好题库和参考答案，因为问题比较多，所以可以使用一个列表来存储它们，例如，可以创建一个名为“问题”的列表用来存放问题，再创建一个名为“答案”的列表用来存放对应的参考答案，答案中可以使用 1、2、3、4 来分别代表回答选项的 A、B、C、D。进行问题和答案初始化工作的脚本块可以放在舞台背景中，即当玩家单击绿旗标志的“运行”按钮时，先运行背景代码区的脚本进行题库和答案的初始化，完毕后广播一条“问题准备完毕”的消息，当主持人接收到此条消息时，就可以开始与玩家进行知识问答互动了。对于主持人，因为问题有 5 个，所以需要一个循环模块来帮助她。为了能记录当前进行问答互动的问题是第几个，还需要一个标记变量，如可以使用 Index。对于每一个问题的互动过程可以这样设计：主持人先抛出问题，然后等待玩家作答，当侦测到玩家作答了，就把玩家的回答选项与参考答案进行比较，根据结果正确与否给出不同的反馈并登记成绩，再进入下一个问题的互动。为了判断玩家是否作答了，以及玩家的回答选项是什么，程序中需要创建两个变量，如 Clicked 和 Answer。初始时，Clicked 的值为 0，当玩家做出回答了，将其改成 1；而 Answer 的值可以是 1、2、3、4，分别代表玩家选择的是 A、B、C、D。因为还要记录玩家的得分，所以还应该创建一个计分变量，如 Score，玩家答对 1 个题则给 Score 加 20 分。至于 A、B、C、D 四个字母角色，它们的功能大体相同，当玩家单击了它们，就代表玩家做出了回答，此时需要将 Clicked 变量置为 1，并给 Answer 变量置此字母代表的答案序号。

最后，舞台背景的脚本块如图 5-24 所示，主持人的脚本块如图 5-25 所示，A、B、C、D 四个字母角色对应的脚本块如图 5-26 所示。

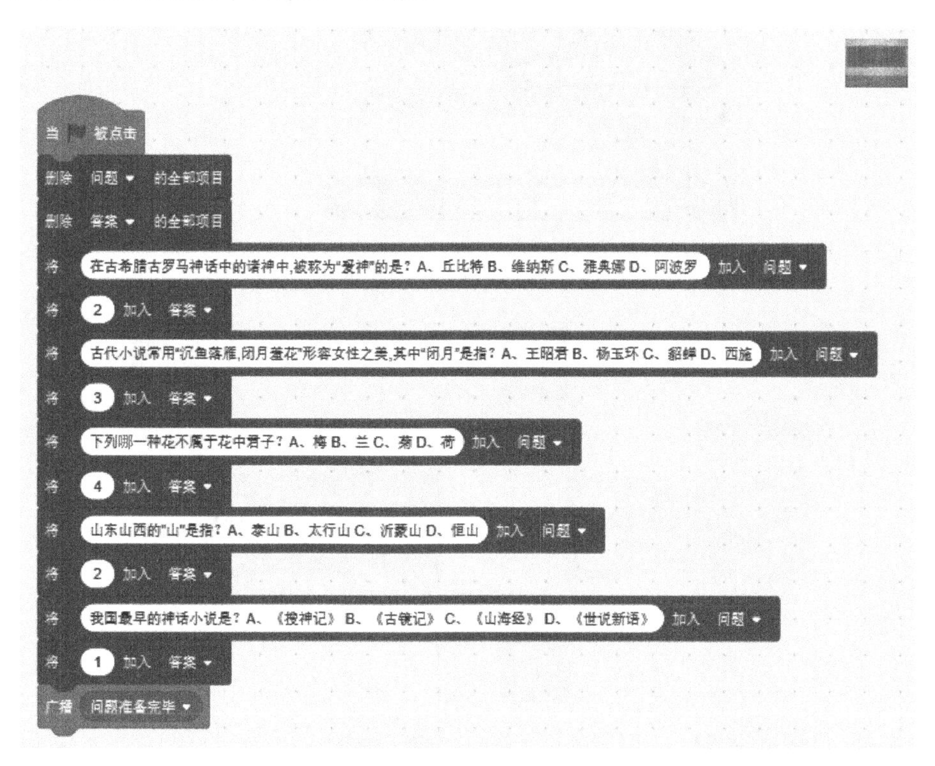

图 5-24　舞台背景的脚本块

3．成绩排名

【例 5.14】期末考试结束后，小朋友们都很期待自己的成绩及自己在班级中的名次。本作品可以在小朋友各自说出成绩后，通过老师告知其在班级中的名次，具体程序效果如图 5-27 所示，左图显示的是每个小朋友报告自己成绩的情形，右图显示的是小朋友们报告成绩后，程序对小朋友们的成绩进行排序，并通过老师公布每一位小朋友的名次。

当接收到 问题准备完毕
说 知识问答开始，你的智商会被拉低吗？ 2 秒
说 3 1 秒
说 2 1 秒
说 1 1 秒
将 Score 设为 0
将 Index 设为 1
重复执行 5 次
将 Clicked 设为 0
说 问题 的第 Index 项
等待 Clicked = 1
如果 Answer = 答案 的第 Index 项 那么
将 Score 增加 20
说 很棒，回答正确！ 2 秒
否则
说 遗憾，回答错误！ 2 秒
将 Index 增加 1
说 连接 本次知识问答，你的最后得分为： 和 Score 2 秒

图 5-25　主持人的脚本块

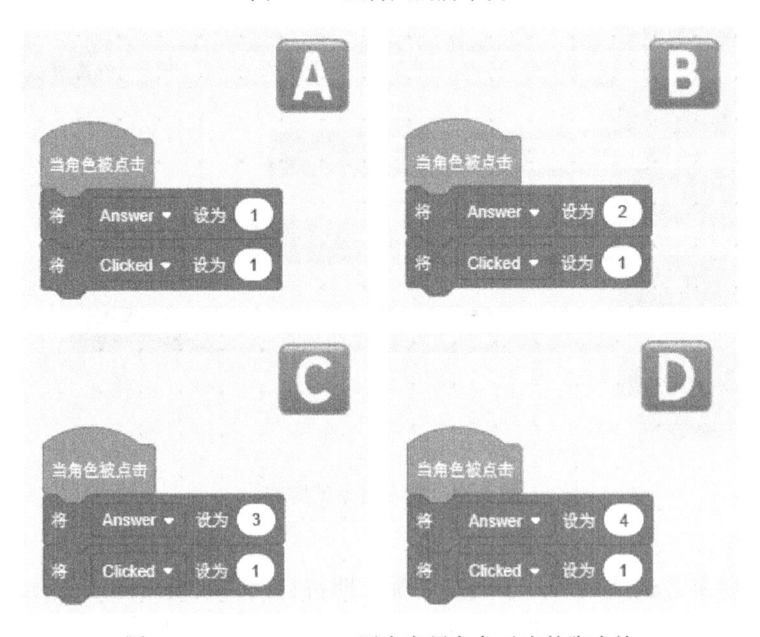

图 5-26　A、B、C、D 四个字母角色对应的脚本块

图 5-27　成绩排名程序运行效果

思路分析：

（1）布置背景。根据个人喜好，从素材库中选择或从本地计算机中上传一张合适的背景。

（2）添加角色。添加 6 个人物角色，其中 5 个代表各位小朋友，剩下的 1 个代表老师，适当调整各个人物角色的大小和在舞台上的位置，并对各个角色进行重命名，如图 5-28 所示。

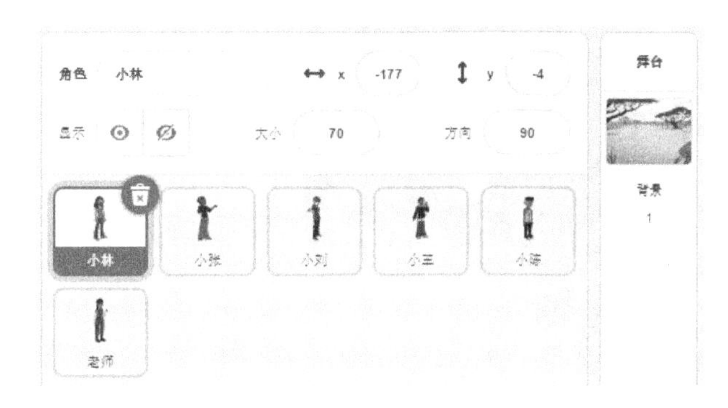

图 5-28　人物角色名称和大小示例

因为老师这个角色是在成绩排序之后公布成绩时才出现的，所以一开始可以把老师设置为不显示。

（3）编写脚本。对各个小朋友的成绩进行排序的脚本块可以放在舞台背景的代码区，因为要存储每个小朋友的分数，最后公布成绩时还要说出每个小朋友的姓名，所以需要创建两个列表“成绩”和“姓名”（列表的名字可自定）分别用来存储它们。当单击绿旗标志的“运行”按钮时，先清空“成绩”和“姓名”列表，然后广播一条“列表准备完毕”的消息，当各个小朋友接收到此条消息后，就可以报告自己的分数，并将这些分数加入列表中，在每个小朋友都报告完自己的分数后，舞台背景就可以开始对各位小朋友的分数进行排序了，推荐使用冒泡排序法。排序完毕后，可再次广播一条“公布成绩排名”消息，此时，各小朋友接收到此消息后，需要把自己隐藏起来，而老师需要显示在舞台上，并且开始依次公布各个小朋友的名次和成绩。

最后，舞台背景的脚本块如图 5-29 所示，两个广播消息模块中的代码块实现的是对成绩的冒泡排序，“成绩”列表中的分数和“姓名”列表中的姓名是配对的，所以在交换两个小朋友的分数的同时需要交换两个小朋友的姓名。实现冒泡排序需要 3 个临时变量，图示脚本块中分别使用了 i、j 和 temp，其中 i 用来表示第几趟的排序，j 用来表示每一趟中第几次的比较，而 temp 用来表示进行两个数据交换时的中转站。

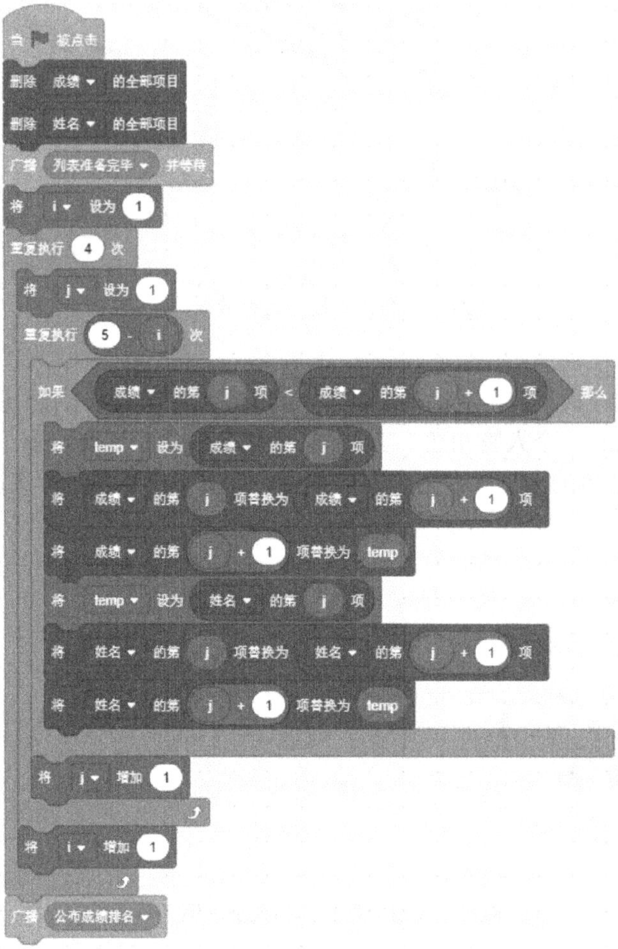

```
当 被点击
删除 成绩 的全部项目
删除 姓名 的全部项目
广播 列表准备完毕 并等待
将 i 设为 1
重复执行 4 次
    将 j 设为 1
    重复执行 5 - i 次
        如果 成绩 的第 j 项 < 成绩 的第 j + 1 项 那么
            将 temp 设为 成绩 的第 j 项
            将 成绩 的第 j 项替换为 成绩 的第 j + 1 项
            将 成绩 的第 j + 1 项替换为 temp
            将 temp 设为 姓名 的第 j 项
            将 姓名 的第 j 项替换为 姓名 的第 j + 1 项
            将 姓名 的第 j + 1 项替换为 temp
        将 j 增加 1
    将 i 增加 1
广播 公布成绩排名
```

图 5-29　舞台背景脚本块

每个代表小朋友角色的脚本块大体相同，主要由 3 部分组成：①单击绿旗标志“运行”按钮启动程序时，将角色显示在舞台上；②接收到“列表准备完毕”消息时，随机产生一个 50～100 之间的数值代表自己的成绩，然后将此成绩和自己的姓名分别加入“成绩”和“姓名”列表中，同时将自己的分数“说”出到舞台上。因为既要把分数存入列表又要“说”出到舞台，所以需要定义一个变量来存储产生的随机数，本例中变量声明成了 x ，不过考虑到这个变量只由本角色使用，因此在创建的时候应该把变量的作用域设置成“仅适用于当前角色”，这样可以避免变量模块中的变量列表过于繁杂；③接收到“公布成绩排名”消息时，让角色从舞台上消失。具体的脚本块如图 5-30 所示，此图演示的是“小林”角色的脚本块，每个小朋友角色的脚本块存在不同的地方，是加入“姓名”列表中的内容。

老师的脚本块由两部分组成：①单击绿旗标志“运行”按钮启动程序时，先把老师角色隐藏起来；②当接收到“列表准备完毕”的广播消息时，将角色显示在舞台上，并开始从排好序的列表中依次取出小朋友的姓名和成绩“说”出来，效果如图 5-31 所示。

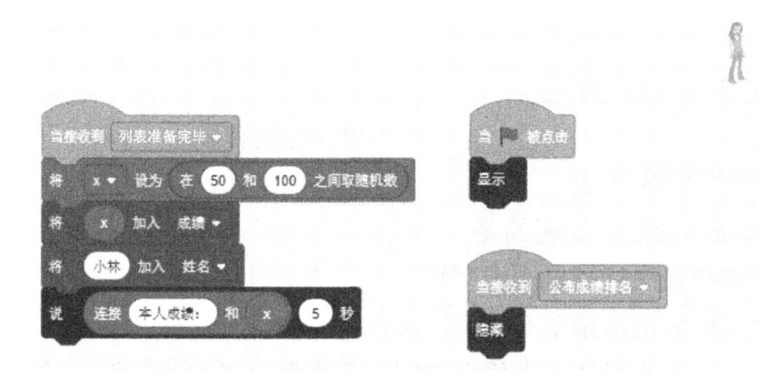

图 5-30　“小林”角色脚本块

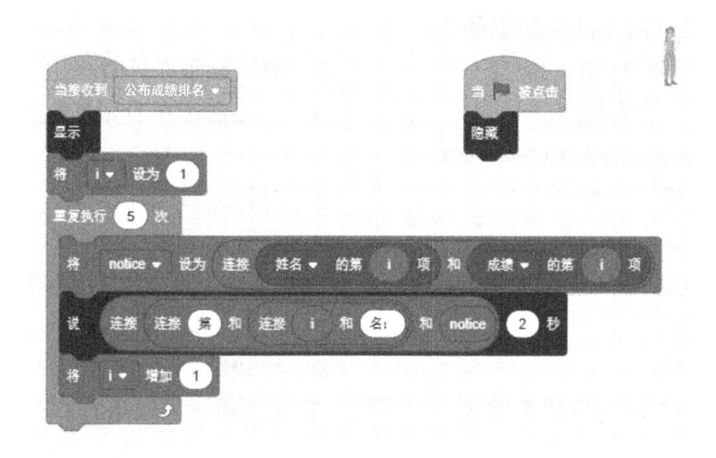

图 5-31　老师角色脚本块

习题 5

一、判断题

1．数学上的计算公式就属于算法。（　　）

2．每种算法各有利弊，适合解决某一类问题，而不可能适用于解决任何类型的问题。（　　）

3．如果输入的数据太大，那么算法就会无法结束。（　　）

4．任何简单或复杂的算法都可以由顺序结构、分支结构和循环结构组合而成。（　　）

5．算法的优劣与算法描述语言无关，但与所用的计算机有关。（　　）

6．顺序查找算法不仅适用于有序数据序列，也适用于无序数据序列。（　　）

7．在选择排序、冒泡排序、插入排序、希尔排序、快速排序等排序算法中，效率最高的是冒泡排序法。（　　）

8．鸡兔同笼是中国古代著名趣题之一，这个问题适合用穷举算法来求解。（　　）

9．Scratch 是一种积木式编程软件，它通过光标拖曳模块来实现对角色的编程。（　　）

10．在 Scratch 中，每一个角色都是相互独立的，它们之间无法传递信息。（　　）

二、单选题

1. ______不是算法的基本特征。

A．可行性　　B．长度有限

C．在规定的时间内完成　　D．确定性

2. 下列关于算法的说法，正确的是______。

A．算法最终必须由计算机程序实现

B．算法的可行性是指指令不能有二义性

C．为解决某问题的算法与为该问题编写的程序含义是相同的

D．程序一定是算法

3. 下面关于算法的说法中错误的是______。

A．算法必须有输出　　B．算法必须在计算机上用某种语言实现

C．算法不一定有输入　　D．算法必须在有限步执行后能结束

4. 计算机的基本运算和操作不包含______。

A．算术运算　　B．逻辑运算

C．关系运算　　D．微分运算

5. 比较输出任意两个整数 x 和 y 中的较小数，主要用到了______结构。

A．顺序结构　　B．选择结构

C．循环结构　　D．比较结构

6. 可以用多种不同的方法来描述一个算法，算法的描述可以用______。

A．流程图、分支和循环　　B．顺序、流程图和自然语言

C．自然语言、流程图和伪代码　　D．顺序、分支和循环

7. 下列不属于迭代关系式的是______。

A．a=a*2　　B．i=i+1

C．s=s+i　　D．z=x+y

8. 水仙花数是指一个 n 位数，它的每一位数字的 n 次方的和正好等于该数本身，如 $153=1^3+5^3+3^3$。那么找出所有 3 位的水仙花数通常可以采用下面的______。

A．枚举法　　B．迭代法

C．递归法　　D．排序法

9. 在 Scratch 提供的分组模块中，不包含______模块。

A．运动　　B．事件

C．侦测　　D．数学

10. 在 Scratch 中，舞台是创作和演示程序的场地，其坐标原点位于舞台的______。

A．中心　　B．左上角

C．左下角　　D．右下角

三、多选题

1. 下列对算法的理解不正确的是______。

A．算法的有穷性是指算法中每个操作步骤都是可执行的

B．算法要求一步步执行，且每一步都能得到唯一的结果

C．算法一般是机械的，有时要进行大量重复的计算

D．任何问题都可以用算法来解决

2．设计一个问题的算法时应注意______。

A．认真分析问题，联系解决此问题的一般数学方法

B．综合考虑此类问题中可能涉及的各种情况

C．将解决问题的过程划分为若干个步骤

D．用简练的语言将各个步骤表示出来

3．下列问题中，适合使用穷举算法来求解的是______。

A．对于给定的两个数 a 和 b，求出 a 和 b 的最小公倍数

B．用 100 元钱买 100 只鸡，其中公鸡每只 5 元，母鸡每只 3 元，小鸡 1 元三只，问可买公鸡、母鸡和小鸡各几只

C．给出一个包含 100 个整数的序列 v，找出数列中的最大数据元素

D．给出一个包含 10 个整数的序列 v，将数列中的数据元素按从小到大排序

4．下列关于常用算法的叙述中，正确的是______。

A．在一个有序序列中查找某个数据元素，采用二分查找法的效率比使用顺序查找法的效率高

B．对于一个包含 n 个随机数的数组 v，使用选择排序法或冒泡排序法对其数据元素进行排序都需要进行 n−1 趟

C．迭代法的基本思想是：首先依据问题的部分条件确定解的大致范围，然后在此范围内对所有可能的情况逐一验证，直到全部情况验证完为止

D．递归算法的执行过程分递推和回归两个阶段。递推阶段是指当获得最简单情况的解后，逐级返回，依次得到稍复杂问题的解

5．Scratch 提供了 100 多个模块，每个模块实现一个特定的功能，这些模块可以大致分为以下______三类。

A．运动模块　　　　B．堆模块

C．侦测模块　　　　D．启动模块

四、编程题

1．编程实现“健康秤”。小猴子可以帮你断胖瘦，单击它时，只要告诉它你的身高（以厘米为单位）和体重（以千克为单位），它就会根据公式（标准体重=身高−105）判断你的健康状况。体重高于标准体重×1.1 的为偏胖，提示“偏胖，注意节食”；体重低于标准体重×0.9 的为偏瘦，提示“偏瘦，增加营养”；其他提示“正常，继续保持”。程序运行效果如图 5-32 所示。

2．编程实现“猜数游戏”。美女想跟你玩猜数游戏哦，当你点她时，她自言自语：“让我在 1～100 之间想个数吧！”想好一个随机数后询问“你猜 x 是几？”并等待你在回答框中输入猜测的数字。如果你没猜中，她会提示你“大了，再试试看？”或“小了，再试试看？”，然后继续询问“猜猜它是几？”并等待回答；如果你猜中了，她会表扬你“你好棒哦！猜对了！”。程序运行效果如图 5-33 所示。

图 5-32　健康秤程序运行效果

图 5-33　猜数游戏程序运行效果

3．编程实现“大鱼吃小鱼”游戏，程序运行效果如图 5-34 所示。一条小鱼在舞台的随机位置出现，在 30 秒的时间内，用鼠标控制大鱼去吃小鱼。当大鱼吃到小鱼的时候，发出声音并得分，并且在舞台上显示分数及剩余时间。看看 30 秒内，你能拿几分呢？

图 5-34　大鱼吃小鱼程序运行效果

第 6 章　Word 应用

Word 是微软公司办公集成软件 Office 的常用组件之一，主要用于创建和编辑各类文档。它既支持普通的商务办公和个人文档，又可以让专业印刷、排版人员制作具有复杂版式的文档。

6.1　文档创建与组织

6.1.1　模板

模板是由多个特定的样式和设置组合而成的预先设置好的特殊文档，在 Word 2016 中，其扩展名为“.dotx”。模板决定了文档的基本结构和文档设置。任何文档都是基于模板的，而默认空白文档是基于 Normal 模板的。当经常需要重复编辑格式相同的文档时，就可以使用模板来提高工作效率。下面分别介绍自定义模板和使用已有模板的方法。

1．自定义模板

模板设计好之后，选择“文件”/“另存为”命令，在打开的“另存为”对话框中选择“Word 模板(*.dotx)”或者“启用宏的 Word 模板(*.dotm)”，保存位置会自动定位到自定义模板文件夹中，如图 6-1 所示，单击“确定”按钮即可创建一个由用户自己指定文件名的模板文件。

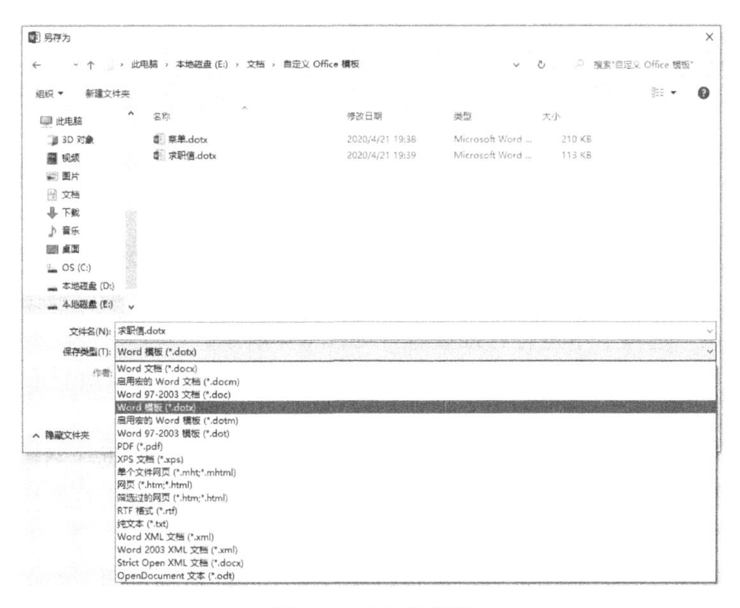

图 6-1　自定义模板

2．使用已有模板

选择“文件”/“新建”命令，选择屏幕上“特色”右侧的“个人”，自定义的模板就出现在这里，单击指定模板即可基于此模板创建一个新文档，如图 6-2 所示。

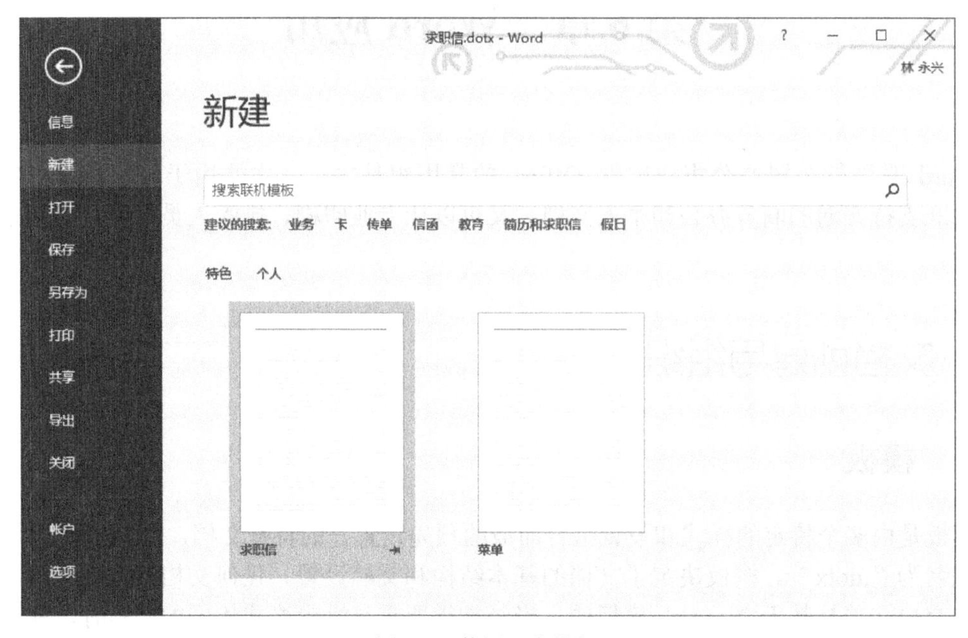

图 6-2　使用已有模板

6.1.2　页面设置

页面设置用于对整个文档的宏观方面进行设置，以便打印出符合要求的文档。页面设置通过“布局”选项卡中的“页面设置”组来实现。

1．设置页边距

页边距是页面四周的空白区域。在页边距区域内可以放置页眉、页脚和页码等项目。设置页边距的具体方法如下：

（1）选择“布局”选项卡，单击“页面设置”组中的“页边距”下拉按钮，打开如图 6-3 所示的“页边距”下拉面板。

（2）在“页边距”下拉面板中列出了多种页边距设置，选择需要的选项即可。

（3）若没有合适的页边距设置，可以选择“自定义页边距”选项，弹出“页面设置”对话框，在“页边距”选项卡中进行详细设置，如图 6-4 所示。

（4）在“预览”选项组的“应用于”下拉列表框中选择以上设置所要应用的范围。

2．多页设置

Word 2016 为排版中的不同情况提供了普通、对称页边距、拼页、书籍折页、反向书籍折页等多页面设置方式，如图 6-5 所示，便于书籍、杂志、试卷、折页的排版。下面介绍其中几种方式。

（1）对称页边距设置。对称页边距是指设置双面文档的对称页面，如杂志、书籍等一张纸两边的页边距相等。在“多页”下拉框中选取“对称页边距”，则左、右页边距标记会修改为“内侧”“外侧”边距，同时“预览”框中会显示双页。对于需要双面打印的文档，我们可以将其设置为“对称页边距”，使纸张正、反两面的内、外侧均具有同等大小页边距，这样装订后会显得更整齐美观。

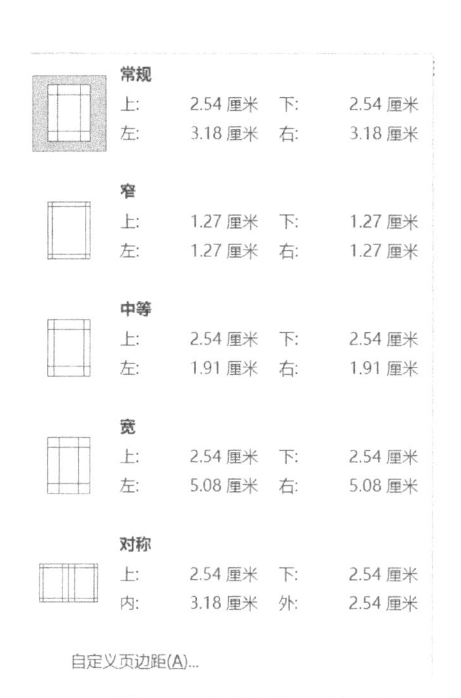

图 6-3　“页边距”下拉面板

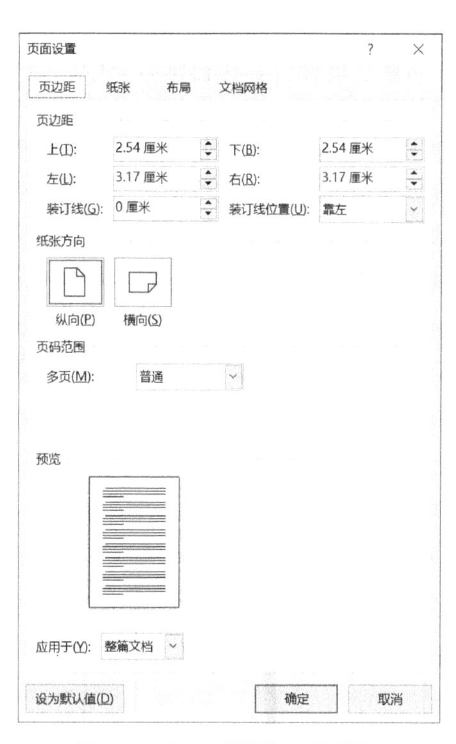

图 6-4　“页面设置”对话框

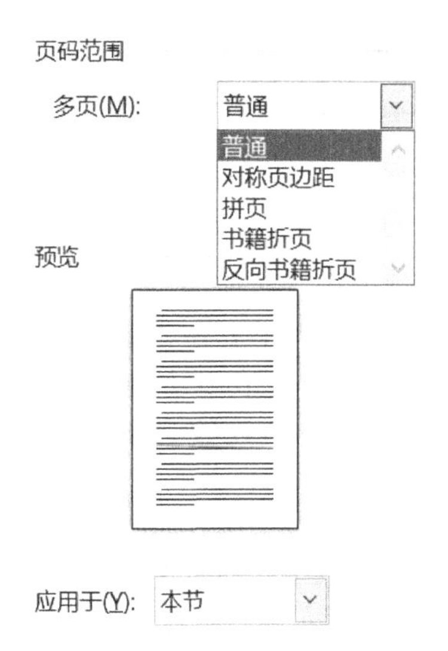

图 6-5　多页设置

（2）拼页设置。在“多页”下拉框中选取“拼页”，然后在“预览”框中可观察到单页被分成两页。所谓“拼页”就是将连续或不连续的页随意“拼”接在一起，使用“拼页”可以制作小册子、试卷，还能制作折叠的请柬、宣传材料等。

例如，我们可以使用“拼页”打印试卷，即将两张 A4 纸的内容打印到一张 A3 纸上。首先，将“页面设置”中的“纸张大小”设置成 A3，“纸张方向”设成“横向”，然后再将“页码范围”中的“多页”设置为“拼页”。此时，虽然打印预览中仍然显示两张 A4 的内容，但实际打印时将按照 A3 打印。

（3）书籍折页设置。在日常办公中，经常会遇到要把一份编辑好的 Word 文档打印成 A4 或者 A3 书籍折页式，便于查阅和工作汇报。所谓书籍折页式，举例说就是，如一份 8 页的文档，打印到两页纸张上，每页正、反两面都是文档，并且对称折叠后，从中间装订，效果能像书籍一样翻页阅读。从页面上看，第一张纸的正面为 1/8，反面为 2/8，第二张纸的正面为 3/8，反面为 4/8，如图 6-6 所示。

如图 6-7 所示，选取“书籍折页”或“反向书籍折页”，将以折页的形式打印，并且可以设置“每册中页数”。“反向书籍折页”创建的是文字方向从右向左的折页。创建时，如果文档的“纸张方向”没有设为横向，Word 2016 会将其自动设为横向。

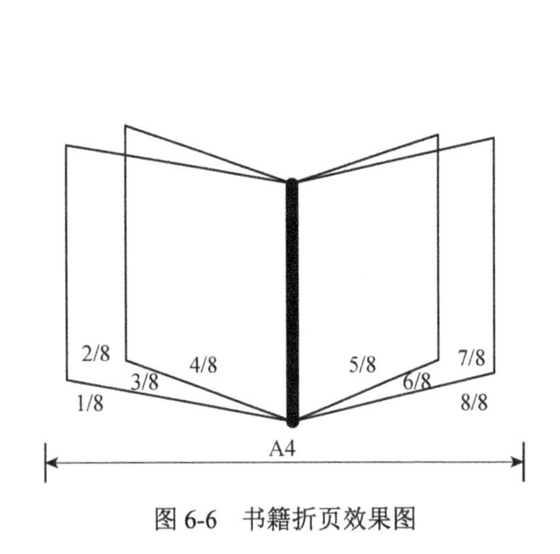

图 6-6　书籍折页效果图

纸张方向

纵向(P)　横向(S)

页码范围

多页(M):　书籍折页

每册中页数(K):　4

预览

应用于(Y):　整篇文档

图 6-7　书籍折页设置

3．设置纸张

在“页面设置”组中可以通过单击“纸张方向”和“纸张大小”两个下拉按钮分别快速设置纸张的使用方向、纸张类型和大小。在如图 6-8 所示的“纸张”选项卡中也可以设置纸张来源，在“纸张大小”下拉列表框中用户可以选择不同类型的标准纸张大小，或者在“宽度”和“高度”文本框中输入数值自定义纸张的大小。

4．布局设置

在“页面设置”对话框的“布局”选项卡中，如图 6-9 所示，可以设置有关页眉和页脚的高度、页面垂直对齐方式、行号、边框等，即对页面的整体版式进行设置。

5．文档网格设置

在“页面设置”对话框的“文档网格”选项卡中，如图 6-10 所示，可以进一步对页面中的行和字符数进行设置，可以设置每行的字符数、字符的间距，每页的行数、行的间距等。

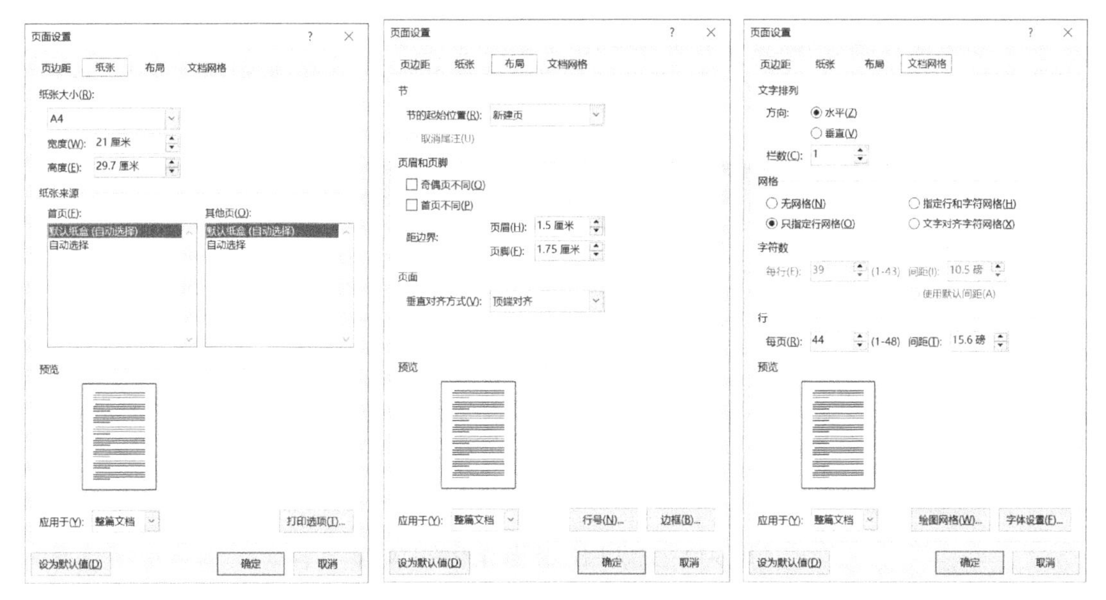

图 6-8　“纸张”选项卡　　图 6-9　“布局”选项卡　　图 6-10　“文档网格”选项卡

6.1.3　主控文档

主控文档是一种出色的长文档管理模式，尤其在多人合作编写教材等长文档时更能凸显其优势。主控文档事实上是一组单独文档（或称为子文档）的容器，可创建并管理多个子文档。例如，在编写教材的过程中，作者或多个作者上交的文档是以章为单位的，主编就可以为全书创建一个主控文档，然后将各章的文件作为子文档分别插进去。具体操作方法如下：

（1）新建主控文档。在大纲视图下，将各章节标题设定好。

（2）将光标定位在每个章节标题下，选择“大纲显示”选项卡，单击“主控文档”组中的“显示文档”按钮，在该组中将展开主控文档的各个操作按钮，如图 6-11 所示，单击“插入”按钮，在弹出的“插入子文档”对话框中选择要插入的子文档。

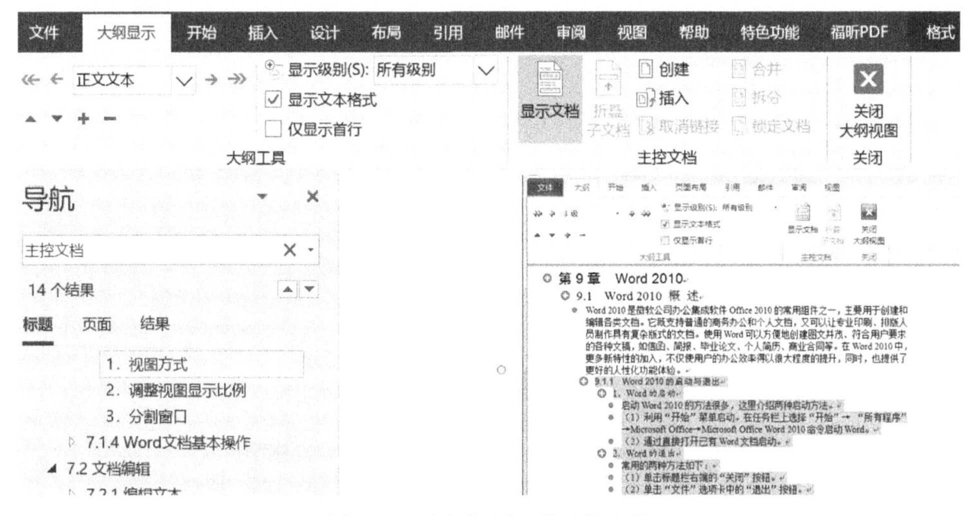

图 6-11　大纲视图下的主控文档

（3）完成后，子文档的内容就插入到了主控文档中。单击“主控文档”组中的“折叠子文档”按钮，结果如图 6-12 所示。单击“展开子文档”按钮，可以再次激活主控文档相关操作按钮。

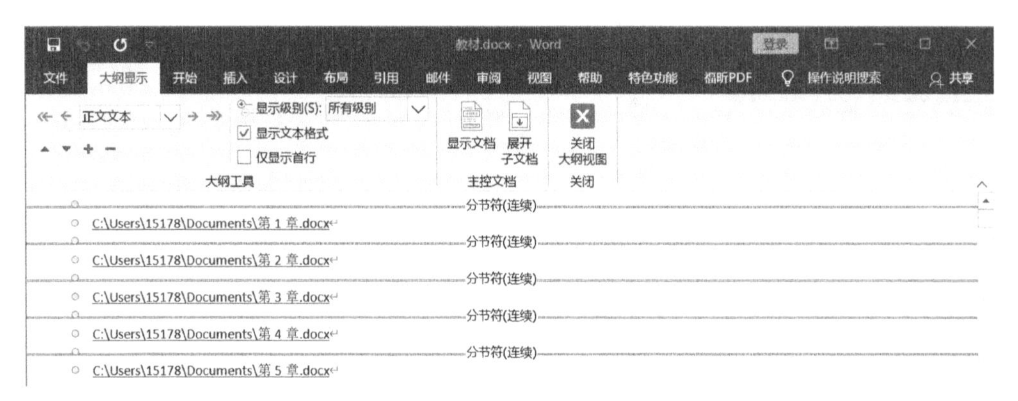

图 6-12　完成主控文档操作后的主文档

主控文档保存的是对于子文档的链接，如图 6-12 所示。用户可以在主控文档中操作各个子文档，如更改格式等，也可以在各个子文档中自行设置。

6.1.4　分隔设置

1．分页

编辑文档时，若内容填满一页，Word 便会自动分页。但有些时候需要在特定位置强制分页，这就要用到分页符。具体操作步骤为：

（1）将光标定位于要插入分页符的位置，选择“布局”选项卡，单击“页面设置”组中的“分隔符”按钮，在弹出的下拉列表中选择“分页符”选项，如图 6-13 所示。

（2）此时，分页符后的内容将转到下一页中并显示分页符，如图 6-14 所示。另外，还可以通过选择“插入”选项卡，单击“页面”组中的“分页”按钮快速插入分页符。

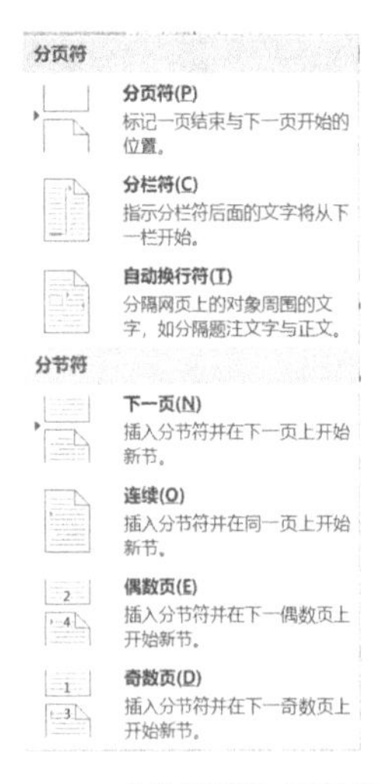

图 6-13　“分隔符”下拉列表

………………分页符………………

图 6-14　分页符

若用户在文档中看不到分页符，则可以选择“开始”选项卡，单击“段落”组中的“显示/隐藏编辑标记”按钮 ，即可看到图 6-14 所示的分页符。

2．节和分节符

节是文档的一部分，是页面设置的最小有效单位。默认情况下，Word 将整篇文档看作一节。在长文档的排版过程中，经常运用节来实现版面设计的多样化，如为不同的节设置不同的页边距、纸张大小和方向、页眉和页脚、分栏等页面格式和版式。节是通过插入分节符来进行划分的。

将光标置于要插入分节符的位置，然后选择“布局”选项卡，单击“页面设置”组中的“分隔符”按钮，弹出如图 6-13 所示的下拉列表，在“分节符”选项组中选择相应的分节符类型选项。

- 下一页：强制分页，新的节从下一页开始。
- 连续：新的节从下一行开始。
- 偶数页：强制分页，新的节从下一个偶数页开始。
- 奇数页：强制分页，新的节从下一个奇数页开始。

图 6-15 所示的文档就是插入了“连续”分节符后的效果。

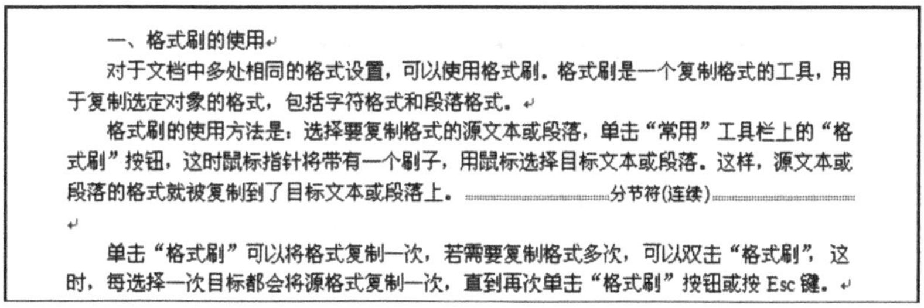

一、格式刷的使用↵
对于文档中多处相同的格式设置，可以使用格式刷。格式刷是一个复制格式的工具，用于复制选定对象的格式，包括字符格式和段落格式。↵
格式刷的使用方法是：选择要复制格式的源文本或段落，单击“常用”工具栏上的“格式刷”按钮，这时鼠标指针将带有一个刷子，用鼠标选择目标文本或段落。这样，源文本或段落的格式就被复制到了目标文本或段落上。……分节符(连续)……
↵
单击“格式刷”可以将格式复制一次，若需要复制格式多次，可以双击“格式刷”，这时，每选择一次目标都会将源格式复制一次，直到再次单击“格式刷”按钮或按 Esc 键。↵

图 6-15　添加分节符后的文档

3．分栏和分栏符

分栏排版经常用于报纸、杂志和论文的排版之中。使用 Word 提供的分栏排版功能，可以将整篇文档或者文档的某些部分进行分栏。给文档设置分栏的一般步骤如下：

（1）选定要分栏的文本。

（2）选择“布局”选项卡，单击“页面设置”组中的“栏”下拉按钮，在弹出的下拉面板中选择相应的选项，如图 6-16 所示。或在下拉面板中选择“更多栏”选项，打开“栏”对话框，如图 6-17 所示。

（3）在对话框中设定栏数和栏样式，还可以设定各栏栏宽相等或单独调节各个栏的栏宽、间距，以及是否添加分栏分隔线等。

（4）若是对选定文本进行分栏，则“应用于”下拉列表框默认显示为“所选文字”，分栏后自动在选定文本前后插入“连续”型分节符，如图 6-18 所示。可以看到，分栏的内容一定是自成一节的，它和节是密不可分的。

要取消分栏，则选定分栏文本，在“栏”对话框的“预设”选项组中单击“一栏”选项。

分栏符不是用来分栏，而是用来调整分栏效果的。有时由于文本较少，分栏后文本内容不能均衡分布于各栏，如图 6-19 所示，这时就可以在合适的位置插入分栏符，如图 6-20

所示。

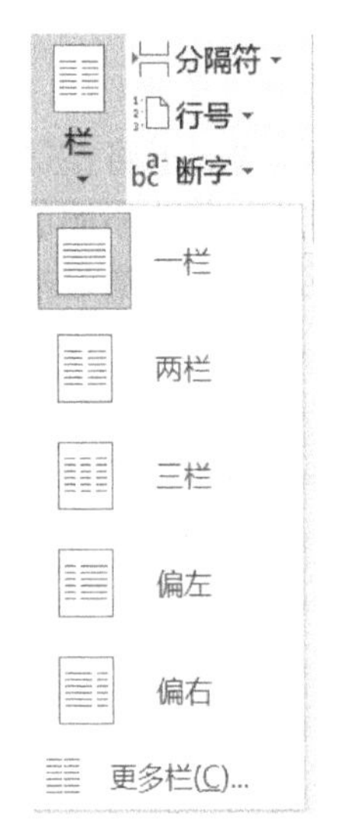

图 6-16 “栏”下拉面板

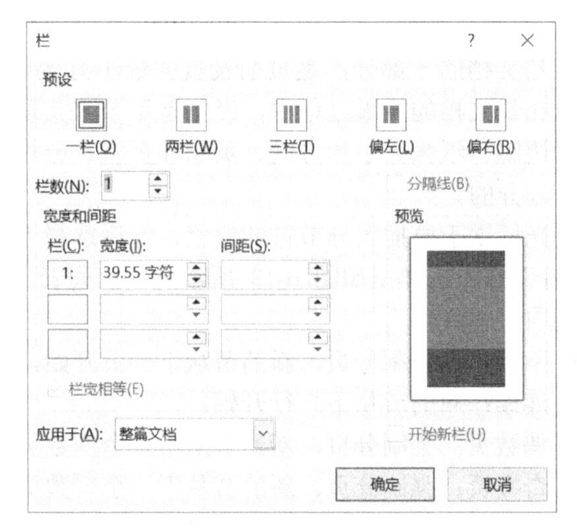

图 6-17 “栏”对话框

成了重中之重。不断开发适应用户需求、市场需要的新型软件产品。随着社会的发展，软件也在不断地更新换代。↵ ……分节符(连续)……

由于本大学**学院刚刚成立不久，学校里对学生的档案、成绩、入学、毕业等的一些烦琐处理都是通过手工进行记载并进行处理的，对学生数据的处理工作量特别大，不仅浪费大量的人力物力，而且还很容易出错。如果有这样一套完整的学籍管理软件，只需单击几下鼠标就可完成所需操作，那样就会大大地提高教师的工作效率和管理水平，并能进一步提高学校的工作效率并使学校实施规范化管理。……分节符(连续)……

图 6-18 分栏后的文档

由于本大学**学院刚刚成立不久，学校里对学生的档案、成绩、入学、毕业等的一些烦琐处理都是通过手工进行记载并进行处理的，对学生数据的处理工作量特别大，不仅浪费大量的人力物力，而且还很容易出错。如果有这样一套完整的学籍管理软件，只需单击几下鼠标就可完成所需操作，那样就会大大地提高教师的工作效率和管理水平，并能进一步提高学校的工作效率并使学校实施规范化管理。↵

图 6-19 需调整分栏效果的文档

由于本大学**学院刚刚成立不久，学校里对学生地档案、成绩、入学、毕业等的一些烦琐处理都是通过手工进行记载并进行处理的，对学生数据的处理工作量特别大，不仅浪费大量的人力物力，而且还很容易出错。如果有这样一套完整的学籍管理软件，只需单击几下鼠标就可完成所需操作，那样就会大大地提高教师的工作效率和管理水平，并能进一步提高学校地工作效率并使学校实施规范化管理。↵

图 6-20 插入分栏符调整分栏效果后的文档

插入分栏符的方法是：将光标定位于要插入分栏符的位置，选择“布局”选项卡，单击“页面设置”组中的“分隔符”按钮，在弹出的下拉列表中选择“分栏符”选项，如图 6-13 所示。

6.1.5　文档保存

创建新文档并编辑之后，只有通过保存，该文档才能在以后被用户打开。

1．手动保存文档

可通过单击“文件”选项卡的“保存”按钮执行文档的保存操作。对于新建文档将打开“另存为”对话框，用户可以设置文档的保存路径、名称及保存类型。若对已经保存过的文档执行“保存”操作，将按照原有的保存路径、名称及格式进行保存，即覆盖原文件；若执行“另存为”操作，则可为文档重新设置保存路径、名称及保存类型，而原文件将保持不变。

在 Word 2016 中，默认的保存文件类型为“Word 文档(*.docx)”，在如图 6-21 所示的“另存为”对话框的“保存类型”下拉列表框中还可以根据需要进行其他保存格式的选择。另外，可以单击“工具”下拉按钮，选择“常规选项”命令，在弹出的如图 6-22 所示的“常规选项”对话框中设置打开文件时的密码及修改文件时的密码。

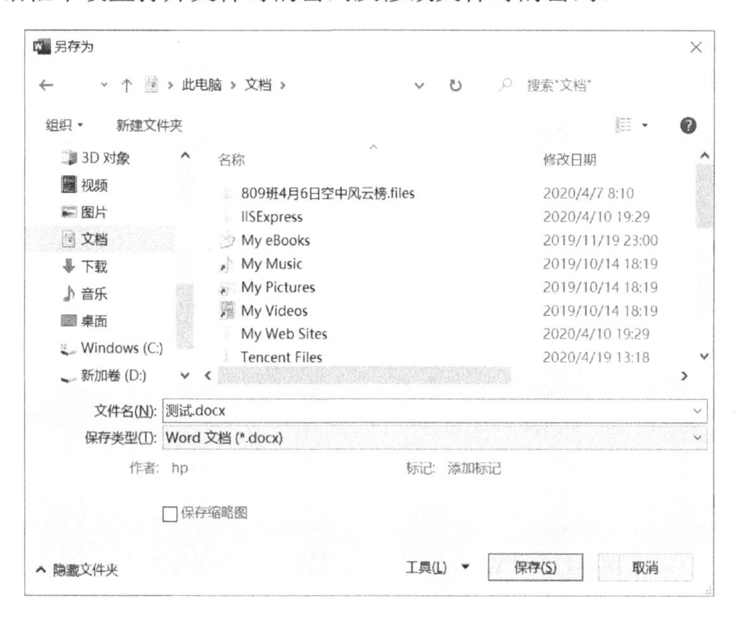

图 6-21　“另存为”对话框

2．自动保存文档

为了避免断电等意外事故导致文档内容的丢失，可以设定 Word 自动保存功能。可以设置 Word 按照某个固定的时间间隔自动保存文档及保存方式等。要启动该功能，可以选择“文件”选项卡中的“选项”选项，这时将打开“Word 选项”对话框，如图 6-23 所示。在左侧列表中选择“保存”选项，在其中根据需要进行相关保存选项的设置。

图 6-22　“常规选项”对话框

图 6-23　“Word 选项”对话框设置文档保存方式

6.2　域及应用

6.2.1　域是什么

在一些文档中，某些内容可能需要随时更新。例如，在一些每日报道型的文档中，报道日期就需要每天更新。如果手工更新这些日期，不仅烦琐而且容易遗忘，此时用户可以通过插入“Date 域”来实现日期的自动更新。

域相当于文档中可能发生变化的数据。后面我们还会用到多种域，其中有些是在操作文档中用 Word 的相关命令自动插入的，如目录、索引、题注等；有些则可以在需要的地方用域命令手动插入，如显示文档信息的作者姓名、文件大小或页数等。

6.2.2　插入域

在 Word 2016 中，用户可以在“插入”选项卡的“文本”组中，单击“文档部件”按钮，在下拉列表中选择“域”命令，在打开的“域”对话框中选择域的类别和域名插入文档中，并且可以设置域的相关格式，如图 6-24 所示。单击“确定”按钮，将在文档当前插入点插入当前日期 Date 域。当单击该部分文档时，域内容将显示灰色底纹，如图 6-25 所示。

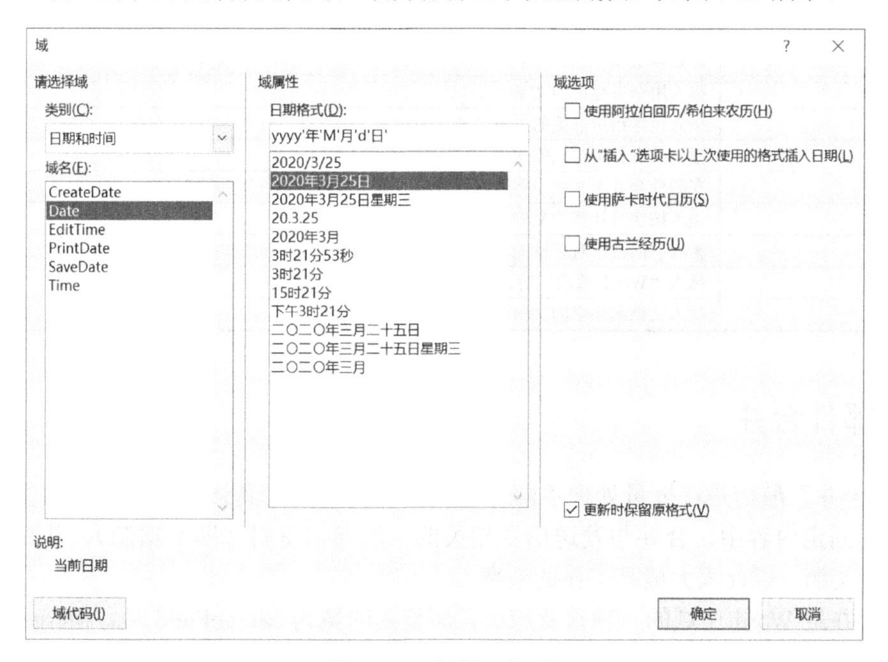

图 6-24　“域”对话框

2020 年 3 月 25 日

图 6-25　Date 域

域类似一个公式，即“域代码”。Word 可以计算出“域结果”并将其显示出来，这样才能保持信息的最新状态。如图 6-25 所示的就是 Date 域的域结果，右键单击该域后，选择快捷菜单中的“切换域代码”命令，Word 将显示出该域的域代码，如图 6-26 所示。

{ DATE \@ "yyyy'年'M'月'd'日'" * MERGEFORMAT }

图 6-26　Date 域的域代码

如果域代码中引用的数据发生了变化，可以通过“更新域”命令来更新计算出来的域结果。更新域的方法很简单，右键单击域，在弹出的快捷菜单中选择“更新域”命令。

6.2.3 常用域

Word 支持的域多达 70 多个，表 6-1 列出了部分常用域。

表 6-1 常用域

域　名	用　途
Page 域	插入当前页的页码
Section 域	插入当前节的编号
NumPages 域	插入文档的总页数
NumChars 域	插入文档的总字符数
NumWords 域	插入文档的总字数
Date 域	插入当前日期
CreateDate 域	插入第一次以当前名称保存文档时的日期和时间
XE 域	标记索引项
Ref 域	插入用书签标记的文本
PageRef 域	插入包含指定书签的页码
StyleRef 域	插入具有指定样式的文本
MergeField 域	在邮件合并主文档中将数据域名显示在“《》”形的合并字符之中
FileSize 域	插入按字节计算的文档大小
FileName 域	插入“属性”对话框的“常规”选项卡上记录的文档的文件名
UserName 域	插入“Word 选项”对话框的“用户名”框中的用户名
Author 域	插入文档属性中的文档作者姓名

6.2.4 邮件合并

“邮件合并”最初是在批量处理“邮件文档”时提出的，具体地说就是在邮件文档（即主文档）的固定内容中，合并与发送信息相关的一组通信资料（即数据源），从而批量生成需要的邮件文档，以此大大提高工作的效率。

邮件合并是 Word 中域的一项重要应用，所使用的域为 MergeField 域。MergeField 域的作用是在邮件合并主文档中将数据域名显示在“《》”形的合并字符中，当主文档与所选数据源合并时，指定数据域的信息会插入合并域中。使用邮件合并可以快速批量生成信函、工资单、通知、成绩单等文档。下面以创建邀请函为例介绍邮件合并的操作方法。

1．准备数据源

数据源可以是 Access 数据库、Excel 文件或其他形式的文件。一般使用 Excel 文件或使用已有数据，并且数据源应该是含有标题行的数据记录表。以下操作以 Excel 文件为例，“通信录.xlsx”记录了所有同学的通信方式，如图 6-27 所示。

2．创建主文档

主文档中的信息包括固定的内容及变化的内容，一般来讲变化的内容来源于数据源。在创建主文档时，主要设计固定的内容和样式，如图 6-28 所示。

3．进行邮件合并

进行邮件合并就是将数据源中各字段的内容合并到主文档中，具体步骤如下：

（1）主文档与数据源关联。选择“邮件”选项卡，单击“开始邮件合并”组中的“选择收件人”下拉按钮，在打开的下拉列表中选择“使用现有列表”选项，将弹出“选择数据源”对话框。在对话框中选择“通信录.xlsx”文件，并在弹出的“选择表格”对话框中选择数据所在的工作表，如图 6-29 所示。

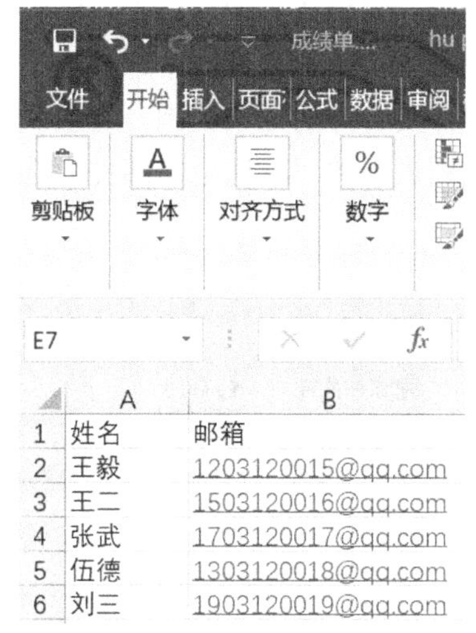

图 6-27　邀请函的数据源

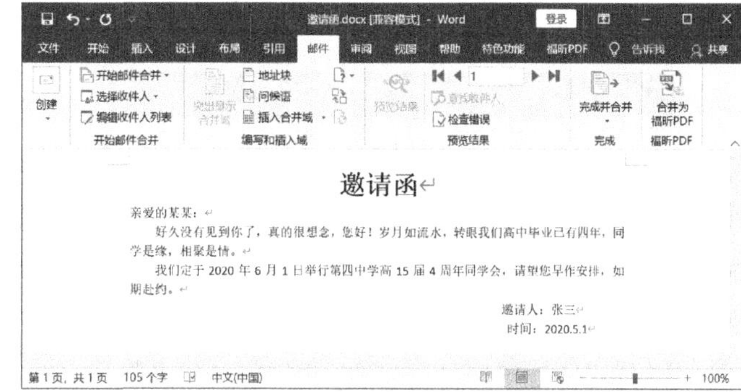

图 6-28　邀请的主文档

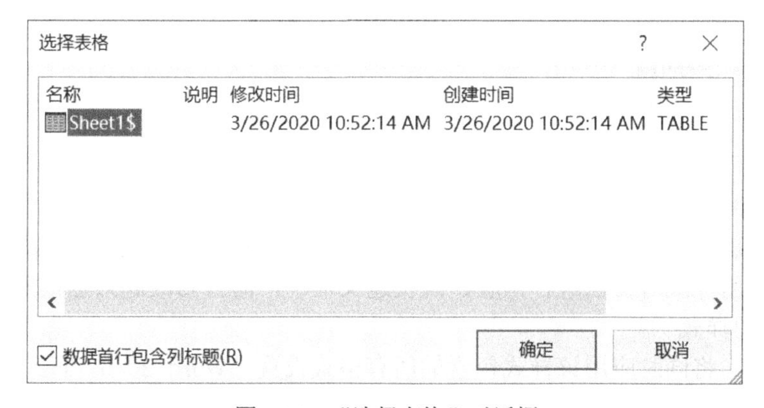

图 6-29　“选择表格”对话框

（2）插入 MergeField 域。将光标定位到邀请主文档中，在“邮件”选项卡下，单击“编写和插入域”组中的“插入合并域”下拉按钮，在弹出的下拉列表中选择“姓名”，“《姓名》”合并域就插入到文档中，最后效果如图 6-30 所示。

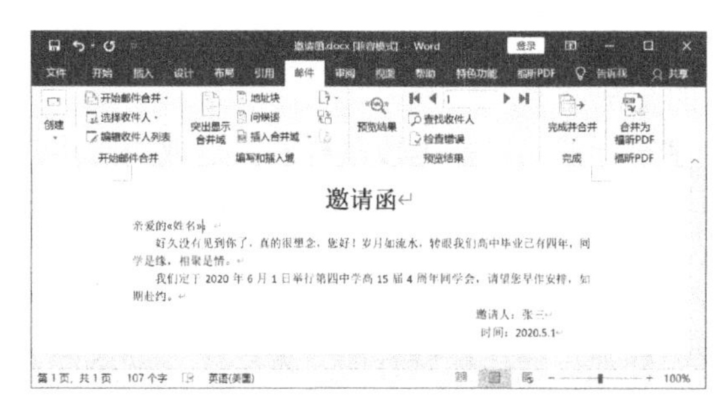

图 6-30　插入 MergeField 域后的主文档

（3）预览结果。单击“预览结果”组中的“预览结果”按钮，可预览合并情况，如图 6-31 所示。单击该组中的“上一记录”或“下一记录”按钮，可以显示数据源中各记录对应的数据。

（4）合并到新文档。对预览结果满意后，可以对主文档进行编辑或打印。单击“完成”组中的“完成并合并”下拉按钮，可进行下一步的工作。若在弹出的下拉列表中选择“编辑单个文档”选项，系统将弹出“合并到新文档”对话框，选择要合并的记录范围，将生成包含所有合并记录的新文档；也可以选择“完成并合并”下拉列表中的“发送电子邮件”选项完成邮件发送，如图 6-32 所示。

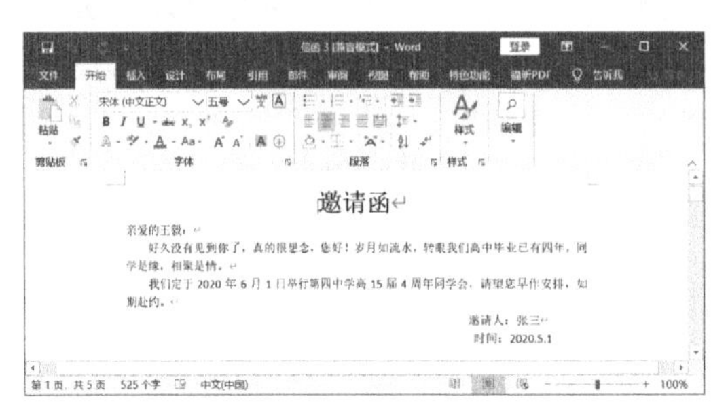

图 6-31　预览结果

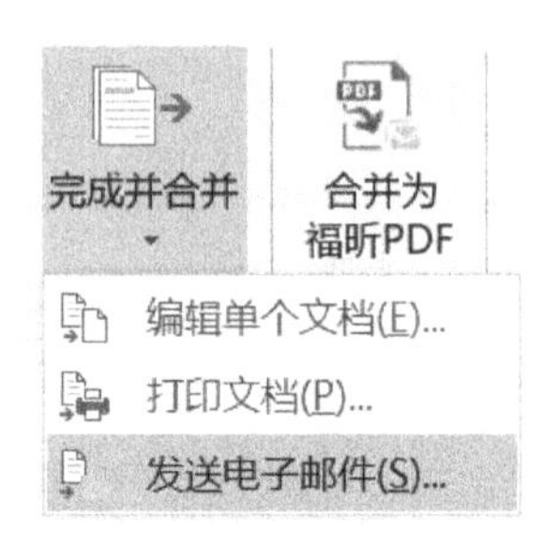

图 6-32　“发送电子邮件”选项

6.3　长文档编辑

6.3.1　样式

所谓样式，就是应用于文档中各种元素的一套格式特征，或者说，样式是一系列预置的格式排版命令。用样式对文档进行排版，既快速又准确，而且修改起来也很方便。

1．快速应用样式

应用样式时，将同时应用该样式包含的所有格式设置。Word 2016 自带了一个样式库，通过该样式库可以快速地为选定的文本或段落应用预设的样式。根据应用的对象不同，样式可分为字符样式、段落样式、链接样式、表格样式、列表样式。

- 字符样式包含可应用于文本的格式特征，例如，字体、字号、颜色、加粗等。应用字符样式时，首先需选择要设置格式的文本。
- 段落样式除了包含字符样式所包含的格式外，还包含段落格式，如行距、对齐方式、段落缩进等。应用段落样式，首先需要选择段落。选择段落时，只需将光标定位在该段落上即可，不需要选中该段落的全部文本。
- 链接样式既可作为字符样式又可作为段落样式，这取决于用户选择的内容。若用户选择文本应用链接样式，则该样式包含的字符格式特征将应用于选择的文本上，段落格式不会被应用；若用户选择段落（或将光标定位在段落上）应用链接样式，则该样式将作为段落样式应用于选中段落。
- 表格样式确定表格的外观，包括标题行的文本格式、网格线及行和列的强调文字颜色等特征。

● 列表样式决定列表外观，包括项目符号样式或编号方案、缩进等特征。

用户可以通过“快速样式”列表或“样式”任务窗格来设置需要的样式，具体操作步骤如下：

（1）在“快速样式”列表中设置。在“开始”选项卡的“样式”组中，“快速样式”列表中列出了样式库中的样式，如图 6-33 所示。单击旁边的“向下滚动”按钮或“其他”按钮，将有更多样式可供选择。将光标定位到需要应用样式的段落或选择要应用样式的内容，在“快速样式”列表中选择某样式，即可将该样式应用到选定内容。

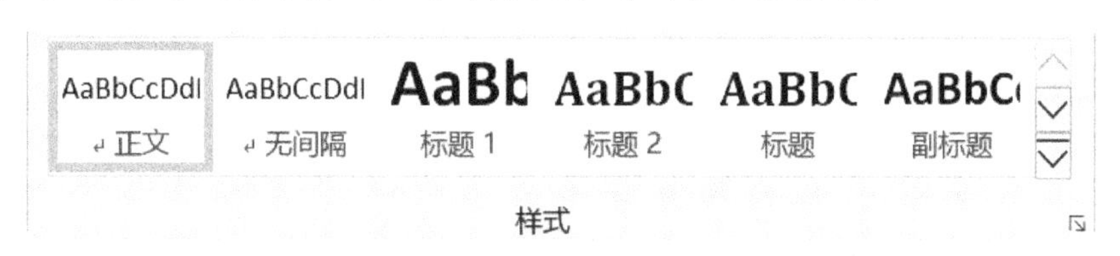

图 6-33 “样式”组中的“快速样式”列表

（2）通过“样式”任务窗格设置。选中要设置样式的内容，单击“样式”组右下角的扩展按钮，将弹出“样式”任务窗格，如图 6-34 所示，在列表中选择要设置的样式即可。

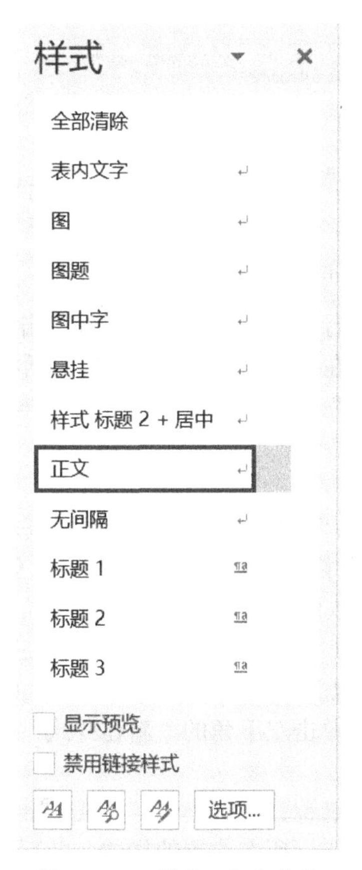

图 6-34 “样式”任务窗格

2．修改样式

如果样式库中的样式无法满足格式设置的要求，用户可以对其进行修改，具体操作步骤如下：

（1）在“样式”任务窗格中，单击要修改的样式（如正文）选项右侧的下拉按钮，在弹出的下拉菜单中选择“修改”命令，将打开“修改样式”对话框，如图 6-35 所示。

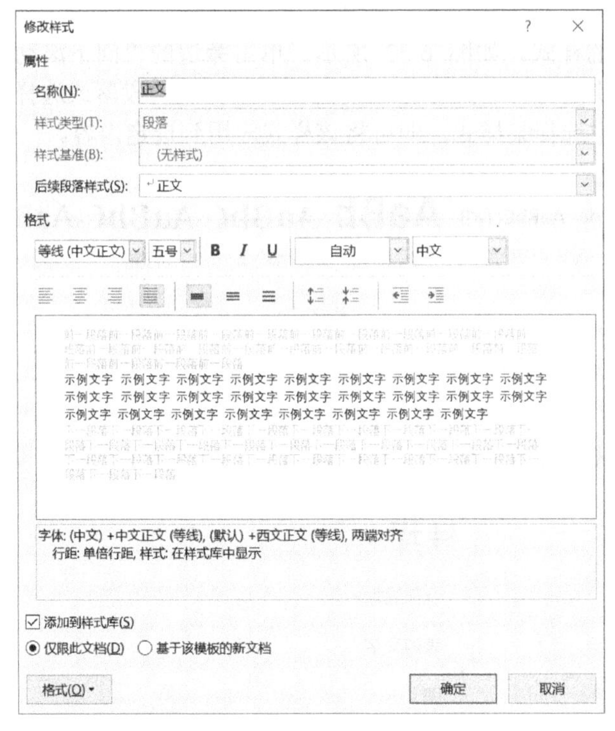

图 6-35 “修改样式”对话框

（2）在“格式”选项组中进行相应格式设置，或者单击下方的“格式”按钮，在弹出的下拉菜单中选择相应的命令，并在打开的相应格式设置对话框中进行设置。

（3）设置完毕，单击“确定”按钮，则文档中应用该样式的所有文本或段落会被统一设置为修改后的格式。

3．创建新样式

Word 2016 自带的样式称为“内置样式”，内置样式基本上可以满足大多数类型的文档格式设置。如果现有样式与所需格式设置相差很大，可以创建一个新样式，称为“自定义样式”。根据不同需要，用户可以创建段落样式、字符样式、链接样式、表格样式、列表样式。其中，字符样式和段落样式使用最频繁。字符样式只能应用于选定文本，当所需的样式设置包括对段落格式的设置时，就需要创建一个段落样式了。创建新样式的基本步骤如下：

（1）在“样式”任务窗格中单击左下角的“新建样式”按钮，将打开“根据格式化创建新样式”对话框，如图 6-36 所示。

（2）在对话框中设置样式的名称、样式类型、样式基准（所谓样式基准就是新样式的基础格式设置，默认情况下是当前光标所在位置的样式）及后续段落样式。在“格式”选项组中设置格式，或通过单击“格式”按钮对样式所包含的格式进行详细设置，其操作方法和修改样式相同。

（3）设置完毕，单击“确定”按钮，即可成功创建一个新样式。默认情况下创建的新样式会自动添加到“快速样式”列表和“样式”任务窗格的样式列表中。应用自定义样式的方法和应用内置样式的方法相同。

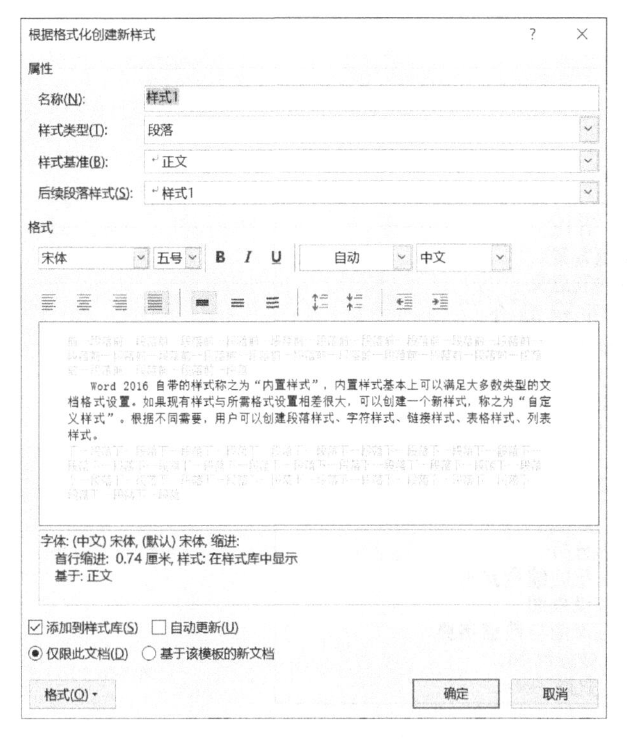

图 6-36　“根据格式化创建新样式”对话框

4．删除样式

在 Word 中，用户可以删除样式，但不能删除内置样式。想要删除样式，可以打开“样式”任务窗格，单击需要删除样式（如“样式 1”）旁的箭头，在弹出的菜单中选择“删除‘样式 1’”命令，打开确认删除对话框。单击对话框中的“是”按钮，即可删除该样式。如果用户删除了某样式，则文档中所有应用该样式的文本或段落将被撤销相应的格式设置。

6.3.2　多级标题

一般长文档都是按照章节来组织内容的，如何为章节进行自动编号呢？这就需要用到多级列表，而多级列表又是以样式概念为基础的。

如毕业论文中要求章节使用多级标题，即一级标题（章）使用标题 1 样式，编号形式为“第 X 章”；二级标题（节）使用标题 2 样式，编号形式为“X.Y”；三级标题（小节）使用标题 3 样式，编号形式为“X.Y.Z”，其中 X、Y、Z 为自动编号，如图 6-37 所示。

为标题设置自动编号的具体操作步骤为：

（1）将文章中所有的章标题设为标题 1 样式，节标题设为标题 2 样式，小节标题设为标题 3 样式，并可根据实际要求修改相应的标题样式。

（2）将光标定位到任意标题上，选择“开始”选项卡，单击“段落”组中的“多级列表”下拉按钮，在弹出的下拉面板中选择要设置的多级列表模式，如图 6-38 所示。如果没有满足需要的多级列表模式，可选择“定义新的多级列表”选项，在弹出的对话框中自行设定多级列表的模式，如图 6-39 所示。

第 1 章 绪论
1.1 课题背景
1.2 目的及意义
第 2 章 平台简介
2.1 开发平台和技术简介
2.1.1 DELPHI 工具简介
2.2 数据库平台介绍
2.2.1 SQL SERVER 数据库简介
2.2.2 SQL SERVER 数据库系统特点
2.3 小结
第 3 章 系统分析
3.1 需求分析
3.2 对系统的综合要求
3.3 系统流程图
3.4 数据流图与数据字典
3.4.1 数据流图
3.4.2 数据字典

图 6-37 多级标题（大纲视图下）

图 6-38 “多级列表”下拉面板

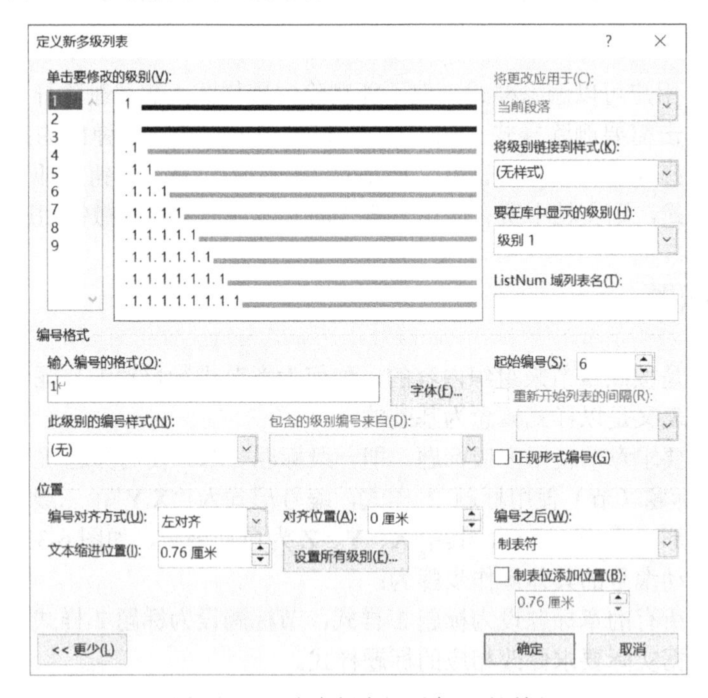

图 6-39 “定义新多级列表”对话框

（3）设置一级编号。选择“单击要修改的级别”列表框中的“1”，在“编号格式”选项组中设定“此级别的编号样式”为阿拉伯数字（1，2，3，…），在“输入编号的格式”文本框中编号“1”的两边自行输入文字，使编号格式为“第 1 章”，可以看到“1”是有灰色底纹的，也是自动编号的，而“第”和“章”是普通文本。单击“更多”按钮，在右侧展开的更多选项设置中，“将级别链接到样式”选择“标题 1”，如图 6-40 所示。

（4）设置二级编号。选择“单击要修改的级别”列表框中的“2”，将“输入编号的格式”文本框清空，首先选择“包含的级别编号来自”为“级别 1”，可以在“输入编号的格式”文本框中看到自动编号“1”，然后在编号后输入点号“.”，再选择“此级别的编号样式”为阿拉伯数字（1，2，3，…），最后设置“将级别链接到样式”为“标题 2”，如图 6-41 所示。

图 6-40　设置一级编号

图 6-41　设置二级编号

（5）设置三级编号。方法类似，只是在设置“输入编号的格式”文本框的内容时，先设置“包含的级别编号来自”为“级别 1”，然后输入“.”，再选择“包含的级别编号来自”为“级别 2”，输入“.”，最后选择“此级别的编号样式”。

（6）单击“确定”按钮，即可将多级编号应用于各级标题。

设置完毕，可以看到文章的各级标题前都添加了自动编号。单击编号可以看到编号带有灰色底纹，这是一种域。在后面的操作中，如添加题注或页眉页脚，若需包含章节编号，Word 将可以自动提取。另外，因为文中的各个层次标题都设置了自动编号，在移动、删除、添加编号项时，Word 会自动更新编号，对长文档的编排非常有利。

6.3.3　注释文档

对文档进行了基本编辑操作后，可能还要对文档中的一些比较专业的词汇或引用的内容进行注解。Word 提供了创建脚注与尾注、题注、交叉引用等功能。

1．脚注与尾注

脚注和尾注用于对文档中的内容进行一些补充说明。脚注通常用来对文档内容进行注释说明，一般位于文字下方或页的下方；尾注通常用来说明引用的文献，一般位于整篇文档的末尾。插入脚注的操作步骤如下：

（1）将光标置于需要插入脚注的位置。

（2）选择“引用”选项卡，单击“脚注”组中的“插入脚注”按钮，如图 6-42 所示。

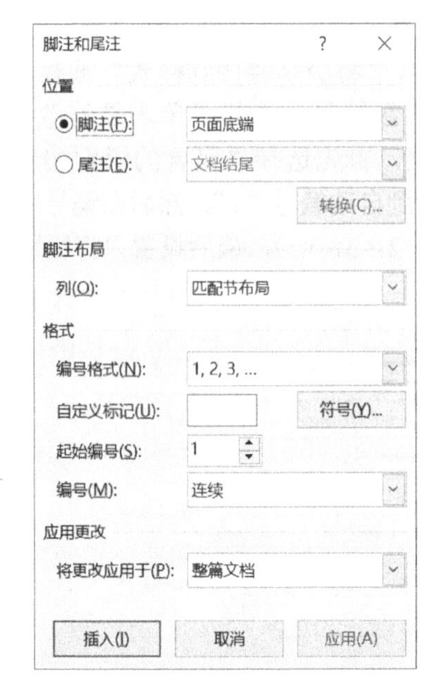

图 6-42 “脚注”工具组　　图 6-43 “脚注和尾注”对话框

（3）此时，光标将自动跳转至页面底部，输入脚注内容即可。

添加尾注的方法与此类似，只是在“脚注”组中单击“插入尾注”按钮即可。另外，还可以通过单击“脚注”组右下角的扩展按钮，打开“脚注和尾注”对话框，如图 6-43 所示。在“位置”选项区选中“脚注”或“尾注”单选按钮，在其右边的下拉列表框中选择位置。在“格式”选项区中设置编号格式和编号方式。设置完毕，单击“确定”按钮，即可在相应位置添加了一个脚注或尾注标记，在光标后面输入脚注或尾注正文即可。

2．题注

在 Word 文档中可以对插入的对象，如图片、表格、图表、公式等进行说明。题注就是添加到这些对象或项目上的标签和编号，例如，“图 1”“表格 1”等。Word 将题注标签作为文本插入，但是将连续的题注编号作为域插入。在文档中可以为插入的项目手动添加题注，也可以设置 Word 在插入对象时自动添加题注。

（1）手动添加题注。选定要为其添加题注的项目，选择“引用”选项卡，单击“题注”组中的“插入题注”按钮，将打开“题注”对话框，如图 6-44 所示。

图中“题注”文本框中的文字“图表 1”，“图表”为标签名，“1”为自动编号。若标签不合适，可在“选项”组的“标签”下拉框中选择合适的标签，若没有，则要单击“新建标签”按钮，在弹出的“新建标签”对话框中自定义标签；还可以通过单击“编号”按钮，在打开的“题注编号”对话框中设置编号格式。单击“确定”按钮，即可为选定对象在相应的位置添加题注。

在设置编号格式时，还可以设置题注编号是否“包含章节号”，如题注“图 4-1”表示在

第 4 章中的第 1 个图，这在编写毕业论文或书籍过程中非常有用。若要设置包含章节号的编号格式，可以在打开的“题注编号”对话框中，选中“包含章节号”复选框，并设置“章节起始样式”，以及章节号与编号之间的分隔符，如图 6-45 所示。

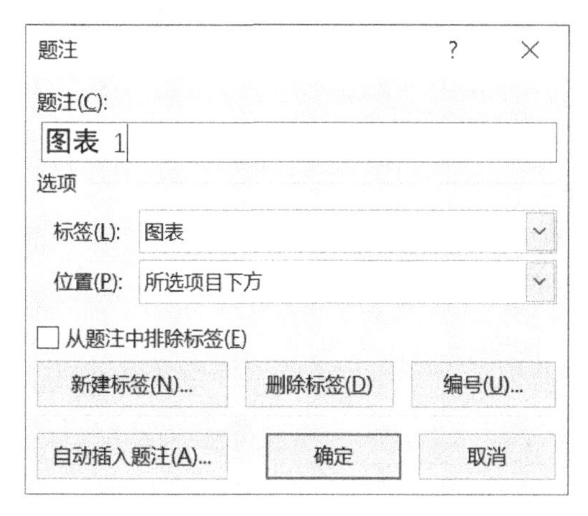

图 6-44　“题注”对话框

图 6-45　“题注编号”对话框

“章节起始样式”是指在添加题注时，Word 自动提取该对象所在的章节编号，且此编号是在设定标题样式（如标题 1）的段落中提取的。此外，标题样式中的章节号必须采用自动编号，否则 Word 将无法识别。一般情况下，对文章设置多级标题是此操作的前提。

（2）自动添加题注。当一篇文档中需要多次插入对象并分别要为其添加题注时，可以为插入的对象设置自动插入题注，提高文档编排效率。具体操作步骤如下：

①在图 6-44 所示的“题注”对话框中单击“自动插入题注”按钮，打开“自动插入题注”对话框，如图 6-46 所示。

②在“插入时添加题注”列表框中选择要为其添加题注的对象，其他设置和手动添加题注类似。

③单击“确定”按钮，这样，当在文档中插入设置的对象时，Word 将自动为其添加题注。

图 6-46 “自动插入题注”对话框

3．交叉引用

交叉引用是对文档中其他位置的内容进行引用，例如，“请参阅表格 1”“如图 4-2 所示”等。若图或表对象的编号发生了变动，交叉引用的内容也将自动更新，因为交叉引用的内容同样也是域。在 Word 中可以为标题、脚注、书签、题注、编号等创建交叉引用，以插入图题注的交叉引用为例，具体操作步骤如下：

（1）在文档中输入交叉引用开头的介绍文字，如“如所示”，并将光标置于要插入交叉引用的位置（例如，“如”字的后面）。

（2）选择“引用”选项卡，单击“题注”组中的“交叉引用”按钮，将打开如图 6-47 所示的对话框。

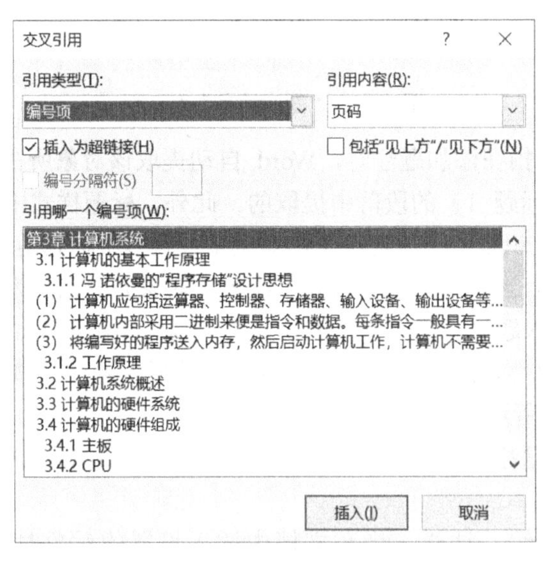

图 6-47 “交叉引用”对话框

（3）在“引用类型”下拉列表框中选择要引用的项目类型。

（4）在“引用内容”下拉列表框中选择要在文档中插入的信息。

（5）在“引用哪一个编号项”列表框中选择要引用的特定项目

（6）单击“插入”按钮即在文档中插入了相应的交叉引用。

6.3.4　目录和索引

目录的作用是列出文档中各级标题及其所在的页码，按住 Ctrl 键并单击目录中的文本，就可以快速定位到该文本所对应的位置。索引列出了文档中的词条和主题及其所在的页码。

1．目录

Word 2016 提供了手动生成目录和自动生成目录两种方式。一般在长文档编排过程中，选择自动生成目录方式，这样当文档内容发生改变时，用户只需更新目录即可。可以使用 Word 中的内置标题样式和大纲级别来创建目录。

（1）创建目录。用标题样式创建目录时，首先需要按照整个文档的层次结构为将要显示在目录中的项目设置相应的标题样式。创建目录的具体步骤如下：

①将光标置于要插入目录的位置。

②选择“引用”选项卡，单击“目录”组中的“目录”下拉按钮，在弹出的下拉列表中选择“内置”选项组中的相应目录样式，即可在相应位置插入目录。若要对插入的目录进行自定义设置，可选择“自定义目录”选项，将打开“目录”对话框，如图 6-48 所示。

图 6-48　“目录”对话框

③在其中设置是否显示页码、页码对齐方式，以及制表符前导符的样式等。在“常规”选项组中设置目录格式和显示级别。

单击对话框右下角的“选项”按钮，将弹出“目录选项”对话框，在这里可以设置文档中的哪些内容出现在目录中，如图 6-49 所示。若文档中有些内容不是标题样式，而又想使其出现在目录中，可以将其设为相应的大纲级别，并在“目录建自”选项组中将“大纲级别”复选框选中。

单击“目录”对话框中的“修改”按钮，将弹出“样式”对话框，在这里可以修改目录中各级目录项的格式，其修改方法与修改样式类似，如图 6-50 所示。

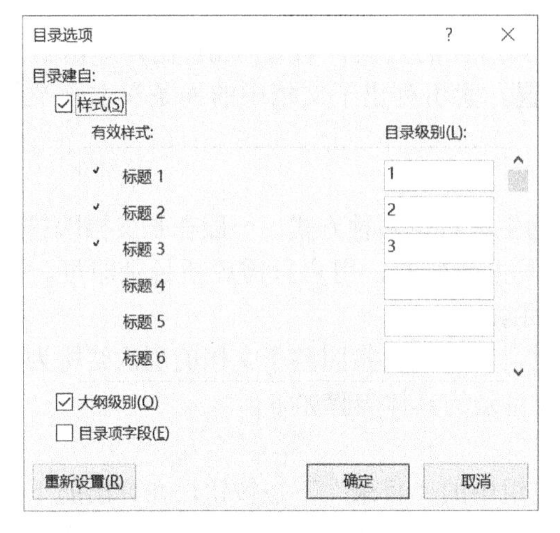

图 6-49 “目录选项”对话框

图 6-50 “样式”对话框

④单击“确定”按钮即可在插入点插入目录，如图 6-51 所示。

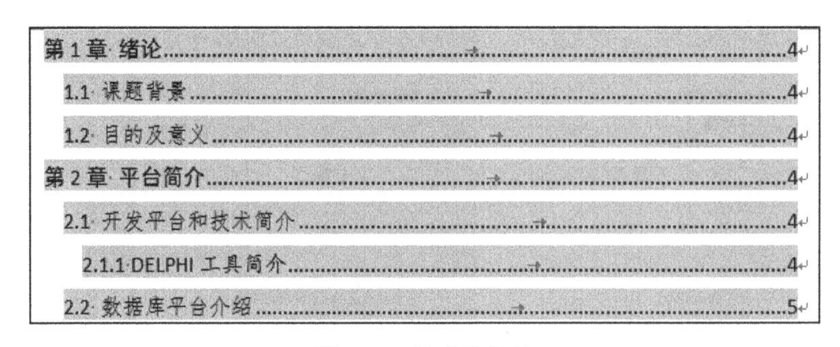
第 1 章 绪论..4
1.1 课题背景..4
1.2 目的及意义..4
第 2 章 平台简介..4
2.1 开发平台和技术简介..4
2.1.1 DELPHI 工具简介..4
2.2 数据库平台介绍..5

图 6-51 生成的目录

（2）更新和删除目录。可以看到，生成的目录项是以域的形式存在的。创建目录后，如果对文档进行了编辑操作，目录中的标题和页码都有可能发生变化，因此，必须更新目录才能保持目录和文档的一致性。更新目录的操作步骤如下：

①将光标放置在目录的任意位置。

②单击“引用”选项卡“目录”组中的“更新目录”按钮，或单击右键，在弹出的快捷菜单中选择“更新域”命令，打开如图 6-52 所示的“更新目录”对话框。

③用户如果只更新页码，可以选择“只更新页码”单选按钮；如果在创建目录以后，对文档标题做了修改，则应该选择“更新整个目录”单选按钮更新整个目录。

④设置完毕后，单击“确定”按钮。

如果要删除目录，可在“引用”选项卡中单击“目录”下拉按钮，在弹出的下拉列表中选择“删除目录”选项。

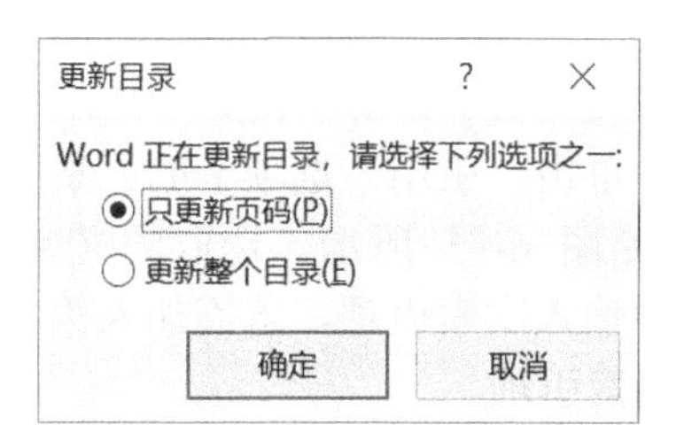

图 6-52　“更新目录”对话框

2．图表目录

图表目录是指文档中的插图或表格之类的目录。同插入目录前要为标题设置标题样式或大纲级别类似，在生成图表目录之前，要为图表对象添加题注。

选择“引用”选项卡，单击“题注”组中的“插入表目录”按钮，将弹出“图表目录”对话框，如图 6-53 所示。

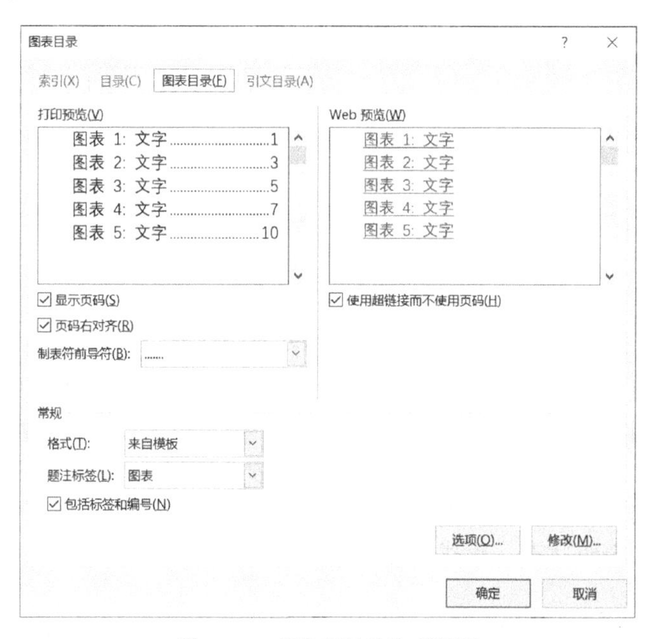

图 6-53　“图表目录”对话框

在“常规”选项组的“题注标签”下拉列表中包含了 Word 2016 自带的标签，以及用户新建的标签，可根据不同标签创建不同对象的图表目录。若选择了“图表”，则可创建图目录，如图 6-54 所示。

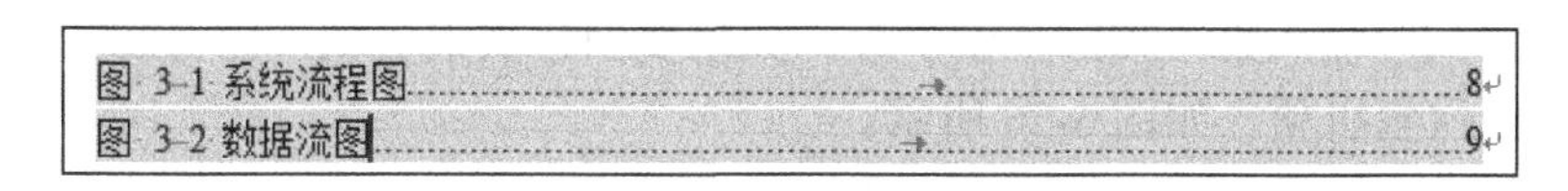
图 3-1 系统流程图..8
图 3-2 数据流图..9

图 6-54　生成的图目录

3．索引

索引可以列出文档中重要的关键词或主题，与目录类似，Word 可以自动提取文档中特殊标记的内容。在生成索引之前，必须先将索引的词条标记为索引项。Word 2016 提供了手动标记与自动标记两种方式。

（1）手动标记索引项。该方式适用于索引项较少的文档，具体操作步骤如下：

①选择作为索引项的文本，单击“引用”选项卡的“索引”组中的“标记条目”按钮，弹出“标记索引项”对话框，如图 6-55 所示。选取的文本将显示在“主索引项”文本框中，可在“次索引项”文本框中输入次索引项，若需加入第三级别索引项，可在此索引项后输入西文冒号，再输入第三级别索引项。

图 6-55 “标记索引项”对话框

②在“选项”组中选择“交叉引用”选项，将为索引项创建交叉引用；选择“当前页”选项，将为索引项列出所在页码。通过“页码格式”组可以为页码设置加粗或倾斜格式。

③单击“标记”按钮可完成当前选中文本索引项的标记。单击“标记全部”按钮，则文档中出现的该文本内容都会被标记为索引项。标记完成后，该对话框不会关闭，在对话框外单击鼠标，进入页面编辑状态，查找并选择下一个需要标记的关键词，直至全部索引项标记完成。

标记索引项后，Word 2016 会在标记的文本旁插入一个 XE 域。若无法查看该域，可单击“开始”选项卡“段落”组中的“显示/隐藏编辑标记”按钮即可，但该域不会被打印出来。

（2）自动标记索引项。当需要索引大量关键词时，可使用自动标记索引项。在标记之前，须建立一个包含双列表格的索引自动标记文件。在其第一列中输入要搜索并标记为索引项的文本，第二列中输入第一列的主索引项。如果要创建次索引项，需要在主索引项的后面输入冒号再输入次索引项，如图 6-56 所示。

①创建索引自动标记文件。新建 Word 文档，在文档中插入一个两列表格，并在左侧单元格中输入要建立索引的文本，在右侧单元格中输入相应的主索引项、次索引项，如图 6-57 所示。

标记为索引项的关键词 1	主索引项 1:次索引项 1
标记为索引项的关键词 2	主索引项 2:次索引项 2
……	……

图 6-56　索引自动标记文件

软件工程	软件工程
数据库管理系统	数据库管理系统
SQL	SQL:结构化查询语言
数据流图	数据流图

图 6-57　索引自动标记文件示例

②完成后保存索引文件。打开文档，选择“引用”选项卡，单击“索引”组中的“插入索引”按钮，将弹出“索引”对话框，如图 6-58 所示。

图 6-58　“索引”对话框

③单击对话框下方的“自动标记”按钮，在打开的“打开索引自动标记文件”对话框中选择要使用的索引文件，如图 6-59 所示。单击“打开”按钮，Word 将在整篇文档中搜索要标记为索引项的文本，并插入 XE 域，如图 6-60 所示。

若被索引的文本在段落中重复出现，则 Word 只对其在此段落中的首个匹配项进行标记。

（3）创建索引。标记好索引项后，就可以创建索引了。将光标定位至要插入索引的位置，一般在文档的最后。选择“引用”选项卡，单击“索引”组中的“插入索引”按钮，将打开如图 6-58 所示的“索引”对话框。在该对话框中进行各个选项的设置，最后单击“确定”按钮，即可在相应位置插入索引，如图 6-61 所示。

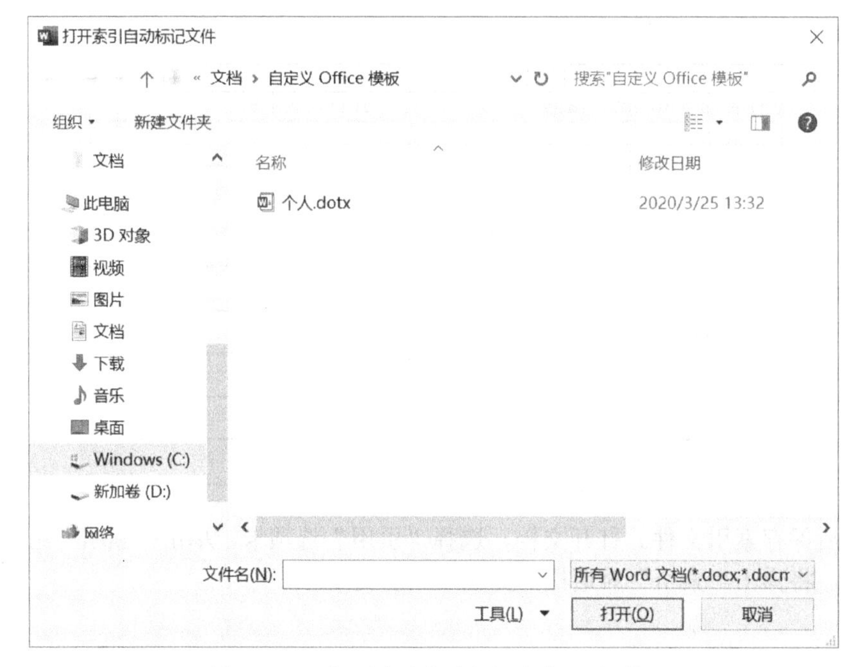

图 6-59　“打开索引自动标记文件”对话框

数据库技术发展至今已有 30 多年的历史，数据库技术日趋成熟，应用也越来越广泛，出现了许多商品化的数据库管理系统{ XE "数据库管理系统" }，如 DB2，Informix，Oracle，SQL{ XE "SQL:结构化查询语言" } Server 及 Sybase 等。其中 SQL Server 也经历了一个从产生到发展的过程，今天 Microsoft SQL Server 2000 是在成熟和强大的关系型数据库中最受欢迎、应用最广泛的一个。

图 6-60　自动标记索引项插入的 XE 域

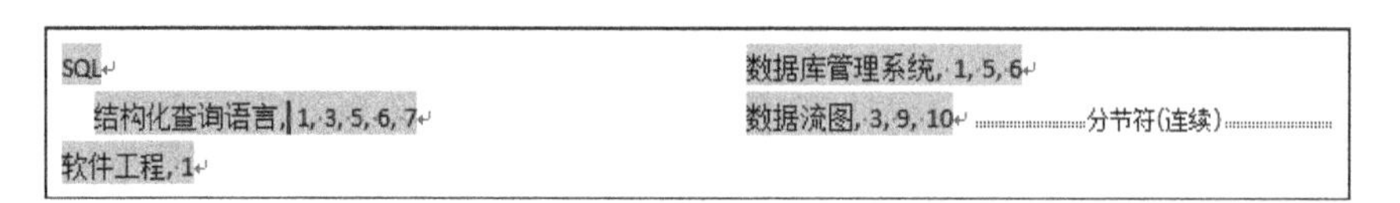
SQL
　结构化查询语言, 1, 3, 5, 6, 7
软件工程, 1
数据库管理系统, 1, 5, 6
数据流图, 3, 9, 10
分节符(连续)

图 6-61　创建的索引

索引同样是一种域，可以像目录一样进行更新。

4．书签

书签，是为了便于查找而在书中安插的一个实体标志。书签主要用于标识和命名指定的位置或选中的文本，可以在当前光标所在位置设置一个书签，也可以为一段选中的文本添加书签。插入书签后，可以直接定位到书签所在的位置，而无须使用滚动条在文档中进行查找，在 Word 2016 中处理长篇文档时，使用书签尤显重要。除可以快速定位文档，书签还可以用于创建交叉引用。

（1）标记/显示书签。要在文中插入书签，首先要选中需要添加书签的文本、标题、段落等内容，然后再选择“插入”选项卡，在“链接”组中单击“书签”按钮，弹出如图 6-62 所示的对话框，在“书签名”文本框中键入或选择书签名（书签名必须以字母或者汉字开头，首字不能为数字，不能有空格，可以用下画线字符来分割文字），单击“添加”按钮即可，每个书签都有一个独一无二的名称。

在默认情况下，Word 文档中是不显示书签的，可单击“文件”选项卡，在左侧选择“选项”选项，打开“Word 选项”对话框。在左侧窗格中选择“高级”选项，在右侧窗格的“显示文档内容”栏中勾选“显示书签”复选框。单击“确定”按钮关闭对话框后，文档中将显示添加的书签。如果为一项内容指定了书签，该书签会以括号[　]的形式出现，如果为一个位置指定书签，则该书签会显示为 I 形标记。

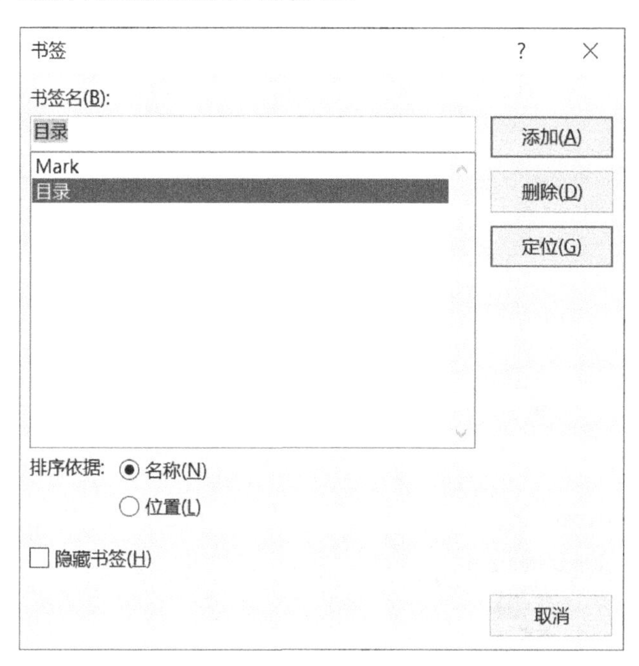

图 6-62　“书签”对话框

（2）定位到书签。在图 6-62 所示的对话框中，选中“隐藏书签”复选框可显示包括隐藏书签在内的全部书签，再在左侧的书签列表中选择要定位的书签，然后单击右侧的“定位”按钮或者双击该书签，则文档将自动转到要定位的书签的位置。

（3）书签和引用。可以通过引用书签的位置创建交叉引用（具体操作参照 6.3.3 小节）。在打开的“交叉引用”对话框中，单击“引用类型”旁的三角按钮，在打开的列表中可以选择“书签”选项。单击“引用内容”旁的三角按钮，在打开的列表中可以选择“书签文字”选项，则可以在文中指定位置与书签位置之间实现交叉引用，保持“插入为超链接”复选框的选中状态，然后在“引用哪一个书签”列表中选择合适的书签，并单击“插入”按钮，如图 6-63 所示。

通过使用书签功能可以快速定位到本文档中的特定位置。用户可以创建书签超链接，从而实现链接到同一 Word 文档中特定位置的目的。选中需要创建书签超链接的文字，切换到“插入”选项卡，在“链接”组中单击“链接”按钮，在弹出的“插入超链接”对话框的“链接到”区域中选中“本文档中的位置”选项，然后在“请选择文档中的位置”列表中选中合适的书签，并单击“确定”按钮即可，如图 6-64 所示。

图 6-63　交叉引用到书签

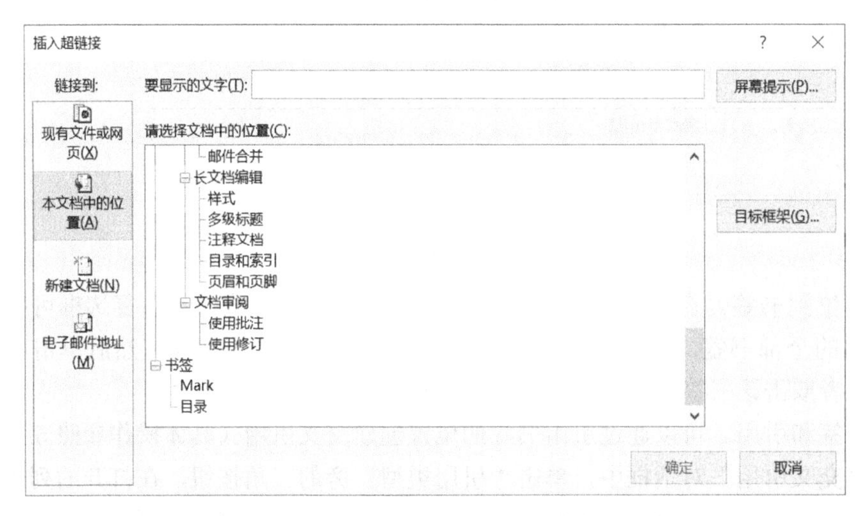

图 6-64　“插入超链接”对话框超链接到书签

6.3.5　页眉和页脚

页眉和页脚通常用于显示文档的附加信息，如作者名称、章节名称、页码、日期等。其中，页眉位于页面顶部，页脚位于页面底部。

1．插入页眉页脚

选择“插入”选项卡，在“页眉页脚”组中单击“页眉”下拉按钮，在弹出的下拉列表中选择合适的页眉样式，如“空白”，此时页面顶端出现页眉，在文字区域中输入页眉文字即可，如图 6-65 所示。插入页眉的同时，Word 也插入了默认样式的页脚，如图 6-66 所示。插入页眉或页脚后，系统自动打开“页眉和页脚工具 设计”选项卡，通过“导航”组的

“转至页眉”或“转至页脚”按钮可以在页眉区和页脚区之间进行切换，如图 6-67 所示。

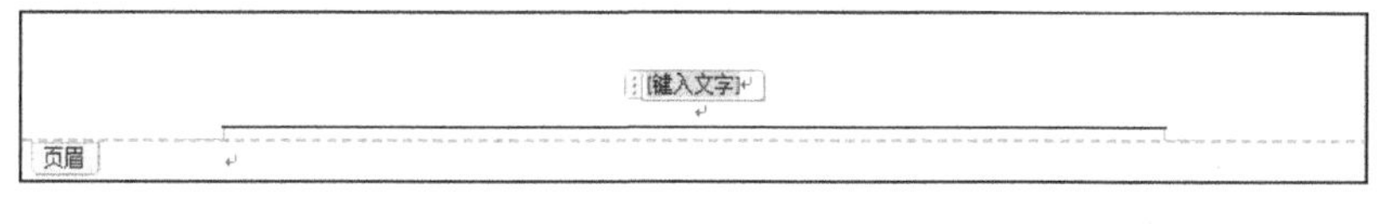

图 6-65　插入“空白”样式页眉

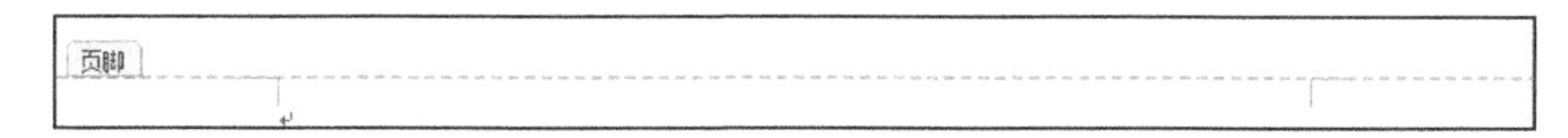

图 6-66　插入页眉时自动插入的页脚

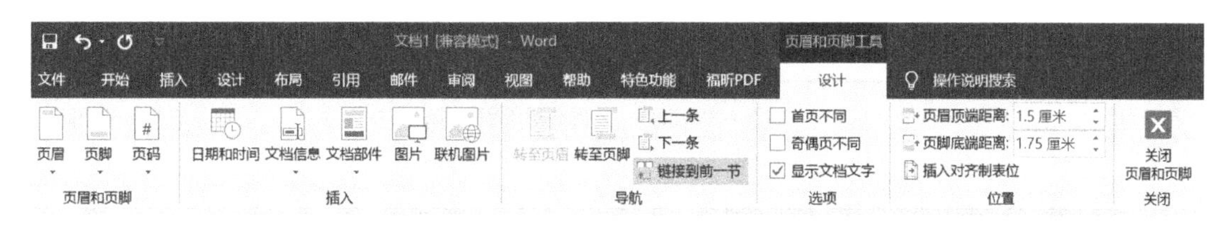

图 6-67　“页眉和页脚设计”选项卡

插入页脚的操作和插入页眉类似。用户可以直接在页眉和页脚区域中输入所需的文字，也可以通过“页眉和页脚工具 设计”选项卡“插入”组中的按钮，选择想要插入到页眉和页脚中的内容，如页码、日期、时间、图片等信息。创建好页眉和页脚后，如果需要再次编辑，则只需双击页眉和页脚区域即可。

2．插入页码

页码一般加在页眉或页脚中，也可以加到页面的其他位置。要在文档中插入页码，可以选择“插入”选项卡，在“页眉和页脚”组中，单击“页码”下拉按钮，在打开的下拉列表中选择插入位置及样式。除了“当前位置”，选择其他位置如“页面顶端”、“页面底端”或“页边距”，Word 都将切换到页眉页脚编辑模式。

要对页码进行格式设置，可以在“页眉和页脚”组的“页码”下拉列表中选择“页码格式”选项，在打开的“页码格式”对话框中进行页码的编号格式、是否包含章节号、起始页码等设置，如图 6-68 所示。

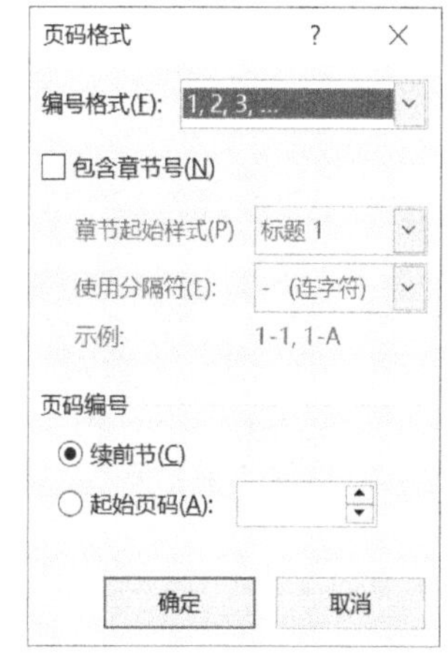

图 6-68　“页码格式”对话框

3．页眉和页脚的高级设置

在编辑长文档时，经常需要设置多样化的页眉页脚，如一本书的封面或内容简介不设置页眉和页脚；书中的奇偶页有不同的页眉和页脚；不同章节的页眉和页脚也是不同的。现以毕业论文的设置要求为例，介绍页眉和页脚的高级设置。

假设一篇毕业论文有以下几部分：中文摘要、英文摘要、目录及正文。要求中文摘要和英文摘要没有页眉和页脚；目录没有页眉，页脚内容为以“i，ii，iii，...”为格式的从 1 开始连续编码的页码；正文有 3 章，每章都起始于奇数页，且奇数页页眉显示该页所在的章标题，如“第 1 章绪论”，偶数页页眉显示所在的节标题，如“1.1 课题背景”，正文页脚内容为以阿拉伯数字 1 开始连续编码的页码。具体操作步骤如下：

（1）首先为文档进行分节。在需要为文档不同部分设置不同的页眉和页脚时，需要将文档进行分节。在目录页前面插入类型为“下一页”的分节符，正文中每章的前面插入类型为“奇数页”的分节符。这样，中、英文摘要为第 1 节，目录页为第 2 节，正文第 1 章、第 2 章、第 3 章分别为第 3、4、5 节。

（2）进入页眉和页脚编辑模式。

（3）设置奇偶页不同的页眉和页脚。由于正文中奇偶页具有不同的页眉，需要在“页眉和页脚工具 设计”选项卡中，将“选项”组的“奇偶页不同”复选框选中。此时可以看到文档奇数页页眉和页脚区将分别显示“奇数页页眉”“奇数页页脚”字样；偶数页页眉和页脚区分别显示“偶数页页眉”“偶数页页脚”字样，如图 6-69 所示。

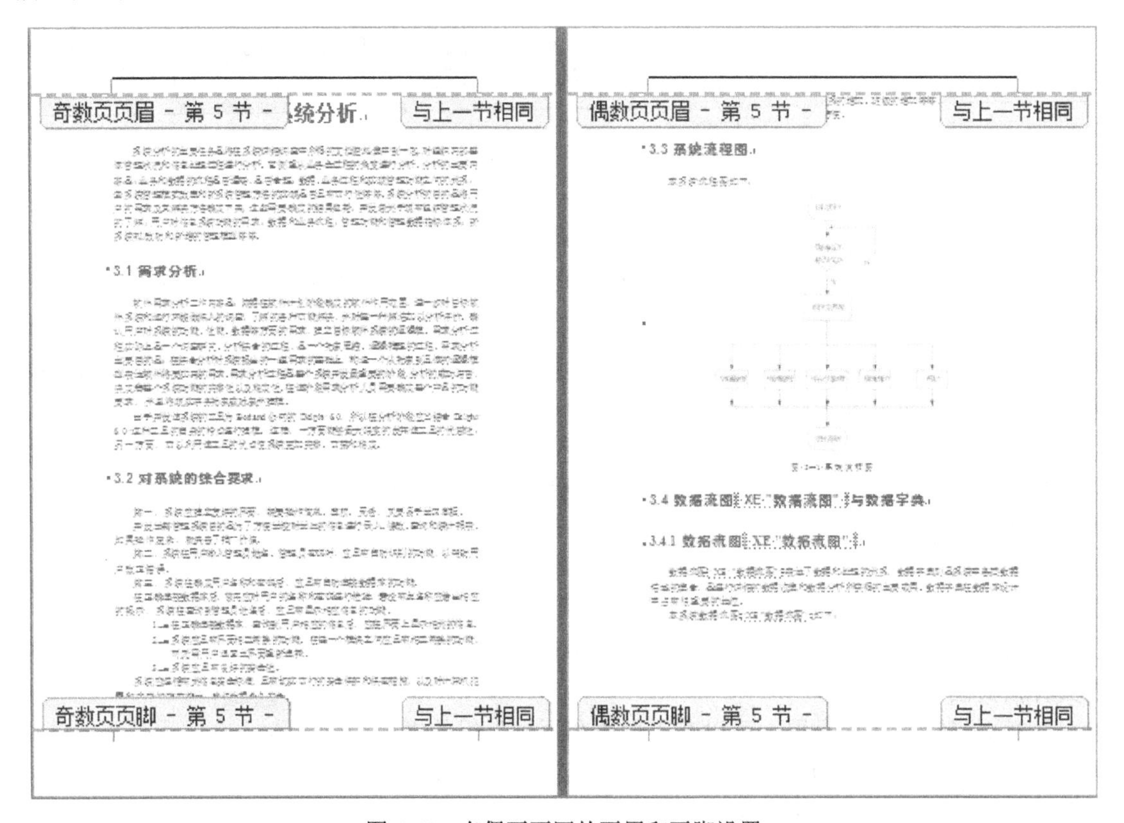

图 6-69　奇偶页不同的页眉和页脚设置

（4）断开各节之间页眉和页脚的链接。默认情况下，各节的页眉和页脚存在链接关系，当更改了某节的页眉和页脚时将影响其他节的页眉和页脚，断开节间的链接关系后，节间的页眉和页脚设置便不再相互影响了。将光标分别放在第 2 节（目录页）的页眉区，选择“页眉和页脚工具 设计”选项卡，单击“导航”组中的“链接到前一条页眉”按钮，则页眉区右侧的“与上一节相同”字样消失。再将光标定位到页脚区，将页脚区的“与上一节相同”字样去掉。由于文档设置了奇偶页不同的页眉和页脚，在断开链接时，奇偶页页眉和页脚要分别设置。用同样的操作方法将第 1 章的奇偶页页眉和页脚区的“与上一节相同”字样去掉。

（5）设置目录页的页脚。在目录页的奇偶页页脚区中分别插入页码，并设置页码格式。

（6）设置正文中的页眉。正文中的奇偶页页眉要求显示为当前的章节标题，这需要使用

StyleRef 域来实现，且正文中各章节标题必须设置了标题样式，假设章标题为标题 1 样式，节标题为标题 2 样式。具体操作步骤如下：

①将光标定位到正文中的奇数页页眉。

②选择“页眉和页脚工具 设计”选项卡，单击“插入”组中的“文档部件”下拉按钮，在弹出的下拉列表中选择“域”，将弹出“域”对话框。在该对话框中，选择域的“类别”为“链接和引用”，在“域名”列表框中选择“StyleRef”，在“样式名”列表框中选择“标题 1”，如图 6-70 所示。

图 6-70　在页眉中插入 StyleRef 域

③单击“确定”按钮，该页所在的章标题就插入到页眉中，且各章页眉内容均不同。若章编号为自动编号，则章编号不会被提取出来。此时需在相应位置再次插入 StyleRef 域，选择“标题 1”样式并将“域选项”的“插入段落编号”复选框选中。

可以使用同样的操作方法（样式名选择“标题 2”）将节编号及节标题插入到偶数页页眉中。

（7）设置正文的页脚。将光标定位至正文奇数页页脚区，插入页码，并设置页码格式及起始页码。

6.4　文档审阅

文档在编辑好后，经常需交由他人进行审阅。在审阅他人文档时，批注和修订是两种常用的方法。

6.4.1　使用批注

批注是审阅者在阅读 Word 文档时所做注释、提出的问题、建议或者其他想法。批注不显示在正文中，它不是文档的一部分，也不会被打印出来。

1．插入批注

选择需要添加批注的内容，在“审阅”选项卡的“批注”组中，单击“新建批注”按钮，如图 6-71 所示。此时页面右侧将出现批注框，用户可以在其中输入批注的内容，如图 6-72 所示。

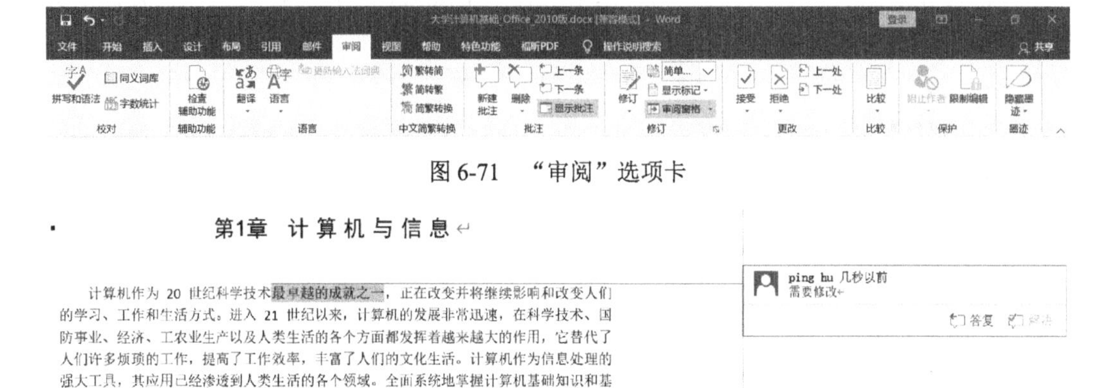

图 6-71　“审阅”选项卡

第1章　计算机与信息

计算机作为 20 世纪科学技术最卓越的成就之一，正在改变并将继续影响和改变人们的学习、工作和生活方式。进入 21 世纪以来，计算机的发展非常迅速，在科学技术、国防事业、经济、工农业生产以及人类生活的各个方面都发挥着越来越大的作用，它替代了人们许多烦琐的工作，提高了工作效率，丰富了人们的文化生活。计算机作为信息处理的强大工具，其应用已经渗透到人类生活的各个领域。全面系统地掌握计算机基础知识和基本应用将成为当代大学生适应信息社会发展的基本素质。

ping hu 几秒以前
需要修改
答复

图 6-72　插入批注

默认情况下，批注显示在页面右侧的批注框中。另外，还可以在“审阅”窗格中输入批注内容。打开“审阅”窗格的方法是，在“审阅”选项卡中，单击“修订”组中的“审阅窗格”按钮。

2．答复批注

选中添加好的批注，然后单击批注内容下面的“答复”按钮，在新出现的批注框中输入新的批注内容即可，如图 6-73 所示。

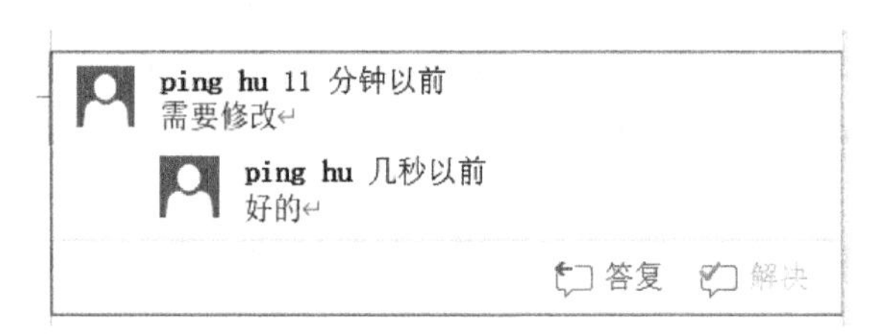

图 6-73　答复批注

3．删除批注

若要删除单个批注，可以右键单击该批注，在弹出的快捷菜单中选择“删除批注”命令；若要删除文档中的所有批注，可以在“审阅”选项卡上单击“批注”组中的“删除”下拉按钮，在弹出的下拉列表中选择“删除文档中的所有批注”选项。

4．隐藏和显示批注

如果想要把插入的批注隐藏起来，可以单击“审阅”选项卡中的“显示批注”按钮，用它可以对批注进行显示和隐藏操作。

6.4.2　使用修订

批注是对文档添加的注释，不会对文档内容进行更改。而有时审阅者需要直接在文档中进行修改，这时就需要使用修订功能。启用修订功能时，审阅者的每一次插入、删除或是格式更改都会被标记出来。当查看修订时，用户可以接受或拒绝每处更改。

1．进入修订模式

审阅者在对文档进行审阅时，最好使用修订功能。选择“审阅”选项卡，单击“修订”组中的“修订”下拉按钮，在弹出的下拉列表中选择“修订”选项，即可进入修订模式。再次单击该选项则退出修订模式。

若状态栏上显示了“修订”按钮，在修订模式下该按钮显示“修订：打开”，在编辑模式下则显示“修订：关闭”。通过单击该按钮，也可进入或退出修订模式。

2．对文档进行修订

在修订模式下，对文档所进行的一切修改，Word 都将添加修订标记，其中添加的文字会以红色并添加下画线显示；格式修改和被删除的文字在如图 6-74 所示的“在批注框中显示修订”选项设置之后，将会显示在页面右侧的批注框中，如图 6-75 所示。

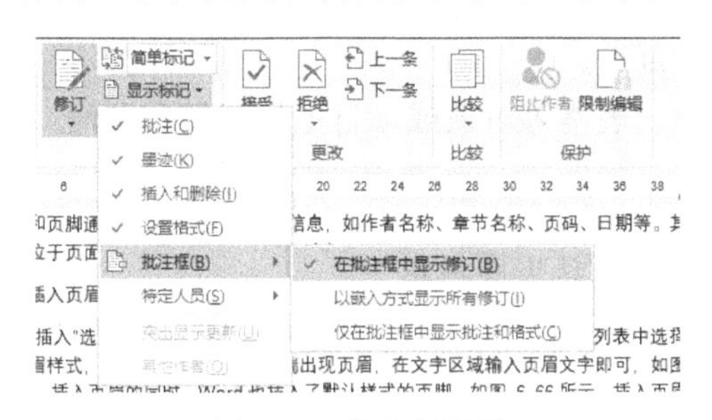

图 6-74　批注框设置

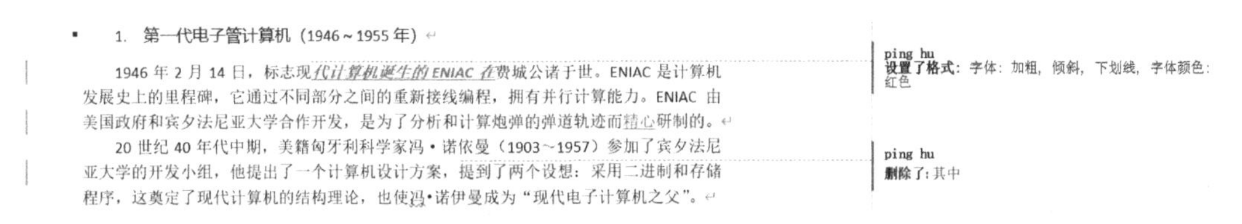

图 6-75 修订标记

3．拒绝或接受修订

审阅者将文档发回给作者时，作者可以选择拒绝或接受审阅者所做的修订。若拒绝修订，则修改内容从正文中移去，返回到该处原状态；若接受修订，则修改内容将被合并到文档中。拒绝或接受修订后修订标记消失。

（1）逐条拒绝或接受修订。选中修订后的内容，选择“修订”选项卡，单击“更改”组中的“拒绝”或“接受”按钮，可拒绝或接受该处修订。通过单击该组中的“上一处”或“下一处”按钮，可以进行逐处检查。

（2）同时拒绝或接受所有修订。单击“更改”组中的“拒绝”下拉按钮，在弹出的下拉菜单中选择“拒绝所有修订”选项即可拒绝所有修订；单击“接受”下拉按钮，在弹出的下拉菜单中选择“接受所有修订”选项即可接受所有修订。

习题 6

一、判断题

1．Word 2016 是一种系统软件。(　　)

2．在 Word 中，使用“查找”命令查找的内容可以是文本和格式，也可以是它们的组合。(　　)

3．在 Word 中，删除选定的文本内容时，Delete 键和退格键的功能相同。(　　)

4．用 Word 2016 制作的表格大小有限制，一个表格的大小不能超过一页。(　　)

5．Word 2016 中的“样式”实际上是一系列预置的排版命令，使用样式的目的是确保所编辑的文稿格式编排具有一致性。(　　)

6．为了使用户在编排文档版面格式时节省时间和减少工作量，Word 2016 提供了许多“模板”，所谓“模板”就是文章、图形和格式编排的框架或样板。(　　)

7．Word 文档的页码只能是阿拉伯数字，而不能是其他的符号。(　　)

8．在 Word 中，插入页码后就不能再删除了，只能更改页码的格式。(　　)

9．Word 中的一节比一页大。(　　)

10．题注是添加到图片、表格等对象或项目上的标签和编号 (　　)

二、单选题

1．Word 2016 文档文件的默认扩展名是_______。

A．TXT　　B．DOCX
C．DOTX　　D．BMP

2．Word 2016 文档中中文字形、字体和字号的默认设置值是_______。

A．常规、宋体、四号　　B．常规、宋体、五号
C．常规、宋体、六号　　D．常规、仿宋体、五号

3．Word 2016 中段落对齐的默认设置是_______。

A．两端对齐　　B．居中对齐
C．左对齐　　D．右对齐

4．在 Word 中查看一个域的域代码，右键单击该域后应在其弹出的快捷菜单中选择_______命令。

A．更新域　　B．编辑域
C．切换域代码　　D．查看域代码

5．下列关于 Word 分栏功能的说法中正确的是_______。

A．最多可分两栏　　B．各栏的宽度必须相同
C．各栏的宽度可以不同　　D．各栏间的距离是固定的

6．在 Word 2016 中，“格式刷”可用于复制文本或段落的格式，若要将选中的文本或段落格式重复应用多次，则最有效的操作方法是_______。

A．单击“格式刷”按钮　　B．双击“格式刷”按钮
C．右击“格式刷”按钮　　D．拖动“格式刷”按钮

7．在“页面设置”对话框的_______选项卡中，可以设置页边距及纸张方向。

A．纸张　　B．页边距
C．版式　　D．文档网格

8．在 Word 2016 中，关于表格样式的用法，以下说法正确的是_______。

A．只能直接使用“插入快速表格”生成特定样式的表格
B．可以在生成新表时使用表格样式或在插入表格后使用表格样式
C．每种表格样式的格式已经固定，不能对其进行任何形式的更改
D．在使用一种样式后，不能再更改为其他样式

9．在 Word 2016 中打印文档时，“页数”文本框中输入“2-6，10，15”，表示要打印的是_______。

A．第 2 页、第 6 页，第 10 页、第 15 页
B．第 2 页至第 6 页，第 10 页，第 15 页
C．第 2 页，第 6 页，第 10 页至第 15 页
D．第 2 页至第 6 页，第 10 页至第 15 页

10．在“图片工具 格式”选项卡中，选择_______工具组中的命令，可使图形置于文字上方或下方。

A．调整　　B．图片样式
C．排列　　D．大小

三、多选题

1．下列关于“保存”与“另存为”命令的说法，错误的是_______。

A．Word 2016 保存的任何文档，都不能用写字板打开
B．保存新文档时，“保存”与“另存为”命令的作用是相同的
C．保存旧文档时，“保存”与“另存为”命令的作用是相同的
D．“保存”命令只能保存新文档，“另存为”命令只能保存旧文档

2．“查找与替换”对话框中包含下列_______选项卡。

A．替换　　B．查找
C．定位　　D．选择性粘贴

3．下列关于 Word 修订的说法正确的是_______。

A．在 Word 中可以突出显示修订
B．不同的修订者的修订会用不同颜色显示
C．所有修订都用同一种比较鲜明的颜色显示
D．在 Word 中可以针对某一修订进行接受或拒绝修订

4．关于 Word 中的批注功能，下面的_______说法是正确的。

A．在文档中需要解释说明的部分可以添加批注起到提示作用
B．打印文档时，批注可以打印出来
C．批注只起解释说明的作用，并不能打印出来
D．批注的内容在默认状态下是隐藏起来的

5．在项目编号中，下面说法正确的是_______。

A．项目编号与文本的字体可以不同

B．项目编号可以不连续

C．文档中不同处的列表可采用连续编号

D．一行中可以有多个项目编号

6．下列关于页眉和页脚说法中正确的有_______。

A．可以插入图片　　B．可以添加文字

C．不可以插入图片　　D．可以插入文本框

7．下面_______是 Word 2016 表格具有的功能。

A．在表格中支持插入子表

B．在表格中支持插入图形

C．提供了绘制表头斜线的功能

D．提供了整体改变表格大小和移动表格位置的控制句柄

8．下列各种功能中，Word 可以实现的表格功能是_______。

A．可以在单元格中插入图形

B．填入公式后，若表格数值改变，将自动重新计算结果

C．可以将一个表格拆分成两个或多个表格

D．单元格在水平方向上及垂直方向上都可以合并

9．关于 Word 2016 的文本框，以下_______说法是正确的。

A．Word 2016 提供了横排和竖排两种类型的文本框

B．通过改变文本框的文字方向可以实现横排和竖排的转换

C．在文本框中可以插入图片

D．在文本框中不可以使用项目符号

10．关于邮件合并，下面说法_______是对的。

A．邮件合并只能用于批量生成邮件文件

B．邮件合并前首先要准备数据源

C．邮件合并中使用的域为“MergeFiled”域

D．邮件合并最后生成可打印的文档使用的命令为“完成并合并”

四、综合题

1．录入以下文字，并进行相关设置。

目前，世界上对操作系统（OS，Operating System）还没有一个统一的定义。下面仅就操作系统的作用和功能做出说明。操作系统是最基本的系统软件，是硬件的第一级扩充，是计算机系统的核心控制软件，它是对计算机全部资源进行控制与管理的大型程序，它由许多具有控制和管理功能的子程序组成。主要作用是管理系统资源，这些资源包括中央处理机、主存储器、输入/输出设备、数据文件和网络等；使用户能共享系统资源，并对资源的使用进行合理调度；提供输入/输出的便利，简化用户的输入/输出工作；规定用户的接口，以及发现并处理各种错误的发生。

（1）制作艺术字“操作系统定义”，作为文章的标题，并居中显示。

（2）将正文设置成楷体、小四号字，每段段首空两个字符。

（3）将正文分两栏均匀排版（每栏长度相同，且带分隔线）。

（4）在正文的两栏间插入一张符合文章内容的图片或剪贴画（自选）。

（5）添加页眉、页脚：页眉左端输入文字“操作系统简介”，右端插入页码；页脚处插入制作者的班级及姓名。

（6）为“中央处理器”添加脚注“Central Processing Unit 的缩写，即 CPU，一般由逻辑运算单元、控制单元和存储单元组成。”（不包括双引号）

（7）文档制作完毕以“操作系统简介”为标题保存在磁盘上。

2．在 Word 中创建如图 6-76 所示的“个人履历表”，并将其保存为模板“个人履历.dotx”。然后，根据此模板新建文档“个人履历.docx”。

个人履历表

年　月　日

<table>
<tr><td colspan="2">姓 名</td><td></td><td>性别</td><td></td><td>籍贯</td><td></td><td>婚否</td><td></td><td rowspan="5">照片</td></tr>
<tr><td colspan="2">曾用名</td><td></td><td>民族</td><td></td><td colspan="2">政治面貌</td><td colspan="2"></td></tr>
<tr><td colspan="2">出生年月</td><td colspan="2"></td><td colspan="2">身份证号码</td><td colspan="3"></td></tr>
<tr><td rowspan="2">联系方式</td><td>家庭住址</td><td colspan="7"></td></tr>
<tr><td>家庭电话</td><td colspan="3"></td><td>手机</td><td colspan="3"></td></tr>
<tr><td colspan="2">最高学历</td><td></td><td colspan="2">毕业学校</td><td colspan="2"></td><td>毕业时间</td><td colspan="2"></td></tr>
<tr><td colspan="2">第一专业</td><td colspan="2"></td><td>学位</td><td></td><td colspan="2">职称</td><td colspan="2"></td></tr>
<tr><td colspan="2">第二专业</td><td colspan="2"></td><td>英语水平</td><td colspan="5"></td></tr>
<tr><td colspan="2">计算机水平</td><td colspan="2"></td><td>第二外语</td><td></td><td colspan="2">参加工作时间</td><td colspan="2"></td></tr>
<tr><td colspan="3">特长、曾获证书</td><td colspan="7"></td></tr>
<tr><td colspan="3">人事档案隶属情况</td><td colspan="7"></td></tr>
<tr><td colspan="10">家庭主要成员情况（姓名、职业、政治面貌等）</td></tr>
<tr><td colspan="10"></td></tr>
<tr><td colspan="10">主要学习经历</td></tr>
<tr><td>截止日期</td><td colspan="2">学校名称</td><td colspan="3">专业</td><td>学制</td><td>职务</td><td colspan="2">主要成绩</td></tr>
<tr><td></td><td colspan="2"></td><td colspan="3"></td><td></td><td></td><td colspan="2"></td></tr>
<tr><td colspan="10">主要工作经历</td></tr>
<tr><td>截止日期</td><td colspan="2">单位名称</td><td colspan="3">性质</td><td>岗位</td><td>职务</td><td colspan="2">主要工作</td></tr>
<tr><td></td><td colspan="2"></td><td colspan="3"></td><td></td><td></td><td colspan="2"></td></tr>
<tr><td>备注</td><td colspan="9"></td></tr>
</table>

图 6-76　个人履历表

第 7 章　Excel 应用

虽然 Word 2016 具有图形绘制、图表制作等功能，但无法对数据进行更复杂的分析和处理。Office 2016 家族的另一个成员——Excel 2016，它不仅可以处理和分析数据，还能制作出图文并茂的电子表格，实现了图、文、表三者的完美结合。

7.1　数据输入与编辑

在 Excel 2016 中，用户不仅可以直接输入数据，还可以利用填充及数据有效性等功能快速地填充数据，以及对数据进行复制和编辑。

7.1.1　数据输入

Excel 2016 中的基本数据类型包含两种：常量和公式。常量又分为数值、文本、日期、货币等类型。在默认情况下，单元格中的文本自动靠左对齐，数字、日期等数据自动靠右对齐。本节首先介绍常量的输入方法，公式的输入方法将在 7.3 节中介绍。

1．数值型数据输入

在 Excel 中，数值型数据是指所有代表数量的数字，包括数字 0～9 及正号（+）、负号（−）、货币符号（￥、$）、百分号（%）、指数符号（E、e）等。Excel 可以表示和存储的数字最大可精确到 15 位有效数字，数值型数据默认靠右对齐。

数值型数据输入时，用户只需选中需要输入数值的单元格，然后直接输入相应的数值即可。对于以下两种数值需要特殊处理。

（1）负数。在数值前加一个“−”号或把数值放在括号“( )”里，如在单元格内输入“−10”或“(10)”，显示的结果均为“−10”。

（2）分数。若要在单元格中输入分数形式的数据，则应首先在编辑框中输入数字“0”和一个空格，然后再输入分数，否则 Excel 会把分数当作日期处理。例如，要在单元格内输入分数“3/4”，应输入“0 3/4”。

另外，在输入数值的过程中，表示货币的“￥”符号及表示千位分隔符的“,”符号等都不需要用户输入，而是在单元格中进行相应的格式设置即可，具体参见单元格格式的相关内容。

需要注意的是，在“常规”格式下 Excel 会根据输入的内容自动进行类型的处理。“常规”格式的数字长度为 11 位，当用户输入的数字长度超过 11 位或超过单元格的宽度时，系统就会自动地将其以科学记数法的形式表示出来，如 2.7E15 表示为 2.7×10^{15}。这就要求用户必须改变输入数值的数字格式或调整单元格的列宽。另外，以数字“0”开头的数值型数据，零会被隐藏，若要显示数字“0”，则只能将它处理成文本型数据，即在数字“0”前输入一个单引号“'”（半角英文符号）。

2．文本输入

在 Excel 中，文本型数据是指一些非数值型的文字、符号等，包括汉字、英文字母、空格等，除此之外，许多不代表数量的、不需要进行数值计算的数字也可以保存为文本形式，如电话号码、身份证号码等。Excel 2016 的单元格中最多可输入 32767 个字符。默认情况下，文本型数据靠左对齐。

用户可以将光标定位在编辑框中，然后输入文本，也可以双击单元格将光标定位在单元格中，直接在该单元格中输入文本。如果需要在单元格内换行，则可按下 Alt+Enter 组合键换行。如果要将数字作为文本型数据输入，则需要在数字前加上一个单引号“'”（半角英文符号）。

3．日期和时间输入

Excel 把日期和时间作为一种特殊的数值，其中日期的默认格式为“yyyy/mm/dd”，在输入日期时可以使用“/”或“-”，或者输入中文的“年月日”来分隔日期中的年、月、日，如“2020-7-18”“2020/7/18”“2020 年 7 月 18 日”。时间的默认格式为“hh:mm:ss”，输入时间时使用“:”（英文符号）分隔时、分、秒。如果是 12 小时制的时间，则在输入完时间后再输入一个空格，接着输入“AM(A)”或“PM(P)”，大小写都可以。如输入“07:13:20 p”或“07:13:20 PM”，单元格内都会显示“7:13:20 PM”，而在编辑框内的实际值是“19:13:20”。如果要在单元格中同时输入日期和时间，则日期和时间之间应该以空格分隔。

小技巧：若要输入当前日期，则只需在选中的单元格中按下 Ctrl+；组合键；若要输入当前时间，则在选中的单元格按下 Ctrl+Shift+；组合键。

注意：在活动单元格中输入以上数值、文本、日期等数据后，可以用以下 4 种方法之一确认输入结束：① 按回车键；② 选择键盘上的方向键；③ 单击编辑区中间的输入按钮 √；④ 单击其他单元格。

7.1.2　数据填充

为了能够快速、准确地在 Excel 中批量输入数据，可以利用数据之间的规律，再使用一些基本输入方法或输入技巧批量地进行数据填充。

如果在多个单元格（连续或不连续）区域中需要输入相同的数据，则可以通过选中所需的单元格区域并输入数据，结束时按下 Ctrl+Enter 组合键完成。

如果数据本身包含某些顺序上的关联性（如等差数列、等比数列等），则还可以使用 Excel 提供的数据填充功能快速地输入批量数据。

1．使用填充柄填充数据

使用自动填充功能可以填充具有一定排列顺序的数值及日期等类型数据。

如图 7-1 所示，在单元格区域 A2:A8 中利用填充柄自动填充序列 1，2，3，…，7。先在 A2 单元格中输入数字“1”并确认。选中 A2 单元格，将鼠标指针移至该单元格右下角的黑点（填充柄）上，待光标变成黑色实心“＋”形状时按住鼠标左键不放拖动至 A8 单元格上释放。单击自动弹出的“自动填充选项”按钮，在弹出的下拉菜单中选择“填充序列”单选项，即可将数字以序列方式填充在单元格区域中。

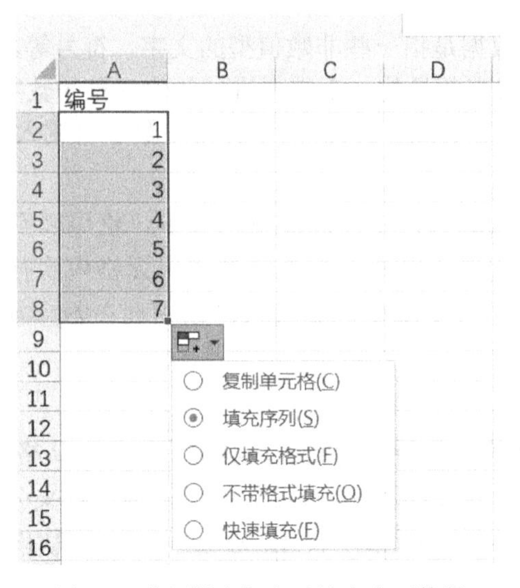

图 7-1　使用填充柄自动填充序列数据

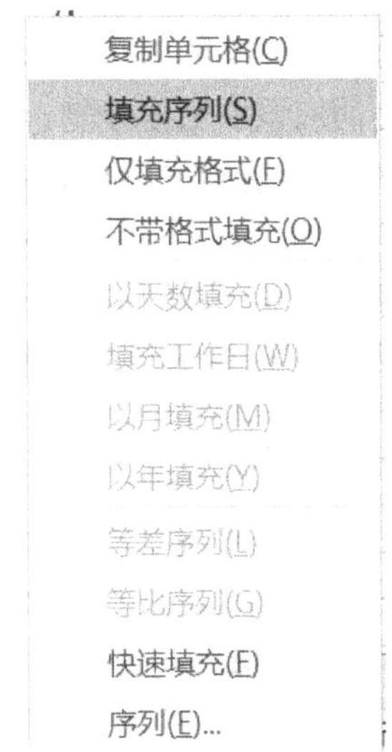

图 7-2　数据填充快捷菜单

另外，以下两种方法也可以实现自动填充上面的序列。

（1）分别在 A2 和 A3 单元格中输入数字“1”和“2”并确认，选中这两个单元格，然后将鼠标指针移至它们的填充柄上，待光标变成黑色实心“＋”形状时按住鼠标左键不放拖动至 A8 单元格后释放。

（2）在 A2 单元格中输入数字“1”并确认，选中 A2 单元格，在其填充柄上按住鼠标右键不放，拖动至 A8 单元格后释放鼠标，然后在弹出的快捷菜单中选择“填充序列”命令，如图 7-2 所示。

对于以“1”为步长增加并且在连续单元格中输入的数据，还可以在第一个单元格中输入起始数据并确认，选中该单元格，在按住 Ctrl 键的同时拖动填充柄至目标位置实现批量数据的输入。如在 A2 单元格中输入数字“1”并确认，选中 A2 单元格，按住 Ctrl 键并在其填充柄上按住鼠标左键不放拖动至 A8 单元格后释放鼠标，则在 A1～A8 单元格中就输入了 1～7。

2．使用对话框填充数据

首先选择要填充的区域，然后在“开始”选项卡的“编辑”组中单击按钮旁的下三角按钮，从展开的下拉列表中选择“序列”命令，打开“序列”对话框，如图 7-3 所示。利用该对话框可以填充多种有规律的数据，如等差序列、等比序列、日期等。

在“序列”对话框中，可以设置“序列产生在”行或列、序列的“类型”、“步长值”等，用户可以根据实际情况设置所需的选项。

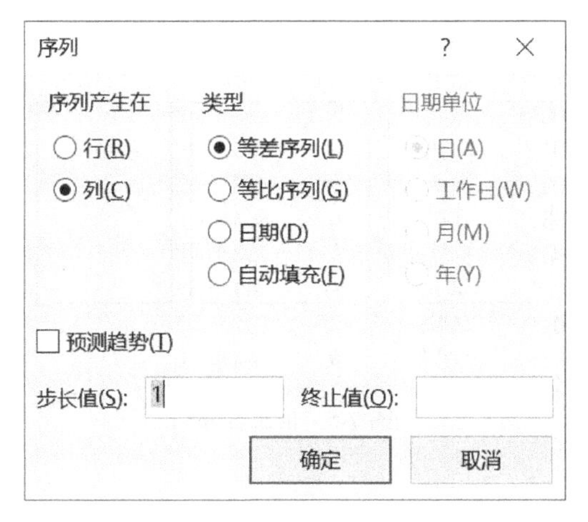

图 7-3　“序列”对话框

3．利用快捷键 Ctrl + E 快速填充

Ctrl + E 是 Excel 2016 新增加的快捷键，其功能是在有固定格式的数据中依据字符间的关系自动进行文本拆分、信息提取、数据合并，然后进行快速填充，并且不需要编写公式。使用方法为首先按照确定的格式在某个单元格中手动输入第一个数据，然后选中需要填充的单元格区域（必须包含已输入数据的单元格），按 Ctrl + E 快捷键。下面举例讲解。

（1）从身份证号中提取出生日期，如图 7-4 所示。过去这个功能通常要用函数来实现，现在可以用快速填充实现。首先在出生日期列的任意一个单元格中输入出生日期，假设在 C2 单元格中输入“19770308”；然后选中 C 列再按 Ctrl + E 快捷键即可快速填充整列。

	A	B	C
1	姓 名	身份证号	出生日期
2	王一	330127197703081367	
3	张二	330106197409110286	
4	林三	330106198801171847	
5	胡四	330106199503042466	
6	吴五	330110198508053234	
7	章六	330106199712051770	
8	陆七	330110198508053634	
9	苏八	330110199602054725	
10	韩九	330110199912280911	

图 7-4　提取出生日期

（2）信息合并。如图 7-5 所示，对员工的部门和姓名进行合并。方法仍然是在任意一个单元格中输入数据，如在 E2 单元格中输入“第 3 车间 翟丹（男）”，然后选中 E 列再按 Ctrl + E 快捷键即可填充整列。

巧妙地利用 Ctrl + E 快捷键，可以提高数据填充的效率。在处理比较复杂的数据时，Excel 的自动判断功能可能会出现偏差，这时我们可以尝试在几个单元格中多次输入数据，使软件能够判断得更准确。

	A	B	C	D	E
1	职工号	姓名	性别	部门	组合信息
2	JC022	翟丹	男	第3车间	第3车间 翟丹（男）
3	JC018	闫玉	女	第3车间	
4	JC017	徐天	女	第3车间	
5	JC035	汪婷	女	第4车间	
6	JC019	杨杰	女	第3车间	
7	JC002	窦海	男	第1车间	
8	JC012	马华	女	第2车间	
9	JC028	李明辉	女	第4车间	

图 7-5　信息合并

7.1.3　数据复制

数据复制操作通常包含两个步骤：第一个步骤是将数据复制到剪贴板；第二个步骤是将数据从剪贴板粘贴到目标位置。

1．单元格和区域的选定及复制

若要复制 Excel 工作表中的数据，则首先要选定相应的单元格或区域，单元格的选定很简单，直接单击单元格即可。选定区域的方法如下。

（1）选定区域的起始单元格，直接拖曳光标到区域右下角的单元格；或者选定区域左上角的单元格，按住 Shift 键，再单击区域右下角的单元格，即可选定一个连续区域。

（2）选定一个单元格或区域，按住 Ctrl 键，再单击其他单元格，可以选定多个不连续的单元格或区域。

（3）单击行号或列标可以选定一行或一列；在行号或列标上拖曳光标可选定连续的多行或多列；若要选定不连续的多行或多列，则在按住 Ctrl 键的同时单击行号或列标即可。

在选定完成后，选择“开始”选项卡“剪贴板”组中的“复制”命令，或者按下快捷键 Ctrl + C，即可将数据复制到剪贴板。选择“开始”选项卡“剪贴板”组中右下角的“剪贴板”命令，可以查看已经复制到剪贴板的所有项目，也可以对项目进行删除或清空。

2．数据粘贴

选中目标位置，选择“开始”选项卡“剪贴板”组中的“粘贴”命令，或者按下快捷键 Ctrl + V，即可将数据从剪贴板粘贴至目标位置。在默认情况下，源单元格或区域的数据、格式设置、公式、有效性和批注中的所有内容都将粘贴到目标单元格中。有时，这可能不是我们想要的结果。例如，我们可能只想粘贴单元格中的内容，但不粘贴其格式，或者只想粘贴公式的结果，而不是公式本身，这些都可以通过“选择性粘贴”来实现。单击“粘贴”命令的下三角按钮，选择下拉列表中的命令可以实现不同的粘贴方式，也可以在目标位置单击右键，在弹出的快捷菜单中进行粘贴命令的选择。针对复制来源是公式的情形，可以通过选择“粘贴选项”下拉列表中的命令来实现粘贴的是粘贴数值或是公式，前者是仅粘贴公式的计算结果，后者是粘贴整个公式，如果公式中包含了相对引用，还会根据目标位置自动进行引用的变换。关于相对引用和绝对引用的概念，见“7.3.1 公式概述”一节。

下面看一个例子，学生成绩表如图 7-6 所示，在“总分”这一列输入一个求和公式，对三门课的成绩进行求和。先复制 F2 单元格，然后在 G2 单元格中直接按 Ctrl + V 快捷键粘贴，这时会发现总分 240 并没有被复制到 G2，而是复制了 SUM 公式，并且求和区域也进行了变换，变成了 D2:F2。如果只是想复制总分结果的数值，可以选中 H2 单元格，在“粘贴”下拉列表中选择“值”命令，就会把总分数值 240 粘贴到 H2 单元格中。如果选择“粘贴链接”命令，这时 H2 的值就变成了对 F2 单元格的绝对引用，F2 的值发生变化，H2 的值也会跟着一起变化。

G2　=SUM(D2:F2)

	A	B	C	D	E	F	G	H
1	学号	姓名	语文	数学	英语	总分		
2	20041001	毛莉	75	85	80	240	405	240
3	20041002	杨青	68	75	64	207		
4	20041003	陈小鹰	58	69	75	202		
5	20041004	陆东兵	94	90	91	275		
6	20041005	闻亚东	84	87	88	259		

图 7-6　学生成绩表

选择“粘贴”下拉列表中的“选择性粘贴”命令，或者单击右键，在弹出的快捷菜单中选择“选择性粘贴”命令，会打开“选择性粘贴”对话框。在该对话框中可以对粘贴选项进行更加详细的设置。此外，在“选择性粘贴”对话框中还可以设置运算方式，进行先运算再粘贴。例如，复制源位置的数值为 80，目标位置的数值为 100，选择的运算方式是减法，则先进行运算 100−80=20，然后将 20 粘贴至目标位置，目标位置的原数值 100 会被覆盖。如果源位置或目标位置是空单元格，则视为 0。下面看一个例子，仍然是之前的学生成绩表，准备把第一位学生的语文成绩提高 10%。在 G2 单元格中输入数值 1.1，复制 G2 单元格，再选中 C2 单元格，打开“选择性粘贴”对话框。在“运算”选项组中选择“乘”单选按钮，单击“确定”按钮。意思就是把 1.1 以“乘”的方式粘贴到 C2 单元格上，即 75×1.1=82.5，数值 82.5 会粘贴到 C2 单元格中，原数值 75 被覆盖。

3．快速复制

（1）利用填充柄。选中某单元格，将鼠标指针移至该单元格右下角的黑点（填充柄）上，待光标变成黑色实心“＋”形状时，按住鼠标左键不放拖曳至其他单元格上释放，则在拖放路径上所有单元格都会复制起始单元格的内容。如果选中的是单元格区域，并且单元格区域的数值不同，这时如果直接拖曳，则 Excel 会根据数值的排列规律进行数据的填充而不是复制，如果需要复制则有两种方法，第一种方法是在拖曳的同时按住 Ctrl 键，第二种方法是在拖曳结束后，单击自动弹出的“自动填充选项”按钮，然后在弹出的下拉菜单中选择“复制单元格”命令。

（2）利用快捷键 Ctrl+D、Ctrl+R。选中目标单元格或单元格区域，按 Ctrl+D 快捷键会快速复制相邻的上方单元格中的内容，按 Ctrl+R 快捷键会快速复制相邻的左侧单元格中的内容。这两个快捷键有两个局限，第一是只能复制相邻单元格，第二是一次最多只能复制粘贴一行或一列数据。

7.1.4 数据编辑

1．数据修改

修改已输入的数据可以分为全部修改和部分修改两种情况。如果是全部修改，则只要单击需要修改的单元格，直接输入新数据即可；如果是部分修改，则可以采用如下方法。

（1）单击单元格，然后在编辑框的编辑区域中进行修改操作。

（2）双击单元格，当单元格中出现插入点后，进行修改操作。

2．删除

Excel 中的删除有两个概念：删除数据和删除单元格。

（1）删除数据。删除数据针对的对象是单元格中的数据，单元格本身并不受影响，其实执行的是清除操作。选择需要清除数据的单元格或单元格区域，在“开始”选项卡的“编辑”组中单击“清除”按钮的下三角按钮，在展开的下拉列表中有 5 个命令，全部清除、清除格式、清除内容、清除批注、清除超链接。选择后 4 个选项命令将分别清除单元格中的格式、数据、批注和超链接；若选择“全部清除”命令则将清除单元格中的格式、数据和批注等全部内容，而单元格保留不变。

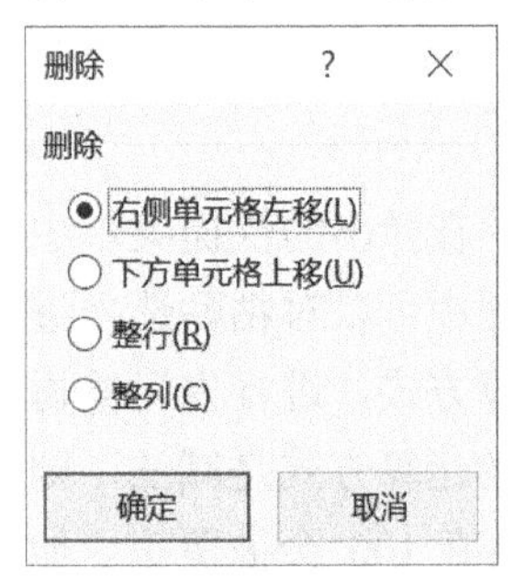

图 7-7 “删除”对话框

（2）删除单元格。执行删除单元格操作后，选取的单元格及单元格内的数据都将从工作表中被删除。其操作方法是：先选取某单元格或单元格区域，在“开始”选项卡“单元格”组中单击“删除”按钮的下三角按钮，从展开的下拉列表中选择“删除单元格”命令，打开如图 7-7 所示的“删除”对话框，根据实际需要按照对话框提示进行操作即可。

7.2 工作表格式化

对工作表中各单元格的数据进行格式化是创建专业表格不可或缺的步骤，规范专业的格式不仅可以清晰地显示数据，而且可以起到美化和规范整个表格的作用，从而极大地提高表格的整体效果及可读性。

7.2.1 单元格格式

格式化工作表可以通过两种方式来实现：一种是使用在“开始”选项卡中的“字体”“对齐方式”“数字”选项组中的相应选项按钮；另一种是使用“设置单元格格式”对话框。

1．设置数字、日期、时间格式

选定要设置数字、日期、时间格式的单元格或单元格区域，单击右键，在弹出的快捷菜单中选择“设置单元格格式”命令，弹出“设置单元格格式”对话框，选择“数字”选项卡。在“分类”列表框中列出了 Excel 所有的数值、货币、日期、时间等分类格式。当用户在该列表框中选择了所需的类型后，右侧会出现该类型相应的设置选项。如图 7-8 所示为选择“货币”类型后系统列出的可供选择的货币格式。设置完成后，单击“确定”按钮。

图 7-8　设置数值的货币格式

2．设置文本格式

设置文本的字体、字形、字号、颜色等，可以直接在“开始”选项卡的“字体”组中单击相应选项按钮来实现。但如果要使用一些特殊的效果，则可以使用完整的文本格式设置，即打开“设置单元格格式”对话框中的“字体”选项卡来进行设置。

3．设置对齐方式

单元格中的数据在水平方向上的默认对齐方式是文本靠左对齐，数值靠右对齐；在垂直方向上的默认对齐方式是居中。除使用 Excel 默认的对齐方式，用户还可以根据自己的需要设置数据的对齐方式，以使工作表美观、整齐。在“设置单元格格式”对话框的“对齐”选项卡中可以修改对齐方式。

4．设置单元格的行高和列宽

系统会对单元格的行高和列宽进行自动调整，一般不需要人工干预。也可以用鼠标操作来调整行高或列宽。最简单的操作是用鼠标直接拖曳行标志的下边线或列标志的右边线来调整行高或列宽，或者双击行标志的下边线或列标志的右边线来调整行或列到最适合的高度或宽度。

在“开始”选项卡的“单元格”组中单击“格式”按钮的下三角按钮，在展开的下拉列表中选择“行高”和“列宽”命令可以精确地设置行高和列宽，操作步骤如下。

（1）选中要调整的行、列中的任意一个单元格。

（2）在“开始”选项卡的“单元格”组中单击“格式”按钮的下三角按钮，在展开的下拉列表中选择“行高”或“列宽”命令。

（3）在弹出的对话框中输入精确的宽度值或高度值。

5．设置边框、底纹和背景图案

（1）设置边框。选定需要添加边框的单元格区域，然后在“开始”选项卡的“字体”组中单击“边框”按钮的下三角按钮，从弹出的下拉列表中选择所需要的边框样式即可。也可以在“设置单元格格式”对话框中的“边框”选项卡中设置边框和线条样式。

（2）设置底纹和背景图案。选定需要添加背景颜色的单元格或单元格区域，然后在“开始”选项卡的“字体”组中单击“填充颜色”按钮的下三角按钮，从弹出的下拉列表中选择所需要的填充颜色。也可以在“设置单元格格式”对话框的“填充”选项卡中设置背景颜色和图案。

7.2.2 条件格式

在 Excel 2016 中，可以使用条件格式来分析单元格数据，让单元格数据的对比一目了然。自 Excel 2007 以来，条件格式的功能得到了极大的增加，数据的比较规则也变得多样化。

1．突出显示单元格规则

使用突出显示单元格规则，可以快速查找单元格区域中某个符合特定规则的单元格，并以特殊的格式突出显示该单元格。通常，可以作为突出显示单元格规则的有“大于”“小于”“介于”“等于”“文本包含”“发生日期”及“重复值”，用户可以根据要设置单元格的数据类型选择最适合的规则。具体操作步骤如下。

选择需要设置突出显示的单元格或单元格区域，在“开始”选项卡的“样式”组中单击“条件格式”的下三角按钮，在展开的下拉列表中选择“突出显示单元格规则”命令，在下级列表中选择需要的命令（此处以选择“大于”命令为例），打开某个对话框（如“大于”对话框），在“设置为”下拉列表中选择要设置的格式命令，单击“确定”按钮，满足相应条件的单元格的格式即可发生变化。

2．项目选取规则

用户可以使用条件格式中的“项目选取规则”来选择满足某个条件的单元格或单元格区域。通常，可以作为“项目选取规则”的选项有“前 10 项”“前 10%”“最后 10 项”“最后 10%”“高于平均值”“低于平均值”。

选择需要进行项目选取的单元格或单元格区域，在“开始”选项卡的“样式”组中单击“条件格式”的下三角按钮，在展开的下拉列表中选择“项目选取规则”命令，在下级列表中选择需要的命令（此处以选择“前 10 项”命令为例），打开某个对话框（如“前 10 项”对话框），在“调节”框中输入项目数，在“设置为”下拉列表中选择要设置的格式命令，返回工作表中，满足相应条件的单元格的格式已发生了变化。

3．数据条

数据条可以帮助用户查看某个单元格相对于其他单元格的值，数据条的长度代表单元格中数据的值，数据条越长，代表值越大；反之，数据条越短，代表值越小。当在观察大量数据中的较大值和较小值时，数据条显得特别有效。

选择需要显示数据条的单元格或单元格区域，在“开始”选项卡的“样式”组中单击“条件格式”的下三角按钮，从展开的下拉列表中选择“数据条”命令，在下级列表中选择数据条的填充颜色，此时返回工作表中，所有选中的单元格区域已添加了数据条的显示效果。

4．色阶

色阶指用不同颜色刻度来分析单元格中的数据，颜色刻度作为包括一种直观的提示，可以帮助用户了解数据分布和数据变化。Excel 2016 中常见的颜色刻度包括双色刻度和三色刻度。通常，颜色的深浅表示值的大小，如在绿、黄、红三色刻度中，会指定较大值单元格的颜色为绿色，中间值单元格的颜色为黄色，而较小值的单元格颜色为红色。

选择需要用色阶显示的单元格或单元格区域，在“开始”选项卡中的“样式”组中单击“条件格式”的下三角按钮，从展开的下拉列表中选择“色阶”命令，在下级列表中选择一种颜色刻度，此时返回工作表中，所有选中的单元格区域已添加了某颜色刻度的显示效果。

5．图标集

在 Excel 2016 中，可以使用图标集对数据进行注释，还可以按阈值将数据分为 3～5 个类别，每个图标代表一个值的范围。例如，在三向箭头（彩色）图标中，绿色的上箭头代表较大值，黄色的横向箭头代表中间值，红色的下箭头代表较小值。

选择需要用图标集显示的单元格或单元格区域，在“开始”选项卡的“样式”组中单击“条件格式”的下三角按钮，从展开的下拉列表中选择“图标集”命令，在下级列表中选择一种图标集样式，此时返回工作表中，所有选中的单元格区域已应用了图标集样式的显示效果。

6．自定义条件格式规则

除可以直接使用前面的规则项目来分析单元格数据外，Excel 还支持用户自定义规则（如对重复数据设置红色背景）来分析单元格中的数据。

选择需要应用自定义条件格式的单元格或单元格区域，在“开始”选项卡的“样式”组中单击“条件格式”的下三角按钮，在展开的下拉列表中选择“新建规则”命令，弹出“新建格式规则”对话框，或者在某个具体的条件格式下级菜单中选择“其他规则”命令，然后在弹出的对话框中设置选择规则类型并编辑规则说明，最后单击“确定”按钮即可。

7．清除规则

若要对某个单元格或单元格区域清除应用的条件格式，则可以在“开始”选项卡的“样式”组中单击“条件格式”的下三角按钮，在展开的下拉列表中选择“清除规则”命令，然后在下级列表中选择具体清除的对象即可。

7.2.3　使用样式

样式是一组定义好的格式集合，如数字、字体、边框、对齐方式、底纹等。利用样式可以快速地将多种格式用于单元格中，以简化工作表的格式设置。如果样式发生变化，则所有使用该样式的单元格都会自动跟着改变。样式既可以针对单个单元格，称为单元格样式，也可以针对单元格区域，称为表格样式。

1．使用单元格样式

（1）创建单元格样式。在“开始”选项卡的“样式”组中单击“单元格样式”按钮的下三角按钮，在展开的下拉列表中选择“新建单元格样式”命令，弹出“样式”对话框。在“样式名”文本框中输入新样式的名称，单击“格式”按钮，弹出“设置单元格格式”对话框。在该对话框中可以完成对数字格式、字体、对齐方式、边框和填充等的设置，单击“确定”按钮后，新创建的样式就添加在“单元格样式”下拉列表的“自定义”命令区域内了。

（2）修改单元格样式。在“开始”选项卡的“样式”组中单击“单元格样式”按钮的下三角按钮，在展开的下拉列表中右击需要修改的样式，在弹出的快捷菜单中选择“修改”命令，在弹出的“样式”对话框中进行相应设置。

（3）应用单元格样式。选择需要应用样式的单元格或单元格区域，在“开始”选项卡的“样式”组中单击“单元格样式”按钮的下三角按钮，在弹出的下拉列表中右击需要应用的样式，在弹出的快捷菜单中选择“应用”命令。

（4）删除单元格样式。样式创建后会存放在创建它的工作簿中。打开包含要删除样式的工作簿，在“开始”选项卡的“样式”组中单击“单元格样式”按钮的下三角按钮，在弹出的下拉列表中右击需要删除的样式，在弹出的快捷菜单中选择“删除”命令即可。

（5）合并单元格样式。如果在其他工作簿中设置了自定义样式，并希望能在当前工作簿中使用这些样式，则可以通过合并样式来实现。打开含有样式的源工作簿，然后打开需要此样式的目标工作簿。在目标工作簿的“开始”选项卡的“样式”组中单击“单元格样式”按钮的下三角按钮，从弹出的下拉列表中选择“合并样式”命令，弹出“合并样式”对话框，在其中选择源工作簿的名称，单击“确定”按钮，随后弹出提示对话框，提示用户是否合并相同名称的样式，根据需要选择（一般选择“是”按钮），新合并后的样式就添加在“单元格样式”下拉列表的“自定义”区域内了。

2．套用表格格式

与单元格或单元格区域使用样式类似，Excel 2016 提供了应用各种内置表格样式、新建表格样式、修改表格样式的功能，方便用户对表格应用各种格式。

（1）新建表格样式。在“开始”选项卡的“样式”组中单击“套用表格格式”按钮的下三角按钮，在展开的下拉列表中选择“新建表格样式”命令，弹出“新建表样式”对话框。在对话框的“名称”框中输入自定义表格样式的名称，选择需要设置的表格元素，单击“格式”按钮进行相关设置即可。创建后的自定义表格样式被添加在“套用表格格式”下拉列表的“自定义”区域内。

（2）修改自定义表格样式。对于已经定义好的自定义表格样式，可以对其进行修改。在“开始”选项卡的“样式”组中单击“套用表格格式”按钮的下三角按钮，在弹出的下拉列表中右击需要修改的样式，从弹出的快捷菜单中选择“修改”命令，然后打开“修改表格样式”对话框，根据需要在其中进行修改设置即可。

（3）应用表格样式。选择需要应用表格样式的表格区域，在“开始”选项卡的“样式”组中单击“套用表格格式”按钮的下三角按钮，在展开的下拉列表中选择需要应用的表格格式，在弹出的“套用表格式”对话框中设置表格数据来源及表格是否包含标题，单击“确定”按钮即可。

（4）删除自定义表格样式。打开包含要删除样式的工作簿，在“开始”选项卡的“样式”组中单击“套用表格格式”按钮的下三角按钮，在展开的下拉列表中右击需要删除的自定义表格样式，从弹出的快捷菜单中选择“删除”命令即可。

注意：与单元格内置样式不同，Excel 2016 的内置表格样式既不能被修改也不能被删除，只有自定义的表格样式才能被修改和删除。

7.3 公式与函数

Excel 2016 可以利用公式和函数进行复杂的数据运算与管理，以提高用户对数据操作的效率。公式是对工作表中数据进行分析与计算的表达式，而函数实际上是 Excel 预先定义好的公式，使用函数能简化公式，并能实现一些一般公式无法实现的计算，在日常计算中较为常用。

7.3.1 公式概述

所有的 Excel 公式都具有相同的结构，即以等号“=”开始，并由圆括号、运算符连接的数据常量、单元格引用和函数组成的式子，如“=2*PI()*A1”，其中 2 为数值常量，PI() 为函数，A1 为单元格引用。

1．公式输入

输入公式的操作类似输入文本，但在输入公式时应以一个等号“=”开始，表明输入的内容为公式，例如，“=80+45*6”。用户既可以在单元格中直接输入公式，也可以在编辑区中输入公式。输入完成后编辑栏显示公式内容，单元格中显示的是公式的计算结果。

2．运算符

Excel 的运算符可以分为以下几类。

（1）算术运算符。算术运算符用来完成基本的数学运算，Excel 中可用的算术运算符有+、−、*、/、^、%，分别表示加、减、乘、除、幂和百分号运算。

（2）比较运算符。比较运算符用来比较两个值，其结果是一个逻辑值，即真（True）或假（False）。Excel 中的比较运算符主要有=（等于）、>（大于）、<（小于）、>=（大于等于）、<=（小于等于）、< >（不等于）。

（3）文本运算符。文本运算符只有一个，即“&”，用来连接两个文本字符串，形成一个新的文本。例如，“="中国"&"香港"”，得到的结果是“中国香港”。

（4）引用运算符。引用运算符用于表示单元格区域。表 7-1 列出了 Excel 的引用运算符。

表 7-1　Excel 的引用运算符

引用运算符	含　义	示　例
：（冒号）	区域运算符，产生对包含在两个引用之间的所有单元格的引用	例如，A3:B8 表示以单元格 A3 为左上角、B8 为右下角的矩形单元格区域中的所有数据
，（逗号）	联合运算符，将多个引用合并为一个引用	例如，B6:B12,D6:D12 表示以单元格 B6 为左上角、B12 为右下角的矩形单元格区域和以单元格 D6 为左上角、D12 为右下角的矩形单元格区域
（单个空格）	交叉运算符，表示几个单元格区域所共有的单元格	例如，B7:D7 C6:C8 表示这两个单元格区域的共有单元格为 C7

当公式中同时出现多种运算符时，Excel 将按表 7-2 所示的各种运算符的优先级，从高到低进行运算。

表 7-2　各种运算符的优先级

:	空格	,	-（负号）	%	^	* 和 /	+ 和 -	&	=、<、>、<=、>=、<>

3．单元格引用

单元格引用的作用是标识某单元格或单元格区域的位置，Excel 中用列标和行号来表示某个单元格，结合表中的引用运算符，可以用来标识某个具体的单元格区域。例如，A5:C20 表示在 A 列 5 行到 C 列 20 行之间的单元格区域。

另外，可以使用“公式”选项卡“定义的名称”组中的“名称管理器”选项来创建名称以代替单元格引用，简单地说就是给指定的单元格引用起一个名称，这样在公式中直接使用该名称就可以了。例如，新建一个单元格引用名称为“销量”，引用位置设置为“A1:A12”，这样在需要使用“A1:A12”的公式中可以直接使用“销量”来代理。在处理一些比较复杂的数据时，或者需要重复引用某个单元格区域时，使用名称会非常方便。

4．公式中的相对引用和绝对引用

单元格的相对引用是指直接用单元格的列标和行号来取用某单元格的内容。如果公式所在的位置发生了改变，则公式所引用的单元格列标或行号也随之改变。例如，在单元格 D1 中有公式“=B1*C1”，如图 7-9 所示，当把单元格 D1 中的公式复制到单元格 D4 时，则 D4 中的公式变为“=B4*C4”，如图 7-10 所示。当要用同一公式计算连续的某一区域时，可用拖曳填充柄填充的方法实现公式的复制，如图 7-11 所示。

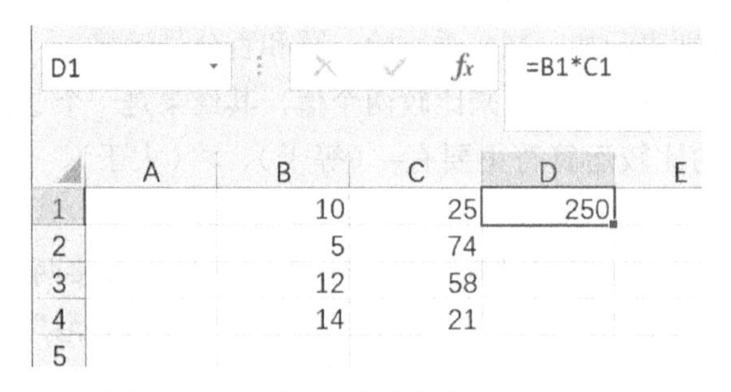

图 7-9　单元格 D1 中有公式“=B1*C1”

D4　fx　=B4*C4

	A	B	C	D
1		10	25	250
2		5	74	
3		12	58	
4		14	21	294

图 7-10　把单元格 D1 复制到单元格 D4

D1　fx　=B1*C1

	A	B	C	D
1		10	25	250
2		5	74	370
3		12	58	696
4		14	21	294
5				

图 7-11　填充柄填充效果

有时，虽然公式的位置改变，但不希望公式中的单元格引用发生改变。这时，需要使用绝对引用，即在单元格的列标或行号前加上符号“$”。例如，将单元格 D1 中的公式改为“=$B$1*C1”并复制到 D4 单元格，结果如图 7-12 所示，由于在 D4 单元格的公式中 B1 用的是绝对引用，C1 用的是相对引用，因此复制公式以后，D4 单元格内的公式相应地变成了“=$B$1*C4”，结果也发生了变化。相对引用也称相对地址，绝对引用也称绝对地址。

小技巧：相对引用与绝对引用的转换非常简单，只要将光标放置在引用处并按 F4 键即可。例如，光标在公式中的 B1 处，按 4 次 F4 键，B1 分别变为$B$1、B$1、$B1、B1，其中 B$1 和$B1 为混合引用，B$1 为相对列绝对行引用，$B1 为绝对列相对行引用。

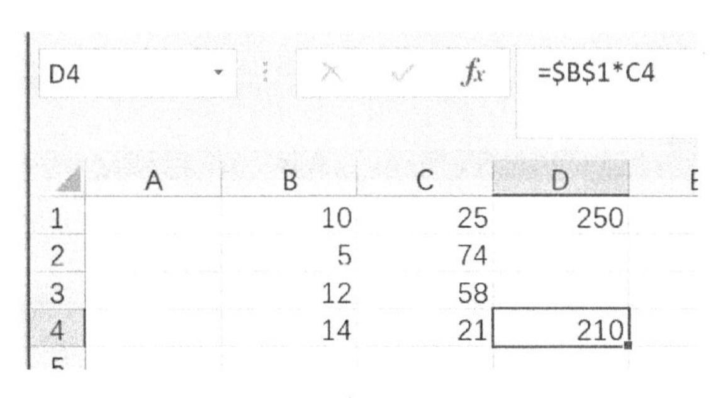

D4　fx　=$B$1*C4

	A	B	C	D
1		10	25	250
2		5	74	
3		12	58	
4		14	21	210

图 7-12　绝对引用效果

5．函数

函数是预先定义的公式，主要以参数作为运算对象，完成一定的计算或统计数据的功能，如求和函数、求平均值函数等。所有的函数都由函数名和参数组成，格式如下：

函数名(参数 1,参数 2,…)

其中，函数名后跟的一对圆括号是不可缺少的，函数参数可以是具体的数值、字符、逻辑值，也可以是表达式、单元格地址、区域等。在输入函数时，有两种方法：一种是直接输入法；另一种是插入函数法。

（1）直接输入法。选择要输入函数的单元格，输入“=”、函数名及参数，按回车键即可。例如，在F2单元格中直接输入“=SUM(C2:E2)”，得到的结果如图7-13所示。

F2 =SUM(C2:E2)

	A	B	C	D	E	F
1	学号	姓名	语文	数学	英语	总分
2	20041001	毛莉	75	85	80	240
3	20041002	杨青	68	75	64	207
4	20041003	陈小鹰	58	69	75	202

图7-13 直接输入法

（2）插入函数法。当需要输入函数时，单击编辑栏中的“插入函数”按钮 *fx* 或在“公式”选项卡的“函数库”组中单击“插入函数”按钮，弹出“插入函数”对话框，如图7-14所示。

在“或选择类别”列表框中列出了所有不同类型的函数，“选择函数”列表框中列出了被选中的函数类型所属的全部函数。选择某一函数后，单击“确定”按钮，弹出“函数参数”对话框。该对话框中会显示函数的名称、函数的各个参数、函数功能和参数的描述、函数的当前结果，如图7-15所示。

图7-14 “插入函数”对话框

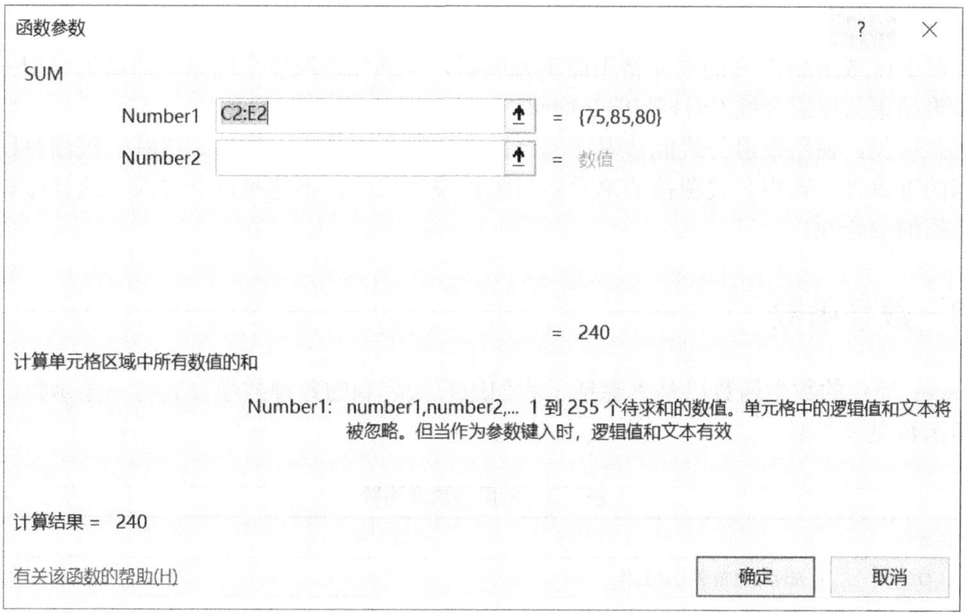

函数参数　?　×

SUM

Number1　C2:E2　=　{75,85,80}

Number2　　=　数值

=　240

计算单元格区域中所有数值的和

Number1:　number1,number2,...　1 到 255 个待求和的数值。单元格中的逻辑值和文本将被忽略。但当作为参数键入时，逻辑值和文本有效

计算结果 =　240

有关该函数的帮助(H)　确定　取消

图 7-15　“函数参数”对话框

7.3.2　数组公式

1．数组常量

数组是由一个或多个元素按照行或列排列方式组成的集合。可以将数组视为值的一行或一列，或者视为值的行和列的组合。使用一个数组时，需要把数组元素用“{ }”括起来。数组分为一维数组和二维数组。一维数组包括水平数组和垂直数组，水平数组各元素用逗号分开，如{10,15,20,25}；垂直数组各元素用分号分开，如{10;15;20;25}。二维数组是指包含行和列的矩形区域。在二维数组中，用逗号将一行内的元素分开，用分号将各行分开，如{10,11,12;15,16,17;20,21,22}表示一个 3 行 3 列的二维数组。以下举例说明在 Excel 中创建一个水平数组的步骤。

（1）在空白工作表中，选择单元格 A1 到 E1。

（2）在编辑栏中，输入以下公式“={1,2,3,4,5}”，然后按 Ctrl + Shift + Enter 组合键，系统会自动为公式加上大括号。此时，编辑栏的内容显示为“{={1,2,3,4,5}}”，里面一层的大括号是手动输入的，外面一层的大括号是按 Ctrl+Shift+Enter 组合键后系统自动添加的。

创建垂直数组和二维数组的步骤类似，只是选择的单元格区域不同。

2．数组公式

数组公式，就是同时对一组或几组数进行处理的公式，可以返回多个结果，也可以返回单个结果。数组公式最大的特点是公式两边有一对花括号“{}”。但须注意，此花括号不要自己手动输入，而是在编辑栏中输入公式后再按 Ctrl+Shift+Enter 组合键后系统自动加上的。例如，在工作表的 E 列中，单元格 E2 到 E7 分别包含以下公式：E2=C2*D2；E3=C3*D3；E4=C4*D4；E5=C5*D5；E6=C6*D6；E7=C7*D7。可以直接在 E2:E7 单元格区域中使用一个数组公式来代替这 6 个普通公式。选择 E2:E7 单元格区域，输入数组公式

“=C2:C7*D2:D7”，然后按 Ctrl+Shift+Enter 组合键得到“{=C2:C7*D2:D7}”即可返回结果。此时，对于区域 E2:E7 内的单元格不能单独编辑，必须先选取整个区域，然后进行相应的编辑，编辑结束后按组合键 Ctrl+Shift+Enter 即可。

由此可见，使用数组公式能够保证同一范围内的公式具有一致性，这种一致性有助于确保数据的准确性。数组公式覆盖的单元格只能被整体修改，不能被部分修改，这样做有助于确保数据的安全性。

7.3.3 数学函数

Excel 提供的数学函数已基本囊括了我们通常所用到的各种数学公式与三角函数。常用的数学函数见表 7-3。

表 7-3 常用的数学函数

函数名	说 明
COS	返回给定角度的余弦值
EXP	返回 e 的 *n* 次方
INT	将数值向下取整为最接近的整数
ROUND	按指定的位数对数值进行四舍五入
MOD	返回两数相除的余数，结果的正负号与除数相同
MROUND	返回一个舍入到所需倍数的数字
SIN	返回给定角度的正弦值
SUM	计算单元格区域中所有数值的和
SUMIF	对单元格区域中符合指定条件的值求和
TRUNC	将数字截为整数或保留指定位数的小数
SUMPRODUCT	返回相应的数组或区域乘积的和

表 7-3 中部分函数的具体用法介绍如下。

（1）INT：将数值向下取整为最接近的整数，格式为 INT(number)。例如，INT(23.6)结果为 23，INT(−23.6)结果为−24。

（2）ROUND：按指定的位数对数值进行四舍五入，格式为 ROUND(number,num_digits)。例如，将成绩四舍五入保留 2 位小数 ROUND(3.456,2)，其结果为 3.46。

（3）MOD：返回两数相除的余数，结果的正负号与除数相同，格式为 MOD(number, divisor)，其中，number 为被除数；divisor 为除数。例如，MOD(3, 2)结果为 1，MOD(3, −2)结果为−1。

（4）MROUND：返回一个舍入到所需倍数的数字，即用于返回按指定基数舍入后的数值，格式为 MROUND(number,multiple)，其中 number 表示要舍入的值，multiple 表示要将 number 舍入到的倍数。例如，MROUND(6.55,4)表示将 6.55 舍入到 4 的倍数，结果为 8。MROUND(39586,100)表示将 39586 四舍五入到整百，结果为 39600。例如，将时间 15:37:48 四舍五入到最接近的 15 分钟的倍数，可用 MROUND("15:37:48",15/(24*60))，结果为 15:45: 00。

（5）SUM：计算单元格区域中所有数值的和，格式为 SUM(num1,num2,...)。例如，

SUM(A1:A3)表示对单元格区域 A1:A3 内的 3 个值相加，SUM(B2:B4,C5)表示对单元区域 B2:B4 及单元格 C5 共 4 个值相加，SUM(23,45,88)表示直接将 23、45 和 88 这 3 个数值相加。

（6）SUMIF：对单元格区域中符合指定条件的值求和。格式为 SUMIF(range, criteria, [sum_range])，其中，range 为用于条件计算的单元格区域；criteria 为求和的条件；sum_range 为需要求和的实际单元格区域，如果省略 sum_range 参数，则 Excel 会对在 range 参数中指定的单元格（应用条件的单元格）求和。例如，如果某列中含有数字，而用户只需对大于 5 的数值求和，则可使用公式 SUMIF(B2:B25,″>5″)。例如，B2:B7 是销售清单中的一些蔬菜名称，而 C2:C7 是这些蔬菜的销售额，则公式 SUMIF(B2:B7,″西芹″,C2:C7)表示计算所有西芹蔬菜的销售额之和。

（7）SUMPRODUCT：返回相应的数组或区域乘积的和，即指在给定的几组数组中，将数组间对应的元素相乘，并返回乘积之和。格式为 SUMPRODUCT(array1,[array2],[array3],...)，其中，array1 为相应元素需要进行相乘并求和的第一个数组参数，array2, array3...为第 2、3、…个可选数组参数，其相应元素需要进行相乘并求和。例如，SUMPRODUCT(B2:B5,C2:C5)用于计算总销售额，其中，B2:B5 区域是 4 类产品的销售数量，C2:C5 区域是 4 类产品的销售单价，该函数实现的是将 B2:B5 与 C2:C5 区域中的值逐一对应相乘，并返回其乘积之和。

7.3.4　统计函数

统计函数提供了很多属于统计学范畴的函数，但也有些函数在日常生活中是很常用的，如求班级平均成绩、排名等。常见的统计函数见表 7-4。

表 7-4　常见的统计函数

函 数 名	说　明
AVERAGE	返回参数的算术平均值，参数可以是数值或包含数值的名称、数组或引用
AVERAGEIF	返回某个区域内满足给定条件的所有单元格的平均值
COUNT	计算包含数字的单元格及参数列表中的数字的个数
COUNTBLANK	计算某个区域中空单元格的数目
COUNTIF	计算某个区域中满足给定条件的单元格数目
COUNTIFS	统计一组给定条件所指定的单元格数目
MAX	返回一组数值中的最大值，忽略逻辑值及文本
MIN	返回一组数值中的最小值，忽略逻辑值及文本
RANK.EQ	返回某数字在一列数字中相对于其他数字的大小排位

具体用法介绍如下。

（1）AVERAGE：返回参数的算术平均值，格式为 AVERAGE(num1,num2,…)。

（2）AVERAGEIF：返回某个区域内满足给定条件的所有单元格的平均值，格式为 AVERAGEIF(range, criteria, [average_range])，其中，range、criteria、average_range 的含义和用法可参考 SUMIF 函数。

（3）COUNT：计算包含数字的单元格及参数列表中的数字的个数，格式为 COUNT(num1, num2,…)。例如 COUNT(23,45,″China″)，结果为 2。COUNT(A1:A20)，如果 A1:A20 区域中有 5 个单元格包含数字，则答案就为 5。

（4）COUNTBLANK：计算某个区域中空单元格的数目，格式为 COUNTBLAND(range)。

（5）COUNTIF：计算某个区域中满足给定条件的单元格数目，格式为 COUNTIF(range, criteria)。例如，COUNTIF(A1:B5,″>=60″)为统计 A1:B5 区域中值大于等于 60 的单元格个数。

（6）COUNTIFS：统计一组给定条件所指定的单元格数目，即用于计算某个区域中满足多重条件的单元格数目，格式为 COUNTIFS(range1,criteria1, range2,criteria2,…)。例如 COUNTIFS(B2:B11, ″女″,C2:C11, ″>=4000″,C2:C11, ″<=7000″)为统计工资在 4000 元到 7000 元之间的女员工人数，具体条件为判断 B2:B11 区域为女，C2:C11 区域大于 4000 且小于 7000 的单元格数目。

（7）MAX：返回一组数值中的最大值，忽略逻辑值及文本，格式为 MAX(num1, num2,…)，参数可以是数值，也可以是数组或引用。

（8）MIN：返回一组数值中的最小值，忽略逻辑值及文本，格式为 MIN(num1, num2,…)，参数可以是数值，也可以是数组或引用。

（9）RANK.EQ：返回某数字在一列数字中相对于其他数字的大小排位，其大小与列表中的其他值相关。如果多个值具有相同的排位，则返回该组数值的最高排位。格式为 RANK.EQ (number,ref, [order])。例如，A1:A5 中含有数 7、5、4、1、2，而 RANK.EQ(A2,A1:A5,1)表示求 A2 中数值 5 在 A1:A5 这组数中的升序排名，此时排名等于 4。RANK.EQ 赋予重复数相同的排位，但重复数的存在将影响后续数值的排位。例如，在按升序排序的整数列表中，如果数字 10 出现两次，且其排位为 5，则 11 的排位为 7（没有排位为 6 的数值）。

7.3.5 文本函数

常用的文本函数见表 7-5。

表 7-5 常用的文本函数

函 数 名	说 明
CONCATENATE	将多个文本项连接到一个文本项中
EXACT	检查两个文本值是否相同（区分大小写），并返回 TRUE 或 FALSE
LEN	返回文本字符串中的字符数
MID	从文本串中指定位置开始提取指定长度的字符串
REPLACE	替换文本中的字符
SEARCH	返回一个指定字符串或文本字符在字符串中第一次出现的位置
SUBSTITUTE	文本串中使用新文本替换旧文本

表中部分函数的具体用法介绍如下。

（1）EXACT：检查两个文本值是否相同（区分大小写），并返回 TRUE 或 FALSE，格式为 EXACT(text1, text2)。例如，EXACT(″aab″, ″abc″)结果为 FALSE。

（2）LEN：返回文本字符串中的字符数。例如，LEN，(″浙江理工大学″)结果为 6。

（3）MID：从文本串中指定位置开始提取指定长度的字符串，格式为 MID(text, start_num, num_chars)。例如，MID(″abcdef″, 1, 2) 结果为“ab”。

（4）REPLACE：替换文本中的字符，格式为 REPLACE(old_text, start_num, num_chars, new_text)。例如，REPLACE(″abcdef″, 3, 2, ″aa″) 结果为“abaaef”。

7.3.6　逻辑函数

用来判断真假值，或者进行符合检验的 Excel 函数，我们称为逻辑函数。在 Excel 中提供了 6 种逻辑函数，见表 7-6。

表 7-6　逻辑函数

函 数 名	说　明
AND	检查是否所有参数均为 TRUE，如果所有参数值均为 TRUE，则返回 TRUE
FALSE	返回逻辑值 FALSE
IF	判断一个条件是否满足，如果满足则返回一个值，如果不满足则返回另一个值
NOT	对参数的逻辑值求反，参数为 TRUE 时返回 FALSE；参数为 FALSE 时返回 TRUE
OR	如果任意一个参数值为 TRUE，即返回 TRUE；只有当所有参数值均为 FALSE 时才返回 FALSE
TRUE	返回逻辑值 TRUE

表中部分函数具体用法介绍如下。

（1）AND：检查所有参数是否均为 TRUE，如果全部为 TRUE，则 AND 函数返回值为 TRUE，否则返回值为 FALSE，格式为 AND(logical1, logical2, …)。例如，AND(A2>1, A2<100)，如果 A2 大于 1 并且小于 100，则显示 TRUE，否则显示 FALSE。

（2）IF：判断一个条件是否满足，如果满足则返回一个值，如果不满足则返回另一个值，格式为 IF(logical_test, value_if_true, value_if_false)。例如，成绩分类时，按分数多少分为合格或不合格，其逻辑函数为 IF(B3>=60,″合格″,″不合格″)。

（3）NOT：对参数的逻辑值求反，格式为 NOT(logical)。例如，NOT(3>5)结果为 TRUE。

（4）OR：如果任意一个参数值为 TRUE，即返回 TRUE；只有当所有参数值均为 FALSE 时才返回 FALSE，格式为 OR(logical1, logical2, …)。例如，OR(A2<1, A2>100)，如果 A2 小于 1 或者大于 100，则显示 TRUE，否则显示 FALSE。

7.3.7　日期和时间函数

常用的日期与时间函数见表 7-7。

表 7-7　常用的日期与时间函数

函 数 名	说　明
DATE	返回代表特定日期的序列号
YEAR	返回某日期的年份，返回值为 1900~9999 的整数
MONTH	返回以序列号表示的日期中的月份，值为介于 1（一月）到 12（十二月）之间的整数
DAY	返回以序列号表示的某日期的天数，用整数 1~31 表示
HOUR	返回时间值的小时数，返回的小时数为一个介于 0（12：00a.m）到 23（11：00p.m）之间的整数
MINUTE	返回时间值中的分钟，返回的分钟数为介于 0 到 59 之间的整数
SECOND	返回时间值的秒数（返回的秒数为 0 到 59 之间的整数）
NOW	返回当前日期和时间所对应的序列号
TODAY	返回当前日期的序列号，序列号是 Microsoft Excel 用于日期和时间计算的日期-时间代码

续表

函 数 名	说 明
WEEKDAY	返回某日期为星期几，默认情况下，其值为 1（星期天）到 7（星期六）之间的整数
NETWORKDAYS	返回参数 start_date 和 end_date 之间完整的工作日数值（工作日不包括周末和专门指定的假期）
TIME	返回某一特定时间的小数值，函数 TIME 返回的值为从 0 到 0.99988426 之间的数值，代表从 0：00：00（12：00a.m）到 23：59：59（11：59：59p.m）之间的时间
DATEDIF	计算两个日期之间相隔的天数、月数或年数

表中部分函数的具体用法介绍如下。

（1）DATE：将年、月、日三个单独的值合并为一个日期，返回一个表示特定日期的序列号，格式为 DATE(year,month,day)，三个参数都是必选的。Excel 将日期存储为连续序列号，1900 年 1 月 1 日的序列号为 1，2008 年 1 月 1 日的序列号为 39448，因为它是自 1900 年 1 月 1 日开始的第 39448 天。可以设置单元格格式以显示正确的日期。

（2）DAY：返回以序列号表示的某日期是所在月的第几天，天数是介于 1 到 31 之间的整数，格式为 DAY(serial_number)，参数是必选的，为表示日期的序列号。例如，DAY(39448)，39448 表示 2008 年 1 月 1 日，返回的值为 1，表示所在月的第 1 天。

（3）TODAY：返回当前日期的序列号，格式为 TODAY( )，没有参数。例如，某人出生于 1963 年，那么 YEAR(TODAY())-1963 表示此人的年龄。

（4）DATEDIF：计算两个日期之间相隔的天数、月数或年数，格式为 DATEDIF(start_date, end_date, unit)，三个参数都是必选的，参数 unit 表示需要返回的信息类型，通过指定 unit 参数可以获取两个日期之间的整年数、整月数或天数。例如，DATEDIF(DATE(2001, 1, 1),DATE(2003,1,1),"Y")返回值为 2，表示两个日期之间的整年数为 2；DATEDIF(DATE(2001, 1, 2),DATE(2003, 1, 1), "Y")则返回值为 1，因为两个日期之间的整年数小于 2。

7.3.8 查找与引用函数

常用的查找与引用函数见表 7-8。

表 7-8 常用的查找与引用函数

函 数 名	说 明
HLOOKUP	在表格的首行或数值数组中查找值，然后返回在表格或数组中查找到的值所在列指定行的值
LOOKUP	返回向量（单行区域或单列区域）或数组中的数值。该函数有两种语法形式：向量和数组，其向量形式是在单行区域或单列区域（向量）中查找数值，然后返回另一个单行区域或单列区域中相同位置的数值；其数组形式在数组的第一行或第一列中查找指定的数值，然后返回数组的最后一行或最后一列中相同位置的数值
VLOOKUP	在表格的首列或数值数组中查找指定的数值，并由此返回表格或数组当前行中指定列处的数值。当比较值位于数据表首列时，可以使用函数 VLOOKUP 代替 HLOOKUP
INDEX	返回指定行、列或单元格的引用或单元格的值

表中函数的具体用法介绍如下。

（1）HLOOKUP：在表格的首行或数值数组中查找值，然后返回在表格或数组中查找到的值所在列指定行的值，格式为 HLOOKUP(lookup_value, table_array, row_index_num, [range_ lookup])。例如，HLOOKUP(3, {1,2,3;"a","b","c";"d","e","f"}, 2, TRUE)，参数 lookup_value 为 3 表示要查找的值是 3；参数 table_array 表示要查找的表格或数值数组，这

里从一个二维数组中查找；参数 row_index_num 为 2 表示指定的行号；参数 range_lookup 是一个逻辑值，表示查找是近似匹配还是精确匹配，为 TRUE 表示近似匹配；函数查找数值 3，表示在二维数组的第 3 列，指定行号是 2，则函数返回值为 c。

再看一个在表格中查找的例子，如图 7-16 所示，公式为 HLOOKUP("车轴", A1:C4, 2, TRUE)，从表格范围 A1:C4 单元格区域的首行中查找值“车轴”，查到的列是 A 列，指定行号为 2，则返回的值为 A2 单元格的值 4。

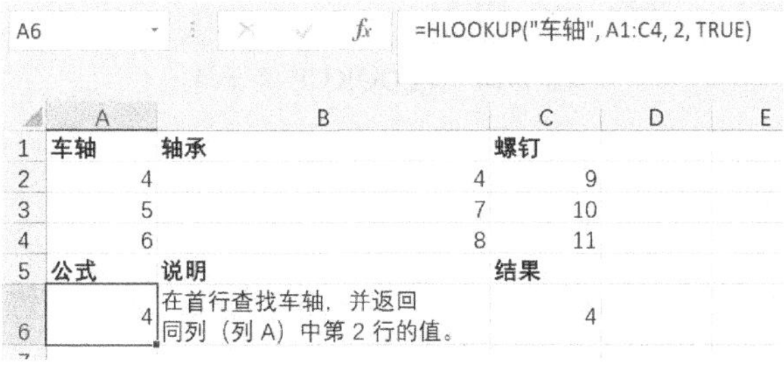

A6　=HLOOKUP("车轴", A1:C4, 2, TRUE)

	A	B	C	D	E
1	车轴	轴承	螺钉		
2	4	4	9		
3	5	7	10		
4	6	8	11		
5	公式	说明	结果		
6	4	在首行查找车轴，并返回同列（列 A）中第 2 行的值。	4		

图 7-16　HLOOKUP 例子

（2）LOOKUP：从一行或一列中查找指定的值，返回另一行或列中的相同位置的值。虽然 LOOKUP 可以在向量或数组中查找，但微软官方不建议使用 LOOKUP 在数组中查找，如果要在数组中查找则建议使用 HLOOKUP 和 VLOOKUP。因此这里只介绍在向量中查找。格式为 LOOKUP(lookup_value, lookup_vector, [result_vector])。例子如图 7-17 所示，LOOKUP(4.19,A2:A6,B2:B6) 中参数 lookup_value 表示要查找的值为 4.19，参数 lookup_vector 表示查找的范围是 A2:A6 单元格区域，查到的值序号是 2，返回 B2:B6 单元格区域内序号是 2 的值，即“橙色”。

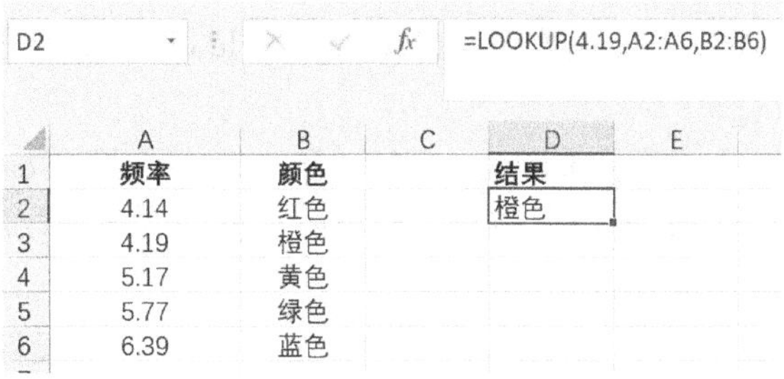

D2　=LOOKUP(4.19,A2:A6,B2:B6)

	A	B	C	D	E
1	频率	颜色		结果	
2	4.14	红色		橙色	
3	4.19	橙色			
4	5.17	黄色			
5	5.77	绿色			
6	6.39	蓝色			

图 7-17　LOOKUP 例子

（3）VLOOKUP：在表格的首列或数值数组中查找指定的数值，并返回表格或数组中查找到的行中指定列处的数值，格式为 VLOOKUP(lookup_value, table_array, col_index_num, [range_lookup])。例子如图 7-18 所示，VLOOKUP(4.19,A2:B6,2)中参数 lookup_value 表示要查找的值为 4.19，参数 table_array 表示查找的范围是 A2:B6 单元格区域，col_index 表示指定的列号为 2，range_lookup 表示是否是近似匹配，默认为是，可以省略。从 A2:B6 区域的首列查找 4.19，对应指定列 2（B 列）的值为“橙色”。

（4）INDEX 函数：返回指定行、列或单元格的引用或单元格的值，常用的格式为 INDEX(array，row_num，column_num)。例如在图 7-18 所示的表格中，INDEX(A2:B6,2,2)返回的值为“橙色”。在后面我们学习动态图表的制作方法时还会用到 INDEX 函数。

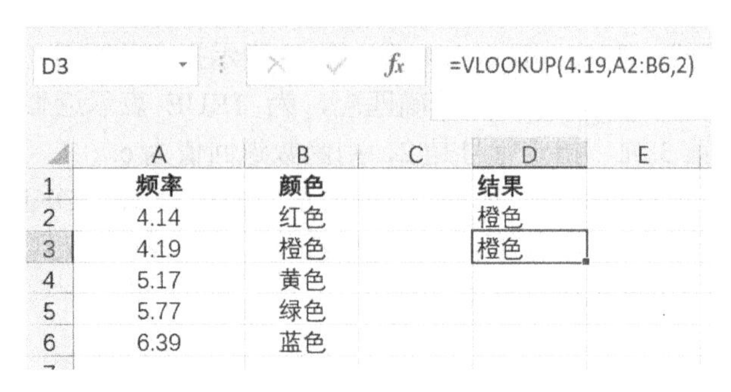

图 7-18　VLOOKUP 例子

7.3.9　数据库函数

数据库函数用于对存储在数据清单或数据库中的数据进行分析，数据清单的讲解见“7.4.1 数据清单”一节。常用的数据库函数见表 7-9。

表 7-9　常用的数据库函数

函 数 名	说　明
DCOUNT	计算数据库中非空单元格的个数
DAVERAGE	返回选定数据库项中满足指定条件的记录字段（列）中数值的平均值
DMAX	返回选定数据库项中的最大值
DMIN	返回选定数据库项中的最小值
DSUM	对数据库中满足条件的记录的字段列中的数字求和
DGET	从列表或数据库的列中提取符合指定条件的单个值

数据库函数通用格式如下：函数名称(database,field,criteria)。它们具有如下一些共同特点。

（1）每个函数均有 3 个参数：database、field 和 criteria，其中 database 为构成数据清单或数据库的单元格区域，field 为指定函数所使用的数据列，既可以用列标题也可以用列序号。criteria 为一组包含给定条件的单元格区域。

（2）函数都以字母 D 开头，如 DAVERAGE、DCOUNT。如果将字母 D 去掉，其实大多数数据库函数已经在 Excel 的其他类型函数中出现过了。

下面介绍数据库函数的具体用法。如 DAVERAGE：返回选定数据库中满足指定条件的记录字段（列）中数值的平均值，格式为 DAVERAGE(database, field, criteria)。例如，DAVERAGE(A1:E7, 5, B11:D12)表示在 A1:E7 区域中对满足 B11:D12 区域中指定条件的数值计算平均值，计算的是 A1:E7 区域第 5 列对应数值的平均值。

再看一个如图 7-19 所示的具体例子。DAVERAGE(A3:E9,"产量",A1:B2)用于计算高度在 10 英尺以上的苹果树的平均产量，参数 database 为 A3:E9 表示参与计算的单元格区域，参数 field 为“产量”表示计算平均值所使用的数据列，参数 criteria 为 A1:B2 表示指定条件的单元格区域。

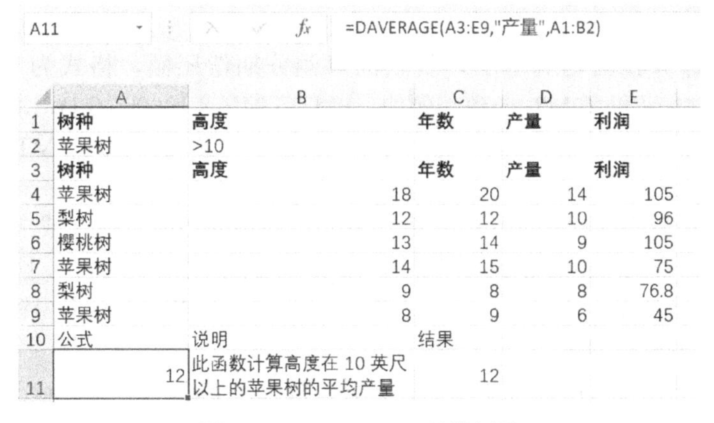

A11　=DAVERAGE(A3:E9,"产量",A1:B2)

	A	B	C	D	E
1	树种	高度	年数	产量	利润
2	苹果树	>10			
3	树种	高度	年数	产量	利润
4	苹果树	18	20	14	105
5	梨树	12	12	10	96
6	樱桃树	13	14	9	105
7	苹果树	14	15	10	75
8	梨树	9	8	8	76.8
9	苹果树	8	9	6	45
10	公式	说明	结果		
11	12	此函数计算高度在 10 英尺以上的苹果树的平均产量	12		

图 7-19　DAVERAGE 函数例子

7.3.10　财务函数

财务函数是用于财务计算和财务分析的工具，在提高财务工作效率的同时，保障了财务数据计算的准确性。常用的财务函数见表 7-10。

表 7-10　常用的财务函数

函 数 名	说　明
FV	基于固定利率和等额分期付款方式，返回某项投资的未来值
IPMT	基于固定利率和等额分期付款方式，返回给定期次内某项投资回报（或贷款偿还）的利息部分
PMT	计算在固定利率下，贷款的等额分期偿还额
PV	返回某项投资或贷款的一系列将来偿还额的当前总值（或一次性偿还额的现值）
SLN	返回固定资产的每期线性折旧费

具体用法介绍如下。

（1）FV：基于固定利率和等额分期付款方式，返回某项投资的未来值，格式为 FV(rate, nper,pmt,pv,type)。例如，某人向银行存款 10000 元，银行的存款年利率为 3.6%，5 年后此人的存款本息和是 FV(3.6%,5,0,−10000,0)，其中参数 rate 是各期利率，为 3.6%；参数 nper 是期数，为 5；参数 pmt 是各期支付的金额，这里为 0，表示各期银行不支付，到期一次还本付息；参数 pv 是现值，这里为−10000，负数表示当前是支出；参数 type 用于指定各期付款是在期初还是期末，为 0 表示期末。

（2）IPMT：基于固定利率和等额分期付款方式，返回给定期次内某项投资回报（或贷款偿还）的利息部分，格式为 IPMT(rate,per,nper,pv,fv,type)。例如，某人向银行贷款 100000 元买车，采用按月等额分期还款，年限为 8 年，贷款年利率为 5.94%，公式 IPMT(5.94%/12,1,8*12,100000,0,0)求得的是第一个月（月末）的贷款利息金额，其中参数 rate 是各期利率，因为是按月还款的，所以要用月利率，其值为年利率/12；参数 per 表示要计算利息数额的期数，这里要计算的是第 1 期；参数 nper 是总期数，其值为年限*12；参数 pv 是现值，为 100000；参数 fv 是最后一次付款后的余额，因为贷款是要全部还清的，所以余额为 0；参数 type 表示付款时间是期初还是期末，为 0 表示期末付款。将“=IPMT(5.94%/12,1,8*12,100000,0,0)”输入 Excel 中，得到的结果为“¥−495.00”，表示第 1 期需要支出的利息金额为

495 元。

（3）PMT：计算在固定利率下，贷款的等额分期偿还额，格式为 PMT(rate,nper,pv,fv,type)，各参数的含义和 IPMT 一致。例如，PMT(5.94%,8,100000,0,1)，求得贷款年利率为5.94%贷款年限为 8 年的贷款 100000 元，每年年初的应还款额。应用 PMT 计算出来的金额包含本金和利息。

（4）PV：返回某项投资或贷款的一系列将来偿还额的当前总值（或一次性偿还额的现值），格式为 PV(rate,nper,pmt,fv,type)。例如，某设备的经济寿命为 8 年，预计每年能制造 20 万元利润，若投资者要求年收益率至少为 20%，则投资者最多愿意出多少钱买此设备？计算公式为 PV(20%,8,200000,0,0)。

（5）SLN：返回固定资产的每期线性折旧费，格式为 SLN(cost,salvage,life)。例如，某店铺拥有固定资产总值 50000 元，使用 10 年后的资产残值估计为 8000 元，则每年固定资产的折旧值为 SLN(50000,8000,10)。

7.3.11 信息函数

常用的信息函数见表 7-11。

表 7-11 常用的信息函数

函数名	说明
IS 类函数	ISBLANK 用于测试是否为空白单元格
	ISNUMBER 用于测试是否为数字
	ISTEXT 用于测试是否为文本
TYPE	以整数形式返回参数的数据类型

表中部分函数的具体用法介绍如下。

（1）ISBLANK：测试是否为空白单元格，格式为 ISBLANK(value)。例如，ISBLANK(A2)。

（2）TYPE：以整数形式返回参数的数据类型，格式为 TYPE(value)。例如，TYPE(A2)。

7.3.12 函数综合应用示例

（1）学生成绩表的计算。学生统计表如图 7-20 所示，要求实现：

①计算总分、平均分。

②统计名次。

③统计“平均分”在 70 分以上且“数学”成绩在 80 分以上的人数。

④根据学号查询学生成绩情况。

选定 F2 单元格，输入公式“=SUM(C2:E2)”，确认公式输入后，用鼠标拖曳 F2 单元格右下角的填充柄直到 F23 为止进行公式填充，求得所有学生的总分。同样的方法可求得平均分和名次，只是公式不同，在 G2 单元格中输入公式“=AVERAGE(C2:E2)”或“=F2/3”用于求平均分；在 H2 单元格中输入公式“=RANK.EQ(F2,$F$2:$F$23,0)”用于求名次。“平均分”在 70 分以上且“数学”成绩在 80 分以上的人数需要用 COUNTIFS 函数来统计，而不是用 COUNTIF，因为该问题是个多条件的计数，COUNTIF 函数只能对满足单个条件的单元格中区域计数。在 J4 单元格中输入函数“=COUNTIFS (G2:G23,″>70″,D2:D23,″>80″)”求得符合要求的人数。已知“查询”工作表如图 7-21 所示，根据其中 A2 单元格中输入的学号查询该学生的成绩信息。

	A	B	C	D	E	F	G	H
1	学号	姓名	语文	数学	英语	总分	平均分	名次
2	20041001	毛莉	75	85	80			
3	20041002	杨青	68	75	64			
4	20041003	陈小鹰	58	69	75			
5	20041004	陆东兵	94	90	91			
6	20041005	闻亚东	84	87	88			
7	20041006	曹吉武	72	68	85			
8	20041007	彭晓玲	85	71	76			
9	20041008	傅珊珊	88	80	75			
10	20041009	钟争秀	78	80	76			
11	20041010	周旻璐	94	87	82			
12	20041011	柴安琪	60	67	71			
13	20041012	吕秀杰	81	83	87			
14	20041013	陈华	71	84	67			
15	20041014	姚小玮	68	54	70			
16	20041015	刘晓瑞	75	85	80			
17	20041016	肖凌云	68	75	64			
18	20041017	徐小君	58	69	75			
19	20041018	程俊	94	89	91			
20	20041019	黄威	82	87	88			

平均分在70以上且″数学″在80以上的人数

学生成绩表　查询

图 7-20　学生成绩表

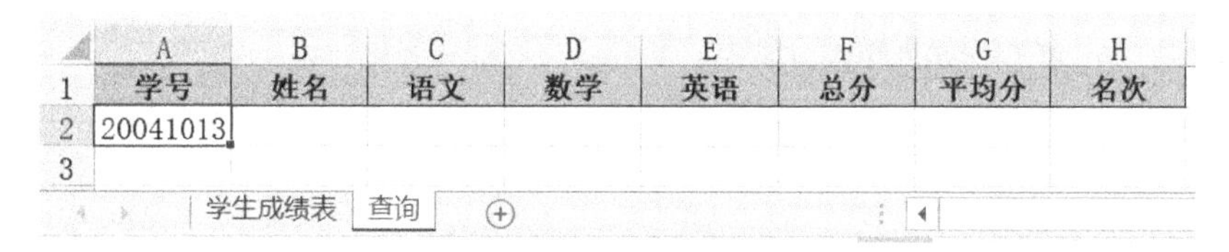

	A	B	C	D	E	F	G	H
1	学号	姓名	语文	数学	英语	总分	平均分	名次
2	20041013							
3								

学生成绩表　查询

图 7-21　“查询工作表”

在 B2 单元格中输入公式“=VLOOKUP($A$2,学生成绩表!$A$1:$H$23,COLUMN(),FALSE)”，用鼠标拖曳 B2 单元格右下角的填充柄直到 H2 为止进行公式填充，求得学生所有其他信息。该公式中第 3 个参数 COLUMN()表示当前单元格所在列的序号。

（2）员工基本信息表的计算。员工基本信息表如图 7-22 所示，要求实现：

①根据身份证号码求出生年月。

②根据身份证号码判断性别。

③根据求得的出生年月计算年龄。

④求男性工人的平均年龄。

⑤求年龄是奇数的人数。

选定 C2 单元格，输入公式“=CONCATENATE(MID(B2,7,4),″年″,MID(B2,11,2),″月″)”，用鼠标拖曳 C2 单元格右下角的填充柄直到 C15 为止进行公式填充，求得所有员工的出生年月。同样的方法可求得性别和年龄，只是公式不同，在 D2 单元格中输入公式“=IF(MOD(MID(B2,17,1),2)=0,″女″,″男″)”用于求性别；在 E2 单元格中输入公式“=YEAR(TODAY())-YEAR(C2)”用于求年龄。求男性工人的平均年龄，该问题有两个条件，第一个是性别为男，第二个是职务为工人，可用数据库函数 DAVERAGE 求得，该函数的条件区域为图 7-22 中的 E17:F18 区域。在 C17 单元格中输入公式“=DAVERAGE(A1:G15,E1,E17:F18)”即可得到男性工人的平均年龄。求年龄是奇数的人数，可以选用 SUMPRODUCT 函数，因为该函数参数可以是数组，当参数只有一个数组时，即对数组求和。在 C18 单元格中输入公式“=SUMPRODUCT (MOD(E2:E15,2))”即可求得年龄是奇数的人数。

	A	B	C	D	E	F	G
1	姓 名	身份证号	出生年月	性 别	年 龄	职务	部门
2	王一	330127197703081367				工程师	1室
3	张二	330106197409110286				副主任	1室
4	林三	330106198801171847				工程师	5室
5	胡四	330106199503042466				干部	3室
6	吴五	330110198508053234				工程师	1室
7	章六	330106199712051770				工人	4室
8	陆七	330110198508053634				工人	2室
9	苏八	330110199602054725				工人	3室
10	韩九	330110199912280911				主任	5室
11	徐一	330106199705022197				工人	3室
12	项二	330110199701223508				工人	2室
13	贾三	330185200003095724				工人	3室
14	孙四	330106199703280383				干部	3室
15	姚五	330106198903102776				干部	4室
16							
17		男工人的平均年龄			性 别	职务	
18		年龄是奇数的人数			男	工人	

员工基本信息表

图 7-22　员工基本信息表

7.4　数据管理

Excel 2016 为用户提供了强大的数据管理功能，如使用数据验证功能限制数据的格式或范围，对数据进行排序和筛选，以及对工作表和工作簿进行保护。

7.4.1　数据清单

在介绍数据管理和分析功能前，首先介绍一下 Excel 中数据清单的概念。数据清单是包含一行列标题和多行数据且每行同列数据的类型和格式完全相同的工作表，用户可以对数据清单进行排序、筛选、分类汇总和创建数据透视表等操作。要使工作表成为数据清单必须具备以下几个条件：

（1）表中第一行（表头）为字段名，一般为文本。

（2）表中每一列为一个字段，用于存放相同类型的数据。

（3）表中每一行为一个记录，用于存放一组相关的数据。

（4）表中不允许夹杂其他数据，包括空行和空列。

如图 7-23 所示的工作表为某一数据清单。

如果在一张工作表中要包含多个数据清单，则它们之间以空行或空列分隔，但一般很少这样使用。

	A	B	C	D	E	F	G
1	姓 名	身份证号	出生年月	性 别	年 龄	职务	部门
2	王一	330127197703081367	1977年03月	女	43	工程师	1室
3	张二	330106197409110286	1974年09月	女	46	副主任	1室
4	林三	330106198801171847	1988年01月	女	32	工程师	5室
5	胡四	330106199503042466	1995年03月	女	25	干部	3室
6	吴五	330110198508053234	1985年08月	男	35	工程师	1室
7	章六	330106199712051770	1997年12月	男	23	工人	4室
8	陆七	330110198508053634	1985年08月	男	35	工人	2室
9	苏八	330110199602054725	1996年02月	女	24	工人	3室
10	韩九	330110199912280911	1999年12月	男	21	主任	5室
11	徐一	330106199705022197	1997年05月	男	23	工人	3室
12	项二	330110199701223508	1997年01月	女	23	工人	2室
13	贾三	330185200003095724	2000年03月	女	20	工人	3室
14	孙四	330106199703280383	1997年03月	女	23	干部	3室
15	姚五	330106198903102776	1989年03月	男	31	干部	4室

图 7-23　数据清单

7.4.2　数据验证

数据验证是对单元格或单元格区域输入的数据从内容到数量上进行限制，以避免错误的数据录入，如可以设置避免重复输入，只允许输入某个范围内的数值或指定的文本长度等规则。

1．限制输入固定位数的数字

例如，要求身份证号必须为 18 位的文本，则可以选择需要限制输入的单元格区域，在“数据”选项卡的“数据工具”组中单击“数据验证”按钮，弹出“数据验证”对话框，具体设置如图 7-24 所示。在“数据验证”对话框中切换至“出错警告”选项卡，在“样式”下拉列表中选择“停止”选项，在“错误信息”文本框中输入“身份证号必须为 18 位，请重新输入”，如图 7-25 所示。返回工作表，当输入身份证号位数少于或多于 18 位时，会弹出出错警告对话框，如图 7-26 所示。因为选择的是“停止”样式，意味着该单元格在任何情况下都只能接受 18 位的长度。如果选择“警告”或“信息”样式，则输入非 18 位长度的文本后，会弹出一个“警告”或“信息”对话框进行提示，此时用户可以选择坚持输入或修改后再输入。

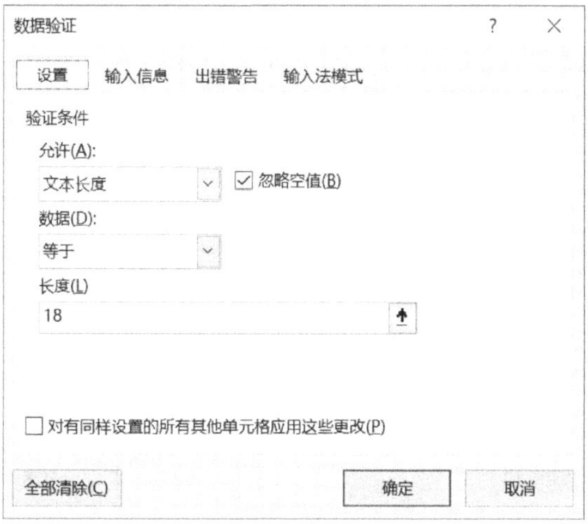

图 7-24　“数据验证”对话框 1

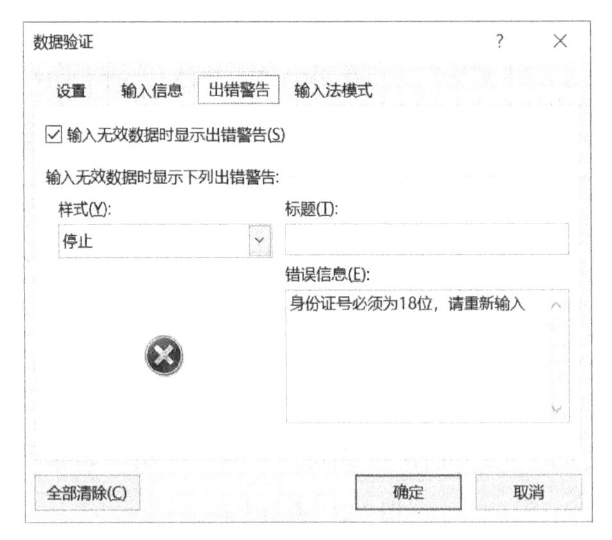

图 7-25　“数据验证”对话框 2

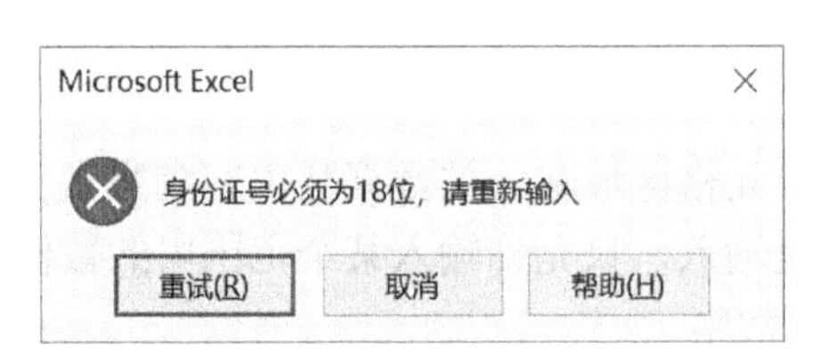

图 7-26　出错警告对话框

2．设置下拉列表限制输入

如果在某列中需要输入的数据是几个固定的数据项，则可用数据验证自定义下拉列表供用户选择输入，以避免输入不符合规范的数据。例如，某人员信息表中人员的性别只有男、女，则可在“数据验证”对话框的“允许”下拉列表中选择“序列”，在“来源”文本框中输入“男,女”，如图 7-27 所示。

图 7-27　“数据验证”对话框 3

3．阻止重复值的数据

在实际工作中有些数据是唯一的，使用数据验证可以阻止用户输入表格中已有的数据。例如，如果想让 A 列不允许有重复数据，则可首先选择 A 列，在“数据验证”对话框的“允许”下拉列表中选择“自定义”，在“公式”文本框中输入“=COUNTIF(A:A,A1)=1”，其中 A:A 表示 A 列，“COUNTIF(A:A,A1)=1”表示 A 列中与 A1 单元格相同的内容只有 1 个，也就是 A1 单元格自身，也就说明没有其他单元格和 A1 相同。因为我们设置的是整列，所以第二个参数会自动向下填充。具体设置见图 7-28。

图 7-28　“数据验证”对话框 4

7.4.3　数据排序

在数据清单中输入数据后，经常需要对其进行排序，未经排序的数据看上去杂乱无章，不利于用户查找和分析数据。数据排序分为简单排序、复杂排序和自定义排序。

1．简单排序

单击要排序的字段名或单击要排序字段中的任意一个单元格，然后在“数据”选项卡的“排序和筛选”组中单击“升序”按钮 或“降序”按钮 ，实现升序或降序排序。

2．复杂排序

有时需要对数据清单中的多个字段进行排序，这就需要用到复杂排序，其操作步骤如下。

（1）单击数据清单中的任意一个单元格。

（2）在“数据”选项卡的“排序和筛选”组中单击“排序”按钮，弹出“排序”对话框。

（3）在“排序”对话框的“主要关键字”下拉列表中选择需要排序的字段，再设置排序依据及次序。如果还需要对其他字段进行排序，则可以单击“添加条件”按钮添加“次要关键字”，然后选择次要关键字、排序依据及次序。

复杂排序和简单排序不同的是，简单排序是按系统默认的排序依据进行排序的（如升序的依据是数字从最小的负数到最大的正数，或者按字母先后顺序排序、逻辑值 FALSE 排在 TRUE 之前、空格始终排在最后等），而复杂排序是可以让用户选择排序依据的，在 Excel 2016 中可以作为排序依据的有“数值”、“单元格颜色”、“字体颜色”和“单元格图标”等。

3．自定义排序

如果按照上面两种方法仍然得不到想要的结果，则可以选择自定义排序，但用户需要先编辑一个自定义列表，具体步骤介绍如下。

（1）单击“文件”按钮，选择“选项”命令，打开“Excel 选项”对话框。在对话框中选择“高级”标签，单击“编辑自定义列表”按钮，弹出“自定义序列”对话框。

（2）在“自定义序列”对话框的“输入序列”框中输入序列，单击“添加”按钮，然后单击“确定”按钮，返回“Excel 选项”对话框，单击“确定”按钮（自定义序列就创建好了）。

（3）在“数据”选项卡的“排序和筛选”组中单击“排序”按钮，弹出“排序”对话框。在“排序”对话框中依次选择排序的字段、排序依据及次序，“次序”下拉列表框中选择“自定义序列”，弹出“自定义序列”对话框，在该对话框中选择之前定义的序列。

注意：如果没有提前自定义序列，那么用户也可以在排序时再自定义序列，在排序“次序”下拉列表下选择“自定义序列”命令后，在打开的“自定义序列”对话框中添加即可。

7.4.4　数据筛选

有时要从大量记录中找出满足某个条件的记录并不容易，筛选就是用于查找数据清单中部分数据的一种快捷方法，经过筛选后的数据清单只显示符合条件的数据，并将不符合条件的数据隐藏起来。Excel 2016 提供了自动筛选和高级筛选两种筛选方法。

1．自动筛选

自动筛选时，一次只能对工作表中的一个数据清单使用自动筛选功能，对同一列数据最多可以应用两个条件。其操作步骤介绍如下。

（1）单击数据清单中的任意一个单元格。

（2）在“数据”选项卡的“排序和筛选”组中单击“筛选”按钮，数据清单中每个字段名旁边将显示一个向下的小箭头，称为“筛选箭头”。单击筛选箭头，弹出筛选列表，在列表中勾选需要的数据，或者选择自定义筛选方式，在筛选列表中常见的自定义筛选方式有文本筛选、数字筛选、日期筛选等。选择它们中的任何一个，都会弹出对应的下级菜单列表，里面有具体的自定义筛选方式，如选择数字筛选，就有等于、不等于、大于、大于或等于、小于、小于或等于、介于、前 10 项、高于平均值、低于平均值、自定义筛选等选项。它们的含义介绍如下。

- 等于：用于筛选与某个数值相等的数据。
- 不等于：用来筛选除某个数值以外的数据。
- 大于：用来筛选比某个值大的数据。
- 大于或等于：用来筛选比某个值大或与该值相同的数据。
- 小于：用来筛选比某个值小的数据。

- 小于或等于：用来筛选比某个值小或与该值相同的数据。
- 介于：用来筛选介于某两个数值之间的数据。
- 前 10 项：用于选出 n 个最大值或最小值，n 值由用户根据需要确定，默认是 10。
- 高于平均值：用来筛选比平均值高的数据。
- 低于平均值：用来筛选比平均值低的数据。
- 自定义筛选：选择它将打开“自定义自动筛选方式”对话框，用户可以设定筛选的条件，并且可以是两个条件值的组合。

如果需要取消自动筛选，则可再次在“数据”选项卡的“排序和筛选”组中单击“筛选”按钮，筛选箭头消失，表示筛选被取消，此时将显示所有数据。

此外，还有更加人性化的“搜索”功能，对于处理数据量庞大的表格，可以快速而直接地搜索到目标数据，然后再进行筛选。在“数据”选项卡的“排序和筛选”组中单击“筛选”按钮，为数据清单应用自动筛选，单击需要搜索列的筛选按钮，在展开的筛选下拉列表的“搜索”文本框中输入要搜索的内容，单击“确定”按钮，原数据清单中将显示搜索后的结果。

2．高级筛选

当筛选条件比较多或用自动筛选无法解决时，可以选用高级筛选功能来对数据清单进行筛选。所谓高级筛选，其实是根据“条件区域”来筛选的。其操作步骤介绍如下。

（1）建立条件区域，如图 7-29 中的 C25:E26 区域所示。条件区域一般与数据清单相隔一行或一列以上，与数据清单隔开。建立条件区域时要注意：需同时满足的条件值放同一行，不同时满足的条件值放不同行。

	A	B	C	D	E	F	G	H
1	学号	姓名	语文	数学	英语	总分	平均分	名次
14	20041013	陈华	71	84	67			
15	20041014	姚小玮	68	54	70			
16	20041015	刘晓瑞	75	85	80			
17	20041016	肖凌云	68	75	64			
18	20041017	徐小君	58	69	75			
19	20041018	程俊	94	89	91			
20	20041019	黄威	82	87	88			
21	20041020	钟华	72	64	85			
22	20041021	郎怀民	85	71	70			
23	20041022	谷金力	87	80	75			
24								
25			语文	数学	英语			
26			>90	>80	<=90			

图 7-29　高级筛选——建立条件区域

（2）在数据清单中选择任意一个单元格，在“数据”选项卡的“排序和筛选”组中单击“高级”按钮，弹出“高级筛选”对话框，如图 7-30 所示。

（3）在“方式”选项组中选择“在原有区域显示筛选结果”单选按钮，可将筛选结果显示在原数据清单中；选择“将筛选结果复制到其他位置”单选按钮，可将筛选结果显示在其他工作表中。

（4）在“列表区域”和“条件区域”文本框中输入要筛选的数据区域和含有筛选条件的

条件区域，或者直接用鼠标在工作表中选择。

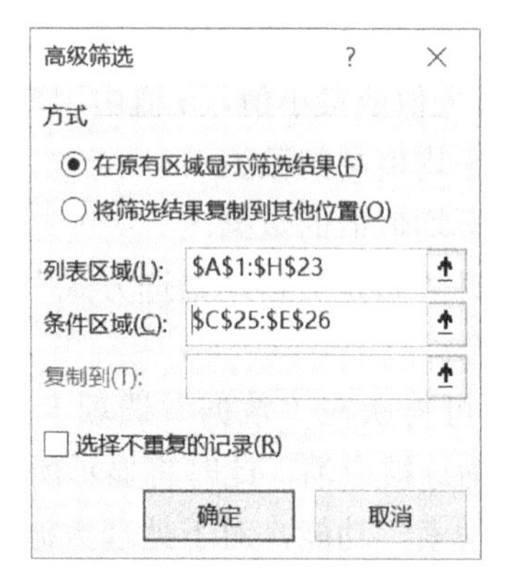

图 7-30 “高级筛选”对话框

（5）如果要筛选掉重复的记录，则选择“选择不重复的记录”复选框。

当需要取消高级筛选时，可以单击“数据”选项卡的“排序和筛选”组中的“清除”按钮，此时筛选被取消，并将显示所有数据。

7.4.5 保护工作表和工作簿

1．保护工作簿

对工作簿进行保护可以防止他人对工作簿的结构和窗口进行改动，具体操作步骤介绍如下。

（1）打开工作簿，在“审阅”选项卡的“保护”组中单击“保护工作簿”按钮，弹出“保护结构和窗口”对话框，如图 7-31 所示。

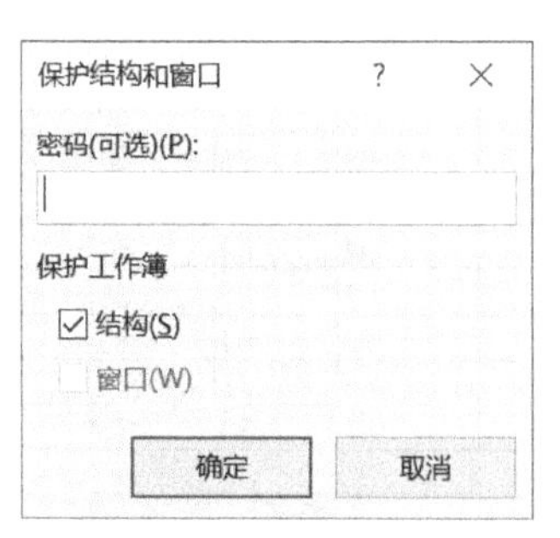

图 7-31 “保护结构和窗口”对话框

（2）在该对话框中设置各选项（“结构”和“窗口”），并输入密码。其中“结构”选项用于保护工作簿的结构，以防止别人进行删除、移动、隐藏、取消隐藏、重命名工作表或插入工作表等操作；“窗口”选项从 Excel 2013 版开始已被弃用，因为从 Excel 2013 版开始取消了多文档界面（MDI），使用单文档界面（SDI），即一个工作簿对应一个窗口。

撤销对工作簿的保护，只需在“审阅”选项卡的“保护”组中单击“保护工作簿”按钮即可，如果保护时设置了密码，则随后会弹出“撤销工作簿保护”对话框，在“密码”框中输入正确的密码后对工作簿即撤销了保护。

另外，用户还可以通过设置打开和修改工作簿的密码来实现工作簿的安全性。单击“文件”选项卡下的“另存为”按钮，选择好要存放的位置，弹出“另存为”对话框。在该对话框中单击“工具”命令旁的下三角按钮，选择“常规选项”命令，弹出“常规选项”对话框。在“打开权限密码”和“修改权限密码”文本框中输入相应的信息即可。

2．保护工作表

保护工作表的步骤与保护工作簿的步骤基本相似，只不过是在“审阅”选项卡的“保护”组中单击“保护工作表”按钮，弹出“保护工作表”对话框，在其中对各选项进行设置，并根据需要输入密码即可。

要撤销对工作表的保护，只需在“审阅”选项卡的“保护”组中单击“撤销工作表保护”按钮，输入密码，单击“确定”按钮。

7.5　数据分析

Excel 2016 为用户提供了强大的数据分析功能，如使用图表和迷你图、动态图表、分类汇总、数据透视表和数据透视图等，利用这些功能可以方便地对大量数据进行分析。

7.5.1　图表和迷你图

图表比数据更有说服力，Excel 能将电子表格中的数据转换成各种类型的统计图表，使数据看上去更加直观、简洁、明了，有助于用户分析和处理数据。当工作表中的数据源发生变化时，图表中相应的部分也会自动更新。Excel 2016 提供了 15 种图表类型，而每一种图表类型又可分为几个子图表类型，常见的图表类型有柱形图、折线图、饼图、条形图、面积图等。

1．建立图表

图表是工作表数据的图形表示，图表随工作表数据更改而更新。图表中各元素名称如图 7-32 所示。

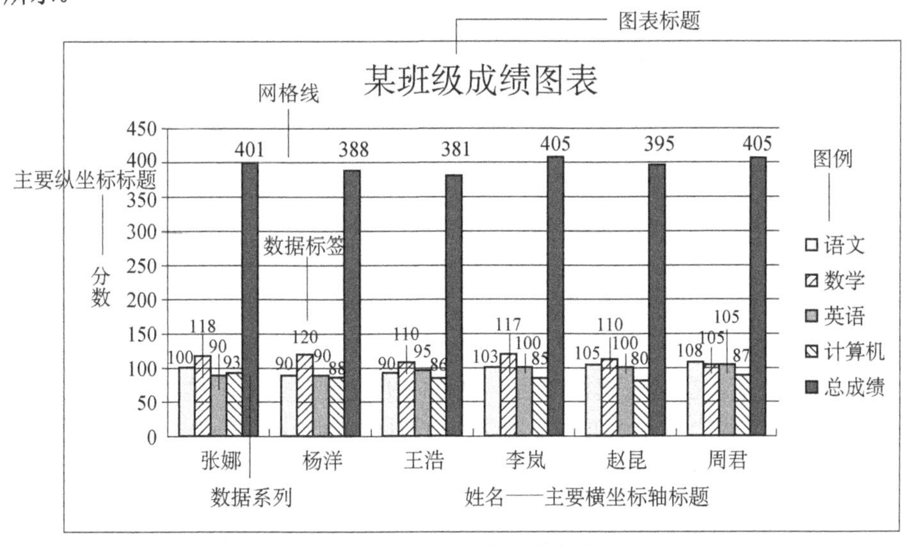

图 7-32　图表中各元素名称

建立图表的操作步骤介绍如下。

（1）选择生成图表的数据区域，包括行、列标题和数据，这样才能在图表中完整显示。

（2）创建图表。在“插入”选项卡的“图表”组中单击右下角的“查看所有图表”按钮，弹出“插入图表”对话框，如图 7-33 所示。在该对话框中选择所需的图表类型，单击“确定”按钮生成默认效果的图表。

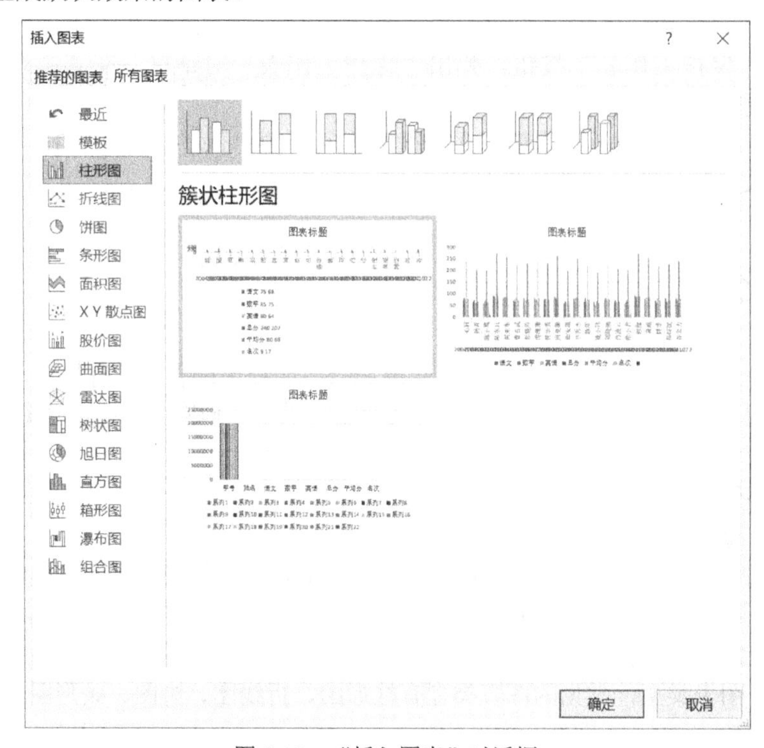

图 7-33　“插入图表”对话框

2. 编辑图表

在创建好图表之后，可以根据需要对图表进行修改和调整，包括调整图表的位置和大小，以及数据的增加、删除和修改等。

（1）改变图表的位置和大小。图表建立后，如果对位置不满意，则可以将它移动到目标位置。方法是鼠标指针指向图表中，当指针变为“十”字箭头时，按下鼠标左键，拖曳图表到新的位置后，释放鼠标左键即可。

要改变图表的大小时，将光标移到尺寸柄上，当鼠标指针变成双向箭头时拖曳尺寸柄到单实线所示的合适大小时松开鼠标。在 Excel 2016 中，图表的大小也可以使用功能区进行设置：在“图表工具”的“格式”选项卡的“大小”组中有高度和宽度两个编辑框，在此可以直接设置图表的大小。

（2）更改图表类型。在图表建好以后，也可以更改图表类型。单击图表区，功能区选项卡会多出“设计”“格式”两个选项卡。单击“设计”选项卡，在“类型”组中单击“更改图表类型”按钮，弹出“更改图表类型”对话框。选择图表类型和子图表类型后单击“确定”按钮即可更改图表类型。

（3）图表数据的增删和修改。如果要增加或删除图表中的数据，则可首先单击图表，在

“图表工具”的“设计”选项卡的“数据”组中单击“选择数据”按钮，弹出“选择数据源”对话框，如图 7-34 所示。在该对话框的“图表数据区域”框中输入新的数据区域地址，或者单击其右侧的单元格引用按钮直接选择新的数据区域。

修改图表中的数据，只需修改工作表单元格中的数据，图表中的数据即可随之改变。

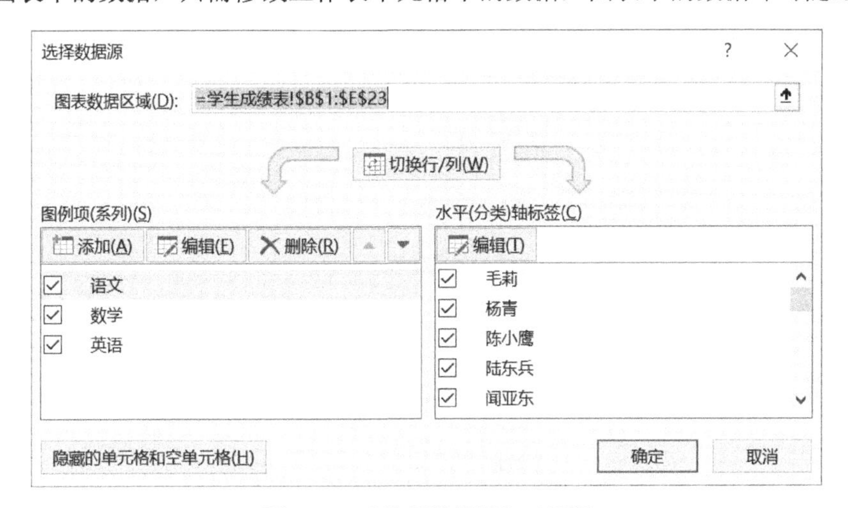

图 7-34　“选择数据源”对话框

（4）设置图表元素。图表元素通常包括坐标轴、坐标轴标题、图表标题、数据标签、数据表、误差线、网络线、图例等。用户可以设置是否在图表中显示这些标签及设置它们的格式。在 Excel 2016 中，设置图表元素的命令按钮位于“图表工具”的“设计”选项卡中的“图表布局”组的“添加图表元素”下拉列表中，如图 7-35 所示。

图 7-35　“添加图表元素”下拉列表

①设置坐标轴。选择“坐标轴”，从展开的下拉列表中选择“主要横坐标轴”或“主要纵坐标轴”，可以设置横坐标轴和纵坐标轴的显示或隐藏。

②设置坐标轴标题。选择“坐标轴标题”，从展开的列表中选择“主要横坐标轴”或“主要纵坐标轴”，随后，在图表上即添加（或删除）坐标轴标题占位符，单击输入所需的坐

标轴标题文字即可。

③设置图表标题。选择“图表标题”，在展开的列表中选择图表标题的位置，在图表上方被插入“图表标题”4 个字，单击输入所需的标题文字即可。

④设置数据标签。选择“数据标签”，在展开的如图 7-36 所示列表中选择数据标签的位置。如果要隐藏数据标签，则只需单击“数据标签”旁的下三角按钮，在展开的列表中选择“无”命令即可。

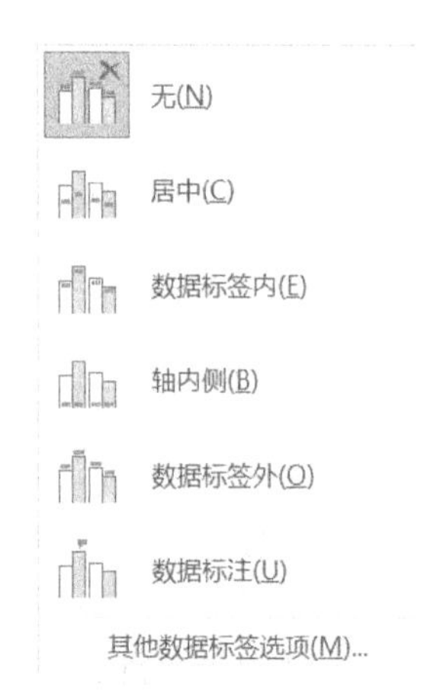

图 7-36 “数据标签”选项列表

⑤设置模拟运算表。在图表中显示的数据表称为模拟运算表，选择“数据表”，从展开的如图 7-37 所示列表中选择需要的显示方式即可。

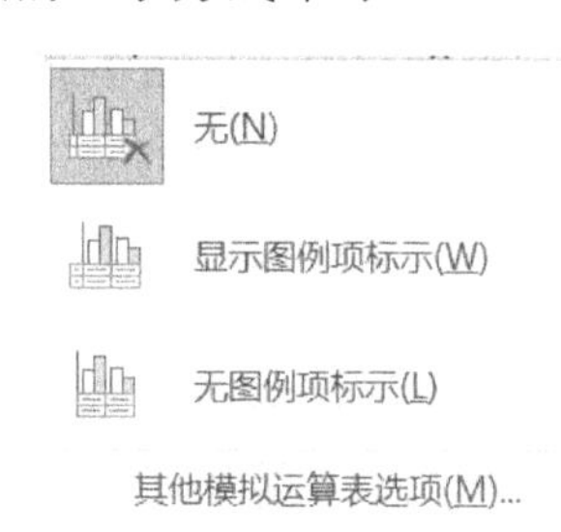

图 7-37 “模拟运算表”选项列表

⑥设置网格线。选择“网格线”，在展开的如图 7-38 所示列表中选择需要的网格线设置即可。

⑦设置图例。选择“图例”，在展开的如图 7-39 所示列表中选择需要的图例位置即可。

⑧更多选项设置。如果对默认生成的图表样式不满意，还可以对图表中的各项元素进行详细的格式设置，实现对图表的美化。所有关于它们的设置，只需单击选项列表最下方的“更多……选项”按钮，便会打开对应项目的设置对话框，在其中进行详细设置即可。另外，对于图表中的所有文字对象都可以通过“开始”选项卡下的“字体”组来设置字体格式。

除自己设置图表格式，应用图表的内置样式是使图表拥有专业外观的最快捷的方法。选择工作表中的图表，在“图表工具”的“设计”选项卡的“图表样式”组中单击“其他”按钮，显示整个“图表样式”列表框，从中选择一种图表样式，随即工作表中的图表就会应用该样式。

图 7-38　“网络线”选项列表　　　　图 7-39　“图例”选项列表

3．迷你图

迷你图与工作表上的图表不同，迷你图不是对象，它实际上是以单元格为绘图区域的一个微型图表，可提供数据的直观表示，显示数据系列中的趋势，或者突出显示最大值和最小值等。虽然行或列中呈现的数据很有用，但很难一眼就看出数据的分布形态，在数据旁边放置迷你图将达到最佳表示效果，其主要特点如下。

- 迷你图可以通过清晰简明的图形方式显示相邻数据的变化趋势。
- 迷你图只需占用少量的空间。
- 方便用户快速查看迷你图与其基本数据之间的关系。
- 当数据发生改变时，迷你图会进行相应的更改。
- 不仅可以为一行或一列数据创建一个迷你图，还可以通过选择与基本数据相对应的多个单元格来同时创建若干个迷你图。

（1）创建迷你图。迷你图的类型通常包括 3 种：折线类型、柱形类型及盈亏类型。具体创建步骤介绍如下：

①在“插入”选项卡的“迷你图”组中选择某迷你图类型（如“折线”），弹出“创建迷你图”对话框。

②在“创建迷你图”对话框中选择“数据范围”和放置迷你图的“位置范围”，如图 7-40 所示。

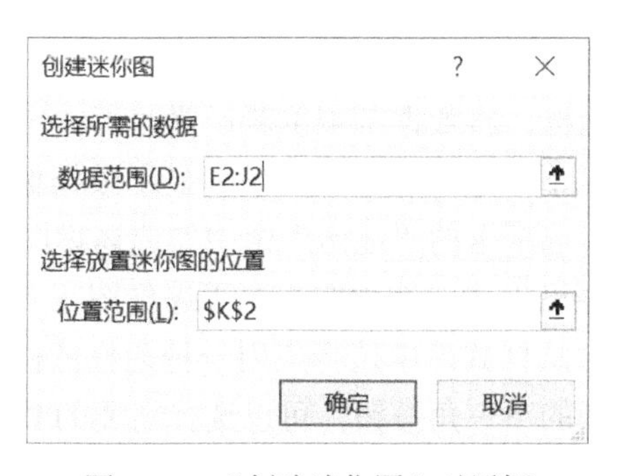

图 7-40　“创建迷你图”对话框

③单击“确定”按钮，在单元格中创建的迷你图效果如图 7-41 所示。向下拖曳单元格 K2 右下角的填充柄至单元格 K6，迷你图被自动填充，效果如图 7-42 所示。

	E	F	G	H	I	J	K
1	1月	2月	3月	4月	5月	6月	
2	303	339	375	243	343	323	
3	251	303	243	379	383	355	
4	251	351	351	355	343	303	
5	319	331	343	363	271	323	
6	307	331	363	335	363	243	

图 7-41　迷你图效果

	E	F	G	H	I	J	K
1	1月	2月	3月	4月	5月	6月	
2	303	339	375	243	343	323	
3	251	303	243	379	383	355	
4	251	351	351	355	343	303	
5	319	331	343	363	271	323	
6	307	331	363	335	363	243	

图 7-42　填充迷你图效果

（2）编辑迷你图。创建好的迷你图可以更改迷你图类型、更改数据范围、显示数据点、设置迷你图样式等。

①更改迷你图类型。选择已创建的迷你图，在“迷你图工具”的“设计”选项卡的“类型”组中单击其他类型迷你图即可。如图 7-43 所示的是选择“柱形图”后的效果。

	E	F	G	H	I	J	K
1	1月	2月	3月	4月	5月	6月	
2	303	339	375	243	343	323	
3	251	303	243	379	383	355	
4	251	351	351	355	343	303	
5	319	331	343	363	271	323	
6	307	331	363	335	363	243	

图 7-43　柱形迷你图

②更改数据范围。选择已创建的迷你图，在“迷你图工具”的“设计”选项卡的“迷你图”组中单击“编辑数据”旁的下三角按钮，从下拉列表中选择“编辑组位置和数据”命令，弹出“编辑迷你图”对话框，将数据范围重新设置即可。

③显示数据点。默认情况下创建的迷你图并没有显示数据标记。选择已创建的迷你图，在“迷你图工具”的“设计”选项卡的“显示”组中勾选迷你图的数据标记即可。

④设置迷你图样式。选择已创建的迷你图，在“迷你图工具”的“设计”选项卡的“样式”组中单击“其他”按钮，从样式库中选择应用一种迷你图样式。单击“样式”组的“迷你图颜色”和“标记颜色”旁的下三角按钮，可以选择需要的颜色美化迷你图。

7.5.2　动态图表

前面介绍的图表都是静态的，很多时候我们希望图表能够有一些交互的功能。例如，根据用户的控制来让图表发生变化，即制作动态图表。

1．动态图表的原理和核心知识

图表都是根据数据画出来的，如果图表是动态的，那么必然是数据发生了变化。通过控制按钮来控制数据的变化，进而使图表也发生变化。这就是动态图表的基本原理。

因此，制作动态图表的核心知识主要有两个：一个是使用表单控件和用户交互（在一些不太复杂的动态图表中，通常利用在单元格中设置“序列”数据验证来制作一个下拉菜单，以代替表单控件）；另一个是使用查找函数，因为动态的数据必然是通过查找函数从原始数据中查找出来的。

可以看出，动态图表并不是 Excel 内置的功能，而是图表、函数等知识的综合运用。

2．制作动态图表的典型步骤

制作一个动态图表的典型步骤如下。

（1）制作一个下拉菜单，可以使用组合框，也可以使用“序列”数据来验证。

（2）制作一个动态数据源，可以采用一个动态的辅助区域，也可以利用一个动态数据源的名称。

（3）插入图表和动态数据源相关联。

3．使用组合框和 INDEX 函数制作动态图表

原始数据是学生成绩表，如图 7-44 所示。准备实现的功能是用一个下拉列表选择不同学生的名字，显示该学生的成绩图表。

	A	B	C	D	E
1	学号	姓名	语文	数学	英语
2	20041001	毛莉	75	85	80
3	20041002	杨青	68	75	64
4	20041003	陈小鹰	58	69	75
5	20041004	陆东兵	94	90	91
6	20041005	闻亚东	84	87	88
7	20041006	曹吉武	72	68	85
8	20041007	彭晓玲	85	71	76
9	20041008	傅珊珊	88	80	75
10	20041009	钟争秀	78	80	76

图 7-44　学生成绩表

制作步骤如下。

（1）制作下拉列表。单击“开发工具”选项卡的“控件”组中的“插入”按钮，从弹出的下拉列表中选择“组合框(窗体控件)”命令，在工作表中按住鼠标左键拖曳放置组合框。在组合框上单击鼠标右键，在弹出的快捷菜单中选择“设置控件格式”命令，弹出“设置对象格式”对话框。切换至“控制”选项卡。“数据源区域”选择 B2:B23，即所有的姓名；“单元格链接”选择 H6 单元格，这个单元格用来保存组合框选中项的序号。具体设置如图 7-45 所示。单击“确定”按钮后，组合框内就可以选择学生姓名了。

（2）制作动态数据源。选择 J5:K7 单元格区域作为辅助区域，在 J5、J6、J7 单元格中分别输入“语文”“数学”“英语”，在 K5、K6、K7 单元格中分别输入公式“=INDEX($C$2:$E$23,

$H$6, 1)”“=INDEX($C$2:$E$23, $H$6, 2)”“=INDEX($C$2:$E$23, $H$6, 3)”，如图 7-46 所示。INDEX 函数用于返回单元格区域指定位置的值。第一个参数是要查找的单元格区域；第二个参数是查找的行号，这个值指定为 H6 单元格的值，即组合框返回的序号，这样就定位到了某一学生；第三个参数是列号，分别指定为第 1、2、3 列，分别定位到三门课的成绩。

图 7-45 “设置对象格式”对话框

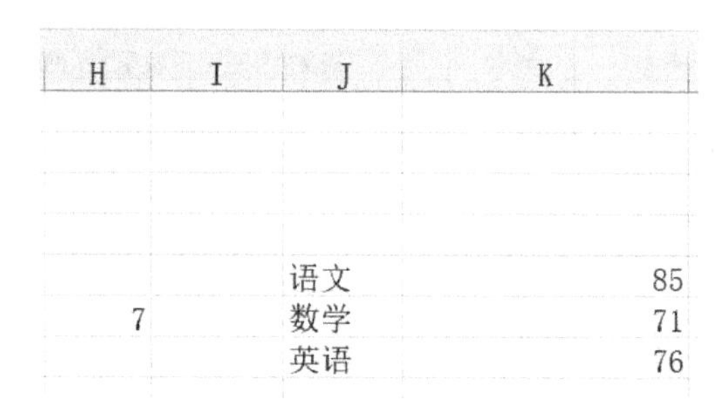

图 7-46 动态图表辅助区域

（3）插入图表。选择辅助区域 J5:K7，单击“插入”选项卡的“图表”组中的“插入柱形图或条形图”按钮，在弹出的列表中选择“簇状柱形图”。也可以在插入图表后再选择数据源。设置好图表的标题、图例、数据标签、位置等元素即可，显示效果如图 7-47 所示。

4．使用数据验证和 INDIRECT 函数制作

下面再制作一个在下拉列表中选择学生名字后即可显示成绩的动态图表，采用的是数据验证、名称管理器和 INDIRECT 函数。这里用到了名称管理器，名称管理器是用户自己所取的名称的管理工具。单击“公式”选项卡的“定义的名称”组中的“名称管理器”按钮就可以在弹出的“名称管理器”对话框进行名称管理。它可以为常量值定义名称，以方便直观引

用；可以为变量值定义名称，以方便统一引用和灵活修改；还可以为单元格区域或公式定义名称，以方便对单元格区域或公式的快速引用和选取。

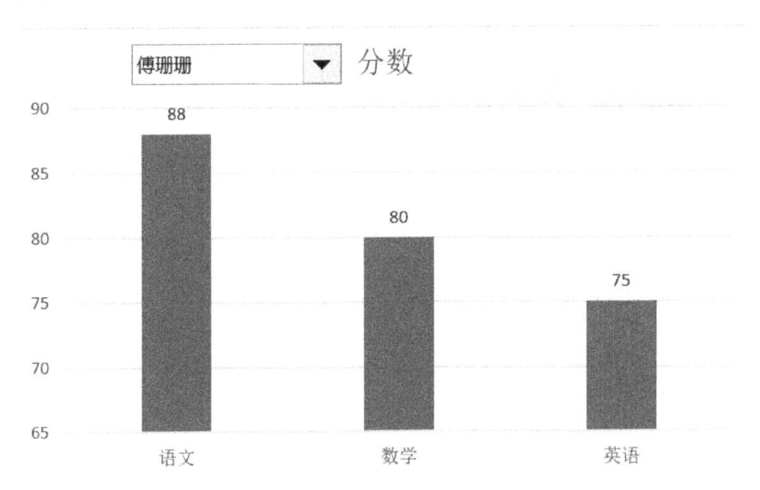

图 7-47　学生成绩动态图表

具体步骤介绍如下。

（1）制作下拉列表。选择要制作下拉列表的单元格 J2，单击“数据”选项卡的“数据工具”组中的“数据验证”按钮，打开“数据验证”对话框中的“设置”选项卡。在“允许”下拉列表中选择“序列”，“来源”选择学生姓名这一列，单击“确定”按钮，如图 7-48 所示。

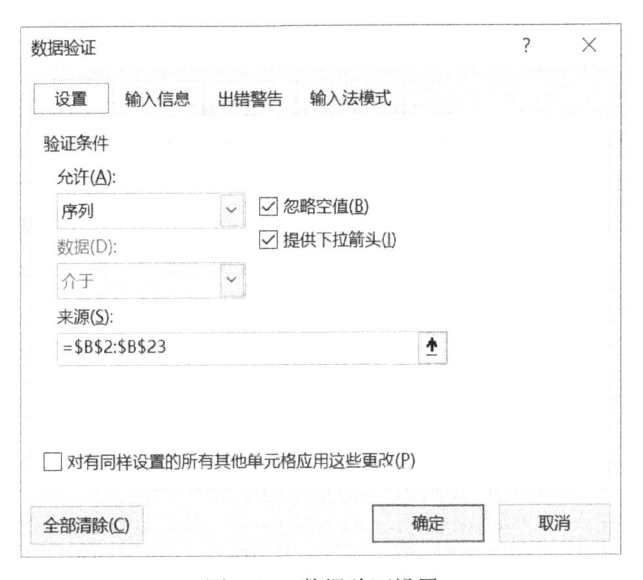

图 7-48　数据验证设置

（2）制作动态数据源。前面介绍的动态数据源采用的是辅助区域，这里我们采用名称来制作。首先，选择如图 7-49 所示的单元格区域（不包括第一行标题和第一列学号），单击“公式”选项卡的“定义的名称”组中的“根据所选内容创建”按钮，在弹出的“以选定区域创建名称”对话框中选择“最左列”选项，单击“确定”按钮。这样就创建了一系列以学生姓名为名称、以三门课的成绩为数值的名称列表。在弹出的“名称管理器”对话框可以看到这些名称，如图 7-50 所示。然后，单击“公式”选项卡的“定义的名称”组中的“定义名称”按钮，弹出“新建名称”对话框。在“名称”框中输入“成绩”，“引用位置”选择 J2 单元格，即学生姓名下拉列表框所在的单元格，这时引用位置显示的是“=学生成绩表!$J$2”，将其修改为“=INDIRECT(学生成绩表!$J$2)”，即在外面加上一个 INDIRECT 函数。INDIRECT 函数的作用是将名称转换为对应的单元格引用，即将学生名字转换为对应的分数。这样，“成绩”这个名称就成为了一个随下拉列表框的选择而变化的动态名称，值就是对应的分数。

	B	C	D	E	
	姓名	语文	数学	英语	总
001	毛莉	75	85	80	
002	杨青	68	75	64	
003	陈小鹰	58	69	75	
004	陆东兵	94	90	91	
005	闻亚东	84	87	88	
006	曹吉武	72	68	85	
007	彭晓玲	85	71	76	
008	傅珊珊	88	80	75	
009	钟争秀	78	80	76	
010	周旻璐	94	87	82	
011	柴安琪	60	67	71	
012	吕秀杰	81	83	87	
013	陈华	71	84	67	
014	姚小玮	68	54	70	
015	刘晓瑞	75	85	80	
016	肖凌云	68	75	64	

图 7-49 选择单元格区域

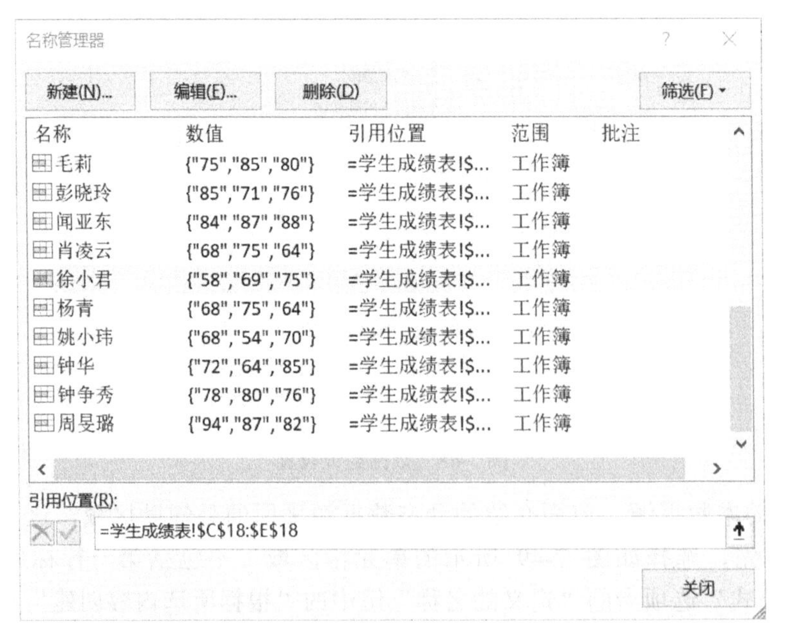

图 7-50 “名称管理器”对话框

（3）插入图表。单击“插入”选项卡的“图表”组中的“插入柱形图或条形图”按钮，在弹出的列表框中选择“簇状柱形图”。插入完成后在图表上单击右键，在弹出的快捷菜单中选择“选择数据”命令，弹出“选择数据源”对话框。先将三个框都清空，然后在“图例项(系列)”下方单击“添加”按钮，弹出“编辑数据系列”对话框。“系列名称”选择 J2 单元格，即学生姓名下拉列表所在单元格，“系列值”框中输入“=学生成绩表!成绩”。在“水平（分类）轴标签”下单击“编辑”，弹出“轴标签”对话框。在“轴标签区域”中选择 C1:E1 单元格区域，即三门课程的名字。单击“确定”按钮，完成动态图表的制作。

7.5.3　分类汇总

分类汇总是 Excel 中最常用的功能之一，是指先将数据清单按照某个字段进行分类，然后再进行求和、计数、平均值、最大值、最小值、乘积等汇总计算。

要特别注意，在分类汇总前，必须首先对数据清单按分类字段排序。以图 7-51 所示的健康检查表为例，需要查看不同专业学生身高的平均值，可以参照以下步骤。

	A	B	C	D	E	F	G	H	I	J
1	姓名	性别	出生日期	专业	身高(cm)	体重(kg)	血型	心率(次/分钟)	视力	色觉
2	张德	男	1987/1/9	国际经济与贸易	169	67	A	70	5	正常
3	赵雨	女	1987/5/17	国际经济与贸易	157	49	B	81	4.7	正常
4	周远航	男	1988/3/23	经济学	166	71	B	72	5.2	正常
5	胡凯	男	1987/6/10	国际经济与贸易	170	75	AB	71	4.3	色弱
6	孙思思	女	1987/9/29	国际经济与贸易	150	42	O	77	5.4	正常
7	钱行	男	1989/1/25	计算机科学与技术	163	56	A	80	4.5	正常
8	吴齐	女	1987/12/11	国际经济与贸易	173	51	AB	83	5	正常
9	刘芝	女	1988/11/5	经济学	164	55	O	75	5.1	正常
10	郑良	男	1987/7/13	计算机科学与技术	163	60	A	80	4.6	色弱
11	蔡玲	女	1986/7/22	经济学	165	57	B	76	5.4	正常
12	黄珊珊	女	1987/10/3	经济学	170	50	B	77	4.9	正常
13	范童书	男	1987/6/22	计算机科学与技术	180	75	B	73	5.4	正常
14	胡甜娜	女	1987/3/10	计算机科学与技术	155	45	A	75	4.9	正常
15	董佳佳	女	1987/9/3	国际经济与贸易	157	47	A	73	5	正常
16	解晨娜	女	1987/9/15	计算机科学与技术	172	50	O	75	5.2	正常
17	梁明明	男	1987/10/3	计算机科学与技术	178	75	B	73	4.7	正常
18	谢牧	男	1987/10/10	经济学	172	73	B	67	4.5	正常
19	杨海	男	1988/5/27	经济学	168	78	A	69	5.2	正常
20	方燕	女	1987/2/19	经济学	160	50	A	72	5.2	正常

健康检查表　Sheet3

图 7-51　健康检查表

（1）对健康检查表按“专业”进行排序。

（2）在“数据”选项卡的“分级显示”组中单击“分类汇总”按钮，弹出“分类汇总”对话框。

（3）选择对应的“分类字段”“汇总方式”和“选定汇总项”（如图 7-52 所示），单击“确定”按钮，结果如图 7-53 所示。

在行号左侧的分级显示符号 1 2 3，显示或隐藏细节数据，用于共有 3 个级别，其中后一级别为前一级别提供细节数据，在图 7-53 中，总的汇总结果属于级别 1，各专业的汇总结果属于级别 2，学生的细节数据属于级别 3。用户可以单击级别符号 1 2 3 或 -、+ 来显示或隐藏某一级别下的细节数据。

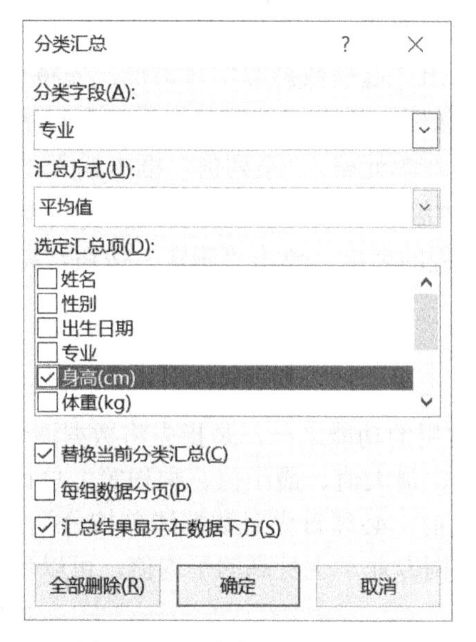

图 7-52　“分类汇总”对话框

	A	B	C	D	E	F	G	H	I	J
1	姓名	性别	出生日期	专业	身高(cm)	体重(kg)	血型	心率(次/分钟)	视力	色觉
2	董佳佳	女	1987/9/3	国际经济与贸易	157	47	A	73	5	正常
3	胡凯	男	1987/6/10	国际经济与贸易	170	75	AB	71	4.3	色弱
4	孙思思	女	1987/9/29	国际经济与贸易	150	42	0	77	5.4	正常
5	吴齐	女	1987/12/11	国际经济与贸易	173	51	AB	83	5	正常
6	张德	男	1987/1/9	国际经济与贸易	169	67	A	70	5	正常
7	赵雨	女	1987/5/17	国际经济与贸易	157	49	B	81	4.7	正常
8				**国际经济与贸易 平均值**	162.6667					
9	范童书	男	1987/6/22	计算机科学与技术	180	75	B	73	5.4	正常
10	胡甜娜	女	1987/3/10	计算机科学与技术	155	45	A	75	4.9	正常
11	解晨娜	女	1987/9/15	计算机科学与技术	172	50	0	75	5.2	正常
12	梁明明	男	1987/10/3	计算机科学与技术	178	75	B	73	4.7	正常
13	钱行	男	1989/1/25	计算机科学与技术	163	56	A	80	4.5	正常
14	郑良	男	1987/7/13	计算机科学与技术	163	60	A	80	4.6	色弱
15				**计算机科学与技术 平均值**	168.5					
16	蔡玲	女	1986/7/22	经济学	165	57	B	76	5.4	正常
17	方燕	女	1987/2/19	经济学	160	50	A	72	5.2	正常
18	黄珊珊	女	1987/10/3	经济学	170	50	B	77	4.9	正常
19	刘芝	女	1988/11/5	经济学	164	55	0	75	5.1	正常
20	谢牧	男	1987/10/10	经济学	172	73	B	67	4.5	正常
21	杨海	男	1988/5/27	经济学	168	78	A	69	5.2	正常
22	周远航	男	1988/3/23	经济学	166	71	B	72	5.2	正常
23				**经济学 平均值**	166.4286					
24				**总计平均值**	165.8947					

健康检查表　Sheet3

图 7-53　“分类汇总”结果

如果要删除分类汇总，则可以在“数据”选项卡的“分级显示”组中单击“分类汇总”按钮，在弹出的“分类汇总”对话框中单击“全部删除”按钮。

7.5.4　数据透视表和数据透视图

数据透视表和数据透视图是 Excel 中较厉害的“利器”，能够让庞大而略显凌乱的数据表瞬间变得有条理起来。其中，数据透视表是一种对大量数据快速汇总和建立交叉列表的交互式动态表格，能够通过对行、列进行转换以查看源数据的不同汇总结果，并通过显示不同页面以筛选数据，还可以根据需要显示区域中的明细数据，帮助用户分析、组织数据。它有机地综合了数据排序、筛选、分类汇总等数据分析的优点，是最常用、功能最全的 Excel 数据分析工具之一。数据透视图是另一种数据表现形式，与数据透视表不同的地方在于它允许选择适当的图表及多种颜色来描述数据的特性。

1．创建数据透视表

仍以图 7-51 所示的健康检查表为例，查看不同专业、不同性别学生身高的平均值，操作步骤介绍如下。

（1）在“插入”选项卡的“表格”组中单击“数据透视表”按钮，弹出“创建数据透视表”对话框。

（2）在“创建数据透视表”对话框中选择要分析的数据（“选择一个表或区域”及“表/区域”地址或“使用外部数据源”）和选择放置数据透视表的位置（“新工作表”或“现有工作表”），单击“确定”按钮。

（3）在指定的位置创建了一个数据透视表模板，并自动在右侧显示“数据透视表字段”窗格，在该窗格中根据自己的设计需要，用鼠标拖曳这些按钮，放置在左边数据透视表模板相应的位置即可。例如，将“专业”拖曳到“行标签”上；“性别”拖曳到“列标签”上；“身高”拖曳到“数值”区域并单击，在弹出的快捷菜单中选择“值字段设置”命令，弹出“值字段设置”对话框。选择“平均值”计算类型（如图 7-54 所示），单击“确定”按钮（添加字段除拖曳的方法，还可以在对应字段上右击，在弹出的快捷菜单中选择相应的命令也可以）。创建好的数据透视表如图 7-55 所示。

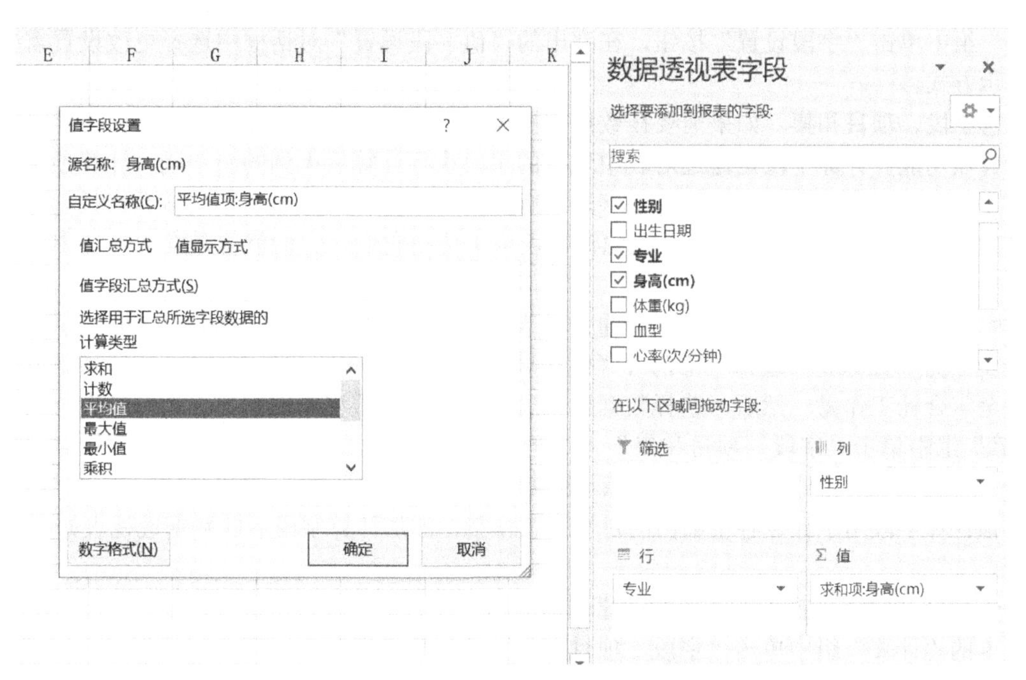

图 7-54 “值字段设置”对话框

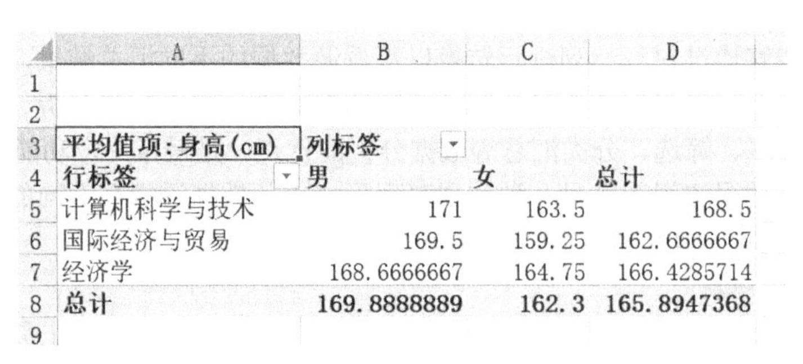

	A	B	C	D
1				
2				
3	平均值项:身高(cm)	列标签		
4	行标签	男	女	总计
5	计算机科学与技术	171	163.5	168.5
6	国际经济与贸易	169.5	159.25	162.6666667
7	经济学	168.6666667	164.75	166.4285714
8	总计	169.8888889	162.3	165.8947368
9				

图 7-55　数据透视表

2．设置和编辑数据透视表

（1）字段设置和值字段设置。被添加到数据透视表区域“值”区域的字段称为“值字段”，而其他 3 个区域的字段称为“字段”。通常，字段设置除可以更改字段的名称外，还可以设置字段的分类汇总和筛选、布局和打印等选项，而值字段还可以设置值的汇总方式、显示方式和数字格式等。所有这些属性的设置都可以通过对话框进行，在需要修改的字段上右击，在弹出的快捷菜单中选择“字段设置”或“值字段设置”命令，弹出“字段设置”或“值字段设置”对话框，更改需要的设置选项即可。

（2）设置数据透视表计算方式。

①按值汇总。选择某数据透视表，在“数据透视表工具”下“分析”选项卡的“活动字段”组中单击“字段设置”按钮，在弹出的“值字段设置”对话框中选择更改设置需要的值汇总方式。

②值显示方式。选择某数据透视表，在“数据透视表工具”下“分析”选项卡的“活动字段”组中单击“字段设置”按钮，在弹出的“值字段设置”对话框中选择更改设置需要的值显示方式。

③字段、项目和集。如果需要在数据透视表中再进行自定义计算，则需要使用计算字段或计算项功能。计算字段是通过对表中现有的字段执行计算后得到的新字段；计算项是在已有的字段中插入新的项，是通过对该字段现有的其他项执行计算后得到的值。一旦创建了自定义的计算字段或计算项，Excel 就允许在表格中使用它们，它们就像是在数据源中真实存在的一样。

- 添加计算字段。首先，为工作量统计表建立新的数据透视表，如图 7-56 所示，该数据透视图的“行标签”选择“部门”，“值区域”选择“求和项:全年合计”，统计的是各个部门的全年合计工作量。然后，选择数据透视表，在“数据透视表工具”下“分析”选项卡的“计算”组中单击“字段、项目和集”下三角按钮，在展开的下拉列表中选择“计算字段”命令，弹出“插入计算字段”对话框。在其中输入计算字段的名称和公式，如图 7-57 所示，该计算字段用于计算各个部门的月平均工作量，添加计算字段后的数据透视表如图 7-58 所示。

- 添加计算项。首先，选择要创建计算项的字段名，在“数据透视表工具”下“分析”选项卡的“计算”组中单击“字段、项目和集”下三角按钮，在展开的下拉列表中选择“计算项”命令，弹出“在‘部门’中插入计算字段”对话框，在其中输入计算项的名称和公式，如图 7-59 所示。该计算项用于计算第 1 车间和第 2 车间的全年合计工作量相差多少，添加计算项后的数据透视表如图 7-60 所示。

	A	B	C	D	E	F	G	H
1	职工号	姓名	性别	部门	全年合计			
2	JC022	翟丹	男	第3车间	3980		行标签	求和项:全年合计
3	JC018	闫玉	女	第3车间	3952		第1车间	25800
4	JC017	徐天	女	第3车间	3944		第2车间	32964
5	JC035	汪婷	女	第4车间	3936		第3车间	34168
6	JC019	杨杰	女	第3车间	3884		第4车间	37436
7	JC002	窦海	男	第1车间	3872		**总计**	**130368**
8	JC012	马华	女	第2车间	3840			
9	JC028	李明辉	女	第4车间	3816			
10	JC004	郭海英	男	第1车间	3812			
11	JC015	王一一	男	第2车间	3800			
12	JC029	高文德	男	第4车间	3788			
13	JC031	任爱敏	女	第4车间	3780			
14	JC008	琳红	女	第2车间	3776			

图 7-56　工作量统计表数据透视表

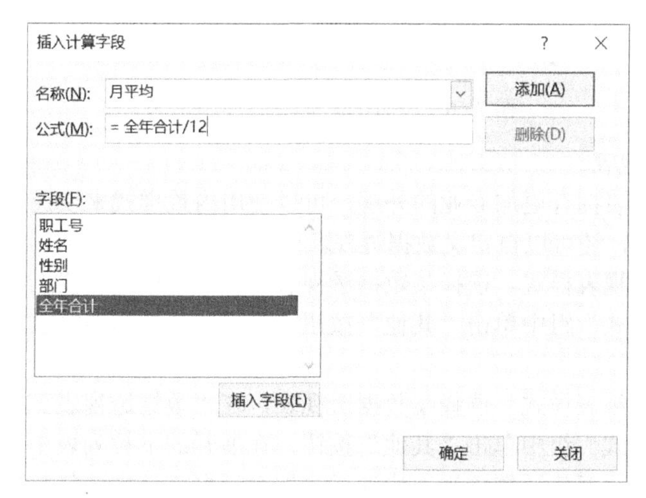

图 7-57　“插入计算字段”对话框

行标签	求和项:全年合计	求和项:月平均
第1车间	25800	2150
第2车间	32964	2747
第3车间	34168	2847.333333
第4车间	37436	3119.666667
总计	**130368**	**10864**

图 7-58　包含计算字段的数据透视表

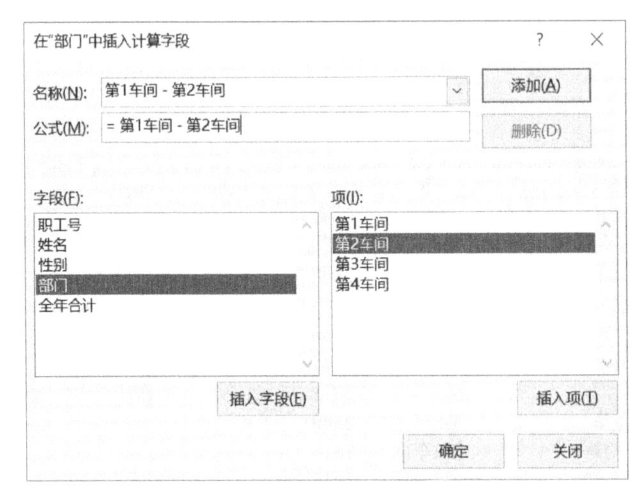

图 7-59 “插入计算字段”对话框

行标签	求和项:全年合计	求和项:月平均
第1车间	25800	2150
第2车间	32964	2747
第3车间	34168	2847.333333
第4车间	37436	3119.666667
第1车间 - 第2车间	-7164	-597
总计	**123204**	**10267**

图 7-60 添加计算项后的数据透视表

3．美化数据透视表

为了使数据透视表拥有更加专业的外观，可以使用内置样式来快速美化数据透视表，如果对内置样式不满意，还可以自定义数据透视表样式。

（1）应用数据透视表样式。选择某数据透视表，在“数据透视表工具”下“设计”选项卡的“数据透视表样式”组中单击“其他”按钮，显示整个数据透视表样式列表框，从中选择需要的样式即可。

（2）新建数据透视表样式。选择某数据透视表，在“数据透视表工具”下“设计”选项卡的“数据透视表样式”组中单击“其他”按钮，在展开的下拉列表中选择“新建数据透视表样式”命令，弹出“新建数据透视表快速样式”对话框，从中选择需要设置的表元素，并单击“格式”按钮进行需要的设置。

4．创建数据透视图

数据透视图与数据透视表不同的地方在于，它可以选择适当的图形、多种色彩来描述数据的特性，更加形象化地体现出数据情况。我们可以直接根据数据创建数据透视图，也可以根据已经创建好的数据透视表来创建数据透视图。

（1）根据数据透视表创建数据透视图。选择某数据透视表，在“数据透视表工具”下“分析”选项卡的“工具”组中单击“数据透视图”按钮，弹出“插入图表”对话框。选择需要的图表类型，单击“确定”按钮即可生成对应的数据透视图。

（2）直接根据数据创建数据透视图。在“插入”选项卡的“图表”组中单击“数据透视图”下三角按钮，在展开的下拉列表中选择“数据透视图”或“数据透视图和数据透视表”命令，弹出“创建数据透视图”或“创建数据透视表”对话框。其实这两个对话框的内容是相同的。在该对话框中选择要分析的数据，以及放置数据透视表及数据透视图的位置，单击“确定”按钮。工作表右侧显示“数据透视图字段”或“数据透视表字段”窗格。在该窗格中根据自己的设计需要，用鼠标拖曳需要的字段放置在相应区域，即可生成数据透视表及数据透视图。

习题 7

一、判断题

1．电子表格软件是对二维表格进行处理并可制作成报表的应用软件。（　　）

2．在 Excel 中，当数字格式代码定义为“####.##”时，则 1234.529 显示为 1234.53。（　　）

3．在 Excel 中，可以选择一定的数据区域建立图表。当该数据区域的数据发生变化时，图表保持不变。（　　）

4．工作簿是 Excel 2016 表格的一种基本文件，其系统默认扩展名为.xlsx。（　　）

5．Excel 中工作簿对应一张工作表。（　　）

6．在单元格中输入数据时，系统默认的对齐方式是右对齐。（　　）

7．在 Excel 中选择“开始”选项卡“编辑”组的“清除”按钮下的“全部清除”命令和“开始”选项卡“单元格”组的“删除”按钮下的“删除单元格”命令实现的功能是一样的。（　　）

8．对 Excel 数据清单中的某列排序，只要全选该列，然后单击工具栏中的“升序”或“降序”按钮即可。（　　）

9．单元格区域 B2:D5 和 F5:I7 的大小是一样的。（　　）

10．选中一个单元格后，按 Delete 键，删除的是该单元格本身。（　　）

二、单选题

1．在 Excel 中，运算符&表示______。

A．逻辑值的与运算　　B．子字符串的比较运算

C．数值型数据的无符号相加　　D．字符型数据的连接

2．在 Excel 中，当用户希望使标题位于表格中央时，可以使用______。

A．置中　　B．合并后居中

C．分散对齐　　D．填充

3．Excel 电子表格应用软件中，具有数据______的功能。

A．增加　　B．删除

C．处理　　D．以上都对

4．在 Excel 的单元格中输入日期时，年、月、日分隔符可以是______。

A．“/”或“-”　　B．“.”或“|”

C．“/”或“\”　　D．“\”或“-”

5．在 Excel 环境中用来存储并处理工作表数据的文件称为______。

A．单元格　　B．工作区

C．工作簿　　D．工作表

6. 在 Excel 中，当公式中出现被零除的现象时，产生的错误值是______。

A．#N/A!　　B．#DIV/0!

C．#NUM!　　D．#VALUE!

7. 在 Excel 中，所有的公式都是以______开始的。

A．函数　　B．运算符

C．等号　　D．下画线

8. 假设当前活动单元格是 C7，按回车键后，活动单元格是______。

A．D8　　B．D7

C．C8　　D．C9

9. 以下表示与区域 C4:D5 表示的是同一个区域的是______。

A．B3:D5 C4:E7　　B．B3:D5,C4:E7

C．C4,C5,D5　　D．C4 C5 D5

10. 同一工作簿不同工作表之间单元格的引用需要在工作表名称后使用限定符______。

A．?　　B．!

C．#　　D．$

三、多选题

1. 不属于电子表格软件的有_____。

A．WPS　　B．AutoCAD

C．Excel　　D．Word

2. Excel 的主要功能是______。

A．电子表格　　B．文字处理

C．图表　　D．数据库

3. 在 Excel 中，下列叙述正确的是______。

A．Excel 是一种表格数据综合管理与分析系统，它实现了图、文、表的完美结合

B．在数据清单中，每行同列数据的类型和格式完全相同

C．在 Excel 中，图表一旦建立，其标题的字体、字形是不可改变的

D．在 Excel 中，工作簿是由工作表组成的

4. 对某些单元格数据求和可以用______。

A．加法　　B．函数

C．ADD 函数　　D．数据库函数

5. 在 Excel 工作表中，选中某单元格后，要删除其中的内容可以使用______。

A．Backspace 键　　B．Ctrl+X 组合键

C．菜单栏中的“清除”命令　　D．菜单栏中的“删除”命令

6. 修改 Excel 工作表中某个单元格中已输入的数据可以采用______的方法。

A．选择该单元格，在编辑栏的编辑区中进行修改

B．双击该单元格，当单元格出现插入点后进行修改

C．双击该单元格，输入等号

D．选择“编辑”→“修改”命令

7．工作表被删除后，下列说法正确的是______。

A．数据被删除，可以单击“撤销”按钮来恢复数据

B．数据被删除，不可以用“撤销”按钮来恢复数据

C．数据进入了回收站，可以去回收站中将数据恢复

D．该工作表中的数据全部被删除，不再显示

8．在工作表中要选择某些不连续区域，可以______。

A．鼠标向左拖曳　　B．鼠标向右拖曳

C．鼠标沿对角线拖曳　　D．配合 Ctrl 键选择

9．粘贴单元格的所有内容包括______。

A．值　　B．格式

C．公式　　D．批注

10．Excel 记录单的作用有______。

A．创建记录　　B．修改记录

C．删除记录　　D．查询记录

四、综合题

新建某工作表，将其命名为“期中考试成绩”，表中的数据如表 7-12 所示。

表 7-12　期中考试成绩表

学号	姓名	高等数学	大学语文	英语	计算机
001	杨平	88	65	82	89
002	张小东	85	76	90	95
003	王晓杭	89	87	77	92
004	李立扬	90	86	89	96
005	钱明明	73	79	87	88
006	程坚强	81	91	89	90
007	叶明放	86	76	78	80
008	周学军	69	68	86	99
009	赵爱军	85	68	56	81
010	黄永抗	95	89	93	86

（1）在该表的最后面增加一行，行标题为“平均成绩”，求得每门课程的平均成绩（小数取 2 位），填入相应的单元格中。

（2）在该表的右侧增加一列，列标题为“总分”，求得每位学生的总分，填入相应的单元格中。

（3）将“学号”“姓名”“总分”列所在单元格区域内容复制到另一张工作表的 A1:C11 区域，命名为“期中总成绩”，要求“期中总成绩”工作表中的“总分”会随“期中成绩”表的变化而变化，并按“总分”列降序排列。

（4）根据“期中总成绩”表中“总分”列的数据在该表上创建一个“饼图”，显示在 D1:H11 区域，要求以“姓名”为“图例项”，图例位于图表“靠左”。

第 8 章　PowerPoint 应用

Microsoft PowerPoint，简称 PPT，是微软公司出品的 Office 系列软件之一，主要用于幻灯片的制作和演示。PPT 是一个功能很强的演示文稿制作工具，利用它不仅可以制作出包含文字、图像、声音及视频于一体的演示文稿，还可以创建高度交互式的演示文稿，并且可以通过计算机网络进行演示。从实际应用来看，PPT 既可以用于演讲、商务沟通、培训、课堂教学、工作汇报等正式场合，也可以用于制作电子相册、搞笑动画等非正式场合。

8.1　幻灯片基本操作

制作的演示文稿通常由不止一张的幻灯片组成，很多情况下还需要添加幻灯片，调整幻灯片的排列顺序，对于一些多余或出错的幻灯片还需要进行删除。如果演示文稿包含的幻灯片较多，还需要对幻灯片进行组织分类，因此，在幻灯片的制作过程中，经常会涉及幻灯片的新建、移动、复制、删除、隐藏、分节、设置版式等基本操作。

8.1.1　插入幻灯片并设置版式

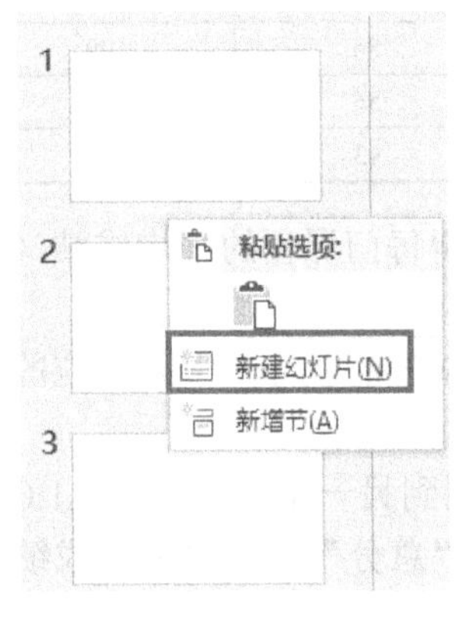

图 8-1　新建相同版式幻灯片

1．新建幻灯片

如果要在某幻灯片之后插入一张新幻灯片，那么可以在普通视图左侧的缩略图窗格选中此幻灯片，然后根据需要采用以下两种方法来添加新幻灯片：

（1）如果希望新幻灯片的版式跟某张幻灯片版式一样，那么只需在幻灯片/大纲窗格中，右击幻灯片，在弹出的快捷菜单中选择“新建幻灯片”命令（如图 8-1 所示）即可；或者选中幻灯片后直接按回车键。新建幻灯片将放在被选中幻灯片的后面。

（2）如果想新建一个不同于选中幻灯片版式的幻灯片，则可以在“开始”选项卡的“幻灯片”组中单击“新建幻灯片”按钮，在弹出的下拉列表中选择需要的版式即可，如图 8-2 所示。

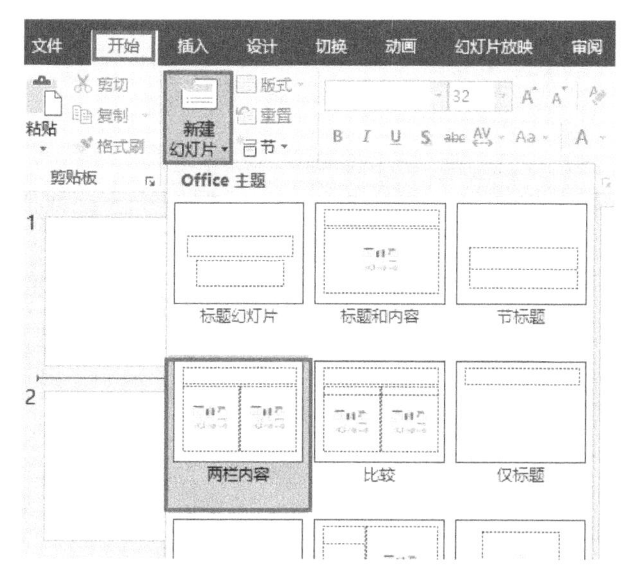

图 8-2　新建不同版式幻灯片

2. 设置幻灯片版式

版式是指幻灯片内容在幻灯片上的排列方式和布局，通过对幻灯片版式的应用，可以对文字、图片等进行更加合理、简洁的布局。幻灯片上要显示的内容主要通过占位符来排列和布局。占位符是幻灯片版式中的虚线容器，包含标题、副标题、正文文本、表格、图表、SmartArt 图形、图片、视频等内容。除了内容布局，版式中还包含幻灯片的主题。图 8-3 显示了幻灯片中可以包含的所有版式元素。

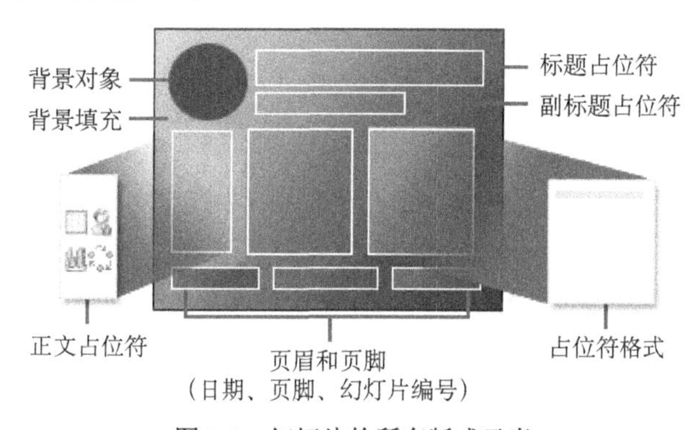

图 8-3　幻灯片的所有版式元素

通过在幻灯片中巧妙地安排多个对象的位置，能够更好地达到吸引观众注意力的目的。因此，版式设计是幻灯片制作的重要环节，一个好的布局常常能够产生良好的演示效果。要对幻灯片应用版式，可采用以下两种方法：

（1）切换到普通视图→单击需要应用版式的幻灯片→单击“开始”选项卡“幻灯片”组中的“版式”按钮→选择需要的版式，如图 8-4 所示。

（2）切换到普通视图→右击要应用版式的幻灯片→在弹出的快捷菜单中选择“版式”命令→选择需要的版式。

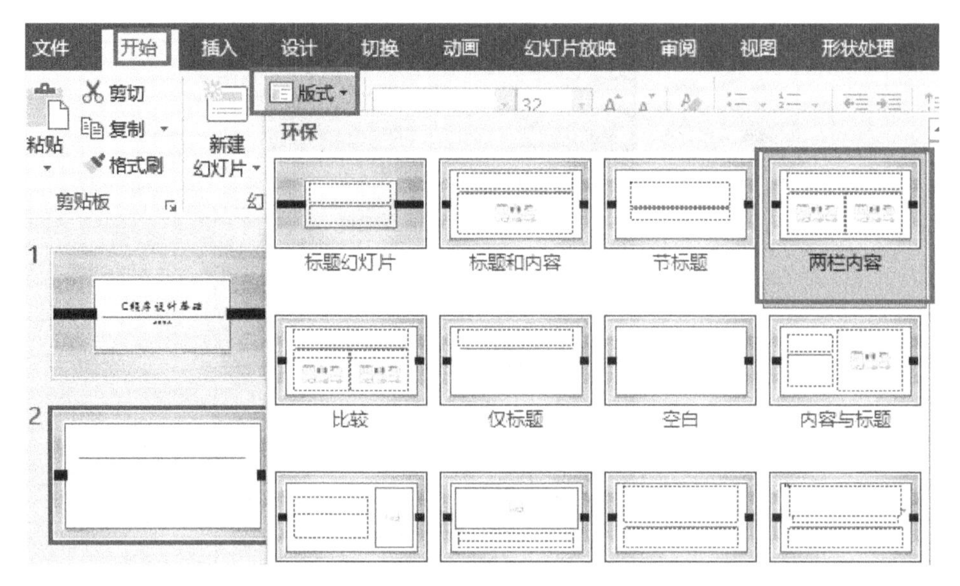

图 8-4　应用版式

PPT 中内置了 11 种基本幻灯片版式，分别为“标题幻灯片”“标题和内容”“节标题”“两栏内容”“比较”“仅标题”“空白”“内容与标题”“图片与标题”“标题和竖排文字”“竖排标题与文本”。

设置好幻灯片版式后，直接在占位符中添加文字、图片、视频等即可。图 8-5 所示的是两栏版式的幻灯片，在标题占位符和正文占位符中单击，即可输入文字，也可以单击占位符中的表格、图表、SmartArt 图形、图片、剪贴画、视频按钮来插入相应对象。放映 PPT 时，占位符中的提示文字不会显示。

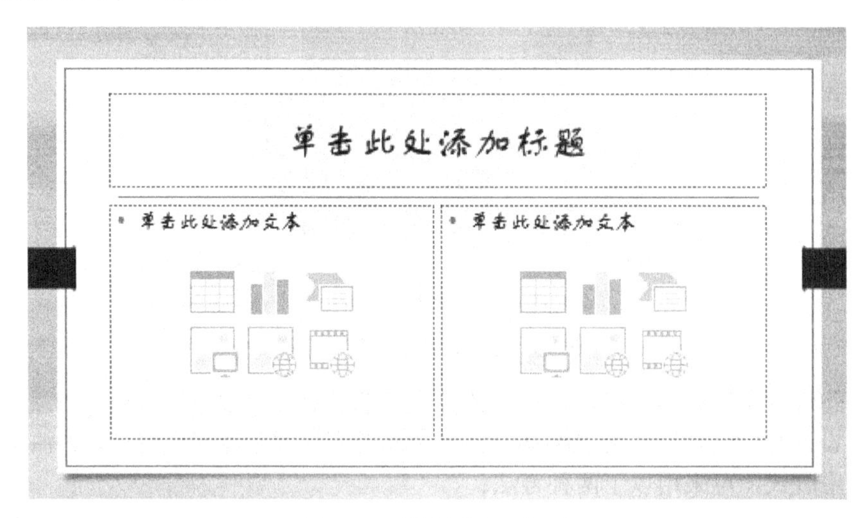

图 8-5　两栏版式的幻灯片

如果想要修改内置版式或者添加新的幻灯片版式，则可以通过单击“视图”选项卡的“母版视图”组中的“幻灯片母版”按钮来实现，关于幻灯片母版的相关内容将在后续内容中进行介绍。

**阅读**

占位符的作用

占位符是 PPT 编辑页面中预置的虚线文本框。占位符中有一些提示文字，如“单击此处添加标题”“单击此处添加文本”，单击相应虚线框即可添加文字。

有些人不喜欢通过占位符来添加文字，直接删除版式中默认的占位符，然后自己插入文字或者文本框，这其实是 PPT 应用中非常不可取的操作。因为占位符中的文本可以统一进行字体格式的设置；占位符中的文字可以在大纲视图中显示，方便总体预览 PPT 内容，自己建立的文本框则不可以在大纲视图中显示；占位符中的信息可以一次性导出到 Word 文档中，文本框中的则不可以；制作超链接时，连接到“本文档中的位置”中，可以看到占位符中每张幻灯片标题。直接使用版式中的占位符，可以大大提高效率。如果确实不需要版式中的占位符，可以在版式中选择“空白”版式。

8.1.2　复制和移动幻灯片

1．复制幻灯片

常用方法有以下两种。

（1）在普通视图左侧的缩略图窗格中选中要复制的幻灯片，按住 Ctrl 键的同时按住鼠标左键并拖动到合适的位置，释放鼠标左键即将幻灯片复制到了目标位置。

（2）在需要复制的幻灯片上右击，在弹出的快捷菜单中选择“复制幻灯片”命令即可在当前选中的幻灯片的下方插入一张相同的幻灯片。

2．移动幻灯片

幻灯片在演示文稿中的位置可能会根据实际情况做调整，最直接的移动幻灯片的方法是在普通视图左侧的缩略图窗格中选中要移动的幻灯片，按住鼠标左键并拖动到合适的位置，释放鼠标左键即将幻灯片移到了目标位置。

8.1.3　删除和隐藏幻灯片

1．删除幻灯片

删除幻灯片的操作比较简单，最常用的方法是在普通视图左侧的缩略图窗格中选择要删除的幻灯片，直接按 Delete 键即可。也可以对要删除的幻灯片右击，在弹出的快捷菜单中选择“删除幻灯片”命令。

2．隐藏幻灯片

有时候希望放映时某几张幻灯片不被播放，但是又不想删除这些幻灯片，那么可以将这些幻灯片隐藏起来，操作步骤如下：

（1）切换到幻灯片浏览视图或普通视图，选择要隐藏的幻灯片。

（2）打开“幻灯片放映”选项卡，单击“设置”组中的“隐藏幻灯片”按钮，或者直接右击幻灯片，在弹出的快捷菜单中选择“隐藏幻灯片”命令。

被隐藏的幻灯片旁边会显示隐藏幻灯片图标 2，该图标中数字是幻灯片编号。

8.1.4 在幻灯片中插入对象

PPT 中可以添加文字、图片、艺术字、SmartArt 图形、表格、图表、动画、声音和视频等，主要有以下两种插入对象方式：

（1）在“插入”选项卡（如图 8-6 所示）中找到需要的对象，单击相应按钮即可。

（2）在幻灯片的占位符中直接输入文字，或单击占位符中的按钮添加对象，如图 8-7 所示。

图 8-6 “插入”选项卡

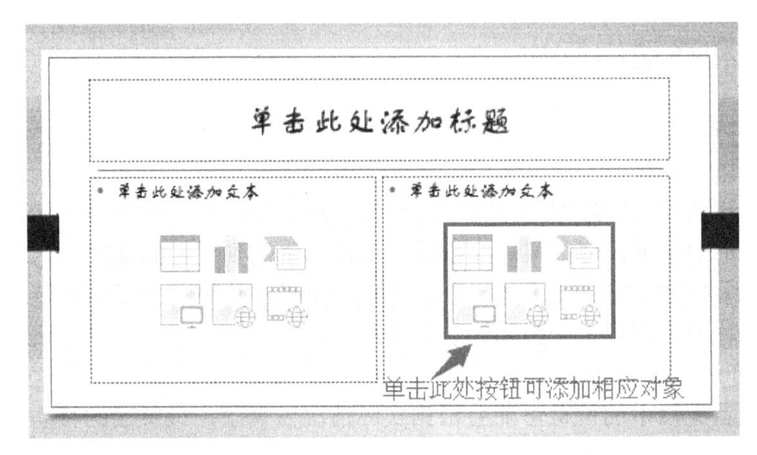

图 8-7 单击文本占位符中的按钮添加对象

1．插入文本框与形状

（1）插入文本框。使用文本框可以将文本放置到幻灯片的任何位置，例如，将文本框放在图片旁边来为图片添加题注，也可以使用文本框将文本添加到自选图形中。

插入文本框的具体操作如下：切换到“插入”选项卡，在“文本”组中，单击“文本框”按钮下方的三角按钮（如图 8-8 所示），选择一种文本框，在幻灯片上单击，即可开始编辑文本框内容。

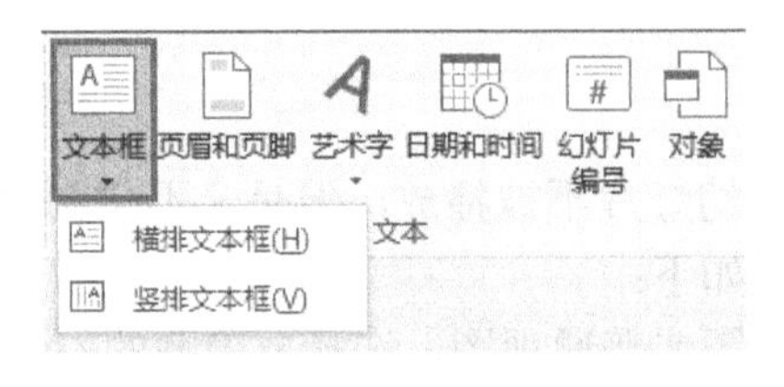

图 8-8 插入文本框

默认情况下，文本框是没有边框的，如果要设置文本框的样式，则选中文本框，在“绘图工具”的“格式”选项卡中，选择相应的工具进行设置，例如，设置文本框的填充色、文字效果、对齐方式等。

（2）插入形状。在“插入”选项卡的“插图”组中，单击“形状”按钮，弹出形状列表，选择需要的形状，光标变成“+”形状后，按住鼠标左键在幻灯片上拖拉，就会出现相应的形状。在自选形状上右击，在弹出的快捷菜单中选择“编辑文字”命令，可以为形状添加文字，文字可随形状移动或旋转。

如果要更改形状的样式，则选中形状后，在“绘图工具”的“格式”选项卡（如图 8-9 所示）中进行相关设置即可。

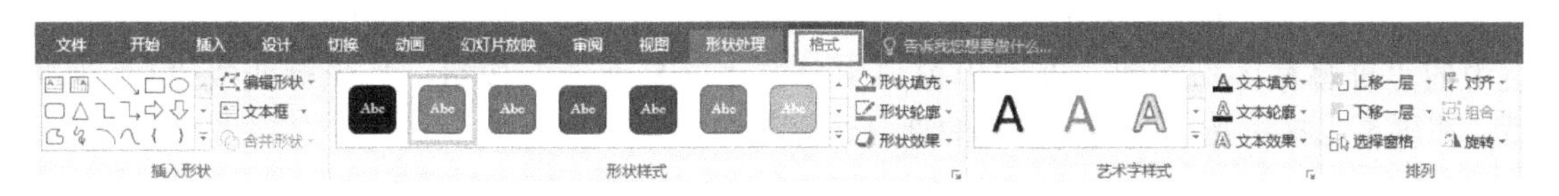

图 8-9　“绘图工具”的“格式”选项卡——形状样式设置

2．插入图片、屏幕截图

（1）插入图片。可以将已经保存在计算机中的图片文件直接插入到演示文稿中，操作如下：

①在“插入”选项卡中单击“图片”按钮，打开“插入图片”对话框。在该对话框中选中需要插入的图片，如图 8-10 所示。

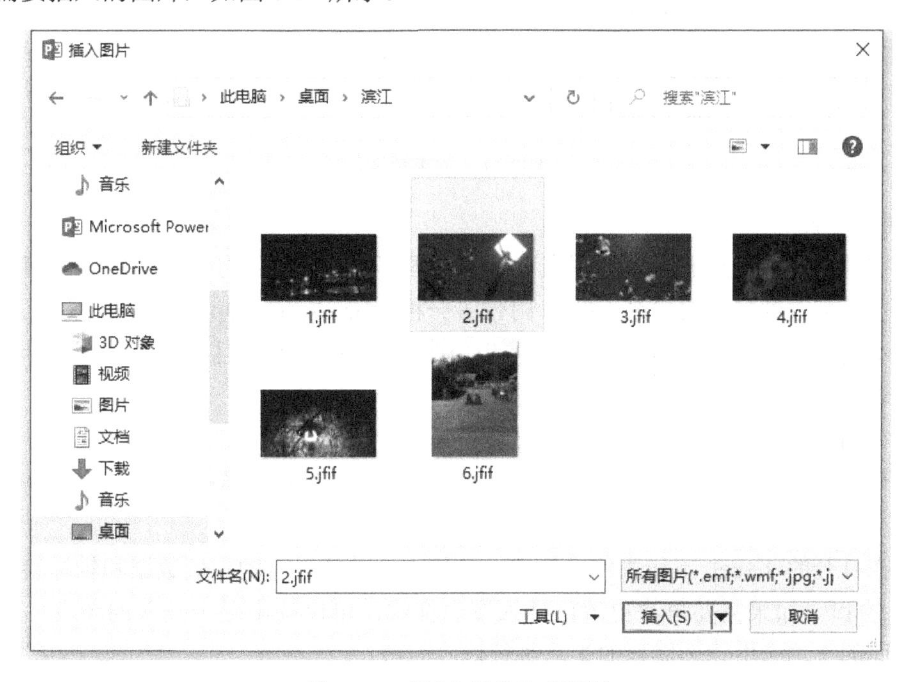

图 8-10　“插入图片”对话框

②单击“插入”按钮，将图片插入到演示文稿中，适当调整图片的大小和位置即可。如果在“插入”按钮右侧的下拉菜单中选择“链接到文件”选项，则将选中的图片以链接的方式插入到幻灯片中，当图片的源文件发生变化时，幻灯片中的图片也会随之发生变化。

PPT 中还可以对图片进行处理，如缩放、裁剪、改变图片的亮度和对比度等。具体操作是：选中图片，在“图片工具”的“格式”选项卡中，单击相应按钮进行设置；也可以右击图片，在弹出的快捷菜单中选择“设置图片格式”命令，在弹出的对话框中进行设置。

（2）插入屏幕截图。用户还可以将屏幕的截图插入到幻灯片中，而无须退出正在使用的程序。PPT 的截图有两种截图方式——窗口截图和屏幕截图。

①窗口截图：单击需要插入屏幕截图的幻灯片，切换到“插入”选项卡。单击“图像”组的“屏幕截图”按钮，在“可用的视窗”中单击需要截图的窗口即可，如图 8-11 所示。需要注意的是，窗口截图只能捕获没有最小化任务栏的窗口。

②屏幕截图：单击需要插入屏幕截图的幻灯片，切换到“插入”选项卡。单击“图像”组中的“屏幕截图”按钮，在弹出窗口中单击“屏幕剪辑”按钮，当光标变成“+”形状后，在屏幕上拖拉光标以选择需要的部分进行截图。

图 8-11　屏幕截图

3．插入图表

与文字数据相比，形象直观的图表更加容易理解。插入到幻灯片中的图表以简单易懂的方式反映了各种数据之间的关系。PPT 附带了一种 Microsoft Graph 的图表生成工具，它能提供各种不同的图表以满足用户的需要，使图表制作过程简便而且自动化。可执行以下操作来创建图表：

（1）在幻灯片中，单击要插入图表的占位符。

（2）在“插入”选项卡的“插图”组中单击“图表”按钮或者在占位符中单击▐▌。

（3）选择需要的图表类型，并单击“确定”按钮。

（4）在打开的 Excel 工作表的示例数据区域中，替换已有的示例数据和轴标签，最后关闭 Excel 窗口。如果需要再次更改已插入图表样式，可以选中已经插入的图表，在“图表工具”下面的选项卡中找到需要的工具进行修改即可。

4．插入 SmartArt 图形

使用插图有助于理解和记忆，并使操作易于应用，但是创建一个复杂的图形需要花费大量的时间。SmartArt 提供了许多诸如列表、流程图、组织结构图和关系图等的模板，只需要轻松单击鼠标即可将文字转换成具有设计师水准的插图，大大简化了创建复杂形状的过程。表 8-1 粗略地描述了各类 SmartArt 图形的用途，可供大家应用 SmartArt 图形时参考。

表 8-1　各类 SmartArt 图形的用途

类　型	作　用
列表	显示无序信息
流程	在流程或时间线中显示步骤
循环	显示连续的流程
层次结构	创建组织结构图
关系	对连接进行图解
矩阵	显示各部分如何与整体关联
棱锥图	显示与顶部或底部最大一部分之间的比例关系
图片	图片主要用来传达或强调内容

下面介绍在幻灯片中插入 SmartArt 图形的方法，具体操作步骤介绍如下：

（1）单击要插入 SmartArt 图形的占位符。

（2）切换到“插入”选项卡上，单击“插图”组中的“SmartArt”按钮。

（3）弹出 “选择 SmartArt 图形”对话框（如图 8-12 所示），选择需要的布局，然后单击“确定”按钮。

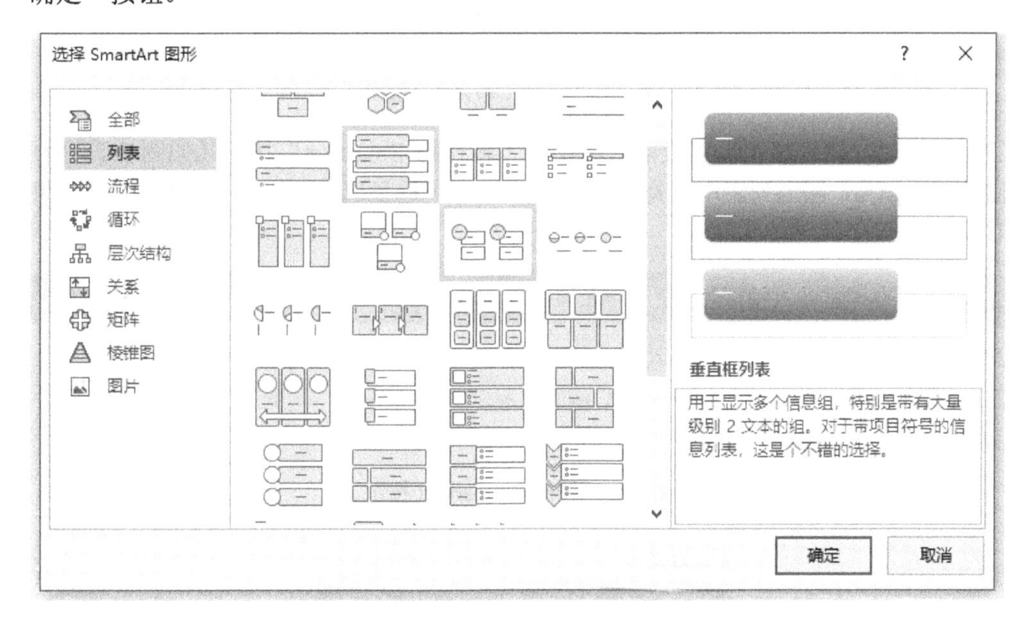

图 8-12　“选择 SmartArt 图形”对话框

（4）选中 SmartArt 图形，单击左侧的 按钮，弹出“在此处键入文字”文本窗格（如图 8-13 所示），在文本窗格的各形状中输入文字，并单击文本左侧的图片图标添加图片。

（5）如果默认的形状不够用或者多了，可在“在此处键入文字”文本窗格中进行形状的添加和删除。按回车键可以在被选中形状的后面添加新的形状，按 BackSpace 键可以删除被选中的形状。

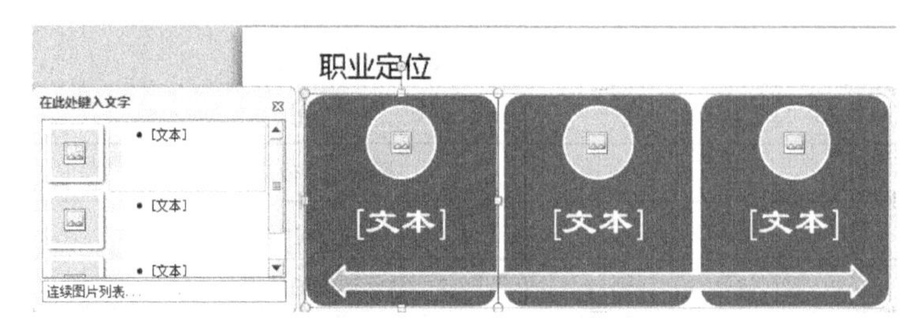

图 8-13　编辑 SmartArt 图形

如果文字已经存在幻灯片，那么可以直接将文字转化为 SmartArt 图形即可，具体操作介绍如下：

（1）选中占位符中文字，如图 8-14 所示。

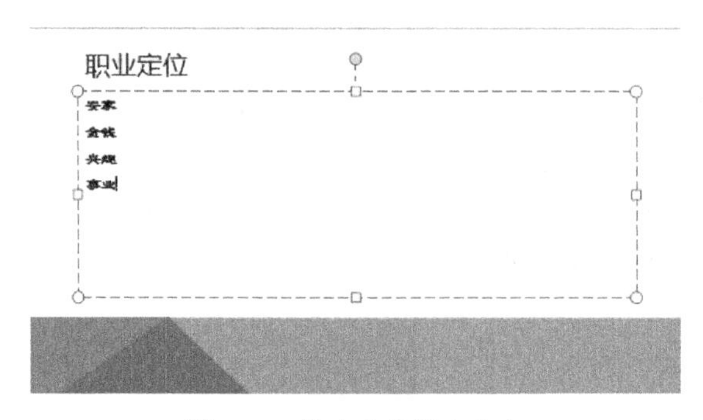

图 8-14　选中占位符中文字

（2）单击“开始”选项卡“段落”组中的“转换为 SmartArt”按钮（如图 8-15 所示），在弹出的 SmartArt 图形列表中选择合适的图形即可，这里选择“连续图片列表”，效果图如图 8-16 所示。

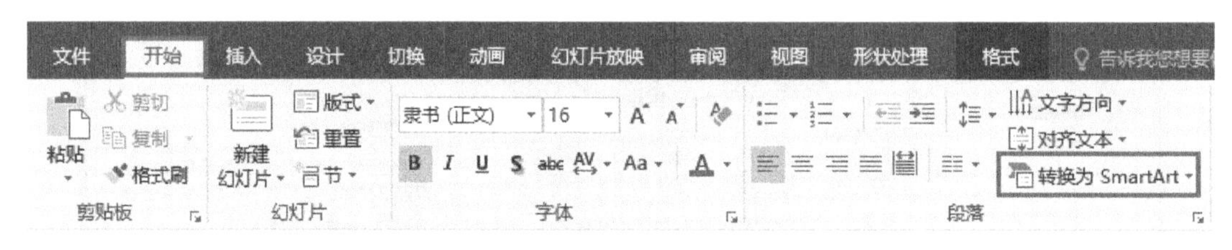

图 8-15　转换成 SmartArt 按钮

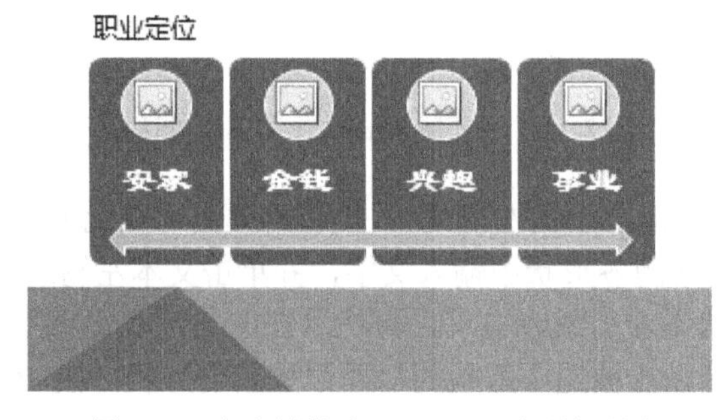

图 8-16　文字转换成 SmartArt 图形效果图

（3）单击 SmartArt 图形上各图片的图标，为相应文字添加图片，效果如图 8-17 所示。

图 8-17　SmartArt 图形中添加图片后的效果

如果要更改 SmartArt 图形的格式，可采取以下步骤：

（1）选中幻灯片中的 SmartArt 图形，将会出现 SmartArt 工具。

（2）单击“SmartArt 工具”中的“设计”选项卡或“格式”选项卡，将显示 SmartArt 工具中的项目，如图 8-18 所示，选择需要的 SmartArt 图形即可。

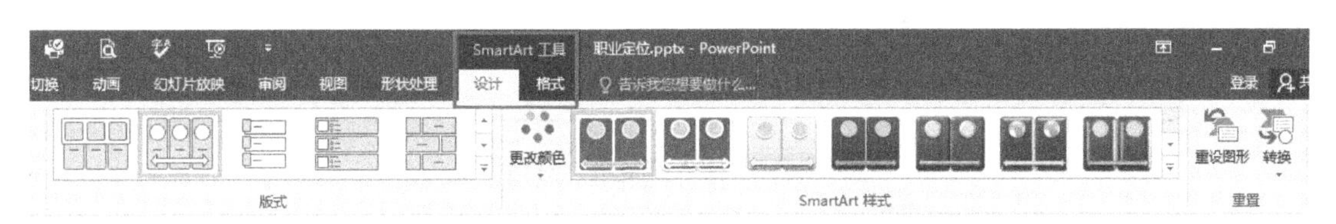

图 8-18　SmartArt 工具的“设计”选项卡

由于文字量会影响外观和布局中需要的形状个数，仅在用于表示提纲要点、形状个数不多和文字量较小时，SmartArt 图形最有效。如果文字量较大，则会分散 SmartArt 图形的视觉吸引力，使这种图形难以直观地传达信息。

5．插入超链接

超链接是从一个幻灯片到另一个幻灯片、网页、电子邮件或文件等的链接，超链接本身可能是文本或如图片、图形、形状或艺术字这样的对象。

如果链接指向另一个幻灯片，目标幻灯片将显示在 PPT 演示文稿中，下面以超链接到当前演示文稿的其他幻灯片为例，介绍制作超链接具体步骤：

（1）选择用于代表超链接的文本或对象，如图 8-19 所示。

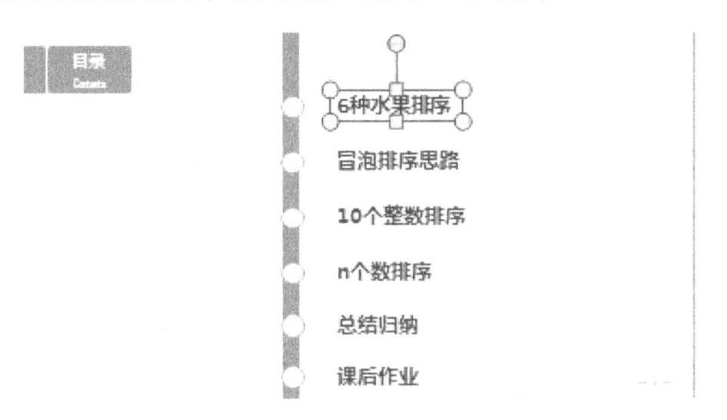

图 8-19　选择超链接文本或对象

（2）在“插入”选项卡的“链接”组中，单击“超链接”按钮，打开如图 8-20 所示的“插入超链接”对话框。单击“本文档中的位置(A)”按钮，在右侧选择要链接到的幻灯片，在“幻灯片预览”栏中可查看要链接到的目标幻灯片页面。

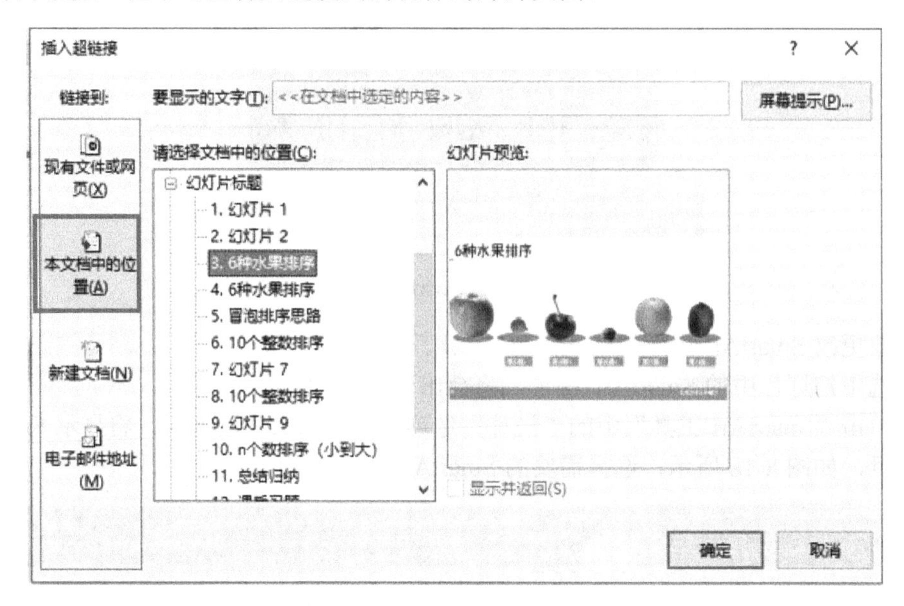

图 8-20 “插入超链接”对话框

（3）超链接必须在放映演示文稿时才能被激活。放映演示文稿后，单击目录中的“6 种水果排序”，即可跳转到第 3 张幻灯片。

如果希望单击某对象后，跳转到它所指向的某个网页、网络位置或不同类型文件，则选中用于代表超链接的文本或对象后，在“插入”选项卡的“链接”组中，单击“超链接”按钮，在打开的“插入超链接”对话框中，单击“现有文件或网页(X)”按钮（如图 8-21 所示），进行以下处理：

图 8-21 链接到文件或网页

①如果要链接到某文件，选择右侧的“当前文件夹（U）”，并在“查找范围（L）”中找到需要的文件，或者在“地址（E）”中输入要链接到的文件路径，单击“确定”按钮。

②如果要链接到某网页，选择右侧的“浏览过的网页（B）”，再选择需要的网页，或者在“地址（E）”中输入要链接到的网址，单击“确定”按钮。

8.1.5　将幻灯片组织成节

使用节的功能来组织幻灯片，就像使用文件夹组织文件一样，达到分类和导航的效果，这在处理幻灯片页数较多的演示文稿时非常有用，可以节为单位对幻灯片进行移动、复制、删除与隐藏等操作，分节后演示文稿的框架也更加清晰明了。如果已经对幻灯片分过节，则可以在普通视图中查看节（如图 8-22 所示）；也可以在幻灯片浏览视图中查看节（如图 8-23 所示）。

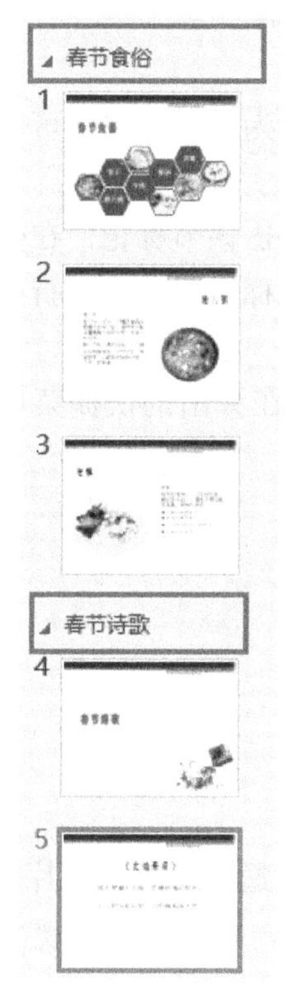

图 8-22　在普通视图中查看节

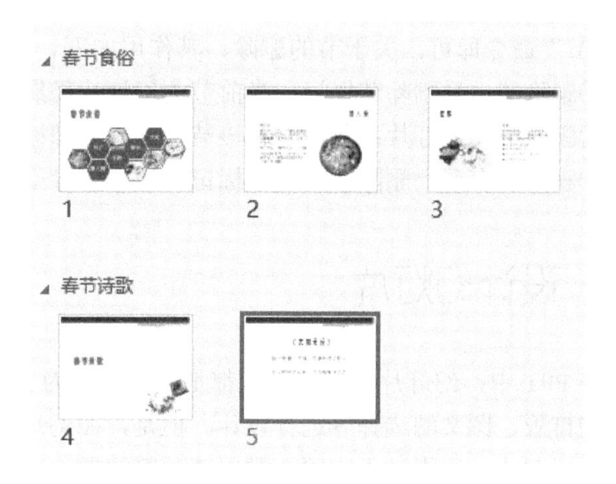

图 8-23　在幻灯片浏览视图中查看节

1．新增节与重命名节

要将演示文稿中的幻灯片分到一个新节中，可以按下列步骤操作：在普通视图或幻灯片浏览视图中，在要新增节的两个幻灯片之间右击，在弹出的快捷菜单中选择“新增节”命令，如图 8-24 所示。

如果需要为节重新指定一个有意义的名称，则在默认节名字上右击，在弹出的快捷菜单中选择“重命名节”命令即可，如图 8-25 所示。

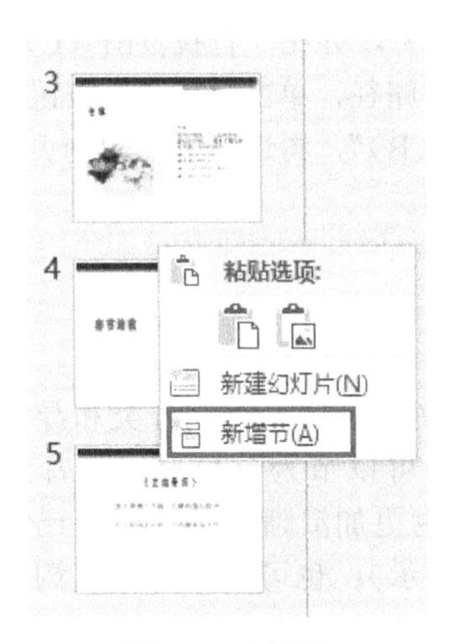

图 8-24 新增节

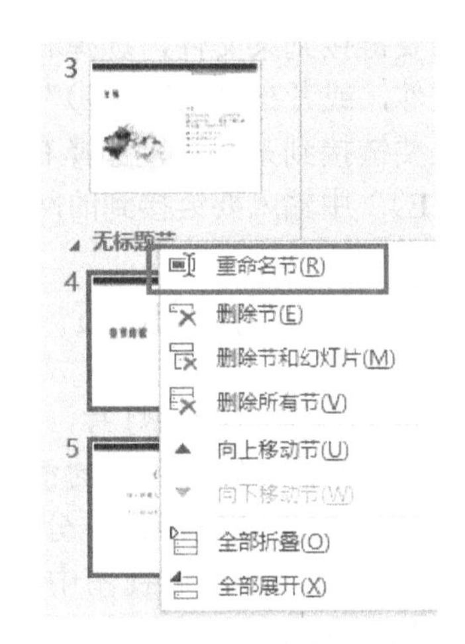

图 8-25 重命名节

2．节的移动与删除

分完节后，节的名字就是该节标记，节内的多张幻灯片将被视为一组对象，可以节为单位对幻灯片进行移动或删除。

（1）移动节。可以对整组的幻灯片进行移动，具体操作是：右击该节标记，在弹出的快捷菜单中选择“向上移动节”或“向下移动节”命令；或者单击节标记对节进行折叠，然后拖动该节到适合位置。

（2）删除节。如果要取消某个节，则可以右击要删除的节，在弹出的快捷菜单中选择“删除节”命令即可。关于节的删除，其作用如下。

①删除节：只删除节标记，当前节的幻灯片仍然存在。

②删除节和幻灯片：节标记和该节的幻灯片都被删除。

③删除所有节：删除所有的节标记，但不删除幻灯片。

8.2 设计幻灯片

在 PPT 中，幻灯片的背景默认都是空白的，为了美化幻灯片，通常会对幻灯片的背景、页面的排版、图文的选择等进行设计。但是，在幻灯片设计过程中，往往容易出现 Word 搬家、滥用图片、色彩过于绚丽、滥用动画等问题。

David Mamet 在电影理论中，提出过 KISS（Keep It Simple and Stupid 的缩写）原则，即简单就是美，这个原则被广泛应用于各个领域。产品设计领域也强调产品的设计应该注重简约；网页设计中则要求页面要设计得简洁和易于操作。同样，KISS 原则也适用于幻灯片的设计，幻灯片设计也力求简约有序。

8.2.1 幻灯片设计原则

下面主要从内容、风格、元素的选择、元素布局这四方面入手讲述幻灯片设计原则。

1．逻辑清晰、内容精简

有说服力的 PPT 一定是建立在清晰的逻辑之上的。制作 PPT 之前，我们要认真梳理所要表达的内容，列出大纲，提炼要点。PPT 中可适当考虑安排目录页和过渡页，目录页可以让观众快速感知 PPT 的主要内容，制作目录可以利用内置的 SmartArt 图形工具。过渡页是新部分的内容页，可以让观众清晰定位当前进度，知道讲到哪里了。一种常见的简单做法是通过调整目录来实现，将目录中非当前部分色块变成灰色，当前部分色块拉大，即可得到一个过渡页。

内容是 PPT 的主体，内容页要做到一个页面只有一个焦点，如果有多个重心要表达，需要分成多个页面来展示。页面上主要呈现关键词，不要放太多文字，因为人的注意力是有限的，要把有限的注意力集中到最关键的问题上来。关联词、解释性文字、铺垫性文字等都需要丢弃，细节性的内容更多需要演讲者口头介绍，一些演讲的提示文字可以添加到备注窗格。

2．界面风格统一

PPT 的封面、目录页、过渡页、标题、内容、交互按钮的背景、字体、色彩风格、动画效果要统一、摆放位置要固定。一般而言，字体不要超过 3 种，色系也不要超过 3 种，动画效果不要超过 3 种。中文字体一般选用黑体或微软雅黑，英文字体则推荐使用 Arial，不宜使用太复杂的字体。

3．选择合适元素，做好加减法

同样的内容，表达的方式有很多。这里有个原则就是文不如表，表不如图。能用表格展示的内容就不要用文字，能用图展示的就不要用表格。使用图片时，尽量要清晰简洁，如果图片模糊或者复杂，那么需要放弃该图片。

对于动画，要慎用，因为动态元素最容易引起观众的注意力，使用不合理，容易转移观众人的注意力。

4．页面布局简洁有序

对人类而言，进入大脑的信息约有 75%来自视觉，可以说视觉上体验的好与坏，直接影响到观众接受信息的效果，页面的布局需要引起观众视觉上的舒适。在页面布局之前，先要通过“页面设置”确定幻灯片的大小和方向，以免因页面大小和方向的改变而影响整个布局样式的效果。例如，因为页面大小的改变会引起图片的模糊和纵横比失调。页面各元素的布局大多要遵循以下 4 个原则。

（1）对齐。对齐应该贯穿整个幻灯片设计过程中，可以整理页面上的各个元素，让页面看起来整齐有条理。以对象为参照物，可以设置元素的水平和垂直两个方向的对齐方式；水平方向有左对齐、右对齐、居中对齐、横向分布，垂直方向有顶端对齐、上下居中、底端对齐、纵向分布。

另外，也可以使用参考线来设置需要的对齐方式。

（2）聚拢。对于 PPT 上的元素，根据内容的逻辑关系进行分类，相关的内容放在一起，使得其样式相似或距离上更靠近，有利于观众一眼看出内容的层次性与逻辑性，这样有利于认知上形成一个整体。我们经常通过设置段间距、颜色、线条分隔等方式达到聚拢效果。

（3）对比。视觉具有选择性，总是最先关注到那些有明显区别的东西。页面中，可以制造各种途径进行对比，把需要强调的内容凸显出来。例如，改变字体的样式、大小、加粗、颜色、色块反衬、强调效果等方式都是常用来凸显文本的方式。

（4）留白。页面中需要留出一定的空白，这部分可以是空白，可以是天空，可以是湖面，也可以是虚化的景物。留白的好处在于减少压迫感，影响观众的视线。而且留白减少了辅助元素分散观众的注意力，给观众留下思考的空间。

在实际应用中，上述原则需要灵活运用，有可能使用多个原则，甚至某一个原则中多种方式同时使用。比如内容比较少时，过渡页就可以不必设计。

8.2.2 设置幻灯片大小

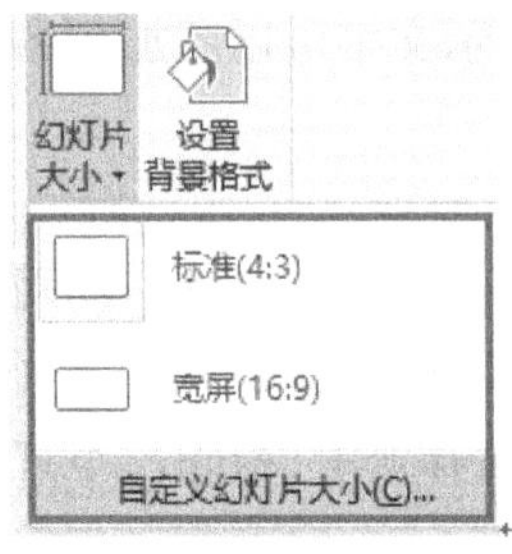

图 8-26 幻灯片大小设置

幻灯片的页面设置关系到整个演示文稿的外观样式，默认情况下，新建的空白幻灯片一般为“宽屏（16:9）”，不过用户可以根据自己的实际需要来设置幻灯片的页面大小，包括幻灯片的方向。设置幻灯片页面方法介绍如下。

在“设计”选项卡的“自定义”组中单击“幻灯片大小”按钮，如图 8-26 所示，在打开的下拉列表中选择需要的比例或者自定义幻灯片大小。

在图 8-26 中单击“自定义幻灯片大小”按钮，可以弹出“幻灯片大小”对话框，如图 8-27 所示，在该对话框中进行相关设置。

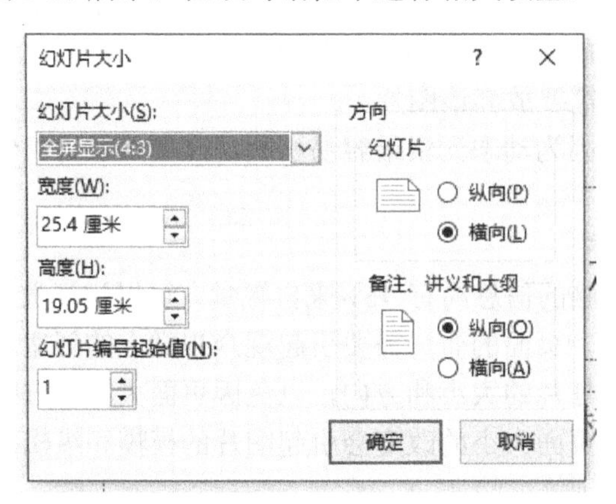

图 8-27 “幻灯片大小”对话框

在“幻灯片大小”下拉框中选择一种预设的页面大小，也可以自定义页面大小，直接在“宽度”和“高度”数值框中输入具体的数字。若有需要，可以在“幻灯片编号起始值”中输入设定值。另外，还可以在“方向”选项组中设置“幻灯片”的页面方向或“备注、讲义和大纲”的页面方向。

8.2.3 应用和编辑主题

主题是 PPT 的整体风格，协调配色方案、背景、字体样式和占位符位置。PPT 提供了多种内置主题。对于新建的演示文稿，PPT 默认会应用内置的“Office 主题”，我们可以通过应用其他的内置主题轻松地改变演示文稿的外观。

1．应用内置主题

要将主题应用到演示文稿，在“设计”选项卡的“主题”组中，单击要应用的主题，即可将该主题应用于整个演示文稿。

也可以将主题应用到部分幻灯片，先选定相应的幻灯片，然后右击“主题”组中的主题，在弹出的快捷菜单中选择“应用于选定幻灯片”命令，如图 8-28 所示。

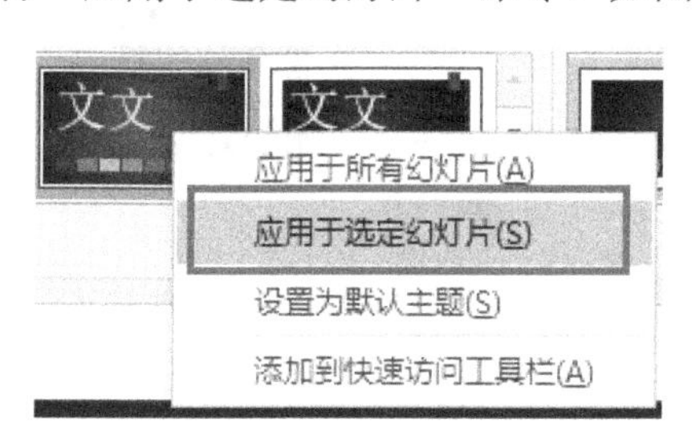

图 8-28　将主题应用于选定的幻灯片

2．自定义主题

用户可以在内置主题基础上，按照需要更改颜色、字体、填充效果，并将其保存为用户的自定义主题，具体操作如下：

（1）更改主题颜色。主题颜色包含 4 种文本和背景颜色、6 种强调文字颜色及 2 种超链接颜色。具体更改主体颜色的操作如下：

①在“设计”选项卡的“变体”组中，单击“其他”按钮，如图 8-29 所示，再选择“颜色”→“自定义颜色”选项，打开“新建主题颜色”对话框。

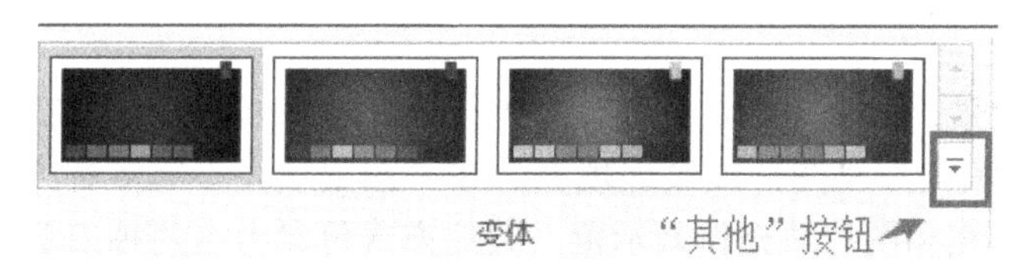

图 8-29　设置主题颜色

②单击“主题颜色”元素名称旁边的按钮，然后从中选择一种颜色，在“示例”中可以看到所做更改的效果，如图 8-30 所示。

③在“名称”框中，为新主题颜色输入适当的名称，然后单击“保存”按钮。

（2）更改主题字体。更改现有主题的标题和正文文本字体，旨在使其与演示文稿的样式保持一致。具体更改主题字体的操作如下：在“设计”选项卡的“变体”组中，单击“其他”按钮，选择“字体”，在弹出的下级菜单中找到一种需要的字体，或者自定义字体样式，方法和更改主题颜色类似。

（3）选择一组主题效果。主题效果是线条与填充效果的组合，用户无法创建自己的主题效果集，但可以选择要在自己的演示文稿主题中使用的效果。在“设计”选项卡的“变体”组中，单击“其他”按钮，选择“效果”，然后选择需要的效果即可。

（4）保存主题。保存对现有主题的颜色、字体或者线条与填充效果的更改，便可以将该主题应用到其他演示文稿。保存操作如下：在“设计”选项卡的“主题”组中，单击“其他”按钮，选择“保存当前主题”，为主题输入适当的文件名，然后单击“保存”按钮。

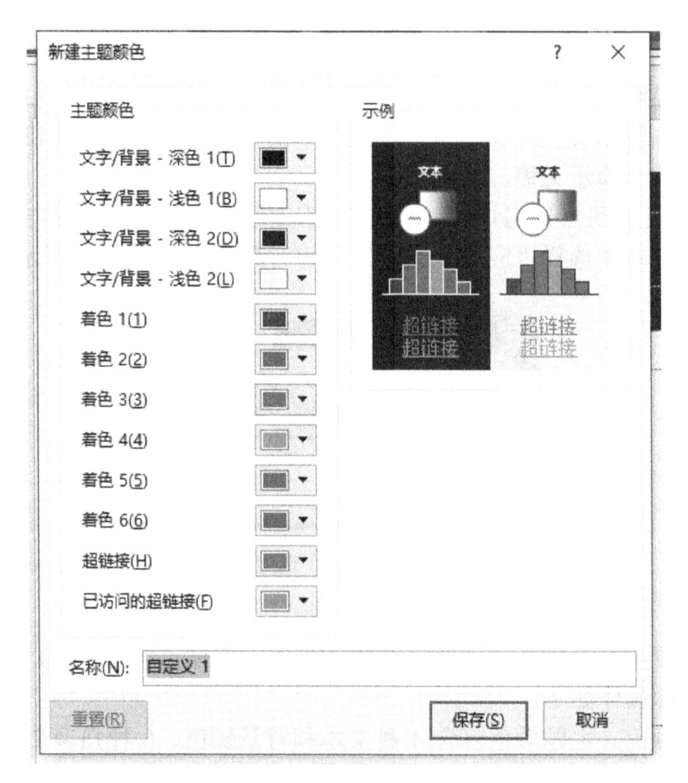

图 8-30 “新建主题颜色”对话框

8.2.4 设置背景格式

为幻灯片添加背景，可美化幻灯片并使 PPT 演示文稿独具特色。在 PPT 中，可以通过“纯色填充”、“渐变填充”、“图片或纹理填充”和“图案填充”等多种方式来设置幻灯片的背景。下面以纯色填充和图片填充作为示范，其他方式可参考这两种方法。

1．使用纯色作为幻灯片背景

（1）选择要添加背景色的幻灯片。若要选择多个不连续幻灯片，则先单击某个幻灯片，然后按住 Ctrl 键并单击其他幻灯片。若要选择多个连续幻灯片，先单击某个幻灯片，再按住 Shift 键并单击连续幻灯片中的最后一页幻灯片。

（2）在“设计”选项卡的“自定义”组中，单击“设置背景格式”按钮，如图 8-31 所示。

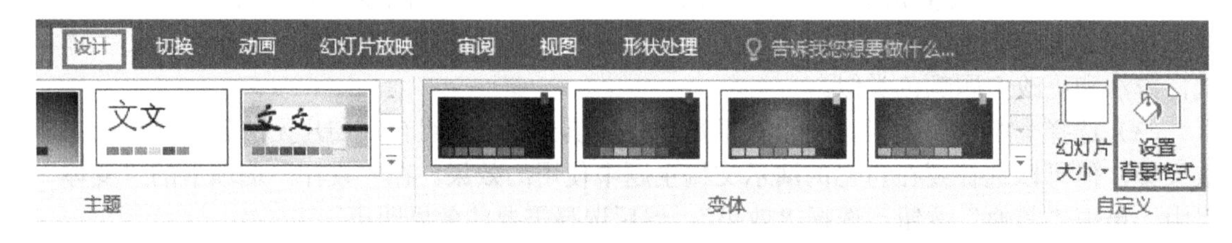

图 8-31 设置背景格式

（3）在弹出的“设置背景格式”对话框中，展开“填充”选项，然后单击“纯色填充”

选项。

（4）单击“颜色”按钮 ，然后选择所需的颜色，如图 8-32 所示。也可以通过单击“颜色”按钮中的“其他颜色”选项设置背景颜色，有 RGB 和 HSL 两种颜色模式。还可以通过“取色器”获取其他对象的颜色。

（5）要更改背景透明度，则可以移动“透明度”滑块，透明度百分比可以从 0%（完全不透明）变化到 100%（完全透明）。

（6）默认只对所选幻灯片应用颜色，若要对演示文稿中的所有幻灯片应用颜色，则单击“全部应用”按钮。

2．使用图片作为幻灯片背景

使用图片作为幻灯片背景的操作方法如下：

（1）选择要添加背景图片的幻灯片。

（2）在“设计”选项卡的“自定义”组中，单击“设置背景格式”按钮。

（3）在弹出的“设置背景格式”对话框中，单击“图片或纹理填充”选项，如图 8-33 所示。

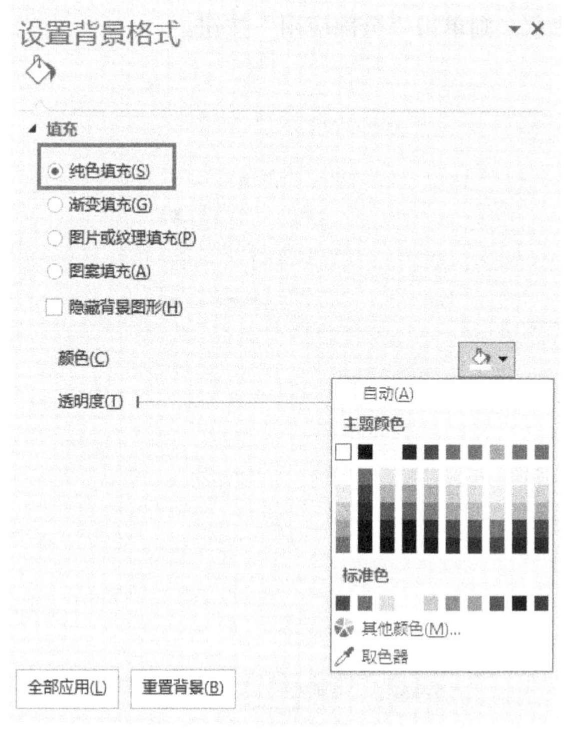

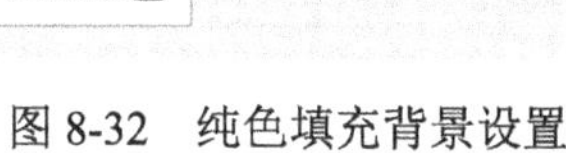

图 8-32　纯色填充背景设置

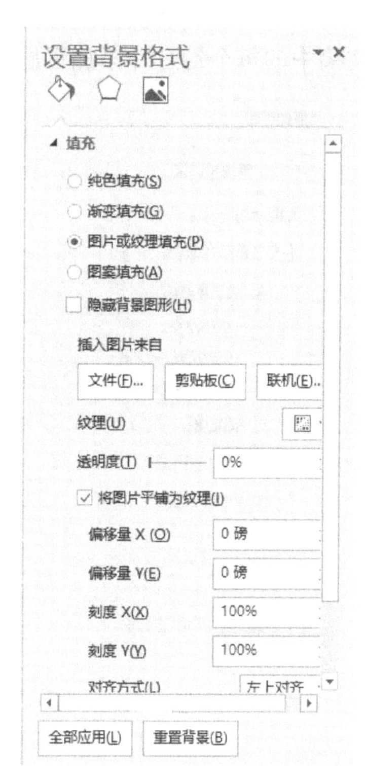

图 8-33　设置背景图片

（4）单击“文件”按钮插入需要的图片。

（5）默认只对所选幻灯片应用图片，若要对演示文稿中的所有幻灯片应用图片，则单击“全部应用”按钮。

3．隐藏背景图形

在“设置背景格式”对话框中，还有一个“隐藏背景图形”复选框，它用于设置是否显示模板中的背景图形，如果只想显示用户自定义的背景，则可以选中此项，否则模板的背景和用户设置的背景将会一同显示在幻灯片中。

8.2.5 添加页眉和页脚

若要为幻灯片设置页眉和页脚，可在“插入”选项卡的“文本”组中，单击“页眉和页脚”按钮，弹出如图8-34所示对话框，具体设置如下：

（1）若要添加自动更新日期和时间，在“日期和时间”选项中，选择“自动更新”选项，然后选择日期和时间格式；若不需要自动更新日期和时间，在“日期和时间”选项中，选择“固定”选项。

（2）若要添加幻灯片编号，则选择“幻灯片编号”复选框。

（3）若要添加页脚文本，则选择“页脚”复选框，再输入文本。

（4）若要避免页脚中的文本显示在标题幻灯片上，则选中“标题幻灯片中不显示”复选框。

（5）若只是将页眉和页脚信息应用给被选中的部分幻灯片，则单击“应用”按钮；若要向演示文稿中的每个幻灯片添加页眉和页脚信息，则单击“全部应用”按钮。

图8-34 “页眉和页脚”对话框

除了能为幻灯片添加页眉和页脚，也可以为备注与讲义设置页眉和页脚，其中包含日期和时间、页眉、页码和页脚，设置的方法与幻灯片页眉和页脚的设置方法相似，在图8-34所示的对话框中选择“备注和讲义”选项卡，然后参考幻灯片页眉和页脚的设置方法即可。

若要取消页眉和页脚的应用，则在“页眉和页脚”对话框中，不勾选相应选项，再次单击“应用”或“全部应用”按钮即可。

8.2.6 设置幻灯片母版

制作 PPT 时，经常会有一些元素需要在多张幻灯片的相同位置重复出现，如果每页都去调整，将要花费很多时间。其实，这可以通过幻灯片母版来简化工作量。

幻灯片母版是幻灯片层次结构中的顶层幻灯片，用于存储有关演示文稿的主题和幻灯片版式的信息，包括背景、颜色、字体、效果、占位符大小和位置。每个演示文稿至少包含一个幻灯片母版；使用幻灯片母版可以对演示文稿中相同版式的幻灯片进行统一的样式更改。尤其在演示文稿包含大量幻灯片时，幻灯片母版使用起来特别方便。而且使用幻灯片母版，也能够使演示文稿具有更加统一的样式和风格。

1．进入与关闭“幻灯片母版”视图

（1）进入“幻灯片母版”视图。要进行幻灯片母版设置，首先要进入“幻灯片母版”视图，具体操作是：在“视图”选项卡的“母版视图”组中，单击“幻灯片母版”按钮，如图 8-35 所示。

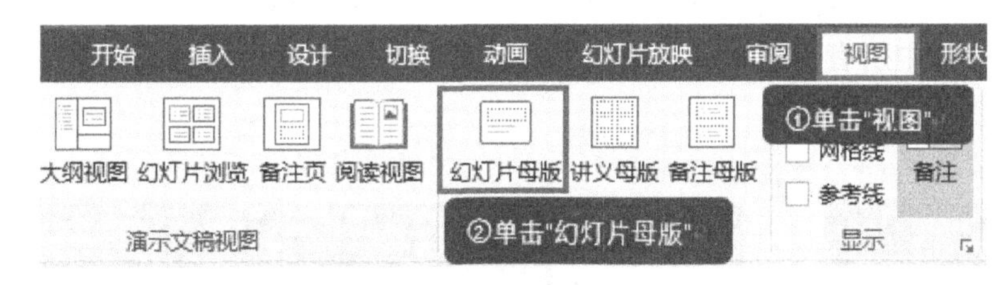

图 8-35 进入母版视图操作

幻灯片母版主要有两大类——主母版和版式母版，如图 8-36 所示。

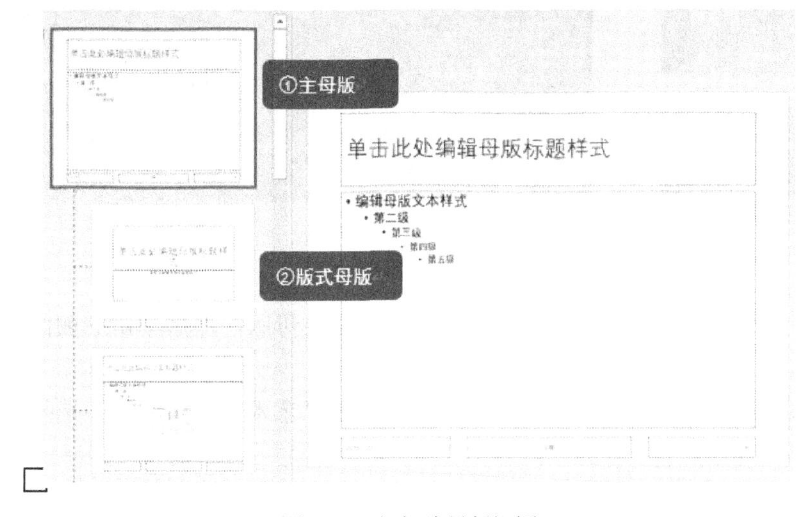

图 8-36 幻灯片母版视图

● 主母版：缩略图的第一张是主母版。其特点是对主母版进行设计，其下方的所有版式母版都将会出现母版的效果，即对所有幻灯片都能产生影响。主母版经常用于统一设置每个版式都需要的格式，如标题样式、文本样式、段落样式、背景图片等。

- 版式母版：主母版下方的是版式母版，用于控制不同版式的幻灯片排版效果，和版式对应。其特点是设计好后，效果只能出现在应用该版式的幻灯片中。当前版式下勾选“隐藏背景图形”后，母版的背景图将不再出现。

（2）关闭幻灯片母版视图。如果要结束幻灯片的母版编辑，则切换到“幻灯片母版”选项卡，在“关闭”组中单击“关闭母版视图”按钮即可，如图 8-37 所示。

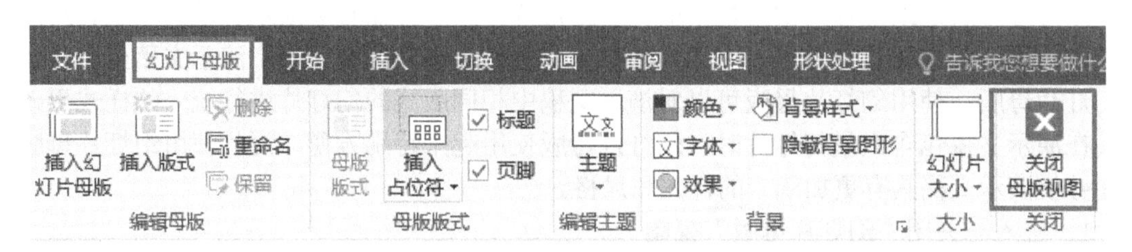

图 8-37　关闭幻灯片母版视图

2．设置主母版

下面以一个具体的案例来展示如何设置主母版。图 8-38 所示的是一个原始的演示文稿，需要将幻灯片中所有标题和正文都设置成一种艺术字样式，标题文字居中，正文的行距为 1.2 倍行距。

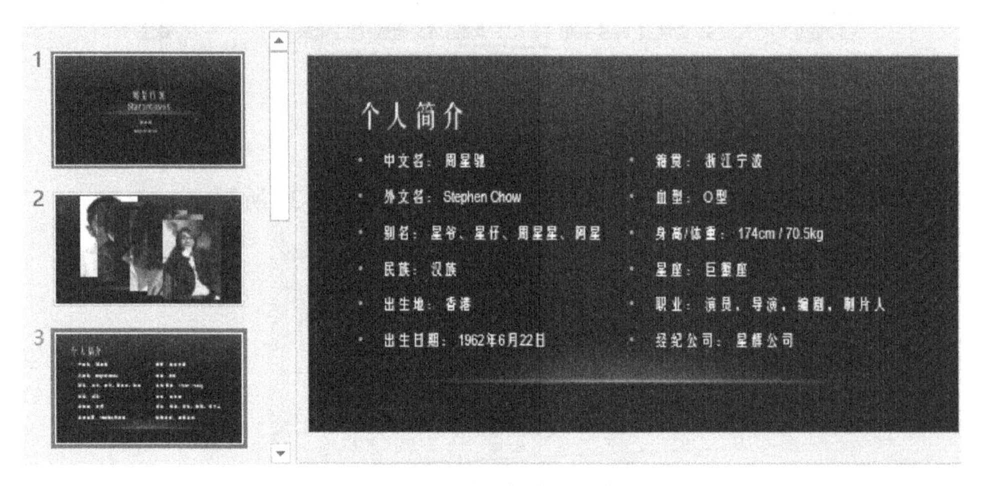

图 8-38　原始的演示文稿

（1）进入幻灯片母版视图，在左侧缩略图中单击主母版，然后单击右侧的主母版标题占位符，如图 8-39 所示。

（2）单击“绘图工具”下的“格式”选项卡，在“艺术字样式”组中选择需要的艺术字样式，如图 8-40 所示。

（3）在“开始”选项卡的“段落”组中，单击“居中”按钮，如图 8-41 所示。

（4）按照同样的方法对标题占位符下方的文本占位符设置艺术字效果，并在“开始”选项卡的“段落”组中，设置其为 1.2 倍行距。效果如图 8-42 所示。主母版中设置的标题和文本样式在下面其他版式中也有相应设置。

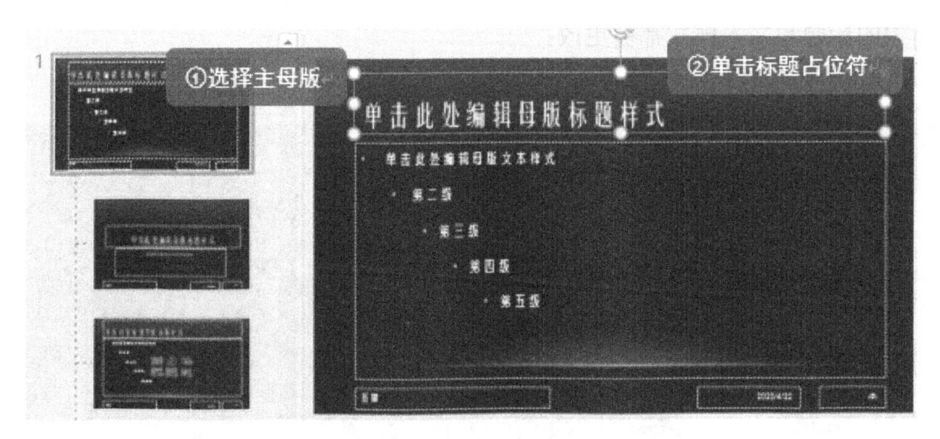

图 8-39　设置主母版样式

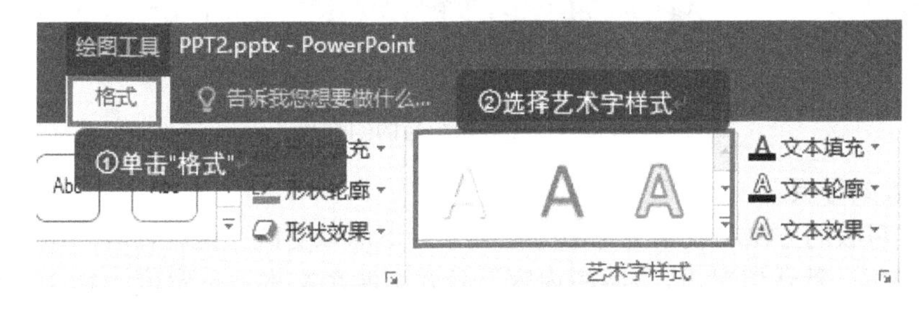

图 8-40　设置艺术字样式

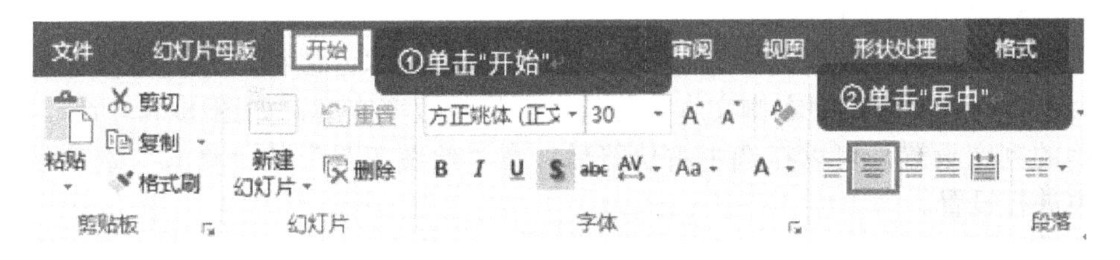

图 8-41　设置居中对齐

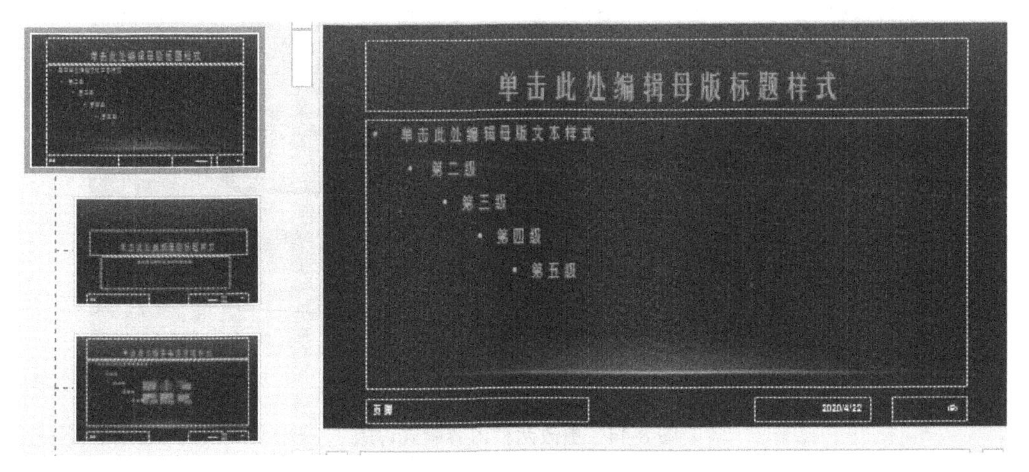

图 8-42　设置好主母版后的母版视图

（5）关闭母版视图，进入普通视图查看演示文稿中幻灯片的效果，如图 8-43 所示。所有幻灯片中的标题和文本样式都被更改。

图 8-43　设置母版后的幻灯片

3．设置版式母版

设置版式母版的方法和设置主母版方法类似。下面以更改“两栏内容”版式为例说明如何设置版式母版。默认情况下，“两栏内容”版式中两个文本占位宽度一致，现在将其设置成左宽右窄的样式，具体操作如下：

（1）进入幻灯片母版视图。

（2）选择“两栏内容版式”母版，首先选中左侧文本占位符，并按住鼠标左键拖拉以改变占位符列宽，再选中右侧文本占位符进行拖拉改变宽度，如图 8-44 所示。如果要进行精确的列宽设置，可以在选中占位符后，在“绘图工具”的“格式”选项卡的“大小”组中进行设置。

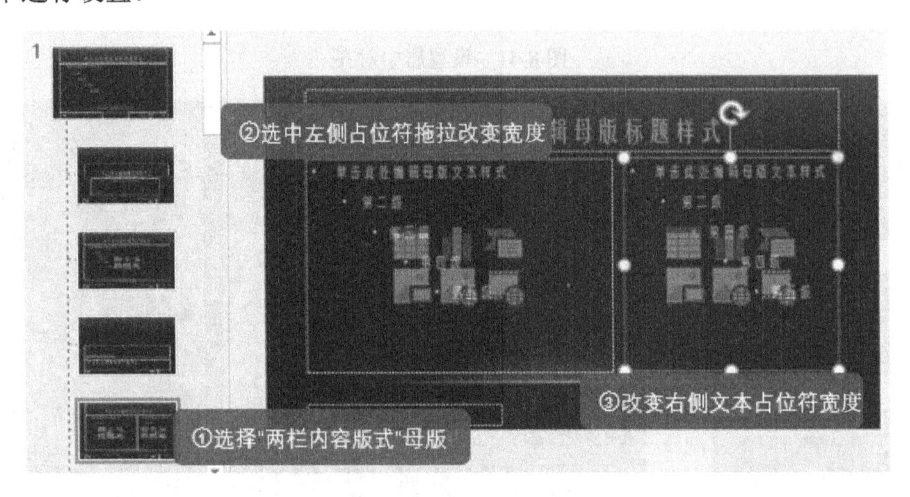

图 8-44　更改两栏内容版式母版

（3）关闭母版视图，切换到普通视图，可以看到应用“两栏内容版式”母版页面的正文两列宽度已经发生了改变，如图 8-45 所示。

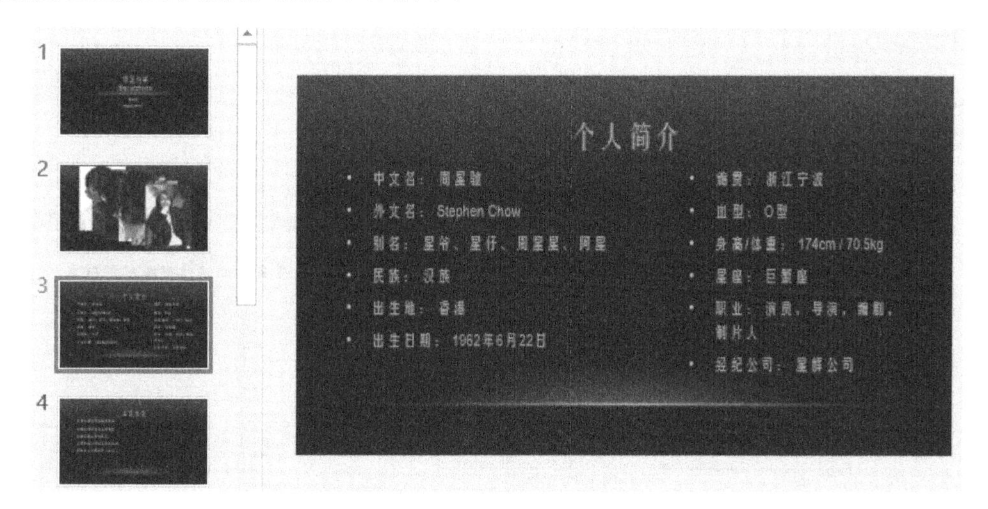

图 8-45　更改两栏版式后效果

4．自定义版式母版

在幻灯片母版中，也可以根据需要自定义版式母版。下面以具体案例展示自定义版式母版的操作，图 8-46 所示的是应用了“环保”主题的幻灯片，标题样式是主题中内置的样式。中间部分的版式需要自行设计。

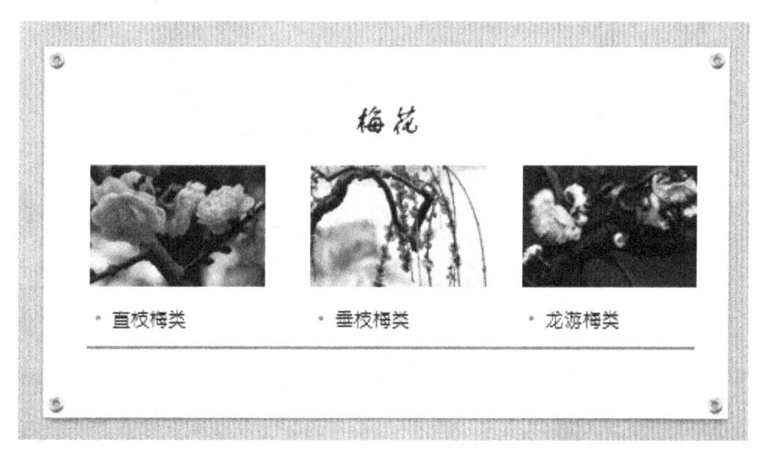

图 8-46　应用了“环保”主题的幻灯片（案例图）

具体操作步骤介绍如下：

（1）进入幻灯片母版视图，在左侧的缩略图窗格中，在需要添加版式母版地方右击，在弹出的快捷菜单中选择“插入版式”命令（如图 8-47 所示），将出现一个新的版式母版，如图 8-48 所示。

（2）设置图片占位符。

①在“幻灯片母版”选项卡的“母版版式”组中，单击“插入占位符”按钮，在占位符列表中选择“图片”，如图 8-49 所示。此时光标变成“+”形状，按住鼠标左键拖拉产生一个图片占位符，调整图片占位符的大小和位置。

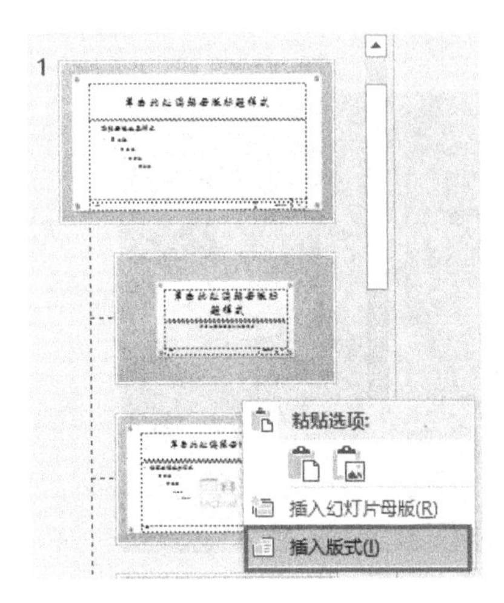

图 8-47 “插入版式”命令

图 8-48 新建版式母版

②如果要精确调整大小和位置，则选中图片后，切换到“绘图工具”的“格式”选项卡，在“大小”组中进行相应设置即可，如图 8-50 所示。

③在按住 Shift 键的同时，按住鼠标右键拖动图片占位符到合适位置，完成一个水平方向的图片占位符复制；再次按住 Shift 键，同时按住鼠标右键，拖动图片占位符到合适位置。

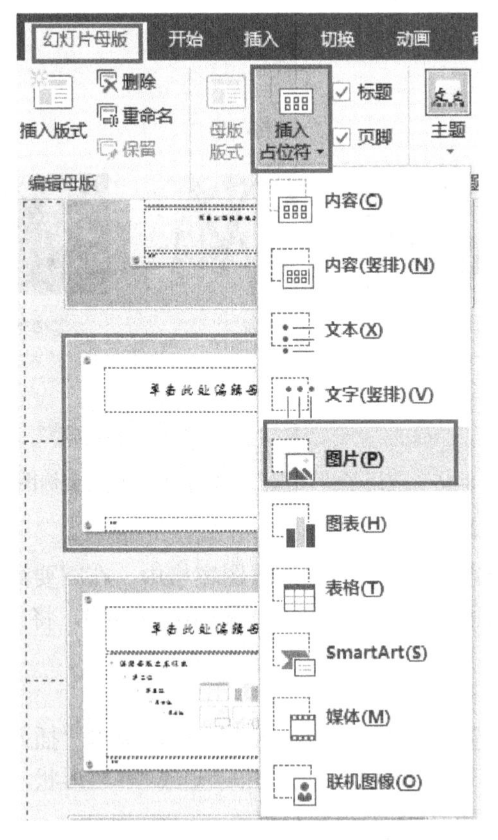

图 8-49 插入图片占位符

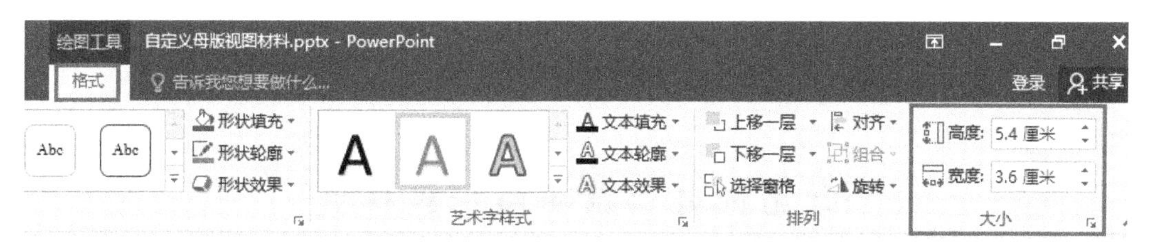

图 8-50　设置图片占位符大小和位置

（3）设置文本占位符。文本占位符的设置方法和图片占位符的设置方法相似。按图 8-49 所示步骤选择“文本”，在母版编辑区画一个文本占位符，再调整文本占位符的大小和位置，设置文本占位符的字体为幼圆，再复制两个文本占位符，并调整位置。添加文本占位符后的效果如图 8-51 所示。

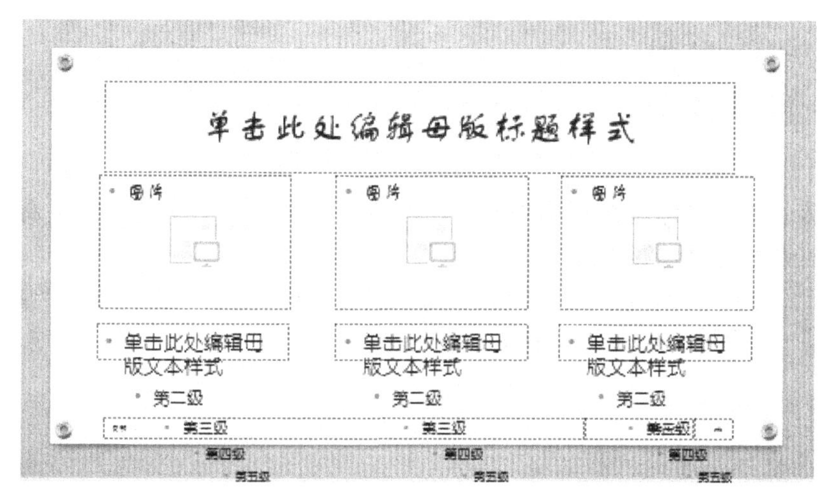

图 8-51　添加文本占位符后的效果

（4）设置水平方向直线。

①单击“插入”选项卡的“插图”组中的“形状”按钮，在下拉列表中选择“直线”，如图 8-52 所示。

②光标变成“+”形状后，在按住 Shift 键的同时，在母版编辑区拖动鼠标左键画一条水平方向的直线，再设置线条的样式，版式母版编辑区效果如图 8-53 所示。

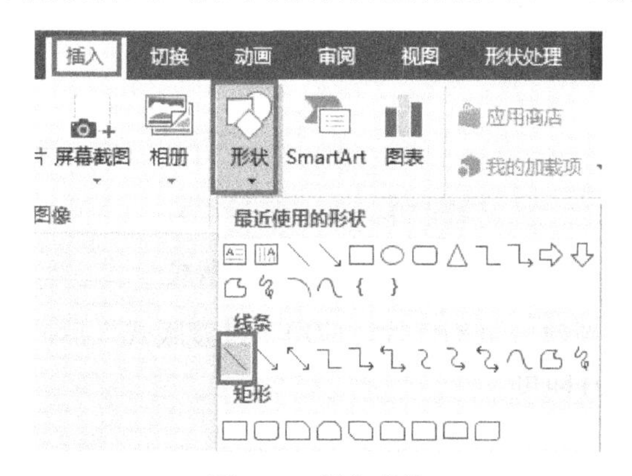

图 8-52　插入直线

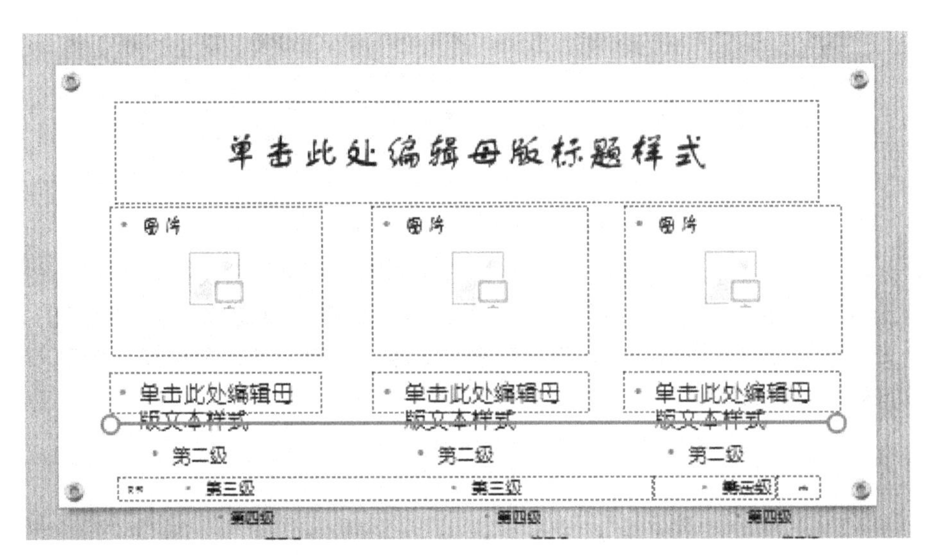

图 8-53　最终的版式母版编辑区效果

（5）在该版式左侧缩略图窗格中右击，在弹出的快捷菜单中选择“重命名版式”命令，将版式重命名为“过渡版式”。

（6）关闭幻灯片母版视图，在“开始”选项卡的“幻灯片”组中，单击“版式”按钮，可发现新增了一个“过渡版式”，如图 8-54 所示。

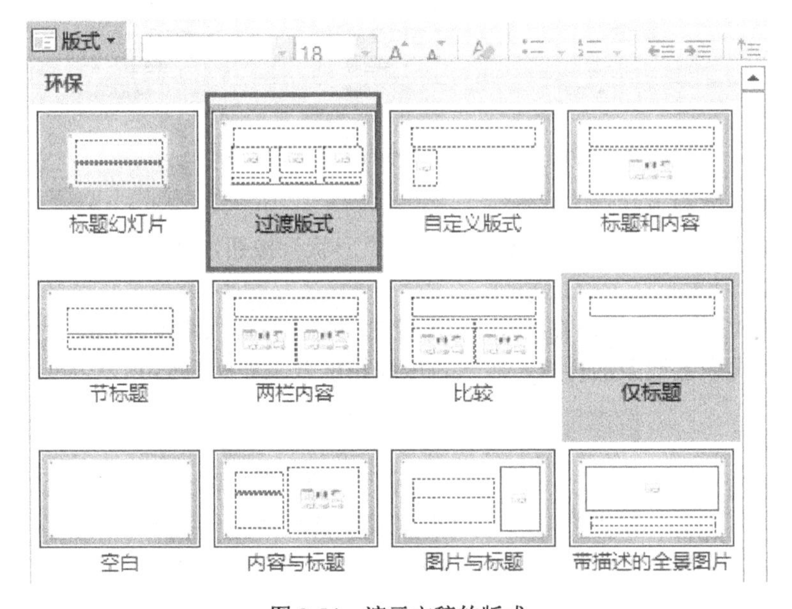

图 8-54　演示文稿的版式

（7）在普通视图下，新建一页幻灯片，应用“过渡版式”后，幻灯片如图 8-55 所示，在占位符中填入文字和图片即可。

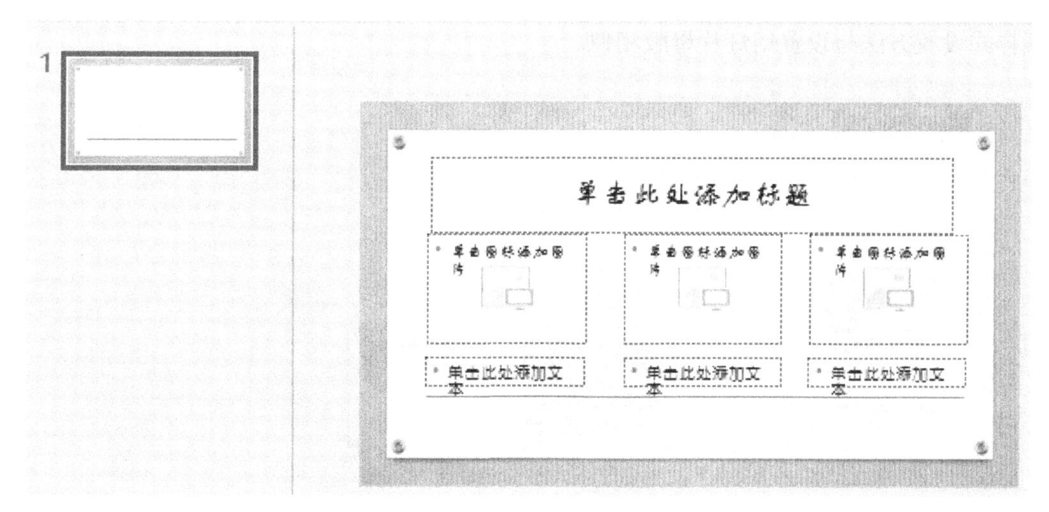

图 8-55　添加应用“过渡版式”的幻灯片

5．多个幻灯片母版的使用

每个主题与一组版式相关联，每组版式与一个幻灯片母版相关联，因此，若要使演示文稿包含两个或更多不同的样式或主题，则需要为每个主题分别插入一个幻灯片母版。

将两个不同幻灯片母版应用到同一个演示文稿，其具体操作如下：

（1）进入幻灯片母版视图，单击“编辑母版”组中的“插入幻灯片母版”按钮，即可添加幻灯片母版；单击“编辑主题”组的中“主题”按钮，选择该母版的主题，如图 8-56 所示。

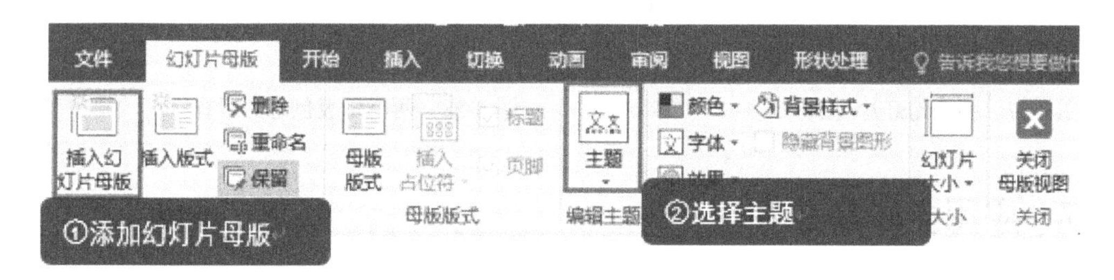

图 8-56　添加幻灯片母版

（2）按上述方法，再次插入幻灯片母版，并设置主题样式，在该演示文稿母版视图的缩略图窗格中，可以看到新建好的母版，如图 8-57 所示。

（3）关闭幻灯片母版视图，进入普通视图，在“开始”选项卡的“幻灯片”组中单击“版式”按钮，可以找到各主题对应的版式，如图 8-58 所示。

6．讲义母版与备注母版

在 PPT 中，不仅为用户提供了幻灯片母版，用以确定演示文稿的样式和风格，还为用户提供了讲义母版和备注母版。一般在放映演示文稿之前，都会将演示文稿的重要内容打印出来分发给观众，这种打印在纸张上的幻灯片内容称为讲义，而讲义母版实际上是用以设置讲义的外观样式。若要将内容或格式应用于演示文稿中的所有备注页，就需要通过备注母版来更改。讲义母版视图和备注母版视图都可以在“视图”选项卡的“母版视图”组中打开，其外观样式设置方法与设置幻灯片母版相似。

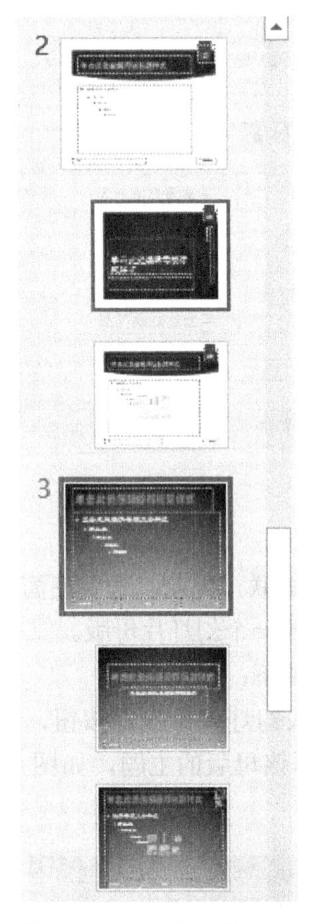

图 8-57　两个幻灯片母版

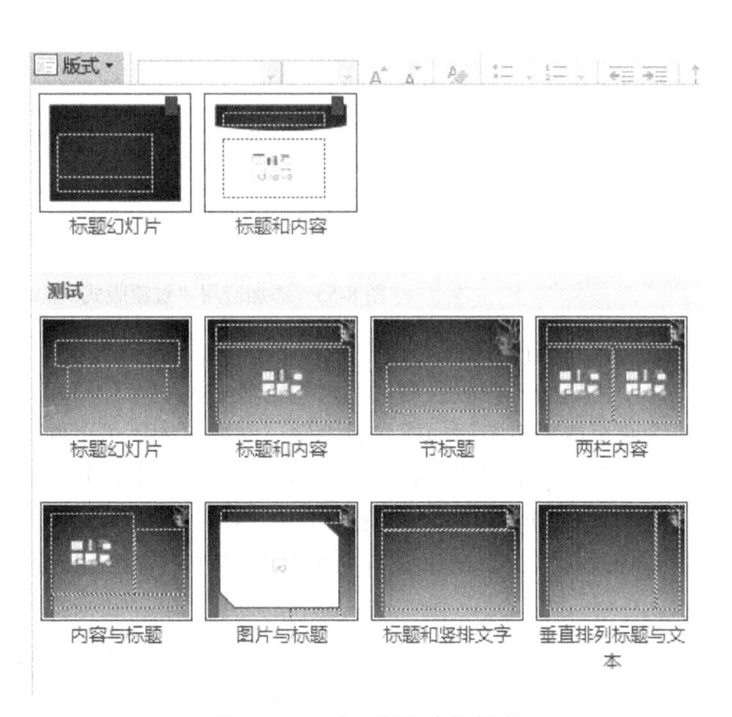

图 8-58　两个母版包含的版式

8.2.7　应用多媒体文件

在演示文稿中使用音频、视频等多媒体元素，能将演示文稿变为声色动人的多媒体文件，使得幻灯片中展示的信息更美妙、更多元化，使展示效果更具感染力。在幻灯片中插入音频和视频文件之前，需要确定音频和视频文件的格式是否可用。一般情况下，PPT 兼容的音频格式有：wav、wma、midi、mp3、au、aif 等，而兼容的视频格式有：avi、wmv、mpeg、asf、mov、3gp、swf、mp4 等。

1．在幻灯片中插入音频

可以将计算机本地、网络或剪辑管理器中的音频文件添加到幻灯片并嵌入到演示文稿中，插入音频后，幻灯片上会显示一个表示音频文件的图标 。可以将音频设置为在显示幻灯片时自动开始播放，也可以设置为在单击鼠标时才开始播放。

（1）插入音频。

①单击要添加音频剪辑的幻灯片。

②在“插入”选项卡的“媒体”组中，单击“音频”按钮，如图 8-59 所示。

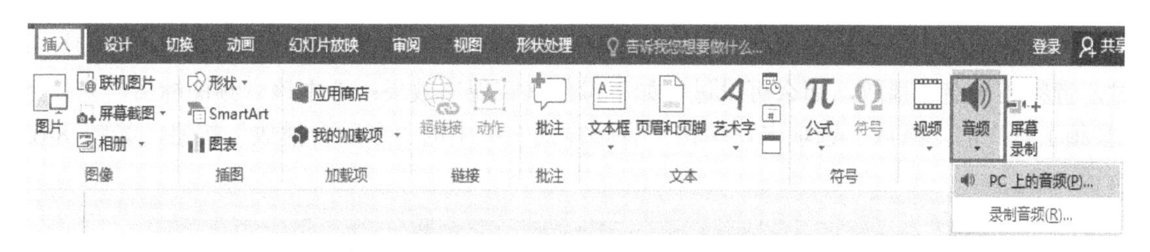

图 8-59　添加音频

③如果要插入文件系统中的音频，选择“PC 上的音频”选项，打开“插入音频”对话框。找到包含所需音频的文件夹，选择视频，单击“插入”按钮即可，如图 8-60 所示。如果要添加录制的音频，则选择“录制音频”选项。

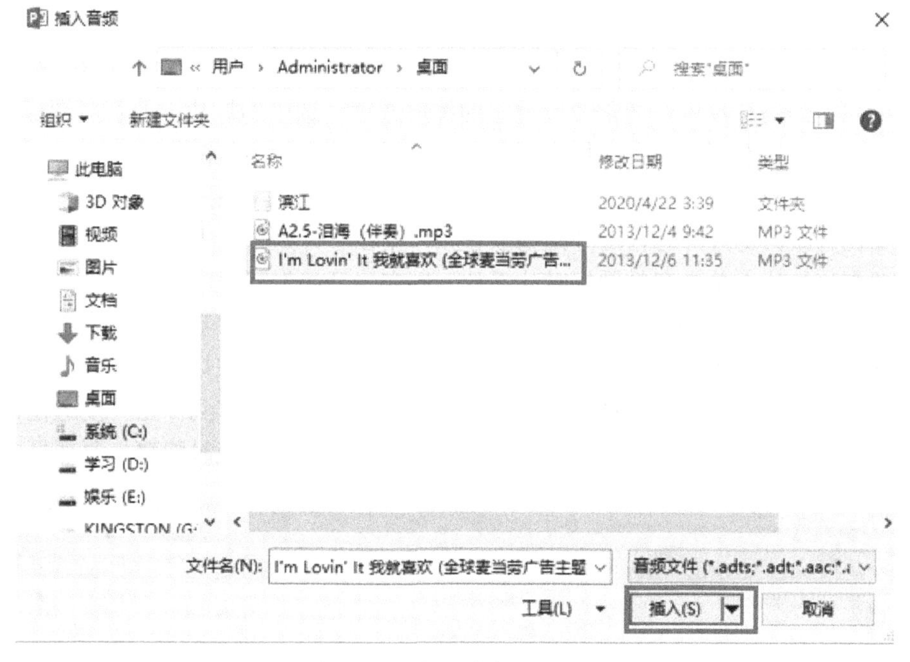

图 8-60　“插入音频”对话框

（2）设置音频选项。默认情况下，插入的音频是需要单击音频按钮才会播放的，如图 8-61 所示。

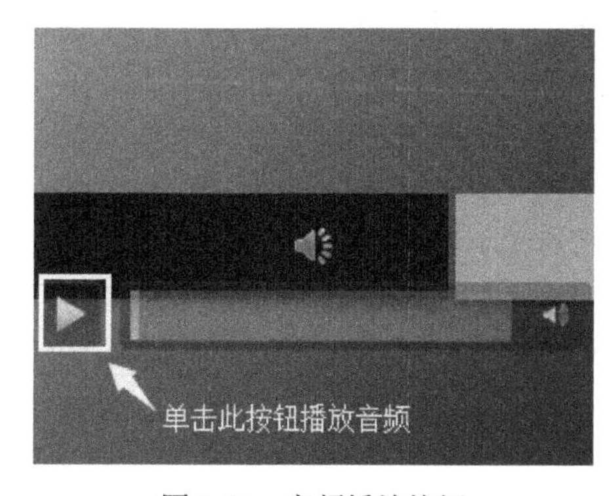

图 8-61　音频播放按钮

放映演示文稿时，如果需要一进入音频所在幻灯片就播放该音频，且放映到后续幻灯片时，音频还在继续播放，那么可以进行如下操作来实现该效果：选中该音频图标后，切换到“音频工具”的“播放”选项卡，单击“音频样式”组中的“在后台播放”按钮，如图 8-62 所示。

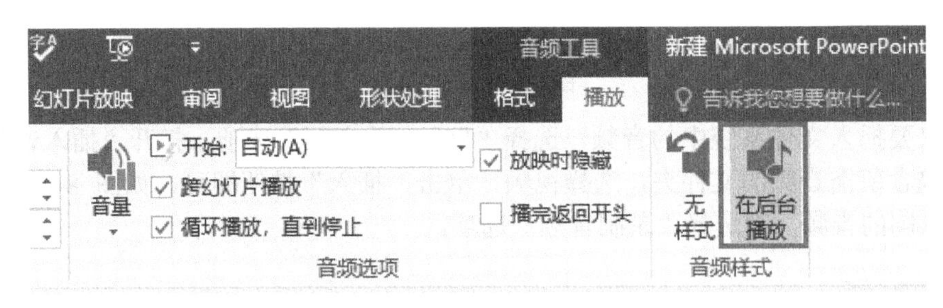

图 8-62　设置跨幻灯片自动播放音频

将音频添加到幻灯片后，通常要设置它的播放选项。选中幻灯片上的音频图标，在“音频工具”下“播放”选项卡的“音频选项”组中进行设置，如图 8-63 所示。

关于“音频选项”组（如图 8-63 所示）中的具体设置，其作用如下：

①若要在放映该幻灯片时自动开始播放音频，则在“开始”列表中选择“自动”选项。

②若要在幻灯片上单击音频图标时才播放，则在“开始”列表中选择“单击时”选项。

③上述设置的两个选项，当幻灯片切换到下一张幻灯片时，音频就会停止播放，若希望幻灯片切换到后面的其他幻灯片时音频仍继续播放，则选中“跨幻灯片播放”复选框。

④若要连续播放音频直至手动停止它，则选中“循环播放，直到停止”复选框。

⑤若在幻灯片放映时不希望显示音频图标，则可以选中“放映时隐藏”复选框。

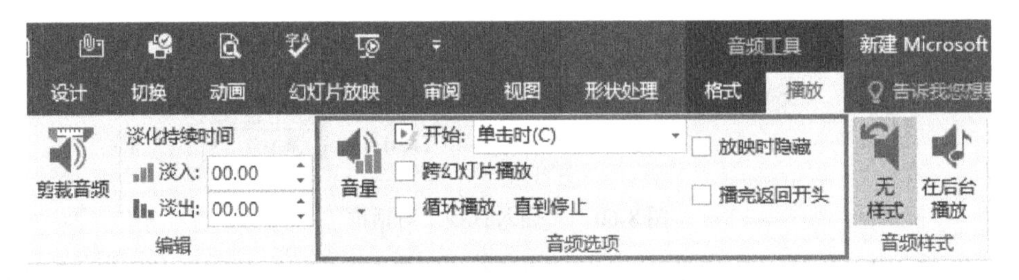

图 8-63　“音频选项”组

（4）音频动画。在设计演示文稿时，经常会遇到将音频文件从第 x 张幻灯片放映到第 y 张的情况。例如，只想为第 2 到第 5 张幻灯片添加某背景音乐，则可以按下面的方法实现：

①在普通视图中，选定第 2 张幻灯片，并在此幻灯片上插入需要的背景音乐文件。

②选定幻灯片上的音频图标，单击“动画”选项卡“高级动画”组中的“动画窗格”按钮，右侧会出现“动画窗格”任务窗格，在音频文件对象右边的下拉按钮上单击并选择“效果选项”选项，如图 8-64 所示。

③在弹出的“播放音频”对话框的“停止播放”选项组中选中“在 x 张幻灯片后”单选钮，输入数字 4，如图 8-65 所示，这里的数字是指需要播放背景音乐的幻灯片数量，最后单击“确定”按钮。

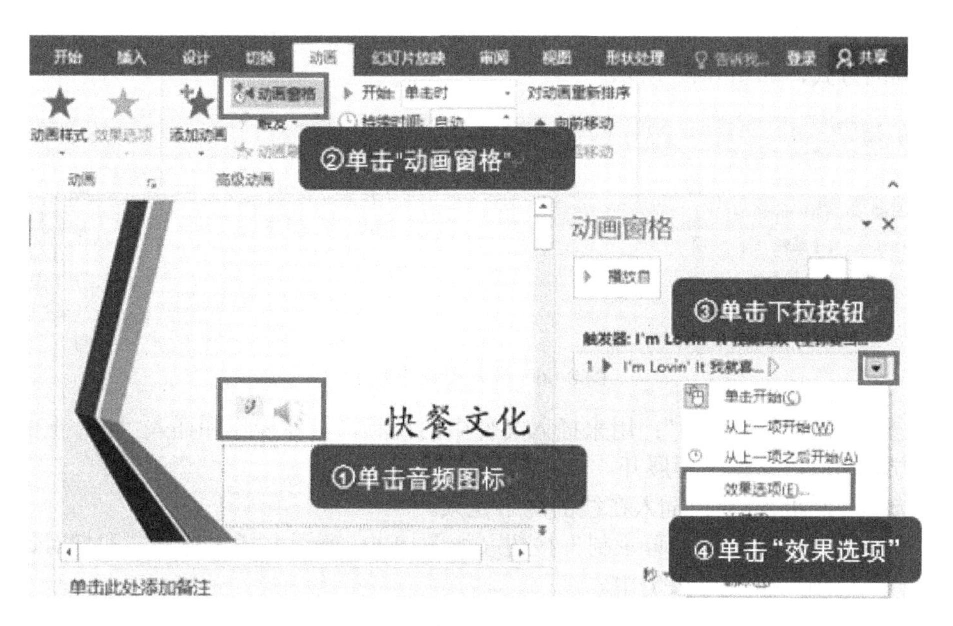

图 8-64　选择音频对象动画效果选项

播放音频

效果　计时

开始播放

○ 从头开始(B)

○ 从上一位置(L)

◉ 开始时间(M): 00:20 秒

停止播放

○ 单击时(K)

○ 当前幻灯片之后(C)

◉ 在(F): 4 张幻灯片后

增强

声音(S): [无声音]

动画播放后(A): 不变暗

确定　取消

图 8-65　“播放音频”对话框

2．在幻灯片中插入视频

单击“插入”选项卡“媒体”组中的“视频”按钮的下拉按钮，在其下拉菜单中可以选择插入视频的方式，如图 8-66 所示。

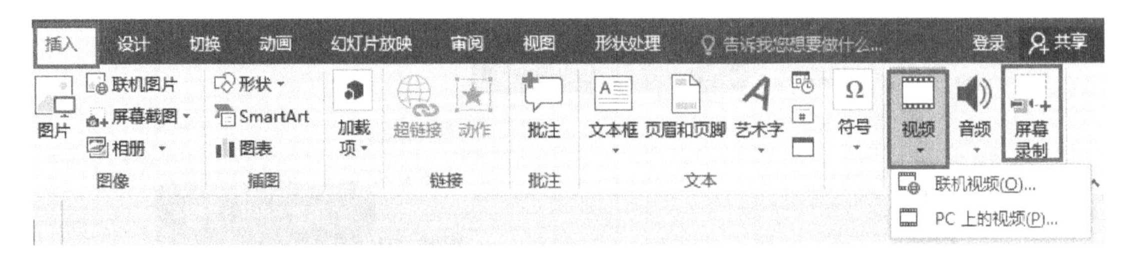

图 8-66 插入视频的方法

（1）选择“PC 上的视频”：用来插入文件中的视频，具体操作和插入“PC 上的音频”的操作的方法相似，这里不再展开。

（2）选择“联机视频”：插入在线的网络视频。

（3）也可以通过单击“屏幕录制”按钮（如图 8-66 所示）插入视频，即把对计算机的操作录制一个视频，插入到 PPT 中。

8.3 动画制作

合理使用动画可以增强其表现力。设计动画之前，要弄清楚使用动画的目的，常见目的有以下 4 种：

（1）控制元素出现的顺序，以增强悬念，让观众的注意力集中到当前的内容。

（2）强调重点内容，对于重点内容为其添加动态效果以提高观众的注意力。

（3）简化页面，例如，将大型组织结构图化整为零，逐步讲解引导，简化整个图示。

（4）展现过程，例如，将某个原理用动画展示出来。

演示文稿中的动画设计包括两种：一种是页面内的动画，即为幻灯片中的元素添加动画，另一种是页面切换动画，即为幻灯片之间的切换操作添加动画。

8.3.1 添加和删除动画

为元素添加动画能使幻灯片中的文本、图片、声音和其他对象具有动画效果，还可以设置动画声音和定时功能，这样就可以突出重点，控制信息的流程，并提高演示文稿的趣味性。

1．添加动画效果

（1）为对象添加动画效果。

操作步骤如下：

①选中需要设置动画的对象。

②切换到“动画”选项卡。

③单击“动画”组中的“其他”按钮或者是“高级动画”组中的“添加动画”按钮，如图 8-67 所示。

④在弹出的动画效果列表中，选择需要的动画效果。

图 8-67　添加动画

为某一对象添加动画时，可以只使用一种动画效果，也可以将多种动画效果组合在一起。例如，可以对一行文本应用“飞入”的进入效果和“放大/缩小”的强调效果，可以使文本从左侧飞入的同时逐渐放大。但要注意的是，如果是为一个对象添加多个动画，从第 2 个动画效果开始，必须通过“添加动画”按钮来添加动画，若通过“动画”组的“其他”按钮添加动画，之前的动画效果将会被替换，只保留最新的动画效果。

（2）动画效果类型。在 PPT 的动画效果列表（如图 8-68 所示）中，有以下 4 种动画效果。

①进入效果：设置对象以某种效果进入幻灯片。例如，从边缘飞入幻灯片。

②强调效果：对已经进入幻灯片的对象，设置其变化方式。例如，让页面中的文字加粗闪烁。

③退出效果：设置对象以某种方式退出幻灯片，例如，使对象飞出幻灯片。

④动作路径效果：设置对象的运动路径，例如，让对象沿着星形或圆形图案移动。

图 8-68　PPT 内置的动画效果列表

（3）动作路径。在 PPT 中，可以使用“动作路径”来扩展动画效果。动作路径是一种不可见的轨迹，可以将幻灯片上的图片、文本或形状等项目放在动作路径上，使它们沿着动作路径运动。例如，可以让图片以一个手绘的线路进入或退出幻灯片。

为某个对象添加“动作路径”动画效果的方法与添加预设动画效果的方式相似，选中对象后，在“动画”选项卡“动画”组中的“动作路径”下面选择一种路径线路即可。如果选择了预设的动作路径，如“线条”、“弧线”、“转弯”、“形状”或“循环”等，则所选路径会以虚线的形式出现在选定对象之上，其中绿色箭头表示路径的开头，红色箭头表示结尾，如图 8-69 所示。

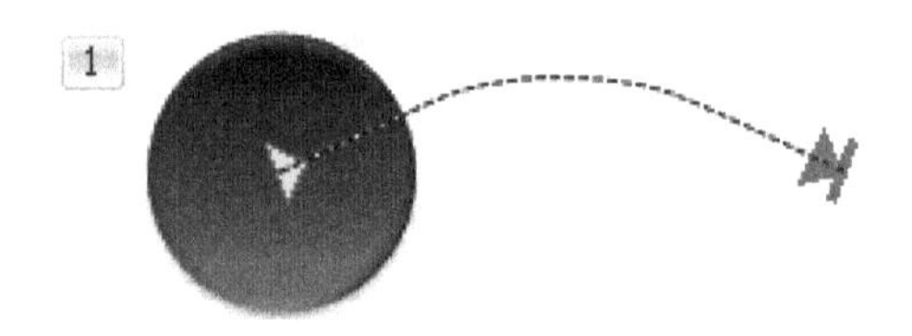

图 8-69　动作路径动画效果

如果希望对象按自己手绘的路径展现动画，则需选择“自定义路径”选项，此时光标将变为钢笔形状，然后可在幻灯片某处单击作为路径的开始位置，按住鼠标左键，移动光标画出路径，要结束时双击鼠标即可。

2．删除动画

选中要删除动画的对象，在“动画”选项卡的“高级动画”组中，单击“动画窗格”按钮，在 PPT 右侧的动画窗格列表中，选中需要删除的动画效果，单击其右侧的下拉按钮，选择“删除”命令即可，如图 8-70 所示。

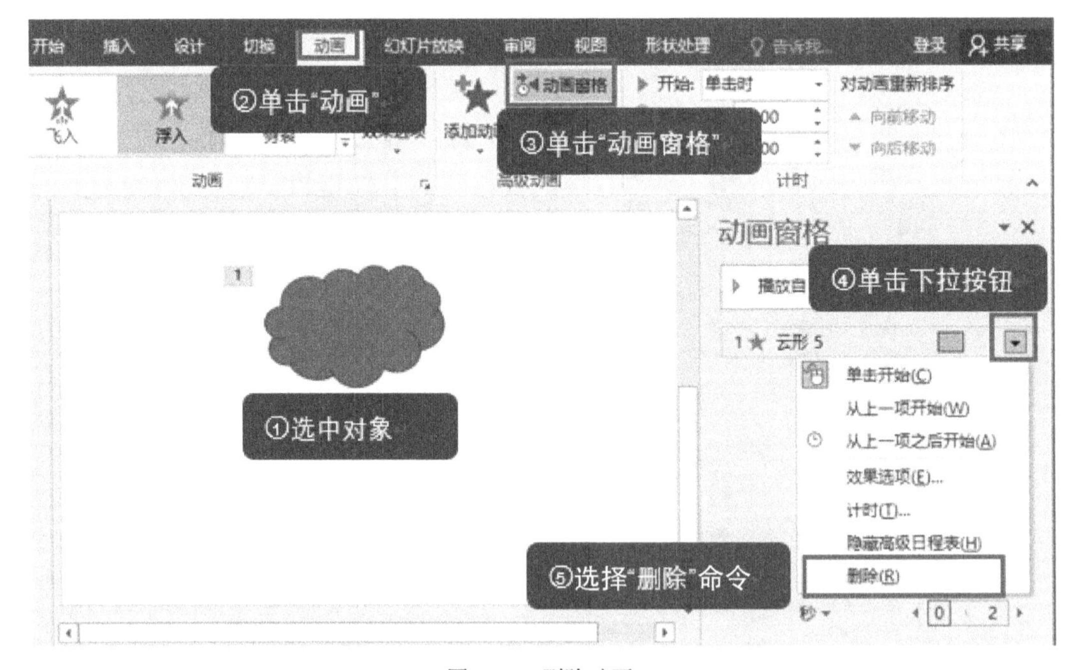

图 8-70　删除动画

注意：删除动画只是删除对象的动画效果，对象本身并没有被删除。

如果要一次性删除某对象的所有动画效果，其操作是：在幻灯片中选中对象，那么动画窗格中该对象的所有动画都处于选中状态。在“动画窗格”中删除该对象的任何一个动画效果，即可实现该对象所有动画的删除。

8.3.2　设置动画效果选项

为对象添加动画后，还会经常遇到这些情况：调整动画播放次序、设置动画同步方式、设置动画持续时间、针对不同动画还需要设置动画效果的细节。

1．调整动画播放次序

在动画窗格列表中，动画左边的数字表示的是动画播放的顺序号。动画就是按照列表中的顺序播放的，如果需要改变播放次序，操作如下：选择需要调整动画次序的对象，在“动画”选项卡的“高级动画”组中单击“动画窗格”按钮，在动画窗格列表中选择需要调整次序的动画，单击上下箭头按钮改变动画的播放次序，这里单击一次向下箭头，完成平行四边形动画播放顺序往后移动一个位置，如图 8-71 所示。

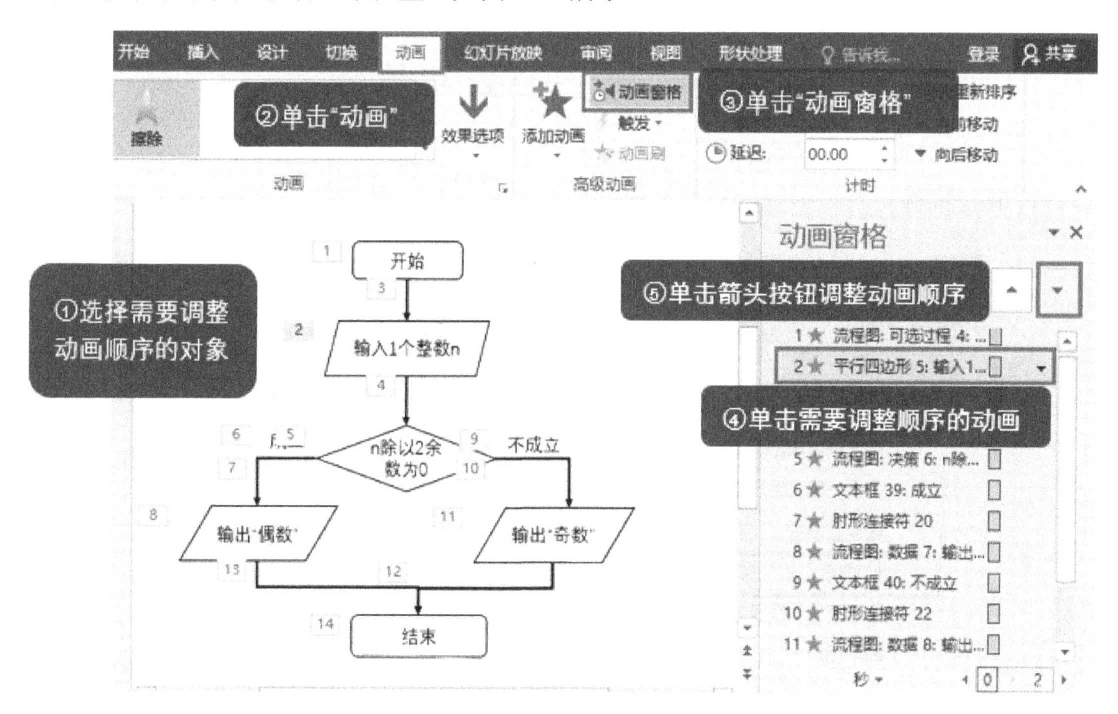

图 8-71　调整动画播放次序

2．设置动画同步方式

为某对象添加动画效果之后，可在“动画”选项卡的“计时”组中设置动画的同步方式，包括单击时、与上一动画同时、上一动画之后，如图 8-72 所示。

（1）“单击时”：表示在幻灯片上单击时开始播放动画。

（2）“与上一动画同时”：表示上一对象的动画效果开始的同时开始这个对象的动画效果。

（3）“上一动画之后”：表示在上一对象的动画效果结束后，才开始播放对象的此动画效果。

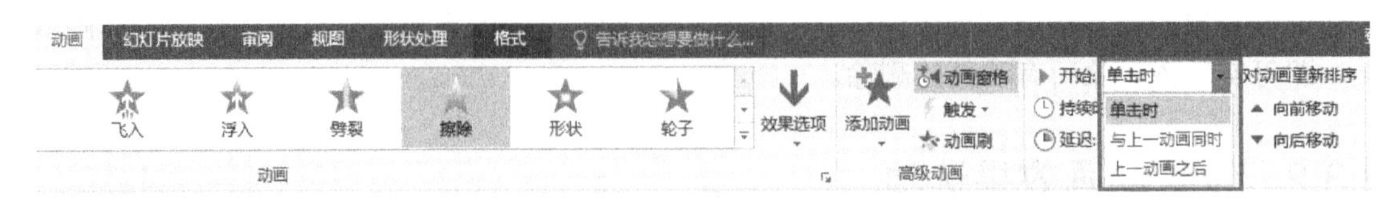

图 8-72　动画的“计时”组

3．设置动画延迟时间与持续时间

在动画窗格中，选中动画后，单击动画右侧的下拉按钮，选择“计时”，如图 8-73 所示。然后，在弹出的“放大/缩小”对话框中，即可进行相关设置，如图 8-74 所示。具体设置如下。

（1）延迟：相对于上一动画的延迟时间。

（2）期间：动画从开始到结束的时间

（3）重复：表示动画效果的重复次数。

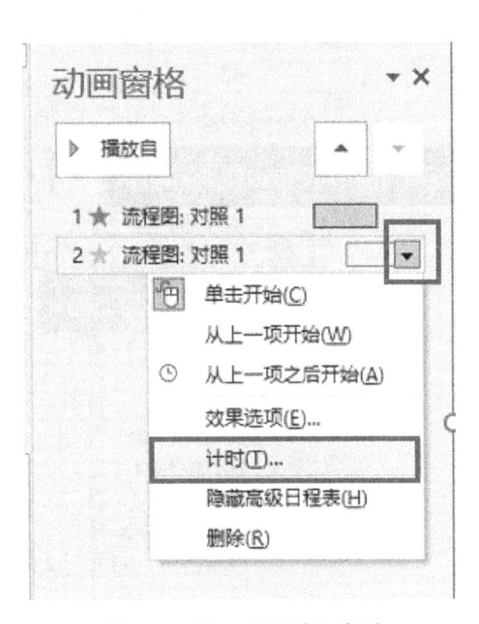

图 8-73　进入“计时”选项

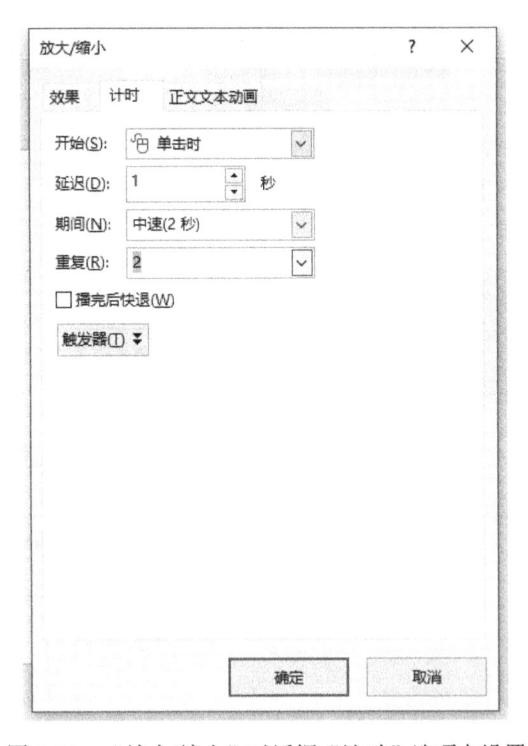

图 8-74　“放大/缩小”对话框“计时”选项卡设置

4．设置动画效果及细节

不同的对象和不同的动画，其效果不尽相同，例如，针对“飞入”的进入动画效果，可以用 8 个方向的飞入方式。通常设定了一个对象的某个动画效果，如果该动画有更多的效果选项，则“动画”组右边的“效果选项”按钮（如图 8-75 所示）会变得可用。

图 8-75　“效果选项”按钮

也可以在动画窗格中，单击动画右侧的下拉菜单，选择“效果选项”，在弹出的效果选项对话框中进行设置（注：这里的效果是飞入，故为“飞入”对话框），如图 8-76 所示，可以设置飞入效果的细节，如飞入的方向、飞入的平滑时间，以及飞入的声音等。

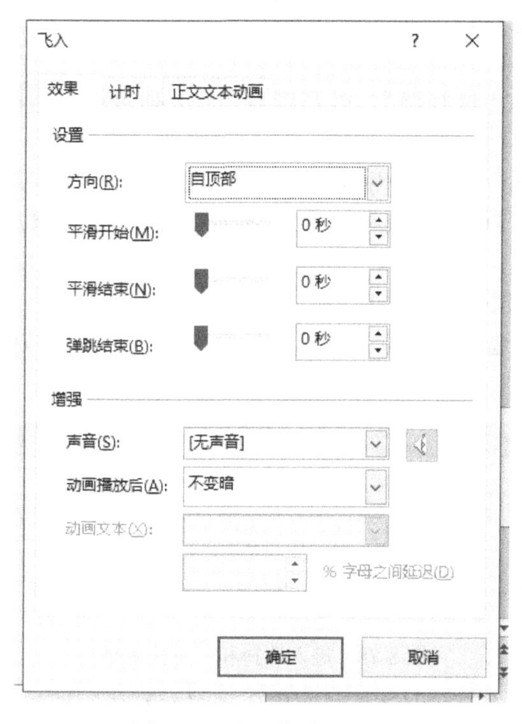

图 8-76　动画的效果选项

8.3.3　使用触发器

一般情况，动画一旦开始播放，就只能按事先定义好的顺序播放。有时候我们需要根据时间和现场情况决定是否要演示一些动画，这时候就需要为动画添加触发器。触发器可以是文本框、图片、形状等，作用相当于按钮，单击触发器，可以控制动画、音频、视频的执行。

下面通过一道单选题来阐述触发器的使用。具体要求如下：

每单击一个选项，PPT 都要在 1 秒后给出一个反馈。回答错误，在该选项后面产生劈裂效果并显示“你回答错误！”；回答正确，在该选项后面产生劈裂效果并给出“你真棒！”的反馈，并且有鼓掌的声音，如图 8-77 所示。

选择题

1. 下列每组中相同的两个字读音也相同的一组是

A. 怒发冲冠　千钧一发　　你真棒！

B. 发人深省 江苏省　　你回答错误！

C. 落花流水 丢三落四　　你回答错误！

D. 挨打 挨挨挤挤　　你回答错误！

图 8-77　选择题案例

分析：每单击一个选项， PPT 提示做的对错。这里的反馈信息是通过“劈裂”动画呈现的。即 A、B、C、D 4 个选项相当于 4 个开关，控制后面 4 个“劈裂”动画的执行，由于 1 秒后呈现动画，因此动画的延迟时间是 1 秒。

操作步骤：

（1）在幻灯片上写好“选择题”，以及题目“1.下列每组中相同的两个字读音也相同的一组是”。

（2）插入 4 个文本框，内容分别输入“A.怒发冲冠 千钧一发”“B.发人深省 江苏省”“C.落花流水 丢三落四”“D.挨打 挨挨挤挤”，摆放好 4 个文本框位置。

（3）插入 4 个文本框，分别输入“你真棒！”“你回答错误！”“你回答错误！”“你回答错误！”，字体设置成红色，放到对应选项后面。

（4）切换到“开始”选项卡，单击“编辑”组中的“选择”按钮，再选择“选择窗格”选项，如图 8-78 所示。

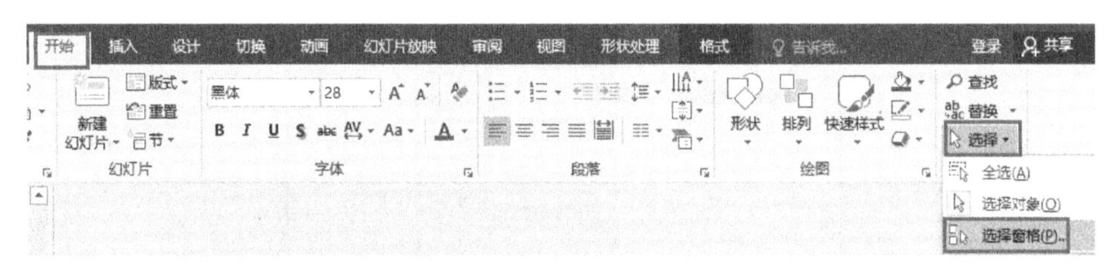

图 8-78　进入选择和可见性窗格

（5）弹出“选择”窗格，列出了当前幻灯片的所有对象，如图 8-79 所示。

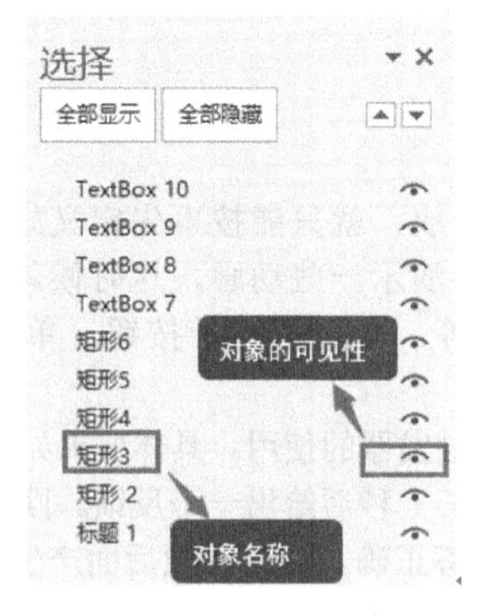

图 8-79　“选择”窗格

（6）选择幻灯片中 A 选项的文本框，在右侧的“选择”窗格中，该文本框处于选中状态，双击文本框名称，更改其名称为“A 选项”，如图 8-80 所示。

（7）用同样的方法，更改 B、C、D 文本框的名字，分别为“B 选项”“C 选项”“D 选项”。

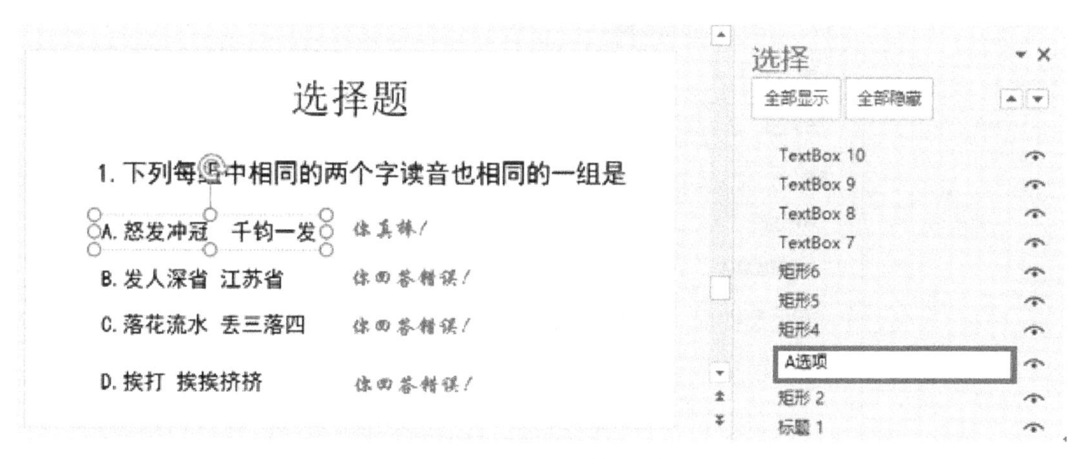

图 8-80　更改文本框名称

本步骤中更改文本框名称，是为了后期设置触发器能快速找到对应的文本框，此步骤并非是必须要做的。

（8）设置动画效果及触发器。

①选择幻灯片中的“你真棒！”文本框，在“动画”选项卡的“动画”组中，单击“劈裂”按钮进入动画，如图 8-81 所示。

图 8-81　选择“劈裂”动画

②单击“动画”选项卡“高级动画”组中的“动画窗格”按钮，弹出“动画”窗格，单击动画下拉菜单，选择“效果选项”，弹出“劈裂”对话框，在“效果”选项卡中设置“声音”为“applause.wav”，如图 8-82 所示。

③选中“计时”选项卡，设置“延迟”为 1 秒，如图 8-83 所示。

④单击“计时”选项卡中的“触发器”按钮触发器(T)，在“单击下列对象时启动效果”中选择“A 选项：A 怒发冲冠 千钧一发”，如图 8-83 所示。

⑤选中 B 选项后面的“你回答错误！”文本框，单击“动画”组中的“劈裂”按钮进入“动画”窗格。单击动画右侧下拉菜单，选择“效果选项”，弹出“劈裂”对话框，按图 8-84 所示来设置该动画的延迟时间和触发器。

图 8-82　设置劈裂动画效果

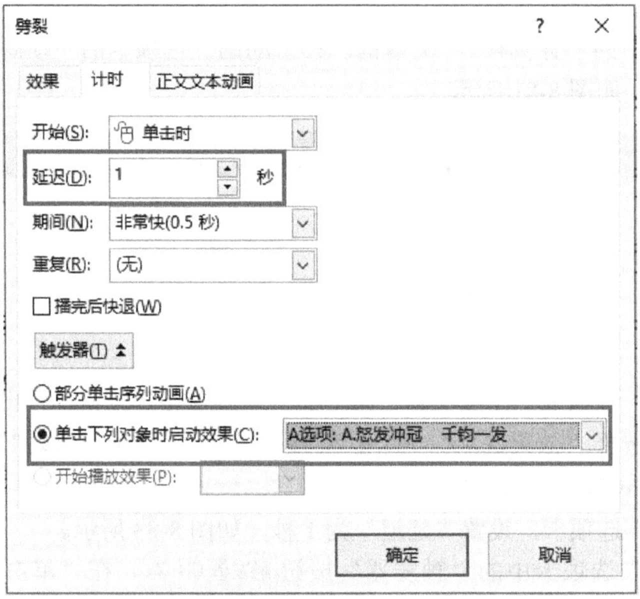

图 8-83　A 选项对应的动画效果

图 8-84　B 选项对应的动画效果

按照上述方法为 C 和 D 选项后面的“你回答错误！”文本框设置相应的动画及动画的触发器，最终效果如图 8-85 所示。

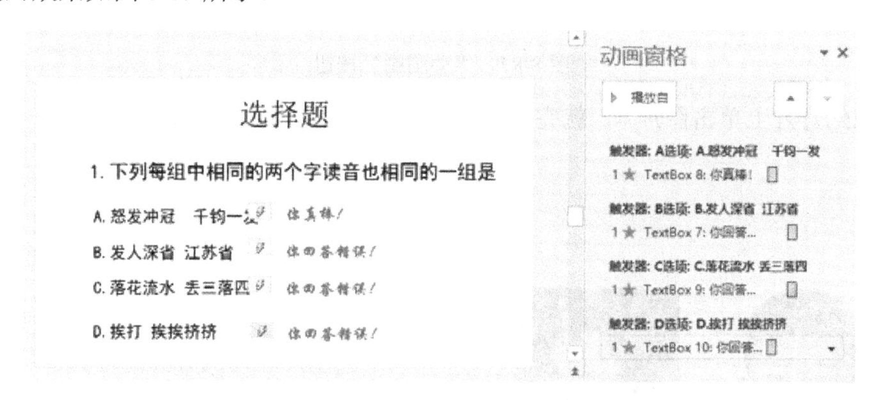

图 8-85　选择题最终动画效果

8.3.4　应用动画刷

在制作动画时，如果需要为不同动画制作相同的动画效果，可以使用动画刷来完成。动画刷可将一个对象的动画复制给另一个对象。在图 8-86 中，对象“图片 3”包含多个动画效果，“图片 4”也需要设置这些动画效果，则可以直接将“图片 3”的动画效果复制给“图片 4”。具体操作如下：

（1）选择包含要复制动画的对象，这里选择图片 3。

图 8-86　被复制动画的对象

（2）切换到“动画”选项卡的“高级动画”组中，单击“动画刷”按钮，如图 8-87 所示，此时光标将变为形状。

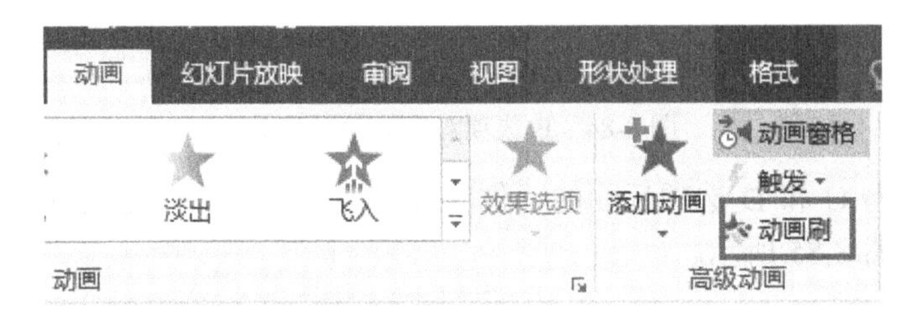

图 8-87　“动画刷”按钮

（3）在幻灯片上单击图片 4，就完成了动画的复制，效果如图 8-88 所示。

图 8-88　复制动画后的效果

（4）再次单击“动画刷”按钮以取消动画刷功能。

注意：使用动画刷进行动画效果复制时，单击一次“动画刷”按钮，后期只可以完成一次动画复制；双击“动画刷”按钮，则可以完成多次动画复制。

8.3.5 设置幻灯片切换效果

幻灯片的切换效果是指在演示期间从一页幻灯片过渡到另一页幻灯片的视觉效果，也就是让幻灯片具有动画形式切换的特殊效果。PPT 允许控制切换效果的速度、添加声音及对切换效果的属性进行自定义。

设置幻灯片切换效果的操作步骤如下：

（1）选择要向其应用切换效果的幻灯片。

（2）在“切换”选项卡的“切换到此幻灯片”组中，单击要应用于幻灯片的切换效果。若要查看更多切换效果，则可单击“其他”按钮，如图 8-89 所示。

（3）修改切换的效果选项。单击“切换到此幻灯片”组中的“效果选项”按钮并选择所需的选项。

（4）若要向演示文稿中的所有幻灯片应用相同的换效果，则在“切换”选项卡的“计时”组中，单击“全部应用”按钮。

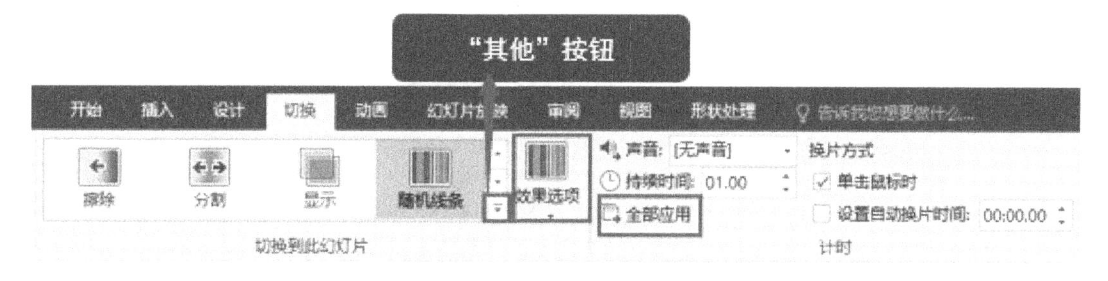

图 8-89 幻灯片切换效果

除了幻灯片的切换方式，在“计时”组中还可以对切换效果的其他属性做进一步的修改，主要包括：切换动画的“持续时间”、切换时的伴音（即“声音”选项）和“换片方式”等，如图 8-90 所示。

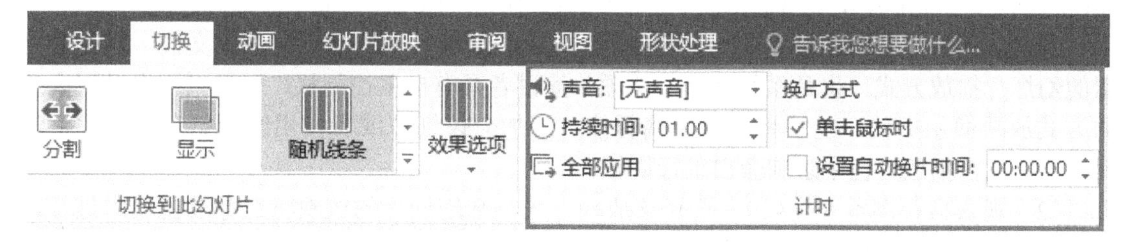

图 8-90 幻灯片切换的“计时”选项

8.4 演示文稿放映和输出

制作演示文稿的最终目的是要将幻灯片放映或展示给观众，因此，对幻灯片的放映进行相关设置是演示文稿制作的重要环节。所有的设计都完毕后，最后还要考虑使用什么方式对演示文稿进行发布，本节将介绍几种常用的方法。

8.4.1 设置放映方式

要设置演示文稿的放映方式，可在“幻灯片放映”选项卡的“设置”组中单击“设置幻灯片放映”按钮，打开“设置放映方式”对话框，如图 8-91 所示。

图 8-91 “设置放映方式”对话框

1. 设置放映类型

PPT 为演示文稿提供了 3 种不同的放映类型：演讲者放映（全屏幕）、观众自行浏览（窗口）和在展台浏览（全屏幕），这 3 种放映类型都有其自身的放映特点，下面分别对其进行介绍。

（1）演讲者放映（全屏幕）。选择该放映方式，可运行全屏显示的演示文稿，这是最常用的幻灯片播放方式，也是系统默认的选项。演讲者具有自主控制权，可以采用自动或人工的方式放映演示文稿，能够将演示文稿暂停，添加会议细节或者使用绘图笔在幻灯片上涂写，还可以在播放过程中录制旁白进行讲解。

（2）观众自行浏览（窗口）。选择该放映方式，则幻灯片的放映将在标准窗口中进行，其实是将幻灯片以阅读视图方式放映，这种方式适用于小规模的演示。右击窗口时弹出的快捷菜单提供了幻灯片定位、编辑、复制和打印等命令，方便观众自己浏览和控制文稿。

（3）在展台浏览（全屏幕）。选择该放映方式，则幻灯片以自动的方式运行，这种方式适用于展览会场等。观众可以更换幻灯片或单击超链接对象和动作按钮，但不能更改演示文稿，幻灯片的放映只能按照预先计时的设置进行放映，右击屏幕不会弹出快捷菜单，需要时可按 Esc 键停止放映。

2. 指定放映范围

在“放映幻灯片”选项组中可以指定文稿中幻灯片的放映范围。其中，“全部”表示演示文稿从第一张幻灯片开始放映，直到最后一张幻灯片；“从…到…”则表示可设置从哪一张幻灯片开始到哪一张幻灯片结束。

3．设置放映选项

如果要设置演示文稿自动循环播放，首先必须在功能区的“切换”选项卡中预设好每一幻灯片自动切换的间隔时长，然后在“设置放映方式”对话框中选择“循环放映，按 ESC 键终止”复选框，这样幻灯片播放完最后一张幻灯片后会再从第一张开始重新播放，直到利用 ESC 键停止播放。在非循环播放方式下，幻灯片播放完最后一张幻灯片后会退出幻灯片放映方式。

在“放映选项”区中还有“放映时不加旁白”、“放映时不加动画”、“禁用硬件图形加速”、“绘图笔颜色”和“激光笔颜色”选项，用户可以根据需要选择。

4．指定换片方式

在“设置放映方式”对话框中，可以在“换片方式”区中指定幻灯片的换片方式。其中，“手动”表示通过按钮或单击来人工换片；“如果存在排练时间，则使用它”则表示按照“切换”选项卡中设定的时间自动换片，但是如果尚未设置自动换片，则该选项按钮的设置无效。

8.4.2　放映演示文稿

制作好一组幻灯片后，就可以放映它们了，PPT 提供了 4 种开始放映的方式：从头开始放映、从当前幻灯片开始放映、联机演示、自定义幻灯片放映，其中“从头开始放映”“从当前幻灯片开始放映”主要是从幻灯片的放映顺序方面进行区分的，“自定义幻灯片放映”不仅可以按顺序进行放映，还可以有选择地进行放映，设置放映哪几张幻灯片；而“联机演示”可以使用户通过 Internet 向远程观众广播演示文稿，当用户在 PPT 中放映幻灯片时，远程观众可以通过 Web 浏览器同步观看。

1．录制幻灯片演示

录制幻灯片演示功能可以记录每张幻灯片的放映时间，同时允许用户使用鼠标、激光笔或麦克风为幻灯片加上注释，即制作者对幻灯片的一切相关注释都可以使用录制幻灯片演示功能记录下来，从而使演示文稿可以脱离讲演者来放映，大大提高幻灯片的互动性。录制幻灯片演示的操作如下：

（1）在“幻灯片放映”选项卡的“设置”组中，单击“录制幻灯片演示”按钮。

（2）根据需要选择“从头开始录制”或者“从当前幻灯片开始录制”。

（3）在“录制幻灯片演示”对话框中，选中“旁白、墨迹和激光笔”和“幻灯片和动画计时”复选框，并单击“开始录制”按钮，如图 8-92 所示。

（4）若要结束幻灯片放映的录制，则右击幻灯片，在弹出的快捷菜单中选择“结束放映”命令。

（5）操作结束后，每张幻灯片都会自动保存录制下来的放映计时，且演示文稿将自动切换到幻灯片浏览视图，每个幻灯片下面都显示放映的计时，如图 8-93 所示。

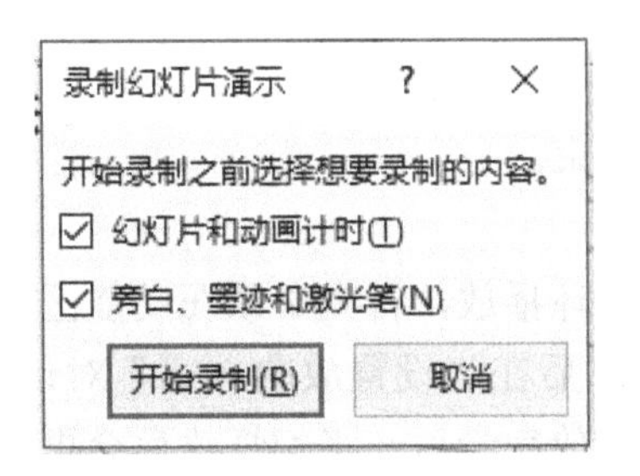

图 8-92 “录制幻灯片演示”对话框

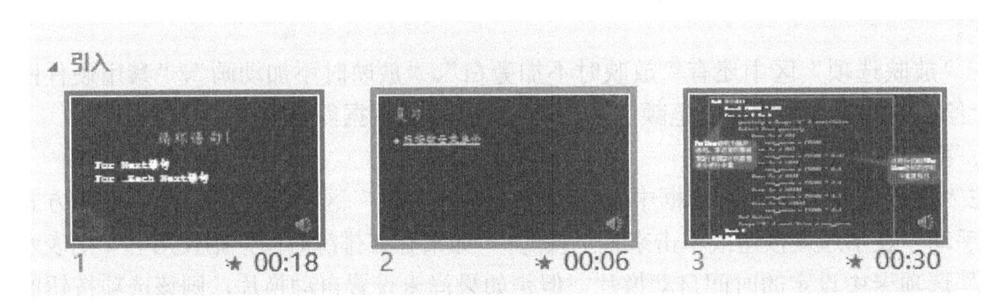

图 8-93 放映计时

下一张(N)
上一张(P)
上次查看过的(V)
查看所有幻灯片(A)
放大(Z)
自定义放映(W)
显示演示者视图(R)
屏幕(C)
指针选项(O)
帮助(H)
暂停(S)
结束放映(E)

图 8-94 幻灯片放映时的快捷菜单

2．控制幻灯片放映

在放映过程中，除了可以根据排练时间自动进行播放，也可以控制放映某一页。右击屏幕，屏幕上出现如图 8-94 所示的快捷菜单。

可以进行下面几种操作。

（1）下一张：跳转到下一张幻灯片。

（2）上一张：跳转到上一张幻灯片。

（3）查看所有幻灯片：选择“查看所有幻灯片”，会呈现当前演示文稿的所有页面，如图 8-95 所示。选择需要查看的页面即可跳转到该页面。

（4）结束放映：停止幻灯片的放映，回到当前所放映幻灯片的普通视图。结束幻灯片放映，也可以通过按 ESC 键来实现。

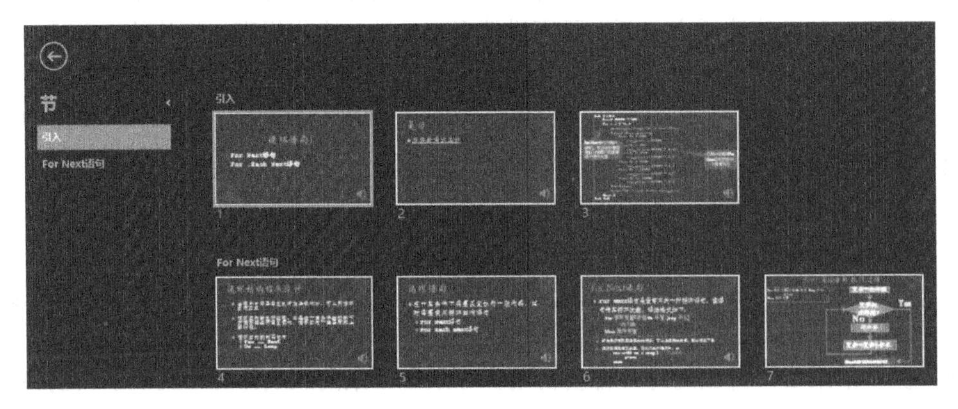

图 8-95 查看所有幻灯片效果

3．绘图笔的应用

PPT 提供了绘图笔功能，绘图笔可以直接在屏幕上进行标注，在放映过程中对幻灯片中的内容进行强调。操作步骤如下：

（1）在放映过程中，右击屏幕，在弹出的快捷菜单中选择“指针选项”命令，再从出现的级联菜单中，选择对应的画笔命令，如图 8-96 所示。

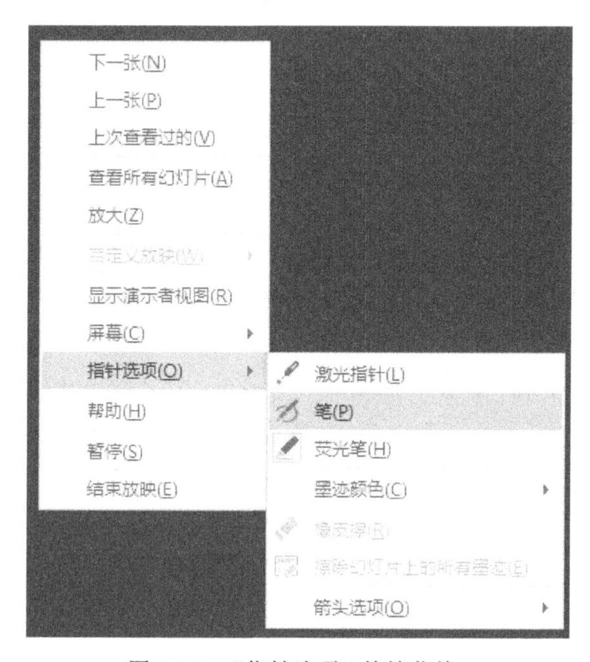

图 8-96　“指针选项”快捷菜单

（2）如果要改变绘图笔的颜色，右击屏幕，从弹出的快捷菜单中选择“指针选项”命令，再从出现的级联菜单中，选择“墨迹颜色”命令，或者选择“设置放映方式”对话框中的“绘图笔颜色”选项，再选择所需的颜色。

（3）按住鼠标左键，在幻灯片上就可以直接书写和绘画，但不会修改幻灯片本身的内容。

（4）如果要擦除标注的内容，右击屏幕，在弹出的快捷菜单中，选择“指针选项”命令，再从出现的级联菜单中选择“擦除幻灯片上的所有墨迹”命令清除所有标注或者利用“橡皮擦”工具擦除部分标注。

当不需要进行绘图笔操作时，用鼠标右击屏幕，在弹出的快捷菜单中选择“指针选项”命令，再从出现的级联菜单中选择“箭头选项”命令，即可将光标恢复为箭头形状，也可以选择“指针选项”→“箭头选项”→“永远隐藏”命令。在剩余放映过程中，仍然可以右击，然后从弹出的快捷菜单中选择相应的操作。

8.4.3　将演示文稿保存为其他格式

演示文稿除了可以保存为幻灯片格式，还可以保存为其他格式，以便在不同的场合能更好地呈现演示文稿。

1．将演示文稿保存为视频

在 PPT 中，可以将演示文稿另存为 Windows Media 视频 (.wmv) 文件、MP4 格式文件，这样使用户可以确信自己演示文稿中的动画、旁白和多媒体内容能顺畅播放，分发时可更加放心。操作步骤如下：

（1）在功能区“文件”选项卡中选择“导出”，在右侧的“导出”列表中选择“创建视频”选项，然后选择视频存放的位置，如图 8-97 所示。这里通过“浏览”找到文件保存位置，在弹出的“另存为”对话框中选择一种视频格式。

（2）根据需要选择一个视频质量和大小选项。单击“创建视频”下的下拉按钮，然后执行下列操作之一：

①若要创建质量很高的视频（文件会比较大），则选择“演示文稿质量”选项。

②若要创建具有中等文件大小和中等质量的视频，则选择“互联网质量”选项。

③若要创建文件最小的视频（质量低），则选择“低质量”选项。

（3）单击“创建视频”按钮，在弹出的“另存为”对话框中，选择一个保存路径并输入要保存为的视频名称，单击“保存”按钮。

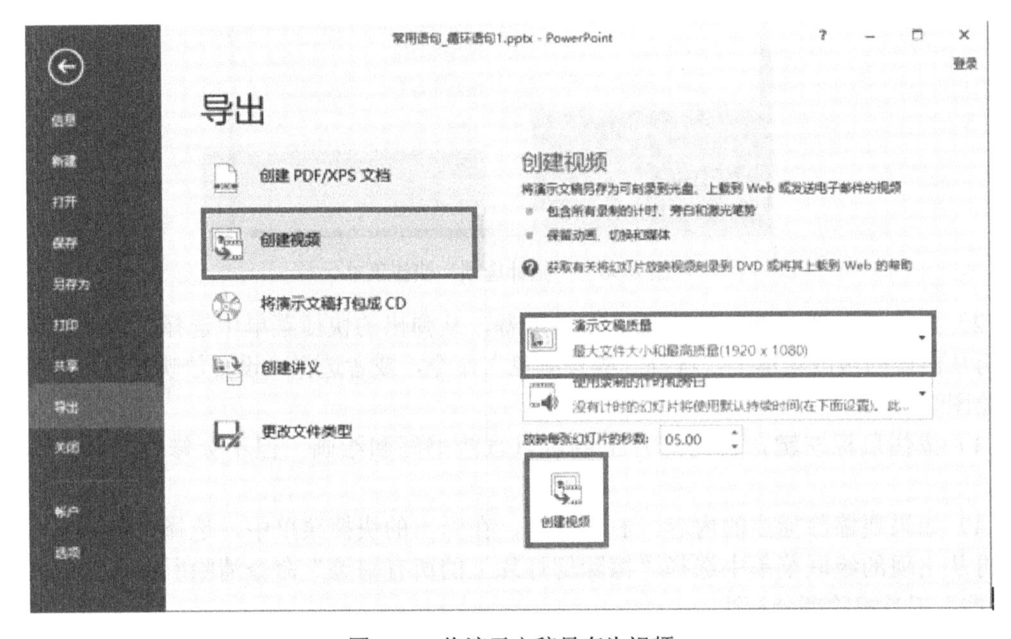

图 8-97 将演示文稿另存为视频

2．将演示文稿保存为 PDF/XPS 文档

将演示文稿保存为 PDF 或 XPS 文档的好处在于这类文档在绝大多数计算机上的外观是一致的，字体、格式和图像不会受到操作系统版本的影响，且文档内容不容易被轻易修改，另外，在 Internet 上有许多此类文档的免费查看程序。操作方法如下：

（1）在功能区“文件”选项卡中选择“导出”，然后选择“创建 PDF/XPS 文档”选项，再单击“创建 PDF/XPS”按钮，如图 8-98 所示。

（2）在弹出的“发布为 PDF 或 XPS”对话框中选择文件保存路径和和保存格式，并输入要保存为的文档名称，单击“发布”按钮。

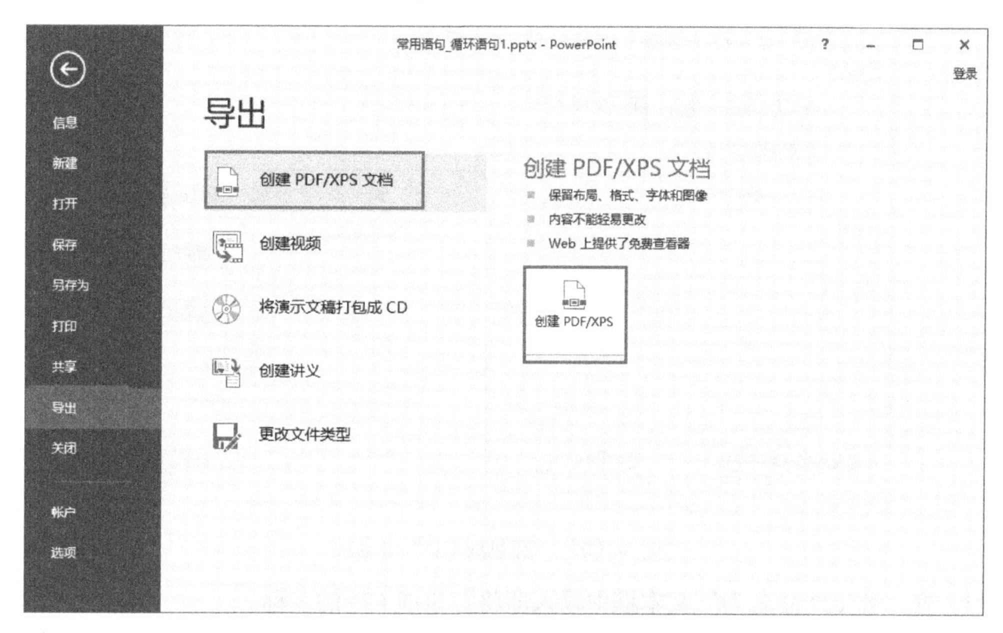

图 8-98　发布为 PDF 或 XPS 文档的选项

3．将幻灯片保存为图片文件

PPT 还允许将演示文稿中的幻灯片单独或全部保存为图片文件，且支持多种图片文件类型，包括：JPEG、PNG、GIF、TIF、BMP、WMF、EMF 等。操作的方法比较简单，在功能区“文件”选项卡中选择“另存为”，在弹出的“另存为”对话框中选择一种图片文件格式，再单击“保存”按钮，此时系统会弹出如图 8-99 所示的对话框，根据需要选择即可。

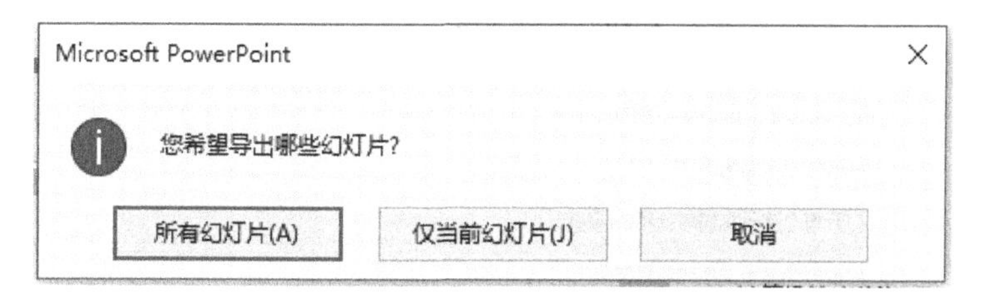

图 8-99　将幻灯片导出为图片的选择

8.4.4　打包演示文稿

PPT 提供了文件“打包”功能，可以将演示文稿和所链接的文件一起保存到磁盘或者 CD 中，以便于将演示文稿制作成一个可以在其他即使没有安装 PPT 的计算机上也可方便播放的文件。

打开准备打包的演示文稿，在功能区“文件”选项卡中选择“导出”，然后选择“将演示文稿打包成 CD”选项，再单击“打包成 CD”按钮，此时会弹出如图 8-100 所示的对话框。

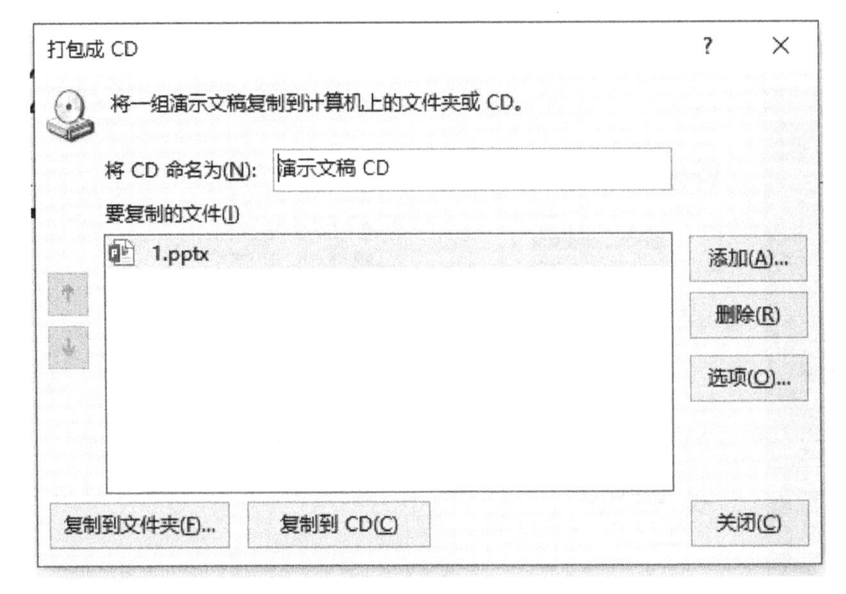

图 8-100 “打包成 CD”对话框

（1）在“将 CD 命名为”文本框中输入即将打包成 CD 的名称。

（2）默认情况下，所打包的 CD 将包含链接文件与 PPT 播放器。如果需要更改默认设置，可以在该对话框中单击“选项”按钮，打开“选项”对话框，如图 8-101 所示。可以在其中对包含的文件信息等选项进行设置，在“增强安全性和隐私保护”选项组中，还可以指定打开演示文稿的密码和修改演示文稿的密码。

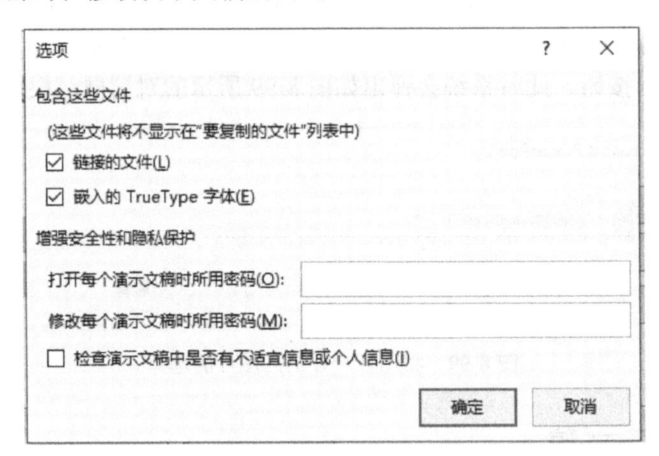

图 8-101 “选项”对话框

（3）设置完毕后，单击“确定”按钮，保存设置并返回到“打包成 CD”对话框。如需要将多个演示文稿同时打包，可以单击“添加”按钮，打开“添加文件”对话框，即可将要打包的新的文件添加到 CD 中。

（4）单击“复制到文件夹”按钮，打开“复制到文件夹”对话框，在其中可以指定路径，将当前文件复制到该位置上。

（5）单击“复制到 CD”按钮，打开“正在将文件复制到 CD”对话框并将刻录机托盘弹出，当将一张有效的 CD 插入刻录机后，即可开始文件的打包和复制过程。

（6）单击“关闭”按钮，即可完成全部操作。

8.4.5　打印演示文稿

在 PPT 中，既可用彩色、灰度或纯黑白打印整个演示文稿的幻灯片、大纲、备注和观众讲义，也可打印特定的幻灯片、讲义、备注页或大纲页。打印演示文稿可先选择“文件”选项卡的“打印”选项，打开如图 8-102 所示的“打印”选项窗口。

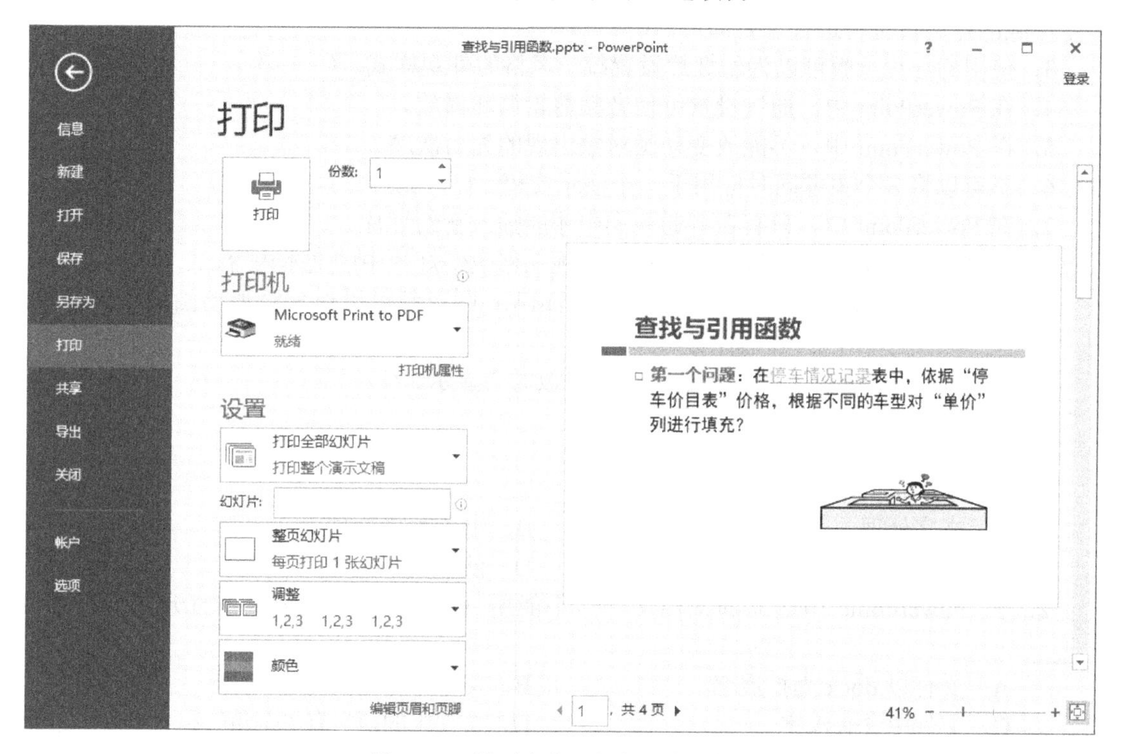

图 8-102　演示文稿“打印”选项窗口

可以在“颜色”选项中选择合适的颜色模式，因为大多数演示文稿设计为彩色显示，而幻灯片和讲义通常使用“黑白”或“灰色”打印，所以在打印之前，建议在右侧预览窗格中查看幻灯片、备注和讲义用纯黑白或灰度显示的效果，以确定是否调整对象的外观。

打印内容可以有“整页幻灯片”、“备注页”、“大纲”和“讲义”4 种选择，“整页幻灯片”表示直接打印幻灯片作为讲义使用，此时每张幻灯片打印成一页；“备注页”表示将幻灯片内容和备注信息打印出来用于在进行演示时自己使用；“大纲”表示打印大纲中的所有文本或仅幻灯片标题；“讲义”表示在一页上同时排版多张幻灯片并打印，每页幻灯片数可以是 1、2、3、4、6、9 中的任意一个，当每页幻灯片数设为 3 时，每张幻灯片的旁边会出现可填写备注信息的空行。

另外，在此设置窗口中还可以设定所要打印的幻灯片范围，包括全部、所选、当前及自定义，选择“自定义范围”时，需在“幻灯片”文本框中输入各幻灯片编号列表或范围，各个编号须用无空格的逗号隔开，如：1,3,5-12。当打印的份数多于 1 份时，在“设置”选项组中还可以选择是否逐份打印幻灯片。

习题 8

一、判断题

1．PowerPoint 演示文稿中每张幻灯片的版式必须设置为一样。（　　）

2．若要更演示文稿中所有幻灯片的标题占位符文字格式，只需要在幻灯片母版视图中对主母版的标题占位符进行设置即可。（　　）

3．使用幻灯片母版可以为幻灯片设置统一风格的外观样式。（　　）

4．在 PowerPoint 中，通过设置可使音频剪辑循环播放。（　　）

5．在 PowerPoint 中，不能改变动画对象出现的先后次序。（　　）

6．不可以将多个主题同时应用于一个演示文稿。（　　）

7．在 PowerPoint 中，只有在普通视图中才能插入新幻灯片。（　　）

8．在 PowerPoint 中，可以用幻灯片浏览视图修改幻灯片中的文本内容。（　　）

9．在 PowerPoint 中，文本、图片和 SmartArt 图形都可以作为添加动画效果的对象。（　　）

10．在 PowerPoint 中，被隐藏的幻灯片播放时会显示。（　　）

二、单选题

1．PowerPoint 的主要功能是____________。

A．文字处理　　B．电子表格处理
C．数据库处理　　D．演示文稿处理

2．在 PowerPoint 中建立的文档文件，不能用 Windows 中的记事本打开，这是因为______。

A．文件以.docx 为扩展名　　B．文件中含有特殊控制符
C．文件中含有汉字　　D．文件中的西文有“全角”和“半角”之分

3．在“普通”视图编辑演示文稿时，若要在幻灯片中插入表格、自选图形或图片，则应在_______中进行。

A．工作区的“备注”窗格　　B．“幻灯片/大纲”窗格的“大纲”选项卡
C．工作区的“幻灯片”窗格　　D．“幻灯片/大纲”窗格的“幻灯片”选项卡

4．在幻灯片放映时，用户可以利用绘图笔在幻灯片上写字或画画，这些内容_______。

A．自动保存在演示文稿中　　B．不可以保存在演示文稿中
C．在本次演示中不可擦除　　D．在本次演示中可以擦除

5．扩展名为________的演示文稿文件，不必直接启动 PowerPoint 2016 即可放映浏览。

A．.ppsx　　B．.potx
C．.pptx　　D．.pptm

6．以下______文件类型属于视频文件格式且被 PowerPoint 所支持。

A．avi　　B．wav
C．wma　　D．gif

7．如果要将 PowerPoint 演示文稿用 IE 浏览器直接打开，则文件的保存类型应为_________。

A．PowerPoint 模板　　B．XPS 文档
C．启用宏的 PowerPoint 演示文稿　　D．PowerPoint 放映

8．要为演示文稿添加一个版式，应该进入________进行编辑。
A．普通视图　　B．幻灯片浏览视图
C．幻灯片母版视图　　D．阅读视图

9．制作动画时，进行________设置可以改变动画顺序，以达到按实际需要显示动画。
A．触发器　　B．持续时间
C．延迟时间　　D．重复

10．以下关于动画的说法中，正确的是________
A．同一个动画只能设置一个动画
B．一个动画只能播放一次，不可以重复播放
C．利用动画刷可以将某对象的动画复制给其他对象
D．视频动画不可以设置触发器

三、多选题

1．在 PowerPoint 2016 的状态栏上有一组视图按钮，用于切换到演示文稿最常用的几个视图，下列______在此其中。
A．幻灯片浏览视图　　B．阅读视图
C．幻灯片放映视图　　D．备注页视图

2．下列关于 PowerPoint 2016 中“打包成 CD”功能的描述正确的有______。
A．不可以将多个演示文稿文件同时打包在一起
B．PowerPoint Viewer 会与演示文稿自动打包在一起
C．如果其他计算机未安装 PowerPoint 程序，则它必须有 PowerPoint Viewer 才可以运行此打包的演示文稿
D．可使用“打包成 CD”功能将演示文稿复制到计算机上的文件夹中

3．下列关于 PowerPoint 的一些概念，描述正确的有_____。
A．“版式”指的是幻灯片内容在幻灯片上的排列方式
B．“主题”指的是一种定义演示文稿中所有幻灯片或页面格式的幻灯片视图
C．“模板”指的是保存为.potx 文件的一个或一组幻灯片的模式或设计图，可以包含版式、主题、背景样式和文本内容
D．“占位符”指的是一种带有虚线或阴影线边缘的框，在这些框内可以放置标题及正文，但不能放置图表、表格、图片和 SmartArt 图形等对象

4．已经为幻灯片中的某个对象添加了动画效果，若要设置该动画的开始时间，则下列_____操作是正确的。
A．若要以单击幻灯片的方式启动动画，则单击“单击时”选项
B．如果要在启动列表中前一动画的同时启动动画，则单击“上一动画之后”选项
C．若要在播放完列表中前一动画之后立即启动动画，则单击“与上一动画同时”选项
D．如果要使某对象的动画效果在前一动画结束一定时间后才开始，则应在此动画效果选项的“延迟”框中输入相应秒数

5．下列关于 PowerPoint 2016 中幻灯片切换的描述错误的有_____。
A．幻灯片的切换方式除了“单击鼠标时”，还可以设置每隔若干秒使其自动切换
B．不可以将一种切换效果同时应用给所有的幻灯片
C．幻灯片的切换速度有：非常慢、慢速、中速、快速、非常快
D．在幻灯片切换的同时可以为其添加声音效果

6．在 PPT 中，可以通过节对幻灯片进行组织管理，可以利用节完成下列_____功能。
A．删除节中所有幻灯片
B．只删除节名，不删除节中幻灯片
C．以节为单位移动幻灯片位置
D．以节为单位进行幻灯片的折叠与展开

四、综合题

应用 PowerPoint 创建一个“个人电子相册”。以自己的成长经历为线索，用照片的方式来展示个人成长历程的点滴，做到生动感人，能恰当表达曾经的各种印象深刻的欢愉和不悦。具体要求如表 8-2 所示。

表 8-2　个人电子相册制作要求

项　目	要　求
内容	主题鲜明突出
	信息量丰富，主从关系把握恰当
	内容的记载和呈现顺序合理
页面	用色合理、配色美观
	设计、表现一致
	内容布局合理
	动画效果应用合理
技术	各种链接合理正确
	操作方便，便于浏览
	图文混排合理、比例适当
	恰当表现排版技巧

参考文献

［1］林永兴．大学计算机基础——Office 2010 版［M］．北京：电子工业出版社，2016.

［2］储岳中．大学计算机基础［M］．北京：高等教育出版社，2018.

［3］李暾，毛晓光，刘万伟，等．大学计算机基础［M］．3 版．北京：清华大学出版社，2018.

［4］钟晴江．大学计算机［M］．2 版．北京：高等教育出版社，2019.

［5］徐宝清．大学计算机［M］．北京：高等教育出版社，2019.

［6］冯祥胜，朱华生．大学计算机基础［M］．北京：电子工业出版社，2019.

［7］［美］Majed Marji 著．动手玩转 Scratch 3.0 编程［M］．李泽，于欣龙译．北京：电子工业出版社，2020.

［8］神龙工作室．Word/Excel/PPT 2016 办公应用从入门到精通［M］．北京：人民邮电出版社，2016.

［9］陈承欢，聂立文，杨兆辉．办公软件高级应用任务驱动教程（Windows 10+Office 2016）［M］．北京：电子工业出版社，2018.

［10］苏林萍，谢萍．Excel 2016 数据处理与分析应用教程［M］．北京：人民邮电出版社，2019.

［11］孙小小．PPT 演示之道［M］．北京：电子工业出版社，2012.

［12］教育部考试中心．全国计算机等级考试二级教程——MS Office 高级应用（2020 年版）［M］．北京：高等教育出版社，2019.

［13］教育部考试中心．全国计算机等级考试二级教程——MS Office 高级应用上机指导（2020 年版）［M］．北京：高等教育出版社，2019.

［14］浙江省教育考试院．二级《办公软件高级应用技术》考试大纲（2019 版）．2019.

反侵权盗版声明